KB155006
실용
용접공학
WELDING ENGINEERING
오병덕·원영휘 지음
CUTTING
청문각

머리말

산업기술의 급속한 발달로 용접 접합 분야는 이제 어디든지 필수 불가결한 결합 방법의 하나가 되었다. 마이크로 접합에서 자동차, 조선공업, 우주선에 이르기까지 각종 재료에 따른 접합기술이 날로 발전해가는 시대에 자원이 부족한 우리나라가 살아갈 수 있는 유일한 방법은 고부가가치 기술개발로 원자재를 수입 · 가공하여 수출하는 공업의 발전이 국가발전과 직결된다.

'실용용접공학'은 현대 산업사회가 필요로 하는 각종 재료에 따른 접합 기술을 감안하고, 최근 개정한 한국산업규격에 따른 내용으로 구성하였다. 아울러 지금까지 출판된 국내외 용접 분야 서적을 총망라하여 현장 기술자에서부터 연구에 종사하는 연구원까지 쉽게 이해하고 응용할 수 있도록 집필 · 정리하였다.

이 책의 구성은 일반사항으로 용접, 피복 아크 용접, 가스 용접, 특수 용접, 압접, 절단 및 가공, 용접 설계, 용접 결합, 용접 검사, 용접 야금, 용접 시공 등을 이해하기 쉽게 구성하였다. 또한 부록으로 용접에 가장 많이 쓰이는 용접 기호와 용접 규격을 소개하였다. 각 장에는 연습문제를 수록하여 용접기사나 기술사의 수험서로서 이용할 수 있게 하였다.

이 책을 집필하는데 참고하거나 인용한 책의 저자 여러분께 감사드리며, 출판에 힘써 준 청문각출판 직원 여러분께 감사드린다.

부족하나마 용접을 알고자 하는 모든 이에게 산업현장에서 중추적인 역할을 담당하는 우수한 기술자로 기듭날 수 있는 교재기 되길 바란다.

2017년 1월

저자 일동

차례

1 총론

2 용접안전

3 피복 아크 용접

4 가스 용접

5 특수 용접

6 압접

7 절단 및 가공

8 용접설계

9 용접결합

10 용접검사

11 용접야금

12 용접시공

1

총론

1.1 용접의 개요

1.1.1 용접의 정의

용접(welding)이란 전기나 가스 등의 열원을 이용해서 2개 이상의 금속 접촉부를 용융 또는 반용융 상태에서 용가재(용접봉)를 첨가하여 접합하거나, 압력을 가해 접합하는 기술이다. 금속과 금속의 원자간 거리를 충분히 접근시키면 금속 원자간의 인력이 작용하여 스스로 결합할 수 있게 되는데, 금속의 표면에는 강한 산화막이나 불규칙한 요철이 있으므로 상온에서 금속 스스로 결합할 수 있는 1 cm의 1억분의 1정도(1 Å $=10^{-8}$ cm)까지 접근시킬 수 없으므로 전기나 가스 등의 열원을 이용하여 산화피막과 요철 등을 제거하므로 금속 원자 간의 영구적인 결합을 이루는 것을 **용접**(welding)이라고 한다.

접합(接合): joining, coalescence
접착(接着): bond, glue, adhesion

1.1.2 용접의 역사

용접의 역사는 오랜 옛날부터 이루어져 왔는데 금속 주조를 시초로 고대 미술 공예품의 조립에 납땜을 이용하였으며, 열간 또는 냉간에서 금속을 해머 등으로 두드려 농기구 등을 단접하여 사용하여 왔으나, 극히 일부에 지나지 않았다. 근대 용접기술의 적용은 1800년대 **아크**(arc)의 발견과 아크열을 이용한 용접 방법이 개발된 이후이며, 제1차 세계대전과 제2차 세계대전 이후부터는 무기 제작에 따른 연구로 철강 및 비철금속에 이르기까지 눈부신 발달을 하게 되었다. 특히 19세기에 들어오면서 영국의 물리학자이며 화학자인 패러데이(Michael Faraday)가 1831년 발전기의 발명으로 전기용접이 연구되어, 1885년 러시아의 베르나르도스(Bernardos)와 올제프스키(Olszewski)가 탄소 전극을 사용하여 전극과 모재와의 사이에 아크를 발생시키고, 이 아크열을 이용하는 **탄소 아크 용접**(carbon arc welding)을 고안하였다. 1888년에는 러시아의 슬라비아노프(Slavianoff)가 탄소 전극 대신에 금속 전극을 사용하여 전극과 모재와의 사이에 아크를 발생시키고 모재를 녹임과 동시에 전극도 녹여서 용착 금속을 형성하는 **금속 아크 용접**(metal arc welding)을 발명하여 마침내 오늘에 이르러서는 금속 접합법의 총아로서, 조선, 철도차량, 건설기계, 항공기, 각종 구조물, 압력용기, 건축, 기계, 원자로 및 가전제품 등에 이르기까지 제작이나 수리, 보수 등의 모든 산업에 널리 이용되고 있다.

1.1.3 용접의 분류

금속을 접합하는 방법에는 볼트 이음(bolt joint), 리벳 이음(rivet joint), 접어잇기(seam) 등과 같은 기계적 접합과 금속 원자간의 인력에 의해 접합되는 **용접**(fusion welding), **압접**(pressure welding), **납접**(soldering or brazing) 등과 같은 야금적 접합이 있다. 이를 사용하는 에너지에 따라 분류하면 전기 에너지, 화학 에너지, 기계적 에너지, 초음파와 빛에너지 등 여러 가지가 있지만 용접 기법으로 분류하면 다음과 같다.

(1) 아크 용접(arc welding)

① 피복(被覆) 금속 아크 용접(shielded metal arc welding, SMAW)
② 가스 메탈 아크 용접(gas metal arc welding, GMAW)
③ 가스 텅스텐 아크 용접(gas tungsten arc welding, GTAW)
④ 플라스마 아크 용접(plasma arc welding, PAW)
⑤ 스터드 아크 용접(stud arc welding, SW)
⑥ 서브머지드 아크 용접(submerged arc welding, SAW)
⑦ 플럭스 코드 아크 용접(flux cored arc welding, FCAW)
⑧ 탄소 아크 용접(carbon arc welding, CAW)
⑨ 원자 수소 용접(atomic hydrogen arc welding, AHW)

(2) 전기저항 용접(electric resistance welding)

① 저항 점용접(resistance spot welding, RSW)
② 저항 심용접(resistance seam welding, RSEW)
③ 플래시 용접(flash welding, FW)
④ 업셋 용접(upset welding, UW)

⑤ 방전충격 용접(percussion welding, PEW)

⑥ 고주파 용접(high frequency resistance welding, HFRW)

(3) 고상(固相) 용접(solid state welding)

① 단조 용접(forged welding, FDW)

② 확산 용접(diffusion welding, DFW)

③ 냉간 용접(cold welding, CW)

④ 폭발 용접(explosion welding, EXW)

⑤ 마찰 용접(friction welding, FRW)

⑥ 초음파 용접(ultrasonic welding, USW)

(4) 특수 용접(special welding)

① 전자빔 용접(electron beam welding, EBW)

② 레이저빔 용접(laser beam welding, LBW)

③ 일렉트로 슬래그 용접(electro slag welding, ESW)

④ 테르밋 용접(thermit welding, TW)

(5) 가스 용접(gas welding)

① 산소－아세틸렌 용접(oxygen-acetylene welding, OAW)

② 산소－수소 용접(oxygen-hydrogen welding, OHW)

③ 압축가스 용접(pressure gas welding, PGW)

(6) 솔더링(soldering)

(7) 브레이징(brazing)

표 1.1은 용접법의 분류를 나타낸 것이다.

표 1.1 용법의 분류

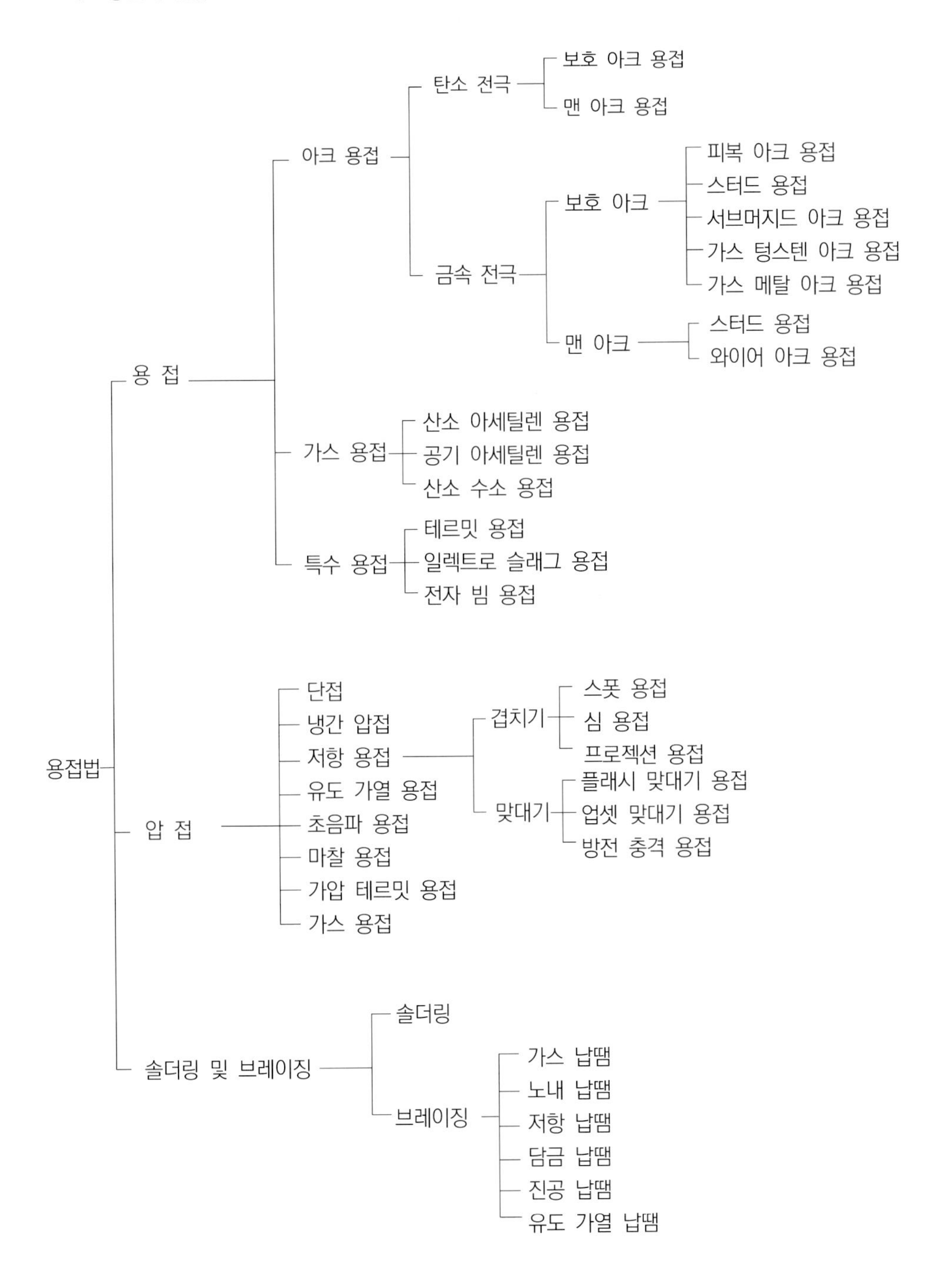

용접법
용 접
아크 용접
탄소 전극
보호 아크 용접
맨 아크 용접
금속 전극
보호 아크
피복 아크 용접
스터드 용접
서브머지드 아크 용접
가스 텅스텐 아크 용접
가스 메탈 아크 용접
맨 아크
스터드 용접
와이어 아크 용접
가스 용접
산소 아세틸렌 용접
공기 아세틸렌 용접
산소 수소 용접
특수 용접
테르밋 용접
일렉트로 슬래그 용접
전자 빔 용접
압 접
단접
냉간 압접
저항 용접
겹치기
스폿 용접
심 용접
프로젝션 용접
맞대기
플래시 맞대기 용접
업셋 맞대기 용접
방전 충격 용접
유도 가열 용접
초음파 용접
마찰 용접
가압 테르밋 용접
가스 용접
솔더링 및 브레이징
솔더링
브레이징
가스 납땜
노내 납땜
저항 납땜
담금 납땜
진공 납땜
유도 가열 납땜

1.2 용접의 기초

1.2.1 용접의 특징

(1) 장 점

① 이음의 효율이 높다.

② 우수한 유밀성, 기밀성, 수밀성이 있다.

③ 재료가 절약된다.

④ 공정수가 절감되고, 중량이 가벼워진다.

⑤ 구조의 간단화가 가능하다.

⑥ 재료의 두께 제한이 없다.

⑦ 작업의 자동화가 용이하다.

⑧ 수리 및 보수가 용이하며, 제작비가 적게 든다.

(2) 단 점

① 용융된 금속부에 재질이 변화한다.

② 취성(brittleness)이 생기기 쉽다(heat treatment로 완화).

③ 잔류 응력과 변형이 생긴다(annealing으로 완화).

④ 균열(crack) 등 용접 결함이 발생하기 쉽다.

⑤ 숙련된 기술이 필요하다(용접사의 능력에 따라 품질이 좌우됨).

⑥ 검사(inspection)가 필요하다.

1.2.2 용접 자세

(1) 아래보기 자세(flat position, 기호 : F)

재료를 수평으로 놓고 용접봉을 아래로 향하여 용접하는 자세(그림 1.1(a)).

(2) 수평 자세(horizontal position, 기호 : H)

용접선이 수평인 이음에 대해 옆에서 행하는 용접 자세(그림 1.1(b)).

(3) 수직 자세(vertical position, 기호 : V)

용접선이 수직인 이음에 대해서 아래에서 위로 행하는 용접 자세(그림 1.1(c)).

(4) 위보기 자세(over head position, 기호 : O)

용접선이 수평인 이음에 대해서 아래쪽에서 위를 보며 행하는 용접 자세(그림 1.1(d)).

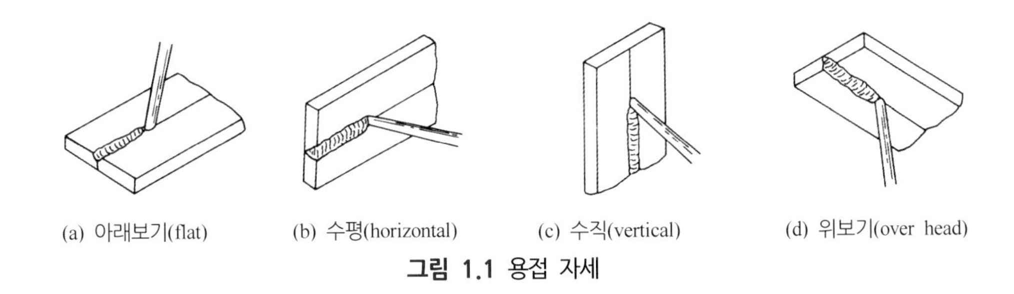

(a) 아래보기(flat) (b) 수평(horizontal) (c) 수직(vertical) (d) 위보기(over head)

그림 1.1 용접 자세

그러나 AWS(미국용접학회, American Welding Society) 규격에서는 그림 1.2, 1.3, 1.4와 같이 홈(groove) 용접과 필릿(fillet) 용접, 파이프 용접 등으로 나누어 자세를 나타내기도 한다.

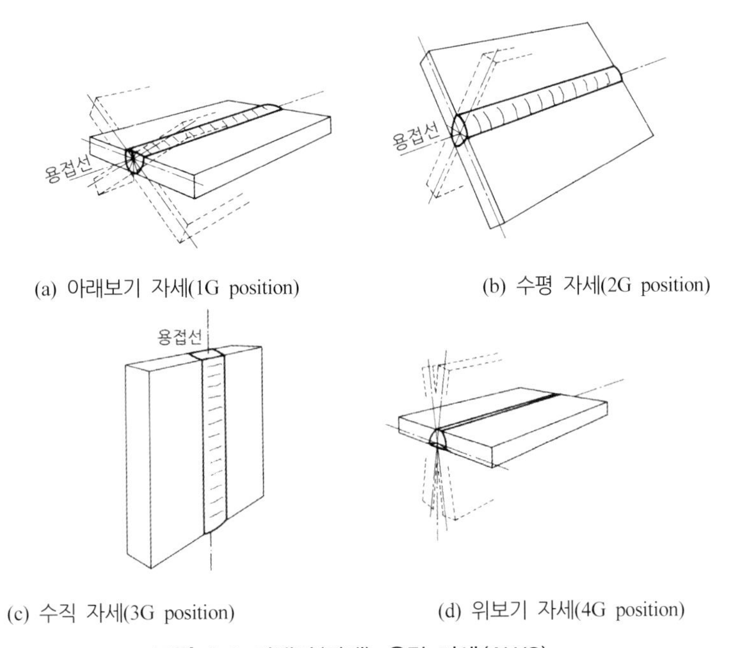

(a) 아래보기 자세(1G position) (b) 수평 자세(2G position)

(c) 수직 자세(3G position) (d) 위보기 자세(4G position)

그림 1.2 맞대기(판재) 용접 자세(AWS)

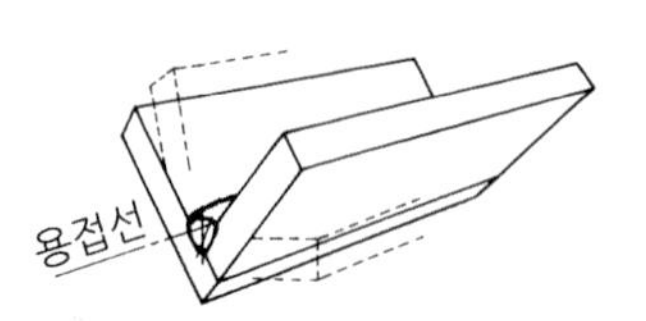

(a) 아래보기 자세(1F position)

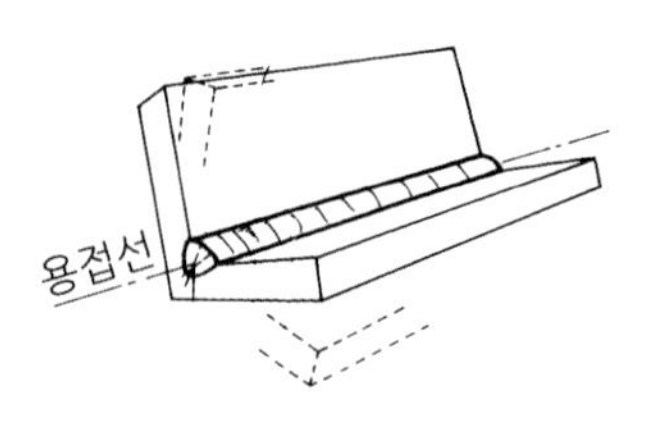

(b) 수평 자세(2F position)

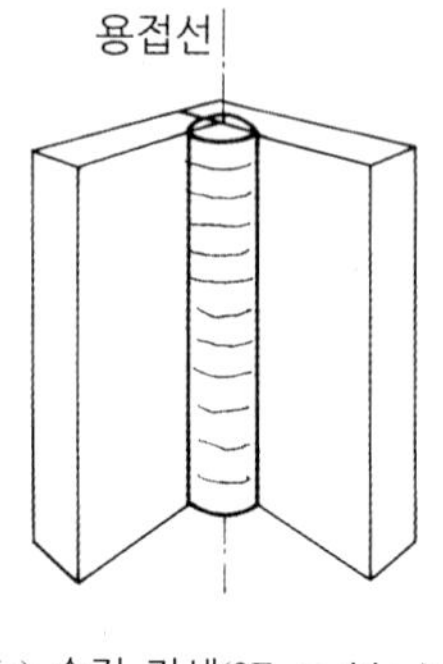

(c) 수직 자세(3F position)

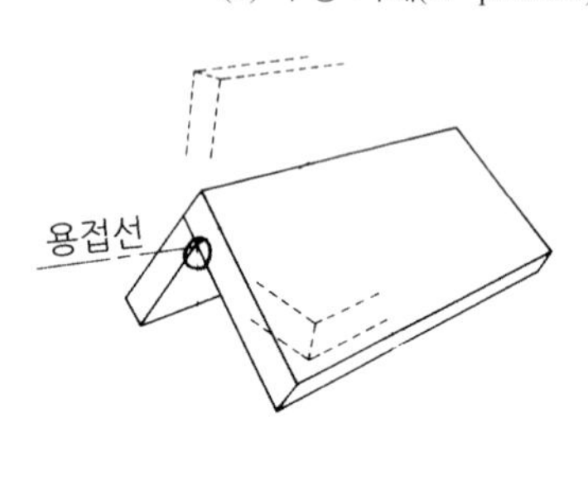

(d) 위보기 자세(4F position)

그림 1.3 필릿 용접 자세(AWS)

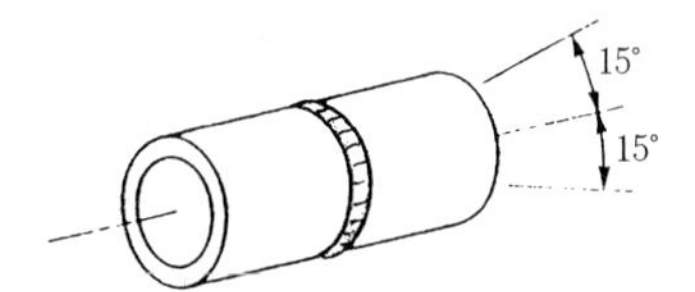

(a) 수평회전 자세(아래 보기) (1G position)

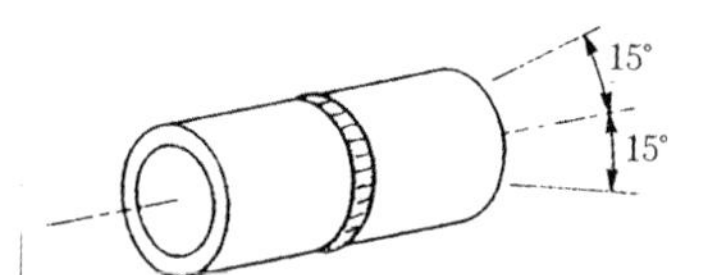

(b) 수직 자세(전 자세) (5G position)

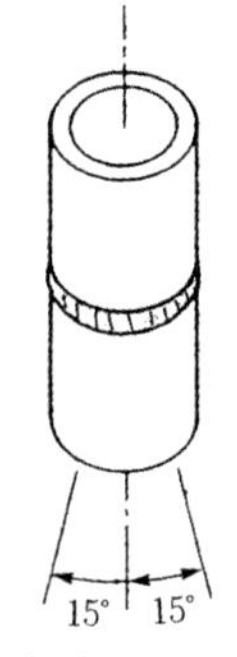

(c) 수평 자세(2G position)

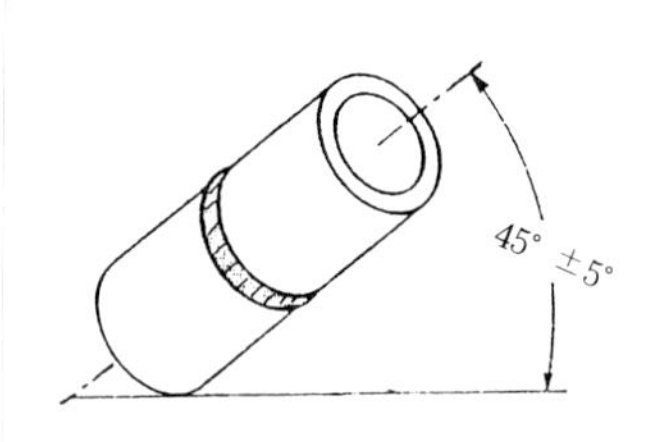

(d) 45° 경사 자세(6G position)

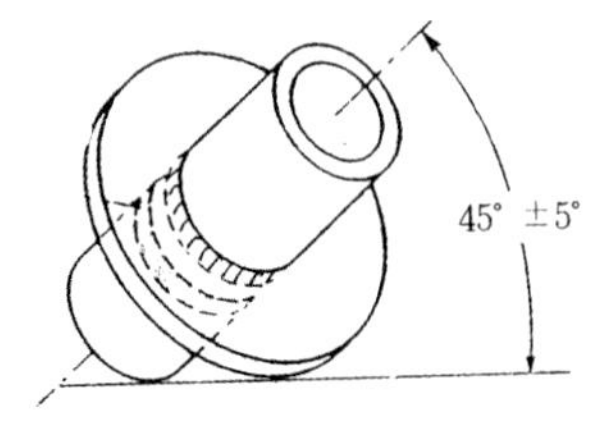

(e) 장애물 45° 경사 자세(전 자세)(6GR position)

그림 1.4 파이프 용접 자세(AWS)

1.2.3 용접 이음의 종류와 홈의 형상

(1) 용접 이음의 종류

용접 이음의 종류에는 **맞대기 이음**(butt joint), **필릿 이음**(fillet joint), **모서리 이음**(corner joint), **겹치기 이음**(lap joint) 등을 기본으로 하여 구조물의 조건에 맞도록 소재를 절단하거나 굽힘 가공하여 여러 가지의 형상으로 이음을 할 수 있다.

그림 1.5는 용접 이음부의 여러 가지 형상을 나타낸 것이다.

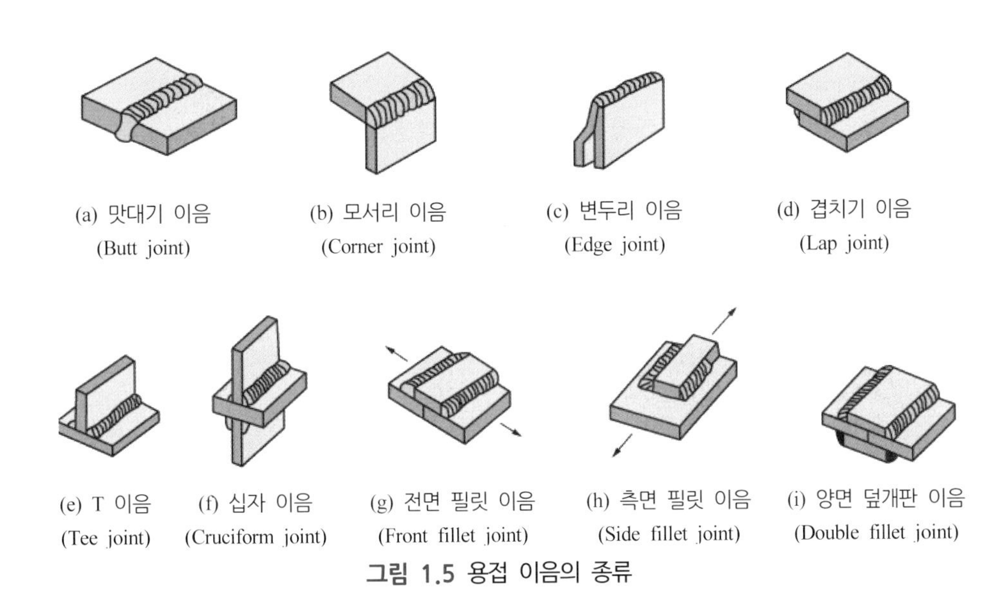

그림 1.5 용접 이음의 종류

(2) 맞대기 이음부 홈(groove)의 형상

용접 이음부의 충분한 강도를 얻기 위해서는 용입 깊이(penetration), 덧살, 비드 폭, 각장(leg length) 등을 충분히 확보할 필요가 있다. 따라서 두께가 두꺼운 금속을 용접할 경우에는 I, V, J, U형 등의 홈 가공이 필요하게 되는데, 일반적으로 두께 6 mm 이하에서는 I형, 4 ~ 12 mm에서는 V형, 그 이상은 X, H, K형 등의 홈을 가공하여 용접함으로써 필요로 하는 이음 강도를 얻도록 한다.

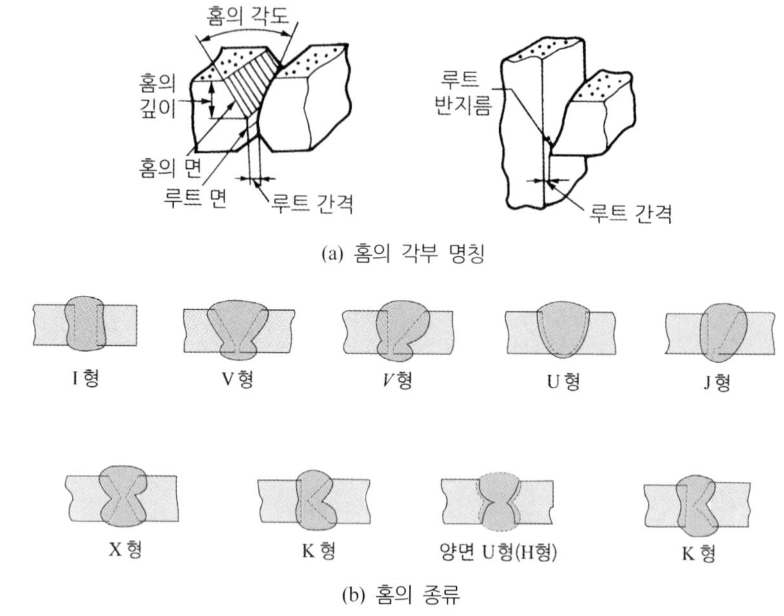

(a) 홈의 각부 명칭

(b) 홈의 종류

그림 1.6 맞대기 이음의 홈 형상과 명칭

(3) 기타 용접부의 명칭과 형상

필릿 용접은 그림 1.7과 같은 T이음부의 구석 부분을 용접하는 것으로서, 홈을 가공하여 필릿 용접하는 경우도 있으나 대부분 구석 부분을 그대로 용접하는 경우가 많다.

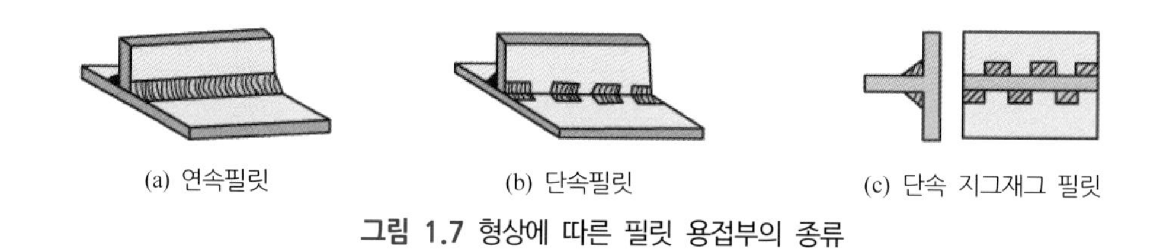
(a) 연속필릿 (b) 단속필릿 (c) 단속 지그재그 필릿

그림 1.7 형상에 따른 필릿 용접부의 종류

그림 1.8은 플러그 용접과 슬롯 용접을 표시한 것으로 2장을 재료를 겹친 상태에서 윗판에 원형 구멍 또는 긴 홈을 파서 아랫판과 용접으로 접합시키는 것이다.

(a) 플러그 용접 (b) 슬롯 용접 (c) 비드 용접

그림 1.8 기타 용접부의 형상

1장 연습문제 총 론

01 다음 중 용접 이음의 종류가 아닌 것은?

가. 겹치기 이음
나. 모서리 이음
다. 라운드 이음
라. T형 필릿 이음

02 기계적 이음과 비교한 용접 이음의 장점으로 틀린 것은?

가. 기밀성이 우수하다.
나. 재료의 변형이 없다.
다. 이음 효율이 높다.
라. 재료두께의 제한이 없다.

03 재료의 접합방법은 기계적 접합과 야금적 접합으로 분류하는데 야금적 접합에 속하지 않는 것은?

가. 리벳
나. 융접
다. 압접
라. 납땜

04 다음 용접법 중에서 저항 용접이 아닌 것은?

가. 스폿 용접
나. 심 용접
다. 프로젝션 용접
라. 스터드 용접

05 다음 용접법 중에서 융접법에 속하지 않는 것은?

가. 스터드 용접
나. 산소 아세틸렌 용접
다. 일렉트로 슬래그 용접
라. 초음파 용접

06 다음 용접의 장점 중 맞는 것은?

가. 저온 취성이 생길 우려가 많다.
나. 재질의 변형 및 잔류 응력이 존재한다.
다. 용접사의 기량에 따라 용접 결과가 좌우된다.
라. 기밀, 수밀, 유밀성이 우수하다.

07 다음 중 기계적 접합법의 종류가 아닌 것은?

가. 볼트 이음 나. 리벳 이음
다. 코터 이음 라. 스터드 용접

08 다음 용접 자세에 사용되는 기호를 틀리게 표시한 것은?

가. F : 아래보기 자세 나. V : 수직 자세
다. H : 수평 자세 라. O : 전 자세

09 맞대기 용접에서 판두께가 대략 6 mm 이하의 경우에 사용되는 용접 홈의 형상은?

가. I형 나. X형
다. U형 라. H형

10 두꺼운 판의 맞대기 용접에 의한 충분한 용입을 얻으려고 할 때 가장 적합한 홈의 형상은?

가. H형 나. V형
다. K형 라. I형

11 용접을 리벳 이음과 비교했을 때 용접의 장점이 아닌 것은?

가. 이음 구조가 간단하다.
나. 판두께에 제한을 거의 받지 않는다.
다. 용접 모재의 재질에 대한 영향이 작다.
라. 기밀성과 수밀성을 얻을 수 있다.

12 이음 형상에 따라 저항 용접을 분류할 때 맞대기 용접에 속하는 것은?

가. 업셋 용접 나. 스폿 용접
다. 심 용접 라. 프로젝션 용접

13 다음 그림에서 루트 간격을 나타내는 것은?

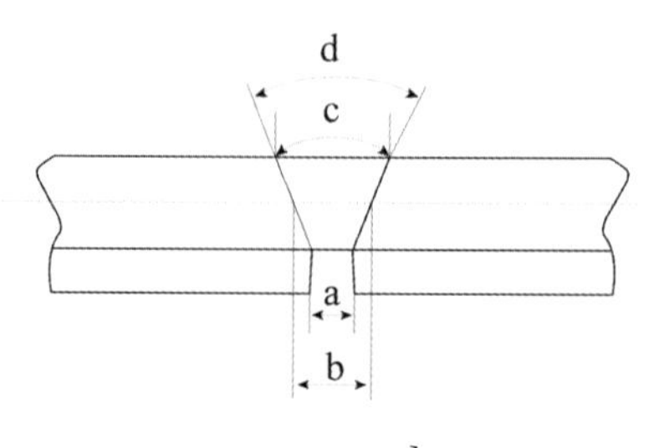

가. a 나. b
다. c 라. d

14 용접법의 분류에 속하지 않는 것은?

가. 납땜　　나. 리벳팅
다. 융접　　라. 압접

15 다음 그림과 같은 용접 이음의 종류는?

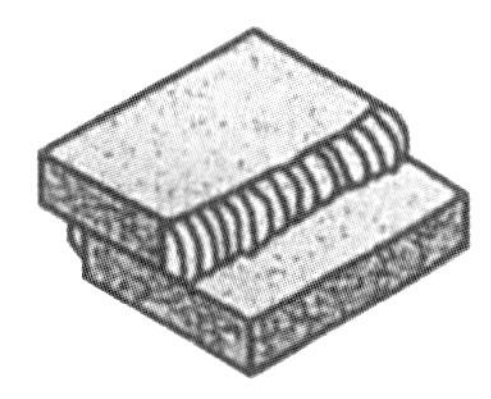

가. 모서리 이음　　나. 맞대기 이음
다. 전면 필릿 이음　　라. 겹치기 이음

16 용접을 분류할 때 압접에 해당되지 않는 것은?

가. 저항 용접　　나. 초음파 용접
다. 마찰 용접　　라. 전자빔 용접

17 용접 홈의 형상 중 두꺼운 판의 양면 용접을 할 수 없는 경우에 가공하는 방법으로 한쪽 용접에 의해 충분한 용입을 얻으려고 할 때 사용되는 홈은?

가. I형 홈　　나. V형 홈
다. U형 홈　　라. H형 홈

18 용접은 금속과 금속을 서로 충분히 접근시키면 금속 원자 간에 (　　)이 작용하여 스스로 결합하게 된다. 괄호 안에 맞은 용어는?

가. 인력　　나. 기력
다. 자력　　라. 응력

19 금속 간의 서로 다른 원자가 접합되는 인력 범위는?

가. 10^{-4} cm　　나. 10^{-6} cm
다. 10^{-8} cm　　라. 10^{-10} cm

20 다음 중 야금적 접합법의 종류에 속하는 것은?

가. 납땜 이음　　나. 볼트 이음
다. 코터 이음　　라. 리벳 이음

21 용접선과 하중의 방향이 평행하게 작용하는 필릿 용접은?

가. 전면　　나. 측면
다. 경사　　라. 변두리

22 다음 중 용접의 특징에 대한 설명으로 옳은 것은?

가. 복잡한 구조물 제작이 어렵다.
나. 기밀, 수밀, 유밀성이 나쁘다.
다. 변형의 우려가 없어 시공이 용이하다.
라. 용접사의 기량에 따라 용접부의 품질이 좌우된다.

23 그림과 같이 용접선의 방향과 하중의 방향이 직각으로 작용하는 필릿 용접은?

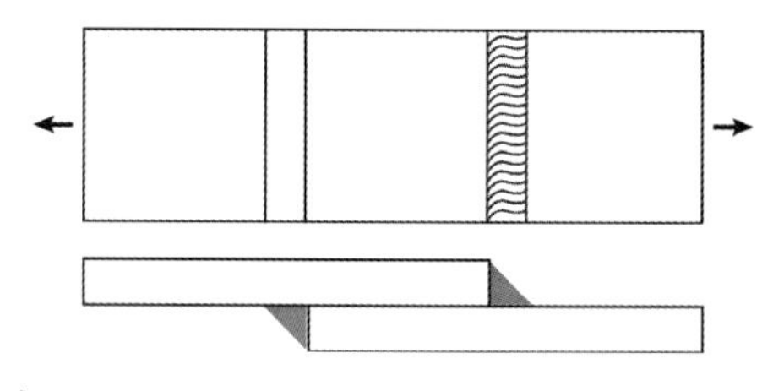

가. 측면 필릿 용접　　나. 경사 필릿 용접
다. 전면 필릿 용접　　라. T형 필릿 용접

24 다음 중 용접 전의 일반적인 준비 사항이 아닌 것은?

가. 용접재료 확인　　나. 용접사 선정
다. 용접봉의 선택　　라. 후열과 풀림

25 다음 용접법의 분류 중에서 융접에 속하는 것은?

가. 테르밋 용접　　나. 초음파 용접
다. 플래시 용접　　라. 시임 용접

26 다음 중 용접의 단점이 아닌 것은?

가. 재질의 변형 및 잔류 응력이 존재한다.
나. 이종재료를 접합할 수 없다.
다. 저온취성이 생길 우려가 많다.
라. 품질검사가 곤란하고 변형과 수축이 생긴다.

27 다음 그림과 같은 모양의 용접 이음은?

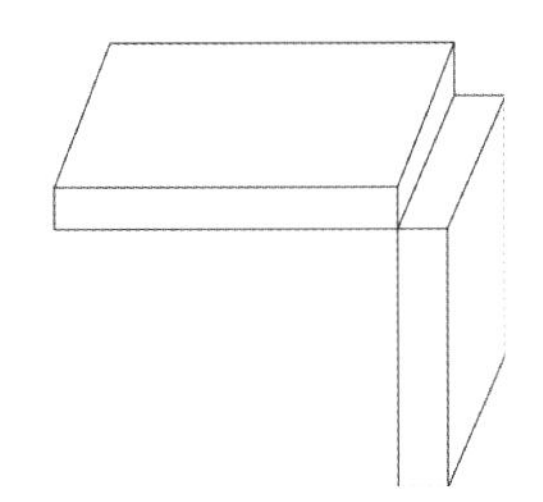

가. 겹치기 이음　　나. 맞대기 이음
다. 기역자 이음　　라. 모서리 이음

28 다음 중 X형 맞대기 이음을 나타내는 것은?

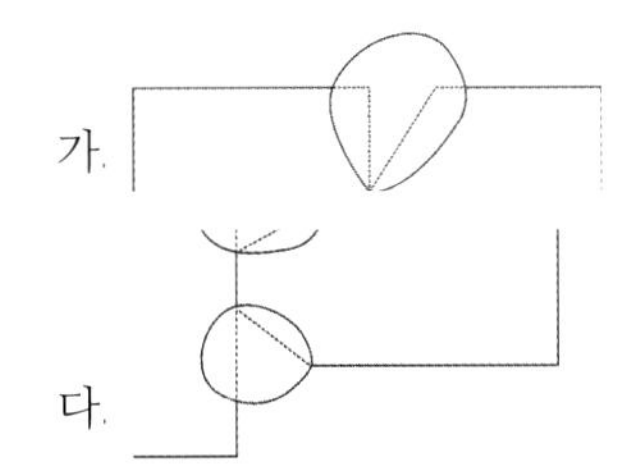

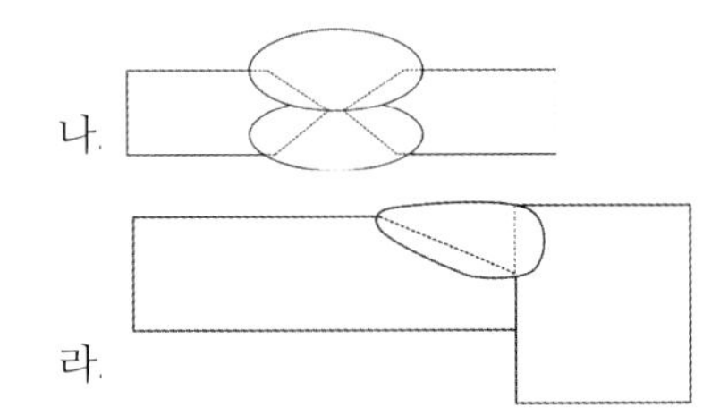

29 두 개의 금속 재료를 용접, 압접, 납땜으로 분류하여 접합하는 방법은?

가. 기계적인 접합법　　나. 화학적 접합법
다. 전기적 접합법　　라. 야금적 접합법

30 다음 중 용접 이음에 대한 설명을 틀리게 나타낸 것은?

가. 필릿 용접에서는 형상이 일정하고, 미 용착부가 없어 응력분포상태가 단순하다.
나. 맞대기 용접 이음에서 시점과 크레이터 부분에서는 비드가 급랭하여 결함을 일으키기 쉽다.
다. 전면 필릿 용접이란 용접선의 방향이 하중의 방향과 거의 직각인 필릿 용접을 말한다.
라. 겹치기 필릿 용접에서는 루트부에 응력이 집중되기 때문에 보통 맞대기 이음에 비하여 피로강도가 낮다.

연습문제 정답

1	2	3	4	5	6	7	8	9	10	11	12	13	14	15
다	나	가	라	라	가	라	라	가	가	다	가	가	나	라
16	**17**	**18**	**19**	**20**	**21**	**22**	**23**	**24**	**25**	**26**	**27**	**28**	**29**	**30**
라	다	가	다	가	나	나	다	라	가	나	라	나	라	가

2

용접안전

2.1 안전의 개요

인간의 생명은 그 무엇보다도 고귀하므로 존중되어야 하고 안전하게 지켜져야 한다. 그리고 모든 인간은 자기의 능력을 발휘하여 그 삶을 보다 윤택하고 행복하게 누리기 위해 산업현장에서 산업활동을 하게 된다.

이와 같은 산업현장에서 기계의 정확한 사용 방법을 알지 못한 미숙련 상태, 호기심 등으로 인하여 크고 작은 사고가 끊임없이 발생하고 있으며, 이러한 사고의 원인으로부터 근로자의 신체와 건강을 보호하는 것을 **안전**이라고 한다.

안전이라 함은 사고가 없는 상태를 말하며 **사고**란 물적 및 인적 피해가 발생되므로 이러한 사고가 없는 상태를 안전이라 정의할 수 있다.

2.2 산업 재해의 정의 및 원인

2.2.1 산업 재해의 정의

(1) 산업안전보건법 제2조

근로자가 업무에 관계되는 건설물, 설비, 원자재, 가스, 증기, 분진 등에 의하거나 작업 또는 업무로 인하여 사망 또는 부상하거나 질병에 걸리는 것을 말한다.

(2) 국제노동기구(international labor organization, ILO)

사고란 사람이 물체나 물질 또는 타인과의 접촉에 의해서 물체나 작업조건 속에 몸을 두었기 때문에, 또는 근로자의 작업 동작 때문에 사람에게 상해를 주는 사건이 일어나는 것을 말한다.

(3) 미국안전보건법(occupational safety and health act ; OSHA)

어떤 단순한 것이 아니고 직접 원인과 간접 원인의 복합적인 결합에 의하여 사고가 일어나고 그 결과 인적 피해나 물적 피해를 가져온 결과의 상태를 말한다.

2.2.2 재해의 원인

(1) 직접 원인(불안전한 행동이나 불안전한 상태)

인적요인	물적요인
• 안전장치의 기능 제거 • 불안전한 속도의 조작 • 불안전한 장비 사용, 장비 대신 손 사용 • 불안전한 자세 · 동작 • 안전복장 및 개인 보호구 미착용 • 운전 중에 주유, 수리, 청소 등의 행위	• 안전 방호장치 결함 • 불량 상태 방치 • 불안전한 설계, 구조, 건축 • 위험한 배열 · 정돈, 통로 미구분 • 불안전한 조명 및 환경 • 불안전한 계획, 공정, 작업 순서 등 • 안전표지 미부착, 경계 표시의 부재

(2) 간접 원인(기초원인)

① 조직적인 안전관리 활동의 결여, 감독자의 안전 결여 등

② 안전 활동의 수행 방향과 참여의 결여

③ 가드 설치의 실패, 충분한 응급 처리, 안전한 공구, 안전 작업환경 결여

④ 작업자의 사기 · 의욕 저하 및 안전규칙 이행 결여

(3) 기타(안전규칙 위배)

① 부적절한 태도

② 지식 또는 기능의 결여

③ 신체적인 부적격

2.2.3 재해 통계

재해 통계는 산업 간에 서로 비교하면서 앞으로 발생할 재해에 대하여 그 추이를 알아 예방계획 수립에 많은 도움을 줄 수 있으며, 안전 활동을 추진하는데 목표 설정이 되어 사업주와 근로자 사이에 서로 적극적인 협조로 안전에 대한 중요성 및 안전지식 수준을 높이는 데 기여할 수 있다.

(1) 재해율 측정

① **도수율** : 재해의 건수를 연 근로시간으로 나누고 100만 시간당으로 환산.

$$\text{도수율(frequency rate of injury)} = \frac{\text{산업재해 건수}(N)}{\text{연 근로시간}(H)} \times 10^6$$

② **강도율** : 총 손실근로일수를 연 근로시간으로 나누고 1000 시간당으로 환산.

$$\text{강도율(severity rate of injury)} = \frac{\text{총 손실일수}(N)}{\text{연 근로시간수}(H)} \times 10^3$$

2.3 아크 용접의 안전

2.3.1 전격에 의한 재해

아크 용접에서는 교류 또는 직류 용접기를 사용하기 때문에 1차측 전압이 220～380 V, 2차측 무부하 전압은 약 50～90 V 정도이므로 용접사 부주의, 설비의 미비, 작업환경의 불량, 복장 부적합, 젖은 손으로 홀더를 잡을 경우 등에 의해 전격을 받을 수 있다.

(1) 전격의 방지

① 캡타이어 케이블의 피복 상태, 용접기의 절연 상태, 접지 · 접속 상태 등을 용접 전에 확인하여 적정 상태를 유지할 것

② 보호구와 복장을 구비하고, 기름기가 묻었거나 젖은 것은 착용하지 말 것

③ 좁은 장소에서 작업할 때는 신체를 노출하지 않도록 할 것

④ 전격 방지기를 부착하며, 전압이 높은 교류 아크 용접기는 사용하지 말 것

⑤ 작업 종료 시에는 반드시 스위치를 차단시킬 것

⑥ 홀더는 손상되지 않은 안전 홀더를 사용하고, 함부로 방치하지 말고 반드시 정해진 장소에 놓아둘 것

(2) 감전되었을 때의 처리

① 당황하지 말고 침착하게 전원을 차단시킨다.

② 적당한 절연물을 사용하여 감전자를 구제한다.

③ 의사에게 연락하여 치료를 받도록 하고, 필요시 인공 호흡 등 응급처치를 한다.

표 2.1 용접 전류가 인체에 미치는 영향

허용전류(mA)	작용
1	반응을 느낀다.
8	위험을 수반하지 않는다.
8~15	고통을 수반한 쇼크(shock)를 느낀다. 근육운동은 자유롭다.
15~20	고통을 느끼고 가까운 근육이 저려서 움직이지 않는다.
20~50	고통을 느끼고 강한 근육 수축이 일어나며 호흡이 곤란하다.
50~100	순간적으로 사망할 위험이 있다.
100~200	순간적으로 확실이 사망한다.

주) $1A=10^3$ mA

2.3.2 아크 빛에 의한 재해

(1) 아크 빛에서 발광되는 광선의 종류

① 가시광선

벽이나 다른 물체에 반사되어 보호 렌즈를 쓰지 않은 주위 사람의 눈에 피해를 줄 수 있으며, 혹시 일시적으로 눈이 안 보일 수도 있다.

② 자외선

강한 자외선은 눈 및 눈 주위에 심한 염증을 생기게 할 수 있고, 매우 짧은 시간에 노출된 피부를 그을리게 하기 때문에 용접을 할 때에는 노출을 피해야 한다.

③ 적외선

이 광선은 전파보다 덜 발광하는 파장을 가진 열선이다. 또한 적외선은 백내장이나 망막의 손상을 유도하는 누적 효과를 생기게 할 수 있다.

(2) 차광용 보호 기구

① 헬멧 또는 핸드 실드

아크 용접 시 유해 광선, 스패터, 유독 가스 등으로부터 신체의 피해를 막기 위하여 사용한다.

② 차광 유리

눈의 피로함을 적게 하고 작업물의 윤곽이 선명하게 보일 수 있도록 용접 종류에 따라 렌즈의 차광도를 다르게 사용한다.

(a) 헬멧　(b) 핸드실드

그림 2.1 용접용 헬멧 및 핸드 실드의 종류

표 2.2 용접 작업에 따른 차광도

차광도 번호	사 용 처
6~7	가스 용접 및 절단, 30 A 미만의 아크 및 절단 또는 금속 용해 작업에 사용
8~9	고도의 가스 용접, 절단 및 30 A 이상 100 A 미만의 아크 용접, 절단 등에 사용
10~12	100 A 이상 300 A 미만의 아크 용접 및 절단 등에 사용
13~14	300 A 이상의 아크 및 절단에 사용

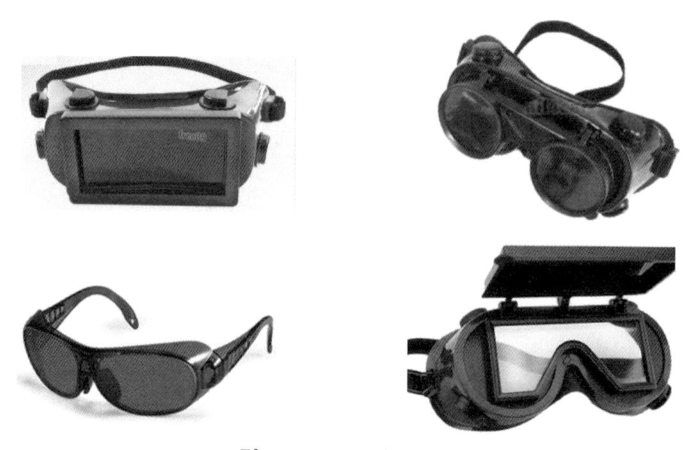

그림 2.2 보호 안경의 종류

2.3.3 중독성 가스의 재해

(1) 일산화탄소에 의한 중독

표 2.3 일산화탄소 중독 재해

중 독 내 용	체 적(%)
- 건강에 유해	0.01 이상
- 중독 작용이 생김	0.02 ~ 0.05 이상
- 몇 시간 호흡하면 위험	0.1 이상
- 30분 이상 호흡하면 사망할 위험	0.2 이상

(2) 이산화탄소에 의한 중독

표 2.4 이산화탄소 중독 재해

중 독 내 용	체 적(%)
- 건강에 유해	0.1 이상
- 두통 등의 증상에서부터 뇌빈혈을 일으킴	3 ~ 4
- 위험 상태	15 이상
- 치사량	30 이상

(3) 기타 연기에 의한 중독

납, 주석, 아연, 구리 등을 포함한 합금 및 도금한 것을 용접하는 경우에는 체액 속에 가장 잘 녹는 일산화납, 아연 연기 등이 생성되어, 중독 시 속이 메스껍고, 두통, 오한, 변비증, 구토 등이 발생한다.

염소, 불소와 같은 것을 함유하는 합성 수지나 도료 등이 가열되었을 때 분해 가스가 발생하여 장해를 일으킬 수가 있다.

(4) 유해 가스 중독 방지요령

① 용접 작업장의 통풍을 좋게 하고, 송풍기 등으로 환기하여 용접 중 발생하는 유해 가스를 흡입하지 않도록 한다.

② 탱크 또는 밀폐된 공간에서 용접 시 방독 마스크를 착용한다.

③ 아연 도금 강판의 용접 시 방진 마스크를 착용하도록 한다.

2.4 가스 용접의 안전

2.4.1 용기 취급 및 집중장치 안전

(1) 산소 용기의 취급 안전

① 산소 용기, 밸브, 조정기, 호스 등을 기름이 묻은 걸레로 문지르거나 기름 묻은 손 또는 기름 장갑으로 만지지 말 것

② 다른 종류의 가스에 사용한 조정기 또는 호스를 그대로 사용하지 말 것

③ 산소 용기 내에 다른 가스를 혼합하지 말 것

④ 산소 용기와 아세틸렌용기를 각각 별도의 장소에 보관할 것

⑤ 산소 용기에는 충격, 전도, 망치 등으로 타격을 가하지 말 것

⑥ 산소 용기은 직사광선, 난로 등 고온의 장소에 설치하지 말 것

⑦ 운반 시에는 반드시 밸브 보호캡을 씌워서 운반할 것

(2) 용해 아세틸렌 용기의 취급

① 아세틸렌 용기는 반드시 세워서 사용한다(아세톤 유출 방지).

② 압력 조정기나 호스 등의 접속부에서 가스가 누출되는지 항상 주의하며, 검사할 때는 비눗물을 사용한다.

③ 화기 등의 접근을 피하고, 빈병은 즉시 반납하고 잔여 가스가 나오지 못하게 밸브를 완전히 잠근다.

④ 아세틸렌 용기는 높은 온도의 장소에 놓는 것을 피해야 한다.

⑤ 가스 밸브의 고장으로 아세틸렌 가스가 누출하였을 때는 즉시 옥외의 통풍이 잘 되는 장소로 옮기고, 제조업자에게 연락하여 적절한 조치를 할 것

⑥ 용기의 안전밸브는 105±5℃에서 녹게 되므로 끓는 물이나 증기를 피할 것

(3) 가스 집합장치의 안전

① 가스 집합장치는 화기를 사용하는 설비에서 5 m 이상 떨어진 곳에 설치해야 한다.

② 가스 집합장치의 배관은 후랜지, 콕 등의 접합부에는 패킹을 사용하여 접합

면을 서로 밀착되게 하고 안전기를 설치한다.

③ 용해 아세틸렌의 배관 및 부속 기구에는 구리나 구리를 62% 이상 함유한 합금을 사용해서는 안 된다.

④ 가스 배관에는 산소용과 아세틸렌용과의 혼동을 방지하기 위한 조치를 취한다.

⑤ 사용하는 가스의 명칭과 최대 가스 저장량을 가스 장치실의 잘 보이는 곳에 게시한다.

⑥ 가스 용기를 교환할 때에는 책임자가 입회하고, 관계자 외 무단출입을 금하고 잘 보이는 곳에 안전수칙을 게시해야 한다.

2.4.2 폭발 재해

(1) 아세틸렌 가스의 위험성

① 온도의 영향
대기 중에서 열에 의하여 406～408℃ 부근에 도달하면 자연 발화를 하고, 505～515℃가 되면 폭발이 일어난다.

② 압력의 영향
0.1 Mpa 이하에서는 폭발의 위험이 없으나 0.2 Mpa 이상으로 압축하면 분해 폭발한다(불순물 포함 시 0.15 Mpa).

③ 화합물의 영향
- 구리, 은, 수은과 접촉되어 아세틸렌 구리, 아세틸렌 은, 아세틸렌 수은 등의 화합물로 생성되어, 건조 상태의 120℃ 부근에서 맹렬한 폭발성을 가지므로 아세틸렌 용기 및 배관 시 구리 및 동합금 사용 금지
- 폭발성 화합물은 습기, 녹, 암모니아가 있는 곳에서 생성되기가 더욱 쉽다.

(2) 연료 용기나 통의 폭발

① 폭발의 조건(가연성 물질＋산소＋점화＝폭발)
- 가연성 폭발물질
- 가연성 물질의 가스를 점화

• 연소하는 데 필요한 산소나 공기

② 폭발 방지의 가연성 가스 제거법

• 증기 또는 부식성 용액으로 가연성 물질 제거
• 용접 전 용기에 불활성 가스(질소, 헬륨, 아르곤)를 주입하여 공기나 산소 제거
• 고정된 용기나 작은 용기에 있는 기체를 증기 또는 물로 제거

2.4.3 화재 및 화상

(1) 용접 작업 시 화재 발생

① 용접과 절단 작업 중에 불꽃과 스패터가 튀기 때문에 작업장 부근의 가연물에 인화하여 화재를 일으키는 경우가 많다.

② 연소물로는 인화성 액체류가 가장 많이 있고, 기타 걸레, 목재 등을 들 수 있다.

③ 화재는 정돈된 용접 공장에서는 거의 일어나지 않고 현장의 수리 작업, 건설 현장 작업에서 많이 발생한다.

④ 카바이드 저장 안전시설 미비로 빗물이 침투하여 카바이드가 자연 발화하는 경우도 있다.

(2) 화재 및 소화기의 분류

① 화재의 분류

• A급 화재(일반화재) : 나무, 종이, 의류 등과 같이 연소 후 재를 남기는 화재
• B급 화재(유류화재) : 기름, 그리스, 페인트 등과 같이 액상 또는 기체상의 화재
• C급 화재(전기화재) : 전기시설의 전기 에너지에 의한 화재
• D급 화재(금속화재) : 금속칼륨, 금속나트륨, 유황 등의 화재
• E급 화재(가스화재) : 아세틸렌, 프로판, 도시가스 등 가연성 가스에 의한 화재

② 소화기의 종류

- 포말 소화기 : 내통과 외통으로 되어 있으며 내통에는 황산 알루미늄 용액을, 외통에는 탄산수소나트륨(중조) 용액에 기포 안정제를 섞어서 넣어 놓은 것이다. 이 두 용액이 혼합되면 이때 발생하는 탄산가스의 압력에 의하여 혼합액이 호스를 통해 방출된다.

  ※ 용도 : 목재, 섬유류 등의 일반 화재나 소규모 유류 화재
- 분말 소화기 : 사용 약제는 흡습성이 없고 유동성이 있으며, 탄산수소나트륨으로 구성되어 있다. 이 소화기는 건조된 분말을 배출시키기 위해 탄산가스통이 별도로 부착되어 있다.
- CO_2 소화기 : CO_2 가스를 상온에서 압축시켜 액화한 것으로 고압으로 방출되며, 소규모의 인화성 액체 화재나 불도전성 소화제를 필요로 하는 전기화재의 초기 진화에 유효하다.

  ※ 용도 : 소규모의 전기화재 초기 진화용

(a) 포말소화기

(b) 분말소화기

(C) CO_2소화기

그림 2.3 소화기의 종류

표 2.5 소화기의 종류별 용도

화재 종류 / 소화기 종류	A : 보통 화재	B : 기름 화재	C : 전기 화재
포말 소화기	적합	적합	부적합
분말 소화기	양호	적합	양호
CO_2 소화기	양호	양호	적합

③ 소화 대책

- 소화기의 배치 장소는 눈에 잘 띄고, 발화가 예상되는 장소에서 이용하기 쉬운 곳에 위치할 것
- 실외에 설치할 때는 상자에 넣어 보관할 것
- 소화기는 정기적으로 관계기관의 점검을 받도록 하여 최상의 상태를 유지할 것

(3) 화상과 응급 처치

① 용접 작업 시 화상

- 토치의 점화 작업 중의 불꽃 및 스패터에 의한 손발의 화상, 아크 용접 구조물 접촉에 의한 화상, 아세틸렌 호스와 토치 접속부가 느슨해졌거나 빠져서 인화될 때 착화에 의한 화상 등이 있다.

② 화상의 종류

- 1도 화상(피부가 붉게 되고 화끈거리고 아픈 정도) : 냉찜질이나 붕산수로 찜질한다.
- 2도 화상(피부가 빨갛게 되고 물집이 생김) : 1도 화상과 같은 조치를 취하고, 물집을 터트리지 말 것
- 3도 화상(피하 조직의 생활력 상실) : 2도 화상과 같은 조치를 취하고, 즉시 의사에게 보일 것

※ 1도 화상이라도 화상 부위가 전신의 30%에 달하면 생명이 위험하니 주의할 것

③ 응급처치 요령

- 화상 부위를 맨손으로 만져서는 안 된다.
- 상처에 연고나 로션(lotion)을 써서는 안 된다.
- 화상 위의 탄 옷은 제거해야 한다.
- 물집을 터트리지 말아야 한다.
- 화상 부위는 모두 화상용 붕대로 씌운다.
- 쇼크 방지 치료법을 이용한다.
- 가능한 빨리 의사의 치료를 받는다.

2.4.4 용접 분진 안전

분진(fumes)은 용접 시 만들어지는 산화물의 일종으로 아크 용접에서는 모재의 산화물과 피복제에서 발생되고, 산소－아세틸렌에서는 저용융 온도의 주석을 입힌 용제 사용시 발생한다.

이러한 분진은 건강에 유독한 가스, 즉 연기에서 생겨나는 냄새가 나는 가스 또는 증기 등으로 존재하기 때문에 안전상 유의를 해야 하며, 방지책으로 작업장 통풍, 넓은 작업공간 확보, 방진 마스크 착용 등이 필요하다.

(1) 구리 및 아연의 분진

두통, 오한(6～8시간 이상 체온이 오르내리는 현상) 및 가슴이 꽉 죄이는 증상이 나타난다.

(2) 납의 분진

일산화납은 체액 속에 잘 녹기 때문에 혈액 또는 뼈 속에 납을 축적시키고, 변비증, 구토, 메스꺼움 등이 발생한다.

(3) 카드뮴의 분진

카드뮴은 청백색인 금속 원소이며, 아연 도금한 물질과 모양이 유사하며 매우 유독하다.

(4) 분진의 방지책

① 용접 작업의 칸막이가 공기의 유동을 방해하지 않도록 설치한다.
② 분진이 발생하는 금속의 용접 시 분진 마스크를 착용해야 한다.
③ 환기 시설을 설치하여 유독 가스를 제거해야 한다.

2.5 기타 안전표시

(1) 산업안전 표지

하얀 바탕 위에 녹십자를 그린 표지가 우리나라에서 산업 안전의 상징으로 쓰이게 된 것은 1964년 노동부 예규 제6호에 따른 것이다. 녹십자의 표지는 산업안전관리에 대한 기업주의 각성을 촉구하고, 근로자의 주의를 환기시키기 위하여 각 사업장의 위험한 장소나 근로자의 출입이 빈번한 장소에 게시하도록 권장하고 있다.

그림 2.4 산업안전 표지

(2) 안전표지 색체

① 빨강 : 방화, 금지, 정지, 고도의 위험

② 황적 : 위험, 항해, 항공의 보안시설

③ 노랑 : 주의(충돌, 추락, 걸려서 넘어지는 광고)

④ 녹색 : 안전, 피난, 위생 및 구호, 진행

⑤ 청색 : 지시, 주의(보호구 착용 등 안전위생을 위한 지시)

⑥ 자주 : 방사능

⑦ 흰색 : 통로, 정돈

⑧ 검정 : 위험 표지의 문자. 유도 표지의 화살표

(3) 가스 용기의 표시 색체

가스 종류	도색 구분	가스 종류	도색 구분
산소	녹색	아세틸렌	황색
수소	주황색	아르곤	회색
액화 탄산가스	청색	액화 암모니아	백색
LPG	회색	기타 가스	회색

2.6 가스 용접의 안전수칙

(1) 안전 작업 수칙

① 가스 용기는 열원으로부터 먼 곳에 세워서 보관하고, 전도 방지 조치를 한다.

② 용접 작업 중 불꽃 등이 튀김에 의하여 화상을 입지 않도록 방화복이나 가죽 앞치마, 가죽 장갑 등의 보호구를 착용한다.

③ 시력 보호를 위하여 규격에 따른 보안경을 착용한다.

④ 산소 밸브는 기름이 묻지 않도록 한다.

⑤ 가스 호스는 꼬이거나 손상되지 않도록 하고 용기에 감지 않는다.

⑥ 안전한 호스 연결 기구(호스 클립, 호스 밴드 등)만을 사용한다.

⑦ 검사받은 압력 조정기를 사용하고, 안전밸브 작동 시에는 화재 · 폭발 등의 위험이 없도록 가스 용기를 안전 장소로 즉시 이동한다.

⑧ 가스 호스의 길이는 최소 5 m 이상 되어야 한다.

⑨ 호스를 교체하고 처음 사용하는 경우에는 사용하기 전에 호스 내의 이물질을 깨끗이 불어내고 사용한다.

⑩ 조정기와 호스 연결부 사이에 역화 방지기를 반드시 설치해야 한다.

(2) 안전 작업 방법

① 환기가 불충분한 장소에서의 가스 용접 및 절단 작업 시 준수사항

- 호스와 취관은 손상에 의하여 누출될 우려가 없는지 확인한다.
- 호스 등의 접속 부분은 호스 밴드, 클립 등의 조임 기구를 사용하여 확실하게 조인다.

- 절단 작업 시에는 산소의 과잉 방출로 인한 화상의 예방을 위하여 충분히 환기시킨다.
- 작업을 중단하거나 작업장을 떠날 때에는 가스용기의 밸브, 콕을 잠근다.
- 작업이 완료된 경우에는 가스용기를 안전한 장소로 이동하여 보관하고 용기가 넘어지지 않도록 고정한다.

② 가스 용기 취급 시의 준수사항

- 위험한 장소, 통풍이 안 되는 장소에 보관, 방치하지 않는다.
- 용기의 온도를 40℃ 이하로 유지한다.
- 충격을 가하지 않도록 하고, 충격에 대비하여 방호망 등을 설치한다.
- 건설 현장이나 설비 공사 시에는 용기 고정장치 또는 운반구를 사용한다.
- 운반 시 캡을 씌워 충격에 대비한다.
- 사용 시에는 용기의 밸브 주위에 있는 유류, 먼지를 제거한다.
- 밸브는 서서히 열어 갑작스럽게 가스가 분출되지 않도록 하고, 충격에 대비한다.
- 사용 중인 용기와 빈 용기를 명확히 구별하여 보관한다.
- 용기의 부식, 마모, 변형 상태를 점검한 후 사용한다.

③ 용접 작업장의 안전조치

- 용접 작업장에는 분말 소화기와 같은 적절한 소화기를 비치한다.
- 아세틸렌 용접장치에 대하여는 그 취관마다 안전기를 설치한다.
- 가스 집합장치는 화기를 사용하는 설비로부터 5 m 이상 떨어진 장소에 설치한다.
- 도관에는 아세틸렌관과 산소관과의 혼동을 방지하기 위한 표시를 한다.

④ 용접 작업 중 안전조치

- 흄 또는 분진이 발산되는 옥내 작업장에 대하여는 국소 배기장치를 설치하는 등 필요한 조치를 한다.
- 용접 작업 시 발생하는 불꽃이나 스패터의 튀김을 고려하여 인화 물질과 충분한 거리를 확보한다.
- 탱크 내부 등 통풍이 불충분한 장소에서 용접 작업을 할 때에는 탱크

내부의 산소 농도를 측정하여 산소 농도가 18% 이상이 되도록 유지하거나, 공기 호흡기 등 호흡용 보호구를 착용한다.

⑤ 위험물질 보관 용기 등의 용접 작업 시 안전조치

- 위험물질을 보관하던 배관, 용기, 드럼에 대한 용접·절단 작업 시는 내부에 폭발이나 화재 위험물질이 없는 것을 확인하고 작업한다.
- 용기 내에 폭발 및 인화성 가스가 체류하고 있을 때는 다음과 같은 방법으로 가스를 완전히 배출시킨 후 용접 작업을 한다.
- 체류하고 있는 가스가 공기보다 가벼운 경우는 공기보다 무거운 이산화탄소를 주입하여 배출시킨다.
- 체류하고 있는 가스가 공기보다 무거운 경우는 공기보다 가벼운 질소를 주입하여 배출시킨다.
- 용기의 이동이 곤란한 경우는 용기 내에 물을 채워 가스를 배출시킨다.

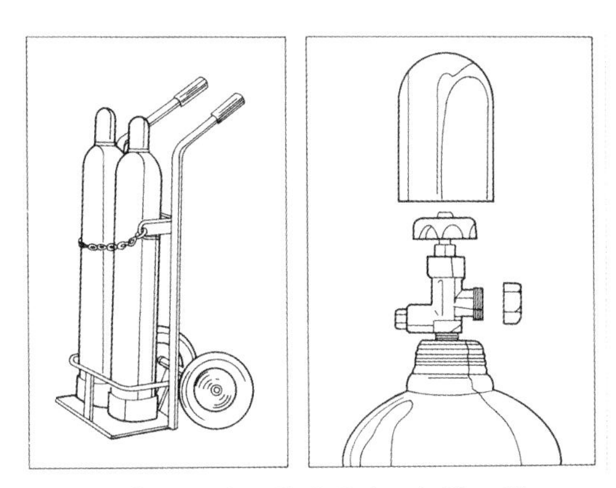

그림 2.5 가스 용기 운반구와 밸브 캡

그림 2.6 배출가스 배기장치

2장 연습문제 용접안전

01 작업 안전모의 내부 수직거리로 가장 적당한 것은?

가. 25 mm 이상 50 mm 미만일 것
나. 15 mm 이상 40 mm 미만일 것
다. 10 mm 미만일 것
라. 25 mm 미만일 것

02 아크 용접 시 전격의 방지대책에 대한 설명 중 틀린 것은?

가. 땀, 물 등에 의해 습기찬 작업복, 장갑, 구두 등을 착용해도 된다.
나. 홀더나 용접봉은 절대로 맨손으로 취급하지 않는다.
다. 용접기의 내부에 함부로 손을 대지 않는다.
라. 절연 홀더의 절연부분이 노출 · 파손되면 곧 보수하거나 교체한다.

03 헬멧이나 핸드실드의 차광유리 앞에 보호유리를 끼우는 이유는?

가. 시력을 보호하기 위하여
나. 가시광선을 차단하기 위하여
다. 적외선을 차단하기 위하여
라. 차광유리를 보호하기 위하여

04 피복 아크 용접 작업의 안전사항으로 가장 적합하지 않은 것은?

가. 저압전기는 어느 작업이든 안심할 수 있다.
나. 퓨즈는 규정된 대로 알맞은 것은 끼운다.
다. 전선이나 코드의 접속부는 절연물로서 완전히 피복하여 둔다.
라. 용접기 내부에 함부로 손을 대지 않는다.

05 작업 시 귀마개를 착용하고 작업하면 안 되는 작업자는?

가. 조선소 용접 및 취부 작업자
나. 자동차 조립공장의 조립 작업자
다. 판금 작업장의 판출 판금 작업자
라. 강재 하역장의 크레인 신호자

06 응급 환자의 응급처리 구명 4단계에 해당되지 않는 것은?

가. 기도유지
나. 상처 보호
다. 환자 이송
라. 지혈

07 아크 용접 작업 시 전격을 예방하는 방법으로 틀린 것은?

가. 전격방지기를 부착한다.
나. 용접홀더에 맨손으로 용접봉을 갈아 끼운다.
다. 용접기 내부는 함부로 손을 대지 않는다.
라. 절연성이 좋은 장갑을 사용한다.

08 산업안전 · 보건표지의 색채, 색도기준 및 용도에서 색채에 따른 용도를 올바르게 나타낸 것은?

가. 빨간색 : 안내
나. 파란색 : 지시
다. 녹색 : 경고
라. 노란색 : 금지

09 아크 용접 작업의 재해로 볼 수 있는 것은?

가. 아크 광선에 의한 전안염
나. 스패터 비산으로 인한 화상
다. 역화로 인한 화재
라. 전격에 의한 감전

10 교류 아크 용접기는 무부하 전압이 높아 전격의 위험이 있으므로 안전을 위하여 전격 방지기를 설치한다. 이때 전격 방지기의 2차 무부하 전압은 몇 V 범위로 유지하는 것이 적당한가?

가. 80~90 V 이하
나. 60~70 V 이하
다. 40~50 V 이하
라. 20~30 V 이하

11 금속나트륨, 마그네슘 등과 같은 가연성 금속의 화재의 분류 표기로 맞는 것은?

가. A급 화재
나. B급 화재
다. C급 화재
라. D급 화재

12 작업 시 안전을 위하여 가죽장갑을 사용할 수 있는 작업은?

가. 드릴링 작업
나. 선반 작업
다. 용접 작업
라. 밀링 작업

13 CO_2 가스 아크 용접 시 작업장의 CO_2 가스 농도가 몇 % 이상이면 인체에 위험한 상태가 되는가?

가. 1%
나. 4%
다. 10%
라. 15%

14 산업안전 · 보건표지의 색체, 색도기준 및 용도에서 비상구 및 피난소, 사람 또는 차량의 통행표지에 사용되는 색체는?

가. 빨간색 나. 노란색
다. 녹색 라. 흰색

15 가스 용접 작업 시 안전 사항으로 적당하지 않은 것은?

가. 산소병은 60℃ 이하 온도에서 보관하고, 직사광선을 피하여 보관한다.
나. 호스는 길지 않게 하며, 용접이 끝났을 때는 용기 밸브를 잠근다.
다. 작업자 눈을 보호하기 위해 적당한 차광유리를 사용한다.
라. 호스 접속구는 호스 밴드로 조이고 비눗물 등으로 누설 여부를 검사한다.

16 용접 작업에서 안전에 대해 설명한 것 중 틀리게 설명한 것은?

가. 높은 곳에서 작업할 경우 추락, 도괴, 낙하 등의 위험이 있으므로 안전벨트와 안전모를 착용한다.
나. 용접 작업 중에 여러 가지 유해 가스가 발생하기 때문에 통풍 또는 환기 장치가 필요하다.
다. 가연성의 분진, 화약류 등 위험물이 있는 곳에서는 용접을 해서는 안 된다.
라. 가스 용접은 강한 빛이 나오지 않기 때문에 보안경을 착용하지 않아도 괜찮다.

17 인체에 전류가 몇 [mA] 이상 흐르면 사망할 위험이 있는가?

가. 8 나. 15
다. 20 라. 50

18 작업장에서 보호 안경이 필요 없는 작업은?

가. 탁상 그라인더 작업 나. 디스크 그라인더 작업
다. 수동가스 절단 작업 라. 금긋기 작업

19 산소와 아세틸렌 용기 취급 시 주의할 사항으로 틀린 것은?

가. 산소 용기 운반 시는 충격을 주어서는 안 된다.
나. 아세틸렌 용기는 안전하게 옆으로 뉘워서 사용한다.
다. 산소 용기 내에 다른 가스를 혼합하면 안 된다.
라. 아세틸렌 용기 가까이 불꽃이 튀어서는 안 된다.

20 용접에서 안전을 위한 작업 복장을 설명한 것 중 틀린 것은?

가. 작업 특성에 맞아야 한다.
나. 기름이 묻거나 더러워지면 세탁하여 착용한다.
다. 무더운 계절에는 반바지를 착용한다.
라. 고온 작업 시에도 작업복을 벗지 않는다.

21 일반적으로 가스 폭발을 방지하기 위한 예방대책 중 가장 먼저 조치 할 것은?

가. 방화수 준비
나. 가스 누설의 방지
다. 착화의 원인 제거
라. 배관의 강도 증가

22 LP가스 취급 시 화재 사고를 예방하는 대책을 설명한 것으로 틀린 것은?

가. 용기의 설치는 가급적 옥외에 설치한다.
나. 용기는 직사일광의 차단이나 낙하물에 의한 손상을 방지하기 위하여 상부에 덮개를 한다.
다. 옥외에서 옥내 장소까지는 금속 고정 배관으로 하고, 고무호스는 될 수 있는 대로 길게 한다.
라. 연소기구 주위의 가연물과 충분한 거리를 둔다.

23 아크 용접 작업 시 전격에 관한 주의사항으로 틀린 것은?

가. 무부하 전압이 필요 이상으로 높은 용접기는 사용하지 않는다.
나. 낮은 전압에서는 주의하지 않아도 되며, 피부에 적은 습기는 용접하는데 지장이 없다.
다. 작업 종료 시 또는 장시간 작업을 중지할 때는 반드시 용접기의 스위치를 끄도록 한다.
라. 전격을 받는 사람을 발견했을 때는 즉시 스위치를 꺼야 한다.

24 용접 작업장에서 전격 방지 대책에 대한 설명 중 틀린 것은?

가. 용접기의 내부에 함부로 손을 대지 않는다.
나. 홀더나 용접봉은 절대로 맨손으로 취급하지 않는다.
다. 가죽장갑, 앞치마, 발덮개 등 규정된 보호구를 반드시 착용한다.
라. 땀, 물 등에 의해 습기 찬 작업복, 장갑, 구두 등을 착용하여도 이상 없다.

25 산소 용기의 취급 시 주의사항으로 맞는 것은?

가. 넘어지지 않도록 눕혀서 보관한다.
나. 햇빛이 잘 드는 옥외에 보관한다.
다. 누설시험은 비눗물로 한다.
라. 밸브는 녹슬지 않도록 기름을 칠해둔다.

26 다음 중 아르곤 용기를 나타내는 색상은?

가. 황색
나. 녹색
다. 회색
라. 흰색

27 가스 용접 작업 시 안전사항으로 틀린 것은?

가. 가연성 물질이 없는 안전한 장소를 선택한다.
나. 기름이 묻어 있는 잡업복을 착용해서는 안 된다.
다. 아세틸렌병은 세워서 사용하며 충격을 주면 안 된다.
라. 차광안경을 착용해서는 안 된다.

28 다음 중 피복 금속 아크 용접을 할 때 전격의 위험이 가장 높은 경우는?

가. 용접 중 접지가 불량할 때
나. 용접부가 두꺼울 때
다. 용접봉이 굵고 전류가 높을 때
라. 용접부가 불규칙할 때

29 가스 용접에서 산소용 고무호스의 색상으로 적당한 것은?

가. 노랑
나. 흑색
다. 흰색
라. 적색

30 CO_2 가스 아크 용접 시 이산화탄소의 농도가 3~4%이면 인체에 나타나는 현상이 일어나는가?

가. 두통, 뇌빈혈을 일으킨다.
나. 위험상태가 된다.
다. 치사(致死)량이 된다.
라. 아무렇지도 않다.

연습문제 정답	1	2	3	4	5	6	7	8	9	10	11	12	13	14	15
	가	가	라	가	라	다	나	나	다	라	라	다	라	다	가
	16	17	18	19	20	21	22	23	24	25	26	27	28	29	30
	라	라	라	나	다	라	다	나	라	다	다	라	가	나	가

3

피복 아크 용접

3.1 아크 용접의 개요

3.1.1 아크 용접의 원리

(1) 피복 아크 용접

피복 아크 용접은 **피복 금속 아크 용접**(shield metal arc welding : SMAW)이라고도 하며, 피복제를 바른 용접봉과 모재 사이에 발생하는 아크의 열을 이용하여(약 5,000℃) 모재와 용접봉을 녹여서 접합하는 **용극식 방법**(consumable electrode method)으로, 일명 전기 용접이라고도 부른다.

이 용접법은 용접봉과 모재(base metal) 사이에 교류 또는 직류의 전압을 걸고 아크를 발생시키면 그림 3.1과 같이 아크의 열에 의하여 모재와 용접봉이 녹아서 금속 증기와 용적(globule)이 되어 아크 속을 지나 **용융지**(molten weld pool)로 옮아가서 **용착 금속**(weld metal)을 만든다. 이때 모재의 녹아 들어간 깊이를 **용입**(penetration)이라 한다.

피복 아크 용접은 용접장비가 간단하여 이동 작업이 용이하고, 보호 가스가 불필요하기 때문에 옥외의 작업도 가능하며, 전 자세로 용접을 할 수 있어 거의 모든 금속의 용접에 적용할 수 있는 장점 때문에 광범위하게 사용되고 있다.

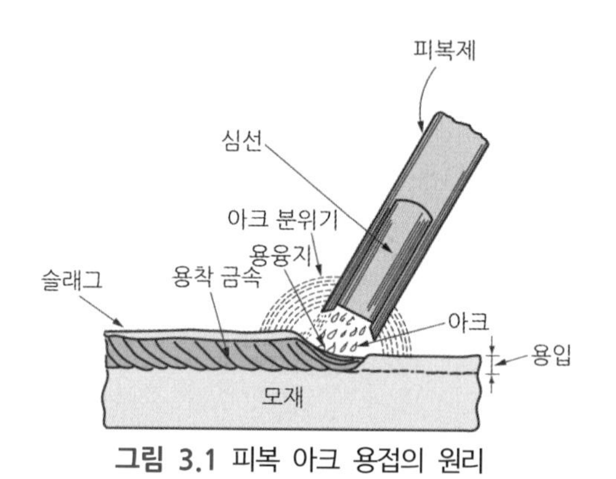

그림 3.1 피복 아크 용접의 원리

(2) 용접 회로

피복 아크 용접의 회로는 그림 3.2와 같이 용접기(welding machine), 전극 케이블(electrode cable), 용접봉 홀더, 피복 아크 용접봉(coated electrode), 아크(arc), 모재, 접지 케이블(ground cable) 등으로 이루어져 있으며, 용접기에서 발생한 전류가 전극 케이블을 지나서 다시 용접기로 되돌아오는 전 과정을 **용접 회로**(welding cycle)라 한다.

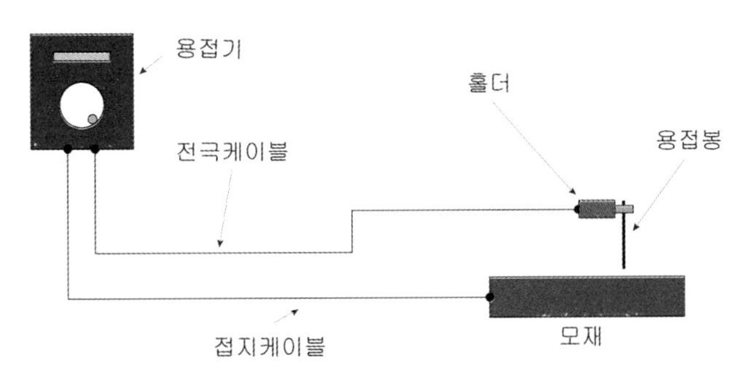

그림 3.2 피복 아크 용접 회로

3.1.2 피복 아크 용접의 특징

피복 아크 용접법의 장점으로는 직접 용접에 이용되는 열효율이 높고, 열의 집중이 좋아 효율적인 용접을 할 수 있다. 또한 폭발의 위험성이 없으며, 가스 용접에 비해 용접 변형이 적고 기계적 강도가 양호하다.

단점으로는 전격의 위험성이 있으며, 가스 용접에 비해 유해 광선의 발생이 많다.

3.2 아크의 성질

3.2.1 아크

(1) 아크 현상

용접봉과 모재 사이에 전류를 통하고 용접봉을 모재에 접촉시켰다가 약간 떼면, 두 전극 사이에서 강력한 불꽃 방전이 일어나게 되는데, 이 불꽃 방전을 **아크**(arc)라 한다. 이 아크는 대단히 강한 빛과 열을 발생하므로 적당한 차광유리를 사용하지 않으면 직접 육안으로 관찰할 수 없다. 이 아크를 통하여 약 10～500 A의 전류가 흘러 금속 증기와 그 주위의 각종 기체 분자가 해리되어 양전기를 띤 양이온과 음전기를 띤 전자(electron)로 분리되어 고속으로 이동하기 때문에 아크 전류가 끊어지지 않고 연속하여 흐르게 된다.

(2) 직류 아크 중의 전압 분포

그림 3.3과 같이 2개의 금속 전극에 직류 전원을 접속시킨 후 수평으로 서로 마주보게 하여, 전극을 살짝 접촉시켰다가 떼면 전극 사이에 아크가 발생한다. 이때 전원의 (+)에 접속된 쪽을 **양극**(anode), (−)에 접속된 쪽을 **음극**(cathode)이라 하며, 음극과 양극간에 발생된 불꽃 방전을 **아크 기둥**(arc column) 또는 **아크 플라스마**(arc plasma)라고 한다.

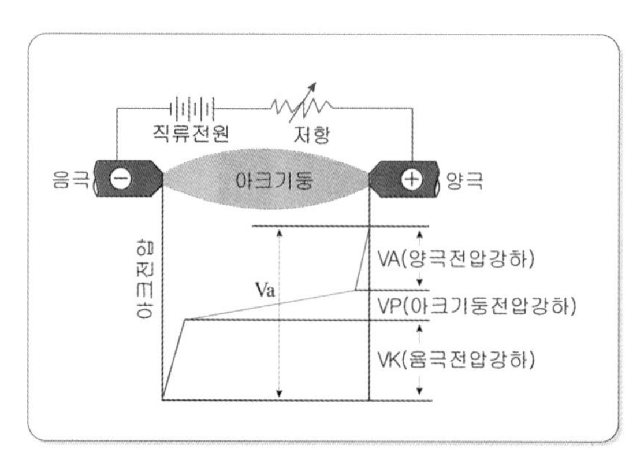

그림 3.3 직류 아크 중의 전압분포

그림에서 아크 길이 방향으로 전압을 측정해 보면 양극 부근과 음극 부근에서 급격한 전압 강하가 있고, 아크 기둥 부근에서는 길이에 따라 일정 비율의 전압 강하가 있다.

이때 양극 부근에서의 전압 강하를 **양극 전압 강하**(anode voltage drop, VA), 음극 부근에서의 전압 강하를 **음극 전압 강하**(cathode voltage drop, Vk), 아크 기둥 부분의 전압 강하를 **아크 기둥 전압 강하**(arc column voltage drop, Vp)라 하며, 이 전체의 전압을 아크 전압(Va)이라 할 때, 다음과 같은 식으로 나타낼 수 있다.

$$V_a = V_k + V_p + V_A$$

(3) 아크의 특성

① 부저항 특성

일반 전기회로는 옴의 법칙(Ohm's law)에 따라 동일 저항에 흐르는 전류는 그림 3.4와 같이 그 전압에 비례하지만, 아크의 경우는 그와 반대로 전류가 증가하게 되면 저항이 작아져서 전압이 낮아지게 되는데, 이러한 현상을 아크의 부저항 특성 또는 **부특성**이라고 한다. 부특성은 아크 전류가 보통 100 A 미만의 낮은 전류에서 아크 전류 밀도(current density)가 작을 때 나타나며, 전류 밀도가 크면 그림 3.5와 같이 아크 길이에 따라 전압이 약간 상승하는 상승 특성을 나타낸다. 아크 전압은 용접봉과 보호 가스(shield gas)의 종류에 따라 변하는 성질이 있으므로 피복제를 알맞게 사용하여 보호 가스를 발생시키면 낮은 아크 전압에서도 안정된 아크를 얻을 수 있게 된다.

② 아크 길이 자기 제어 특성

아크 전류가 일정할 때 아크 전압이 높아지면 용접봉의 용융 속도가 늦어지고, 아크전압이 낮아지면 용융 속도는 빨라진다. 이와 같은 특성을 **아크 길이 자기 제어 특성**(arc lenght selfcontrol characteristics)이라 한다. 아크 길이 자기 제어 특성은 전류 밀도가 클 때 가장 잘 나타나고, 자동 용접에서 와이어를 자동으로 송급할 경우 용접 중에 아크 길이가 다소 변하더라도 아크는 자기 제어 특성에 의해 항상 일정한 길이를 유지하게 된다.

3.2.2 직류 용접에서의 정극성과 역극성

직류 아크 용접기의 전극에서 발열은 양극(+) 쪽에서 약 70%, 음극(−)에서 약 30% 정도가 발생되므로 양극에 용접봉을 연결하면 용접봉 쪽의 발열이 높아 용접봉의 용융이 빨라지게 되고, 반대로 모재에 양극을 연결하면 모재에서의 발열이 높아 모재가 녹는 속도가 빨라져 용입이 깊어지게 된다. 그러므로 직류 아크 용접기를 사용하여 용접할 경우에는 극성에 따라 용입에 차이가 생기므로 주의해야 하는데, 그림 3.6의 (a)

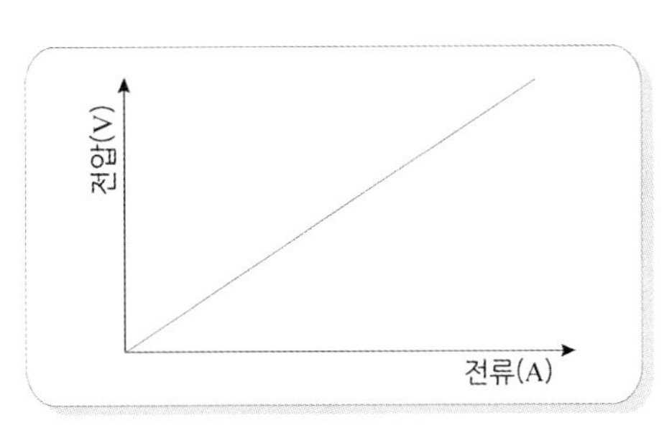

그림 3.4 일반 전류 전압 특성

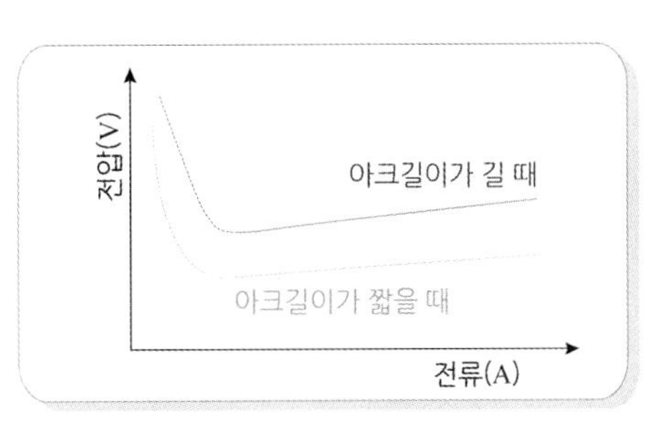

그림 3.5 아크의 전압, 전류 특성

와 같이 용접봉에 (－)극을 연결하고, 모재에 (+)을 연결하는 것을 **직류 정극성**(DC electrode negative : DCEN, 또는 DC straight polarity : DCSP)이라 하고, (b)와 같이 용접봉에 (+)극을 연결하고, 모재에 (－)극을 연결하는 것을 **직류 역극성**(DC electrode positive : DCEP, 또는 DC reverse polarity : DCRP)이라 한다. 교류 아크 용접기에서는 양극과 음극이 수시로 바뀌는 관계로 극성에 관한 효과는 나타나지 않고, 정극성과 역극성의 중간 형태의 용입이 얻어진다. 표 3.1은 극성에 따른 용입의 특징을 비교하여 나타낸 것이다.

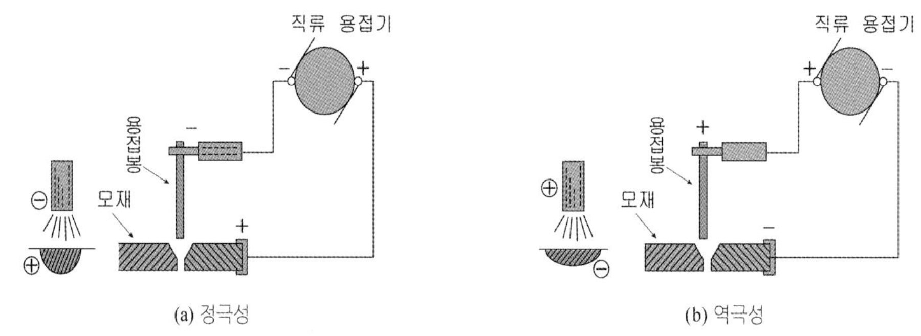

(a) 정극성　　　(b) 역극성

그림 3.6 직류 아크 용접의 정극성과 역극성의 결선 상태

표 3.1 직류 정극성과 역극성 및 교류 용접의 특징

극성	용입상태	열분배	특징
정극성 (DCSP)		용접봉(－) : 30% 모재(+) : 70%	① 모재의 용입이 깊다. ② 용접봉의 녹음이 느리다. ③ 비드 폭이 좁다. ④ 일반적으로 많이 쓰인다.
역극성 (DCRP)		모재(－) : 30% 용접봉(+) : 70%	① 용입이 얕다. ② 용접봉의 녹음이 빠르다. ③ 비드 폭이 넓다. ④ 박판, 주철, 고탄소강, 합금강, 비철 금속의 용접에 쓰인다.
교류 (AC)		–	직류 정극성과 직류 역극성의 중간 상태

3.2.3 용접 입열

용접부에 외부에서 주어지는 열량을 **용접 입열**(weld heat input)이라 하고, 용접 입열은 양호한 용접 이음을 위하여 충분해야 한다. 만약 용접 입열이 적당하지 못하면 용융 불량, 용입 불량 등의 용접 결함이 발생할뿐 아니라, 지나치게 적을 경우에는 모재가 녹지 않아 양호한 용접을 할 수 없게 된다. 피복 아크 용접에 있어서 용접의 단위 길이 1 cm당 발생하는 전기적 에너지 H(용접 입열)는 아크 전압 E(V), 아크 전류 I(A), 용접 속도 V(cm/min)라 할 때 다음과 같이 계산될 수 있다.

$$H = \frac{60EI}{V} \text{ (Joule/cm)}$$

일반적으로 모재에 흡수된 열량은 입열의 75~85% 정도가 된다.

3.2.4 용접봉의 용융

(1) 용접봉의 용융 속도

용접봉의 **용융 속도**(melting rate)는 단위 시간당 소비되는 용접봉의 길이 또는 무게로써 나타내는데 실험 결과에 의하면 아크 전압과는 관계가 없다. 따라서 용융 속도는 다음과 같이 결정되고,

$$\text{용융 속도} = \text{아크 전류} \times \text{용접봉 쪽 전압 강하}$$

또 지름이 달라도 종류가 같은 용접봉인 경우의 용접봉의 용융 속도는 전류에만 비례하고, 용접봉의 지름에는 관계가 없다.

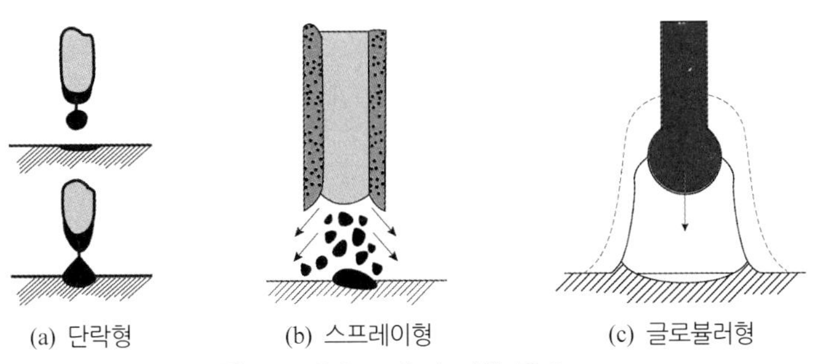

(a) 단락형 (b) 스프레이형 (c) 글로뷸러형

그림 3.7 용융 금속의 이행 형태

(2) 용접봉의 용적 이행

용접봉에서 모재로 용융 금속이 옮겨가는 상태는 그림 3.7에서와 같이 단락형(short circuit type), 스프레이형(spray type), 글로뷸러형(globular type) 등으로 분류된다.

① 단락형(short circuit type)

그림 3.7(a)와 같이 용적(globule)이 용융지에 접촉하여 단락되고, 표면장력의 작용으로 모재에 옮겨가서 용착된다. 이러한 현상은 비피복 용접봉을 사용시 흔히 나타난다.

② 스프레이형(spray type)

그림 3.7(b)와 같이 피복제의 일부가 가스화하여 가스를 뿜어냄으로써 미세한 용적이 스프레이와 같이 날려 모재에 옮겨가서 용착되는 형식이다. 이것은 일미나이트계 용접봉을 비롯하여 피복 아크 용접봉 사용 시에 나타난다.

③ 글로뷸러형(globular type)

그림 3.7(c)와 같이 가스 메탈 아크 용접에서 전류가 비교적 낮은 경우에는 보호가스의 조성에 관계없이 입상용적(globular) 이행 형태가 나타난다. 입상용적 이행은 이행되는 용적의 직경이 용접와이어의 직경보다 크다는 것과 용적이 용융지에 직접 접촉하지 않는다는 것이 특징인데, 와이어의 선단에서 와이어 직경의 2～3배 정도의 크기로 성장된 입적이 중력에 의해 이탈되어 초당 수개에서 수십 개씩 용융지로 자유 낙하하여 이행하는 형태로 일명 **핀치 효과형**이라고도 한다.

3.3 아크 용접 기기

표 3.2 아크 용접기의 분류

구 분	종 류	아 크 안정성	비피복봉 사 용	극성 변화	자기쏠림 방 지	역 률	가 격
교류 아크 용접기 (AC arc welder)	가동 철심형 가동 코일형 탭 전환형 가포화 리액터형	보통	불가능	가능	가능	불량	저렴
직류 아크 용접기 (DC arc welder)	발전형 정류기형	우수	가능	불가능	불가능	양호	고가

3.3.1 교류 아크 용접기

교류 아크 용접기는 일반적으로 가장 많이 사용되고 있으며, 보통 1차 측은 220 V의 전원에 접속하고, 2차 측의 무부하 전압이 70~80 V가 되도록 만들어져 있다. 교류 아크 용접기의 구조는 일종의 변압기이지만 보통의 전력용 변압기와는 약간 다르다.

용접 변압기의 리액턴스에 의하여 수하 특성을 얻고 있으며 **누설 자속**(magnetic leakage flux)에 의하여 전류를 조정한다. 또한 자기 쏠림의 방지에도 효과가 있으며, 구조가 간단하고 가격이 싸며, 보수도 용이하므로 널리 이용되고 있다. 용접 전류 조정 방법에 의하여 분류하면 가동 철심형, 가동 코일형, 탭 전환형, 가포화 리액터형 등이 있다.

(1) 가동 철심형

가동 철심형(movable core type)은 가동 철심을 움직여 발생하는 누설 자속을 변동시켜 전류를 조절하는 용접기로서 교류 아크 용접기 중에 가장 많이 사용되고 있다. 그림 3.8에서와 같이 철심 중간에 가동 철심이 있을 때는 누설 자속이 통과하기 쉬우므로 누설 리액턴스는 가장 크게 되고, 2차 전류의 값은 가장 최소이다. 또한 철심의 위치가 한쪽으로 치우친 위치에 있을 때는 누설 자속이 반감하여 리액턴스도 감소하여 2차 전류의 값은 증가하게 된다.

가동 철심형 용접기는 전류를 연속적으로 세부 조정할 수 있는 장점이 있으나, 단점으로는 가동 철심을 중간 정도까지 빼냈을 때 누설 자속의 경로에 영향을 받아 아크가 불안정하게 되기 쉽고, 가동 부분의 마모에 의해 용접 작업 중 가동 철심의 진동으로 소음이 발생하는 수가 있다.

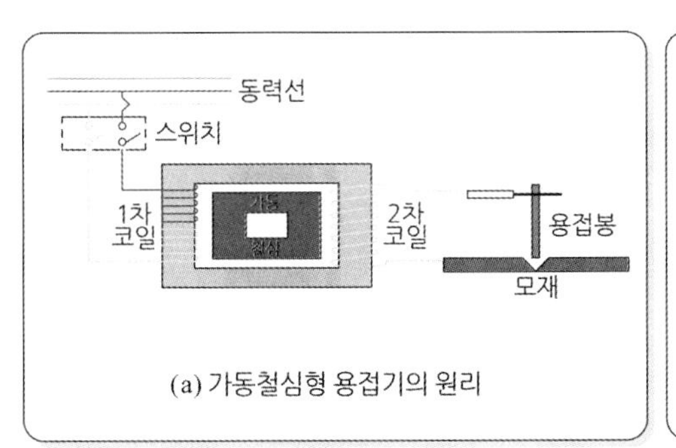

(a) 가동철심형 용접기의 원리

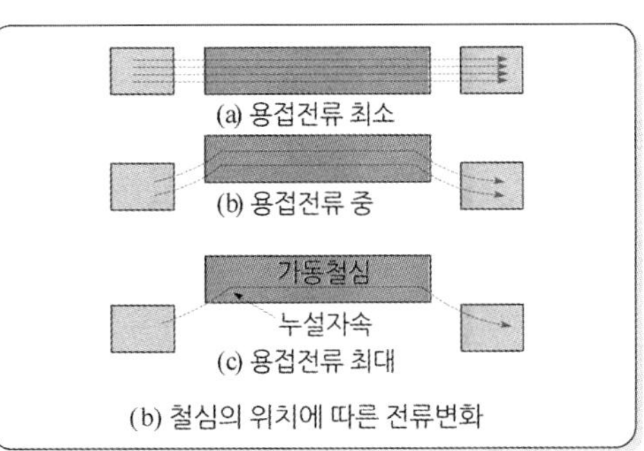

(b) 철심의 위치에 따른 전류변화

그림 3.8 가동 철심형 교류 용접기의 원리

(2) 가동 코일형(movable coil type)

1차 코일을 교류 전원에 접속하고 가동 핸들로써 1차 코일을 상하로 움직여 2차 코일의 간격을 변화시켜서 전류를 조정한다.

이 형은 비교적 안정된 아크를 얻을 수 있으며, 가동 철심형과 같이 가동부의 진동으로 소음이 생기는 일이 없다.

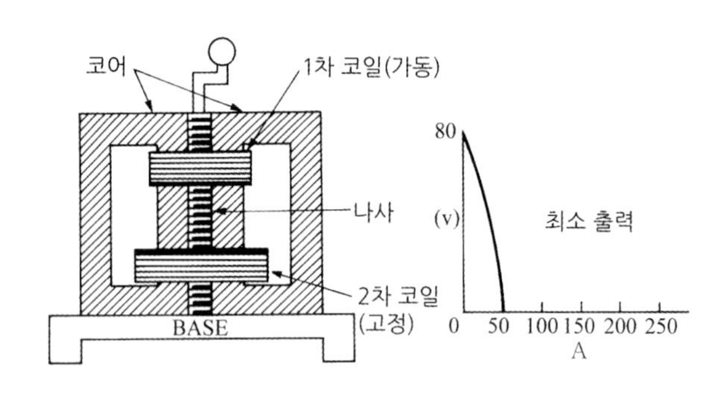

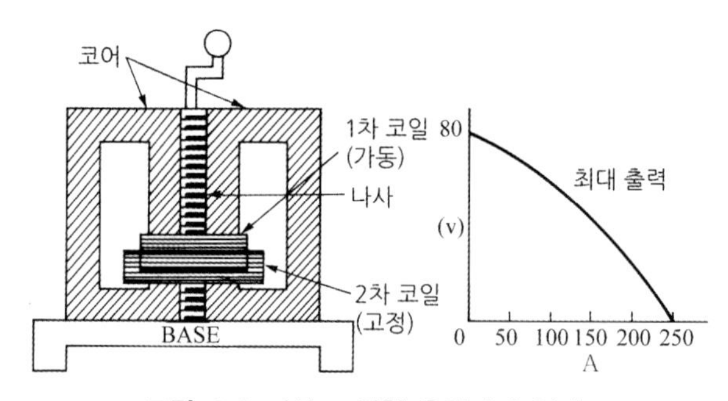

그림 3.9 가동 코일형 용접기의 원리

(3) 탭 전환형

탭 전환형(tapped secondary coil control type) 교류 아크 용접기는 가장 간단한 용접기로 소형 용접기에 일부 사용이 되나, 최근에는 거의 사용이 되지 않는 실정이다.

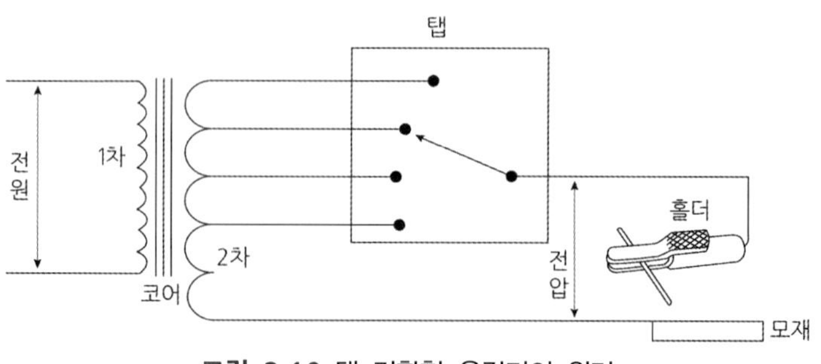

그림 3.10 탭 전환형 용접기의 원리

탭의 전환으로 전류를 조정하므로 미세 전류의 조정이 어려우며, 탭 전환부에 소손이 발생할 우려가 많다.

(4) 가포화 리액터형(saturable reactor type)

변압기와 가포화 리액터를 조합한 용접기로서 직류 여자 코일을 가포화 리액터에 감아 놓았는데, 이것을 조정하여 용접 전류를 조정한다. 용접 전류의 조정은 원격 조정(remote control)이 가능하다.

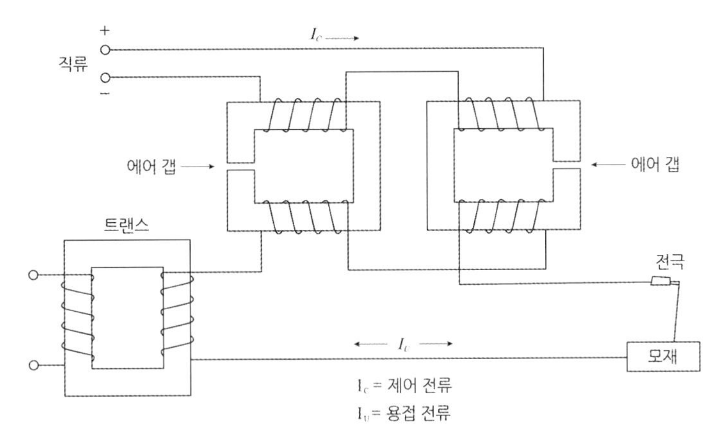

그림 3.11 가포화 리액터형 용접기의 원리

표 3.3 교류 아크 용접기의 종류별 특성

용접기의 종류	특성
가동 철심형	① 가동 철심으로 누설 자속을 가감하여 전류를 조성한다. ② 광범위한 전류 조정이 어렵다. ③ 미세한 전류 조정이 가능하다. ④ 현재 가장 많이 사용한다. ⑤ 중간 이상 가동 철심을 빼내면 누설 자속의 영향으로 아크가 불안정하게 되기 쉽다(가동 부분 마멸로 철심의 진동 생김).
가동 코일형	① 1차, 2차 코일 중의 하나를 이동하여 누설 자속을 변화하여 전류를 조정한다. ② 아크 안정도가 높고 소음이 없다. ③ 가격이 비싸며 현재 사용이 거의 없다.
탭 전환형	① 코일의 감긴 수에 따라 전류를 조정한다. ② 적은 전류 조성 시 무부하 전압이 높아 전격의 위험이 크다. ③ 탭 전환부 소손이 심하다. ④ 넓은 범위는 전류 조정이 어렵다. ⑤ 주로 소형에 많다.
가포화 리액터형	① 가변 저항의 변화로 용접 전류를 조정한다. ② 전기적 전류 조정으로 소음이 없고 기계 수명이 길다. ③ 조작이 간단하고 원격 제어가 된다.

3.3.2 직류 용접기

직류 용접기는 특히 안정된 용접 아크가 필요한 용접에 사용되므로 최근 많이 사용되고 있다. 특수 용접에서는 비철합금의 알루미늄 합금, 스테인리스강, 박판 용접 등에 이용되고 있다.

(1) 발전형 직류 용접기

그림 3.12와 같이 3상 교류의 유도 전동기를 사용하여 직류 발전기를 구동하여 직류를 발전하는 것과 가솔린 엔진이나 디젤 엔진으로 발전기를 구동하여 발전하는 것이 있다.

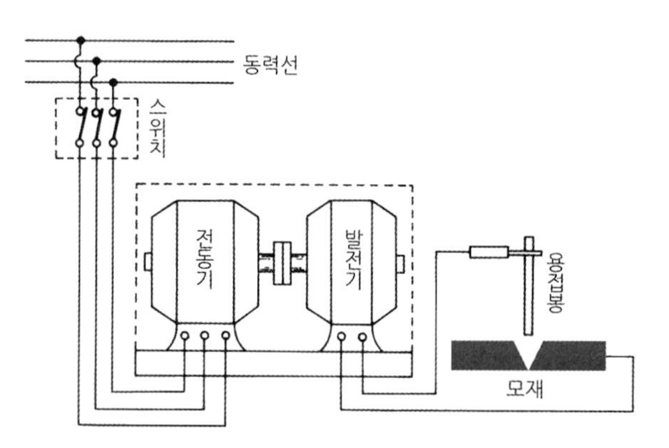

그림 3.12 발전형 직류 용접기의 원리

(2) 정류기형 직류 용접기

그림 3.13과 같이 교류를 정류하여 직류를 얻는 것이다.

정류기에는 셀렌 정류기(selenium rectifier), 실리콘 정류기(silicon rectifier), 게르마늄 정류기(germanium rectifier) 등이 사용되고 있다.

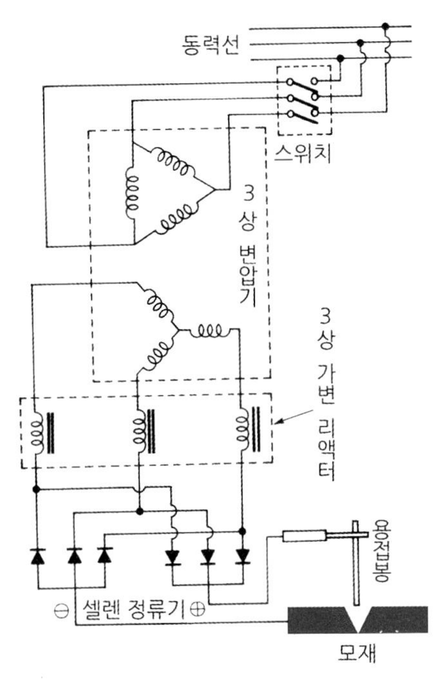

그림 3.13 셀렌 정류형 직류 용접기의 배선

3.3.3 아크 용접기에 필요한 조건

(1) 용접기의 필요 특성

① 수하 특성

부하 전류(아크 전류)가 증가하면 단자(端子) 전압이 저하하는 특성을 **수하 특성**(垂下特性, drooping characteristic)이라 한다. 그림 3.14는 전류가 증가하면 단자 전압이 저하되는 경향을 나타내고 있다. 즉, 그림 3.14에 나타낸 P, S, T의 수하 특성 곡선과 점선으로 나타낸 아크 길이 l_1을 일정하게 한 아크 특성 곡선과의 교점 S가 양자의 전압 및 전류의 조건을 동시에 만족하는 아크 발생점이다. 만약 어떤 원인으로 전류가 약간 증가했다고 하면 공급되는 전원의 전압이 L_0, L_2에 옮겨져 아크가 요구하는 전압 L_0, L_1보다 낮아지므로 전류는 감소되어 원래의 아크 발생점 S에 되돌아간다. 또한 전류가 약간 감소된 경우는 전압이 M_0, M_2에 옮겨져 아크가 요구하는 전압보다 높게 되므로 전류가 증가되어 다시 S점에 돌아온다. 이와 같이 하여 S점은 아크의 안정을 도모하는 동작점이 된다. 이것은 용접 작업 중 아크를 안정하게 지속시키기 위하여 필요한 것으로 수하 특성은 아크 길이가 ℓ_1에서 ℓ_2로 변해도 전류는 별로 변하지 않는다. 피복 아크 용접, 가스 텅스텐 아크 용접처럼 토치의 조작을 손으로 함에 따라 아크의 길이를 일정하게 유지하는 것이 곤란한 용접법에 적용된다.

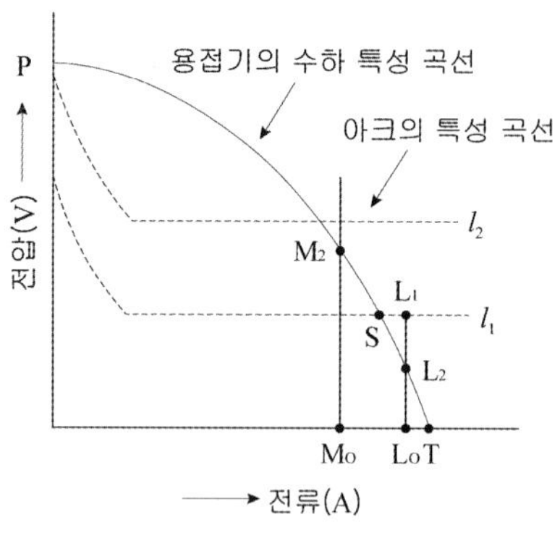

그림 3.14 수하 특성과 아크 특성 곡선

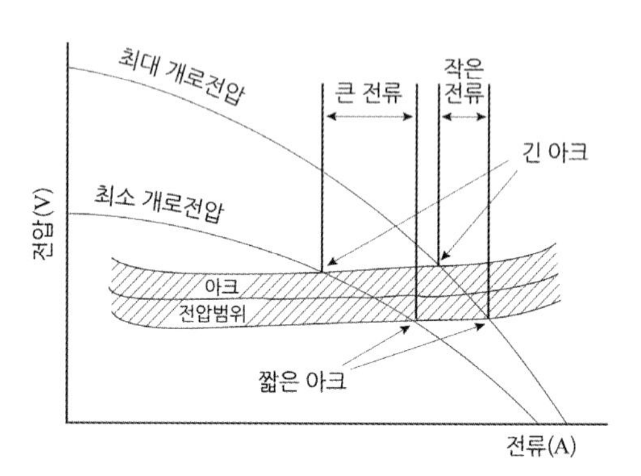

그림 3.15 정전류 특성

② 정전류 특성

수하 특성 중에서도 전원 특성 곡선에 있어서 작동점 부근의 경사가 상당히 급격한 것을 **정전류 특성**(constant current charcteristic)이라 한다. 아크 길이에 따라 전압이 변동하여도 아크 전류는 거의 변하지 않는다. 실제로 아크 길이는 용접 작업 시 시시각각으로 변하지만, 정전류 특성의 용접기를 사용하면 아크 길이가 변해도 아크 전류의 변동이 적다. 그렇기 때문에 수동 아크 용접기는 수하 특성인 동시에 정전류 특성으로 설계되어 있다.

③ 정전압 특성과 상승 특성(constant voltage characteristic & rising characteristic)

수하 특성과 반대의 성질을 갖는 것으로서, 부하 전압이 변화하여도 단자 전압은 거의 변하지 않는 특성으로 **CP 특성**이라고도 한다. 또한 부하 전류(아크 전류)가 증가할 때 단자 전압이 다소 높아지는 특성이 있는데 이것을 **상승 특성**이라 한다. 상승 특성은 직류 용접기에서 사용되는 것으로 아크의 자기 제어 능력이 있다는 점에서 정전압 특성과 같다.

용접 전류에 따라 일정한 속도로 와이어를 공급하는 방식(즉, 가는 와이어에 높은 전류를 사용할 때)에 이용되는 MIG 용접, 탄산 가스 아크 용접, 가는 와이어의 서브머지드 아크 용접 등의 반자동 및 자동 용접에서 정전압 특성이나 상승 특성을 이용하여 아크의 안정성을 자동으로 유지한다.

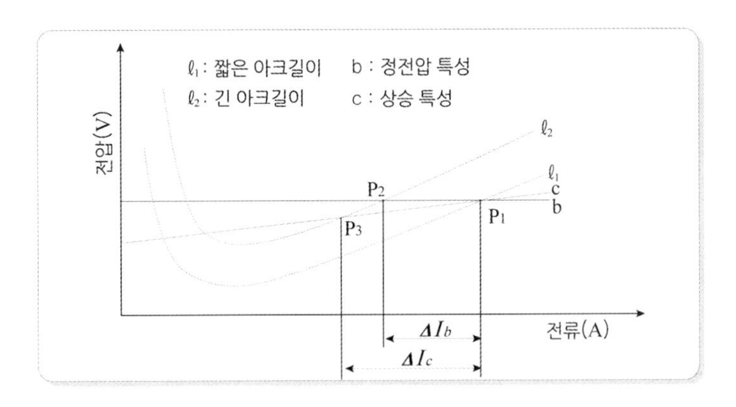

그림 3.16 아크 길이 자기 제어 특성(정전압 특성, 상승 특성)

(2) 용접기의 구비 조건

① 구조 및 취급이 간단해야 한다.

② 전류 조정이 용이하고 일정한 전류가 흘러야 한다.

③ 일정한 무부하 전압이 유지되어야 한다(교류 70~80 V, 직류 40~60 V).

④ 아크 발생 및 유지가 용이하고 아크가 안정되어야 한다.

⑤ 사용 중에 온도 상승이 작아야 한다.

⑥ 가격이 저렴하고 사용 유지비가 적게 들어야 한다.

⑦ 역률 및 효율이 좋아야 한다.

3.3.4 교류 아크 용접기의 규격

교류 아크 용접기의 규격에 대해서는 KSC 9602에 규정되어 있으며, 표 3.4는 교류 아크 용접기의 용량과 규격에 대해 나타내었다. 표 3.4의 종류란에 표시된 AW200, AW300 등은 용접기의 용량을 나타낸 것으로 정격 2차 전류의 값이 200 A, 300 A가 흐를 수 있는 용접기이다. 아크 용접기에서 용접봉이 녹는 속도는 아크 전압과 아크 길이에는 거의 관계가 없고, 용접 전류의 세기에 의해서 결정되므로 정격 2차 전류가 높은 용접기에서는 굵은 용접봉을 사용할 수가 있다.

표 3.4 교류 아크 용접기의 규격(KSC 9602)

종류	정격 출력정류(A)	정격 사용률(%)	정격 부하전압(V)	최고 부부하 전압(V)	출력정류(A)		사용되는 용접봉의 지름(참고)②(mm)
					최대치 (A)	최소치 (A)	
AW 200	200	40	28	85 이하	정격 출력 전류의 110% 이상 110% 이하	정격 출력 전류의 200% 이하	2.0~4.0
AW 300	300	40	32	85 이하			2.6~6.0
AW 400	400	40	36	85 이하			3.2~8.0
AW 500	500	60	40	95 이하			4.0~8.0

비고 : 종류에 사용된 AW : 교류 아크 용접기, AW 다음의 숫자 : 정격 출력 전류

3.3.5 교류 아크 용접기의 부속 장치

(1) 전격 방지 장치

교류 용접기는 무부하 전압이 70~80 V 정도로 비교적 높아 감전의 위험이 있어 용접사를 보호하기 위하여 **전격 방지 장치**(voltage reducing divice)를 부착하여 사용한다.

전격 방지기는 용접 작업을 하지 않을 때에는 보조 변압기에 의해 용접기의 2차 무부하 전압을 20~30 V 이하로 유지하고, 용접봉을 모재에 접촉한 순간에만 릴레이(relay)가 작동하여 용접 작업이 가능하도록 되어 있으며, 아크의 단락과 동시에 자동적으로 릴레이가 차단되어 2차 무부하 전압이 20~30 V 이하로 되기 때문에 전격을 방지할 수 있으며, 주로 용접기의 내부 설치된 것이 일반적이나 일부는 외부에 설치된 것도 있다.

(2) 원격 제어 장치

용접기에서 떨어져 작업을 할 때 작업 위치에서 전류를 조정할 수 있는 장치를 **원격 제어 장치**(remote control equipment)라 하며, 현재 사용되고 있는 대표적인 것에는 전동기 조작형과 가포화 리액터형이 있다.

(3) 핫 스타트(hot start) 장치

아크가 발생하는 초기에 용접봉과 모재가 냉각되어 있어 용접 입열이 부족하여 아크가 불안정하기 때문에 아크 초기만 용접 전류를 특별히 높게 하는 것으로 다음과

같은 장점이 있다.

① 아크 발생을 쉽게 한다.

② 기공(blow hole)을 방지한다.

③ 비드 모양을 개선한다.

④ 아크 발생 초기의 용입을 양호하게 한다.

(4) 고주파 발생 장치

교류 아크 용접기에서 안정된 아크를 얻기 위하여 상용 주파의 아크 전류에 고전압(2,000~3,000 V)의 고주파(300~1,000 Kc : 약전류)를 중첩시키는 방법으로 다음과 같은 장점이 있다.

① 아크 손실이 적어 용접 작업이 쉽다.

② 아크 발생 시에 용접봉이 모재에 접촉하지 않아도 아크가 발생된다.

③ 무부하 전압을 낮게 할 수 있다.

④ 전격 위험이 적으며, 전원입력을 적게 할 수 있으므로 용접기의 역률이 개선된다.

3.3.6 아크 용접기의 사용률과 효율

(1) 사용률(duty cycle)

$$\text{사용률} = \frac{\text{아크 발생 시간}}{\text{작업 시간}} \times 100 = \frac{\text{아크 발생 시간}}{\text{아크 발생 시간} + \text{아크 중지 시간}} \times 100\,(\%)$$

$$\text{허용 사용률} = \left(\frac{\text{정격 아크 전류}}{\text{실제 아크 전류}}\right)^2 \times \text{정격 사용률}$$

사용률 : 아크 용접 시 전체시간 10분 중 6분간 아크 발생 시 사용률은 60%이다.

정격 사용률 : 정격 2차 전류로 용접 시 허용되는 용접기 사용률

(2) 역률(power factor)과 효율(efficiency)

용접기의 입력, 즉 전원 입력(2차 무부하전압×아크 전류)에 대하여 아크 출력(아크 전압×전류)과 2차측 내부 손실 합과의 비율을 **역률**(power factor)이라 하고, 또 아크

출력과 내부손실과의 합에 대하여 아크 출력의 비율을 **효율**(efficiency)이라 하며, 계산식은 다음과 같이 한다.

$$\text{역률}(\%) = \frac{\text{소비전력}(KW)}{\text{전원입력}(KVA)} \times 100$$

$$\text{효률}(\%) = \frac{\text{아크출력}(KW)}{\text{소비전력}(KW)} \times 100$$

3.3.7 아크 용접기의 보수 및 점검

용접기의 보수 및 점검 시에는 다음 사항을 지켜야 한다.

① 습기나 먼지 등이 많은 장소는 용접기 설치를 가급적 피하며 환기가 잘 되는 곳을 선택해야 한다.

② 2차측 단자의 한쪽과 용접기 케이스는 접지(earth)를 확실히 해 둔다.

③ 가동 부분, 냉각팬(fan)을 점검하고 주유해야 한다(회전부, 베어링, 축).

④ 탭 전환의 전기적 접속부는 자주 샌드 페이퍼(sand paper) 등으로 잘 닦아 준다.

⑤ 용접 케이블 등의 파손된 부분은 절연 테이프로 감아야 한다.

⑥ 다음 장소에는 용접기를 설치해서는 안 된다.

- 먼지가 매우 많은 곳
- 옥외의 비바람이 치는 곳
- 수증기 또는 습도가 높은 곳
- 휘발성 기름이나 가스가 있는 곳
- 진동이나 충격을 받는 곳
- 유해한 부식성 가스가 존재하는 장소
- 폭발성 가스가 존재하는 장소
- 주위 온도가 −10℃ 이하인 곳

3.3.8 아크 용접용 공구

(1) 용접 홀더

용접봉 홀더(electrode holder)는 용접봉을 물고 용접 전류를 용접 케이블에서 용접봉에 전달하는 기구로서, 무게가 가볍고 전기 절연이 잘 되는 것이 좋다. 용접봉이나 케이블과 접속되는 부분은 나사 조임 등으로 완전하게 접속하여 접촉 저항을 최소화 함으로서 용접 시 홀더가 과열되지 않도록 해야 한다.

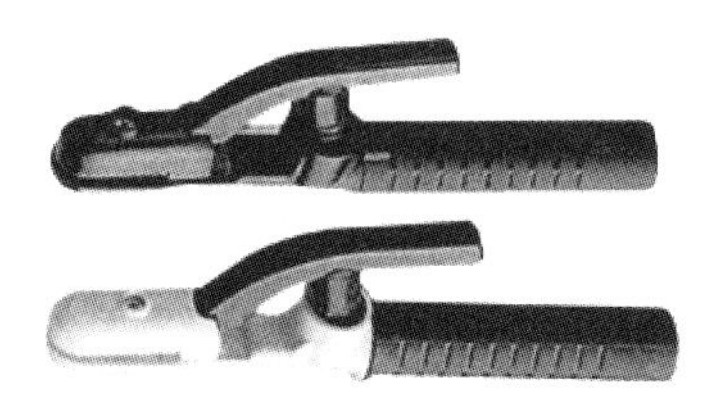

그림 3.17 A형 용접 홀더

홀더의 종류는 A형과 B형으로 나누며, A형은 안전 홀더로서 작업 중 전격의 위험이 적어 주로 사용된다. B형은 손잡이 부분 외에는 절연되지 않은 노출된 형태로 전격의 위험이 있다. 표 3.5는 용접봉 홀더의 규격을 나타낸 것이다.

표 3.5 용접 홀더의 종류(KSC 9607)

종류	정격 용접 전류(A)	홀더로 잡을 수 있는 용접봉 지름(mm)	접속할 수 있는 최대 홀더용 케이블의 도체공칭 단면적(mm)
125호	125	1.6~3.2	22
160호	160	3.2~4.0	(30)
200호	200	3.2~5.0	38
250호	250	4.0~6.0	(50)
300호	300	4.0~6.0	(50)
400호	400	5.0~8.0	60
500호	500	6.4~(10.0)	(80)

주 : ( )안의 수치는 KSD 7004(연강용 피복 아크 용접봉) 및 KSC 3321(용접용 케이블)에 규정되어 있지 않은 것이다.

(2) 용접 케이블

용접에 사용되는 케이블에는 전원에서 용접기로 연결하는 1차측 케이블과 용접기에서 작업대와 홀더를 연결하는 2차측 케이블이 있는데, 홀더용 2차측 케이블은 유연성이 좋은 캡타이어 전선을 사용하며, 캡타이어 전선은 지름이 0.2～0.5 mm의 가는 구리선을 수백 내지 수천선 꼬아서 절연 종이로 감고 그 위에 고무 피복을 한 것이다. 1차 케이블이 너무 가늘면 저항이 높아 용접기의 전압이 떨어지며 도선에도 열이 나서 위험하다. 2차 케이블도 충분한 굵기를 가져야 하며, 용접기로부터 멀리 떨어져 작업을 하게 될 때 케이블이 길어짐에 따라 굵기도 굵어져야 한다.

표 3.6 용접용 케이블 규격

정격 용접 전류	200	300	400
1차 케이블(지름/mm)	5.5	8	14
2차 케이블(단면적/mm^2)	38	50	60

(3) 퓨즈

용접기의 1차측에는 퓨즈(fuse)를 붙인 **안전 스위치**(safety switch)를 설치해야 하며, 이 퓨즈는 규정된 값보다 큰 것을 사용하면 작업 시 매우 위험하게 된다.

퓨즈의 용량을 결정하는 데에는 1차측 입력을 입력 전압(200 V)으로 나누면 퓨즈의 용량을 구할 수 있다. 만약 1차 입력이 20 kVA의 용접기에서의 퓨즈 용량은 다음과 같이 된다.

$$\frac{20\ \mathrm{KVA}}{200\ \mathrm{V}} = \frac{20{,}000\ \mathrm{VA}}{200\ \mathrm{V}} = 100\ \mathrm{A}$$

즉, 100 A의 퓨즈를 붙이면 되고 이것은 2차 전류의 40%에 상당하는 전류값이다.

(4) 차광 유리

용접 헬멧과 핸드 실드에는 자외선과 적외선을 차단하는 차광 유리(filter glass)를 끼워서 사용한다.

표 3.7 용접 전류에 따른 차광유리의 선택

용접 종류	용접 전류(A)	용접봉 지름(mm)	차광도 번호
금속 아크	30 이하	0.8~1.2	6
금속 아크	30~45	1.0~1.6	7
금속 아크	45~75	1.2~2.0	8
헬리 아크	75~130	1.6~2.6	9
금속 아크	100~200	2.6~3.2	10
금속 아크	150~250	3.2~4.0	11
금속 아크	200~300	4.8~6.4	12
금속 아크	300~400	4.4~9.0	13
탄소 아크	400 이상	9.0~9.6	14

3.4 피복 아크 용접봉

3.4.1 아크 용접봉의 개요

아크 용접에서 용접봉(welding rod)은 **용가재**(filler metal) 또는 **전극봉**(electrode)이라고도 하며, 용접할 모재 사이의 틈(gap)을 메워 주며, 용접부의 품질을 좌우하는 주요한 소재이다. 아크 용접봉에는 **비피복 용접봉**(bare electrode)과 **피복 용접봉**(covered electrode)이 있는데, 비피복 용접봉은 주로 자동이나 반자동 용접에 쓰이고, 피복 아크 용접봉은 수동 아크 용접에 사용된다. 아크 용접봉의 심선은 모재와 동일한 재질이 많이 쓰이고, **피복 아크 용접봉**(shielded metal arc welding electrode)은 피복제(flux)와 심선(core wire)으로 되어 있으며 분류는 다음과 같다.

표 3.8 피복 아크 용접봉의 분류

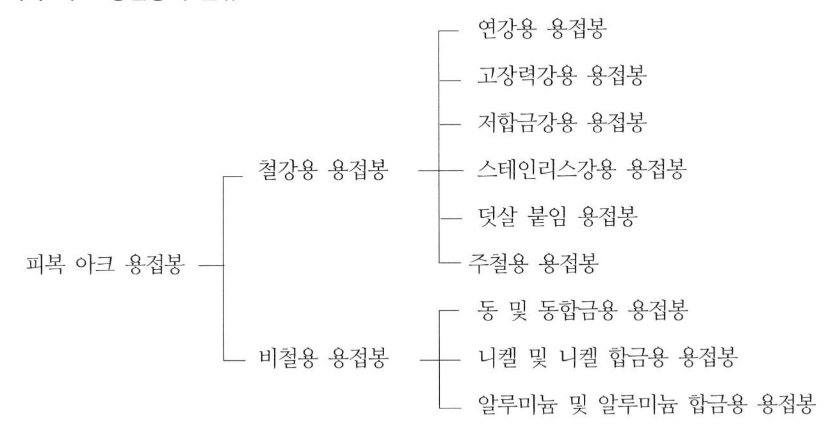

(1) 용접부의 보호방식에 따른 분류

피복 아크 용접봉은 피복제가 연소한 후 생성된 물질이 용접부를 어떻게 보호하느냐에 따라 다음의 세 가지로 구분된다.

① 가스 발생식(gas shield)

② 슬래그 생성식(slag shield)

③ 반가스 발생식(semigas shield)

(2) 용융 금속의 이행 형식에 따른 분류

용접봉의 용적이 모재에 이행하는 형식에 따라 용접봉을 분류하면 다음과 같다.

① 스프레이형(spray type)

② 글로뷸러형(glovular type)

③ 단락형(short circuit type)

3.4.2 피복제의 역할과 성분

(1) 피복제의 역할

① 아크의 집중성을 좋게 하고 안정되게 한다.

② 산화, 질화를 방지한다.

③ 용착 금속의 기계적 성질을 좋게 한다.

④ 용착 금속의 급랭을 방지한다.

⑤ 적당한 합금 원소를 첨가해서 내열성 등의 특수한 성질을 갖게 한다.

⑥ 용융 금속과 슬래그(slag)의 유동성을 좋게 한다.

⑦ 탈산 작용을 한다.

⑧ 슬래그 제거를 쉽게 하여 비드(bead) 외관을 좋게 한다.

⑨ 스패터링(spattering)을 적게 한다.

⑩ 전기 절연 작용을 한다.

(2) 피복 배합제의 성분

① 아크 안정제

아크 안정제로는 산화티탄(TiO_2), 규산나트륨($NaSiO_2$), 석회석($CaCO_3$), 규산칼륨(K_2SiO_3) 등이 주로 사용되며, 아크열에 의하여 이온(ion)화되어 아크 전압을 강화시키고 이에 의하여 아크를 안정시킨다. 교류 아크 용접에서는 재점호 전압이 낮을수록 좋기 때문에 이온화하기 쉬운 물질이 좋다.

② 가스 발생제

가스 발생제는 녹말, 톱밥, 석회석, 탄산바륨($BaCO_3$), 셀룰로오스(Cellulose) 등이 있으며, 아크열에 분해하여 일산화탄소, 이산화탄소, 수증기 등의 가스를 발생하며, 용융 금속을 대기로부터 보호한다. 가스 발생제는 중성 또는 환원성 가스를 발생하여 용접부를 대기로부터 차단하여 용융 금속의 산화 및 질화를 방지하는 작용을 한다.

표 3.9 피복 배합제의 역할

원료 \ 성질	아크안정제	슬래그화	탈산제	환원가스발생제	산화성	합금제	유동성증가	고착제	슬래그박리성증가
탄산나트륨(Na_2CO_3) · 중탄산나트륨($NaHCO_3$) · 산성백토	O	O							
탄산칼슘(K_2CO_3) · 생석회(CaO) · 석회석($CaCO_3$)	O	O							
황혈염[$K_4Fe(CN)_6$]	O	O					O		
형석(CaF_2)	O	O					O		
붕사($Na_2B_4O_7$) · 붕산(H_3BO_3) · 고토(MgO) · 제강슬래그		O							O
탄산마그네슘($MgCO_3$) · 알루미나(Al_2O_3) · 방정석(Na_3AlF_6)		O					O		
규사(SiO_2) · 이산화망간(MnO_2)	O	O			O		O		
산화티탄(TiO_2) · 석면	O	O					O		O
적철강(Fe_2O_3) · 자철강(Fe_3O_4) · 사철	O	O			O		O		O
페로실리콘 · 페로티탄 · 페로바나듐			O			O			
산화몰리브덴 · 산화니켈					O	O			
망간 · 페로망간 · 크롬 · 페로크롬			O			O			
알루니늄(Al) · 마그네슘(Mg)			O						
니켈 · 니크롬선 · 구리(Cu)						O			
규산나트륨(물유리) · 규산칼륨	O	O						O	
소맥분	O		O	O				O	
면서 · 면포 · 종이 · 목재 톱밥	O		O	O					
탄가루			O	O		O			
해초 · 아교 · 카세인 · 젤라틴 · 아라비아 고무 · 당밀				O				O	

③ 슬래그 생성제

슬래그 생성제는 산화철, 일미나이트($Tio_2 \cdot FeO$), 산화티탄(TiO_2), 이산화망간(MnO_2), 석회석($CaCO_3$), 규사(SiO_2), 장석($K_2O \cdot Al_2O_3 \cdot 6SiO$), 형석($CaF_2$) 등이

사용되며, 용융 금속을 서서히 냉각시키므로 기공(blow hole)이나 내부 결함을 방지하고, 용융점이 낮은 가벼운 슬래그를 만들어 용융 금속의 표면을 덮어서 산화나 질화를 방지하고 용착 금속의 냉각 속도를 느리게 한다.

④ 탈산제

탈산제는 규소철(Fe-Si), 망간철(Fe-Mn), 티탄철(Fe-Ti) 등의 철합금 또는 금속 망간, 알루미늄 분말 등이 사용되며, 용융 금속 중에 침투한 산화물을 제거하는 탈산 정련작용을 한다.

⑤ 고착제

고착제는 규산나트륨($NaSi_2$, 물유리), 규산칼륨(K_2SiO_3) 등의 수용액이 주로 사용되며, 심선에 피복제를 고착시키는 역할을 한다.

⑥ 합금제

합금제는 망간(Mn), 실리콘(Si), 니켈(Ni), 몰리브덴(Mo), 크롬(Cr), 구리(Cu) 등의 금속 원소를 첨가하여, 용접 금속의 성질을 개선하기 위하여 피복제에 첨가하는 것이다.

3.4.3 연강용 피복 아크 용접봉

(1) 연강용 피복 아크 용접봉의 규격

연강용 피복 아크 용접봉은 KSD 7004에 규정되어 있다. 연강용 피복 아크 용접봉은 가장 많이 쓰이고 있으며, 용접봉의 표시 기호는 다음과 같은 의미를 가지고 있다.

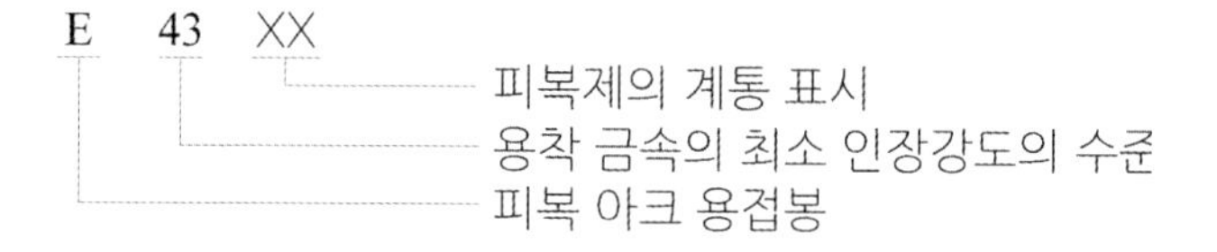

용접봉의 표시 기호는 각 나라마다 사용하는 단위가 다르기 때문에 표시 방법이 약간씩 다르다. 일본의 경우는 우리와 같은 미터법을 사용하여 kgf/mm^2의 단위로 인장강도를 표시하고, 미국의 경우는 야드 파운드법을 사용하므로 lbs/in^2로 표시하고 있다.

43 kgf/mm^2는 60,000 lbs/in^2이므로 E43×× 대신에 E60××로 표시하고 있다.

표 3.10 피복 아크 용접봉의 규격 비교

한국	일본	미국
E4301	D4301	E6001
E4316	D4316	E6016

(2) 피복제의 계통별 특성

① 일미나이트계(ilmenite type : E4301)

일미나이트(TiO_2 · FeO)를 약 30% 이상 함유한 것으로 광석, 사철(hematite) 등을 주성분으로 한 대표적인 슬래그 생성계이며, 작업성과 용접성이 우수하고 값이 싸서 조선, 철도 차량 및 일반 구조물은 물론 각종 압력용기에도 널리 사용되고 있다. 보관중인 용접봉을 사용시에는 흡습으로 인하여 작업성이 나빠져 용접 결함을 유발시킬 수도 있으므로 사용 전에 약 70～100℃에서 1시간 정도 재건조하여 사용하는 것이 좋다.

② 라임 티타늄계(lime titanium type : E4303)

산화티탄(TiO_2)을 약 30% 이상 함유한 슬래그 생성계로 피복이 다른 용접봉에 비하여 두꺼운 것이 특징이다. 용접 비드는 평면적이며 슬래그는 유동성이 풍부하고 무겁지 않은 다공성이기 때문에 용접 시 슬래그의 제거가 양호한 편이다. 용접 비드의 외관은 곱고 작업성이 양호하여 전자세 용접에 사용된다. 용도는 용입이 약간 적은 관계로 박판의 용접이나, 선박의 내부 구조물, 기계, 차량, 일반 구조물 등 사용 범위가 매우 넓다.

③ 고셀룰로오스계(high cellulose type : E4311)

가스 실드계의 대표적인 용접봉으로 셀룰로오스(유기물)를 20～30% 정도 포함하고 있다. 이 용접봉은 피복이 얇고, 슬래그가 적으므로 좁은 홈의 용접이나, 수직상진 · 하진 및 위보기 용접에서 우수한 작업성을 나타낸다. 가스 실드에 의한 아크 분위기가 환원성이므로 용착 금속의 기계적 성질이 양호하며, 아크는 스프레이 형상으로 용입이 비교적 양호하고 빠른 용융 속도를 나타내나, 비드 표면이 거칠고 스패터의 발생이 많은 것이 결점이다. 사용 전류는 슬래그 실드계 용접봉에 비해 10～15% 낮게 사용하고 사용 전에 70～100℃에 30분～1시간 정도 재건조해서 사용해야 하며, 건축 현장이나 파이프 등의 용접에 주로 이용된다.

④ 고산화티탄계(high oxide titania type : E4313)

산화티탄(TiO_2)을 약 35% 정도 포함한 용접봉으로서 슬래그 생성계이며 일반 경량 구조물의 용접에 주로 사용된다. 아크는 안정되며 스패터가 적고 슬래그의 박리성도 대단히 양호하고 비드의 표면이 고우며 작업성이 우수한 것이 특징이다. 기계적 성질에 있어서는 연신율이 낮고, 항복점이 높으므로 용접 시공에 있어서 특별히 유의해야 한다. 용도로는 일반 경구조물의 용접에 적합하며, 기계적 성질이 다른 용접봉에 비하여 낮은 편이고, 고온 균열(hot crack)을 일으키기 쉬운 결점이 있다.

⑤ 저수소계(low hydrogen type : E4316)

피복제 중에 탄산칼슘($CaCO_3$)이나 불화칼슘(CaF_2)을 주성분으로 사용한 것으로서, 용착 금속 중의 수소 함유량이 다른 용접봉에 비해 약 1/10 정도로 현저하게 적고, 강력한 탈산 작용으로 인하여 산소량도 적으므로 용착 금속은 강인성이 풍부하고 기계적 성질, 내균열성이 우수하다. 아크가 약간 불안하고 용접 속도가 느리며, 용접 시점에서 기공이 생기기 쉬우므로 백 스탭(back step)법을 선택하면 이와 같은 문제를 해결할 수도 있다. 아크 길이는 극히 짧게 하고, 운봉 각도는 모재에 대하여 수직에 가까운 것이 좋으며, 용접성은 다른 연강 용접봉보다 우수하기 때문에 중요 부재의 용접, 고압 용기, 후판 중구조물, 탄소 당량이 높은 기계 구조용강, 구속이 큰 용접, 유황 함유량이 높은 강 등의 용접에 결함이 없는 양호한 용접부를 얻을 수 있다. 피복제는 습기를 흡습하기 쉽기 때문에 사용하기 전에 300～350℃ 정도로 1～2시간 정도 건조시켜 사용해야 한다.

⑥ 철분 산화티탄계(iron powder titania type : E4324)

고산화티탄계 용접봉(E4313)의 피복제에 철분을 첨가한 것으로서, 작업성이 좋고 스패터가 적으나 용입이 얕다. 용착 금속의 기계적 성질은 고산화티탄계와 거의 같고, 아래보기 자세와 수평 필릿 자세의 전용 용접봉이며 보통 저탄소강의 용접에 사용되지만, 저합금강이나 중·고 탄소강의 용접에도 사용된다.

⑦ 철분 저수소계(iron powder low hydrogen type : E4326)

저수소계 용접봉(E4316)의 피복제에 30～50% 정도의 철분을 첨가한 것으로서 용착속도가 크고 작업 능률이 좋다. 용착 금속의 기계적 성질이 양호하고, 슬래그의 박리성이 저수소계보다 좋으며 아래보기 및 수평필릿 용접 자세에서만 사용한다.

⑧ 철분 산화철계(iron powder iron oxide type : E4327)

철분 산화철계 용접봉은 주성분인 산화철에 철분을 첨가하여 만든 것으로 규산염을 다량 함유하고 있기 때문에 산성 슬래그가 생성된다. 아크는 분무상이고 스패터가 적으며, 용입도 철분 산화티탄계보다 깊다. 비드 표면이 곱고 슬래그의 박리성이 좋아 접촉용접을 할 수 있으며 아래보기 및 수평 필릿 용접에 많이 사용된다.

표 3.11 연강용 피복 아크 용접봉 특성

용접봉의 종 류		E4301 일미나이트계	E4303 라 임 티타늄계	E4311 고셀룰로오스계	E4313 고산화티탄계	E4316 저수소계	E4324 철분산화티탄계	E4326 철분저수소계	E4327 철분산화철계
용착금속의 물리적 기계적 성질	인장강도(Mpa)	430~500	430~520	430~490	490~580	470~560	490~580	480~570	420~490
	항복점(Mpa)	350~440	360~450	350~430	410~510	390~490	410~510	390~490	340~410
	연신율(%)	22~30	22~32	22~28	17~24	28~35	17~24	28~35	25~32
	단면수축률(%)	≥40	≥40	≥35	≥25	≥60	≥25	≥60	≥45
	충격치(Mpa)	100~245	120~170	140~190	90~140	200~340	90~140	100~240	100~150
	X선 성능	우수	양호	양호	양호	비드의 시작 외에는 우수	양호	우수	양호
용접전류(A)	봉지름 4 mm	120~180	120~190	110~160	110~160	120~180	180~220	160~220	160~230
	봉지름 5 mm	130~250	130~260	120~200	120~220	190~250	240~290	220~270	230~320
아크전압(V)	봉지름 4 mm	27~33	26~32	26~32	26~32	23~29	28~33	26~32	29~34
	봉지름 5 mm	28~34	27~33	27~33	27~33	24~30	29~34	28~33	30~35
작업성	아크 상황	스프레이형	스프레이형	스프레이형	스프레이형	스프레이형	스프레이형	스프레이형	스프레이형
	용 입	깊다.	중 간	깊다,	얕다,	중간	얕다,	중간	깊다,
	슬래그 상황	다량커버 완전	다량커버 완전	소량커버 불완전	다량커버 완전	다량커버 완전	다량커버 완전	다량커버 완전	다량커버 완전
	스패터	보 통	보 통	많 다	보 통	적 다	적 다	적 다	보 통
	비드 외관	아름답다.	아름답다.	거칠다.	아름답다.	아름답다.	아름답다.	저수소 특유로 아름답다.	아름답다.
	비드 형상	평평하다.	약간 오목	볼 록	약간 볼록	볼 록	약간 볼록	볼 록	평평하다.
주된 특징과 용 도		조선, 건축, 교량, 차량 등 모든 연강의 구조물에 사용	연강 용접봉으로서 특히 작업성이 좋은 일미나이트계와 같이 모든 구조물에 사용	슬래그의 생성이 적어 배관 공사 등에 쓰임	용입이 얕고 비드의 외관이 아름다우므로 철도 차량, 자동차 혹은 경구조물 등의 용접에 쓰임	기계적 성질, 내균열성은 연강 용접 중에서 큰 편이다. 후판, 중고탄소강, 고유황강의 용접에 쓰임	비드의 외관이 양호하므로 능률적인 용접을 할 수 있음	기계적 성질, 내균열성이 대단히 우수하다. 후판, 중고탄소강 용접에 적합함	아래보기, 수평 필릿 용접에 적합하다. 조선, 건축 등의 용접에 쓰임

3.4.4 고장력강용 피복 아크 용접봉

고장력강은 일반 구조용 압연 강재(SS400)나 용접 구조용 압연 강재(SWS400)보다 높은 강도를 얻기 위해 망간(Mn), 크롬(Cr), 니켈(Ni), 규소(Si) 등의 적당한 원소를 첨가한 저합금강(low alloy steel)이며, 고장력강의 사용 목적은 무게 경감, 재료의 절약, 내식성 향상 등이다. 내충격성·내마멸성이 요구되는 구조물, 선박, 차량, 항공기, 압력 용기, 병기 등에 사용하며 보통 인장 강도가 490 N/mm²(50 ㎏f/mm²) 이상인 것을 말한다. 고장력강 사용의 장점은 다음과 같다.

① 판의 두께를 얇게 할 수 있다.

② 판의 두께가 감소하므로 재료의 취급이 간단하고 가공이 용이하다.

③ 구조물 제작 시 하중을 경감시킬 수 있어 기초 공사가 가능하다.

④ 소요 강재의 중량을 상당히 경감시킨다.

표 3.12 고장력강용 피복 금속 아크 용접봉의 종류(KSD 7006)

종 류	피복제의 계통	용접자세	사용 전원	인장시험		
				인장강도 (N/mm²)	항복점 (N/mm²)	연신률 (%)
E 5001	일미나이트계	F, V, O, H	AC 또는 DC(±)	490 이상	390 이상	20 이상
E 5003	라임티타니아계	F, V, O, H	AC 또는 DC(±)	490 이상	390 이상	20 이상
E 5016 E 5316 E 5816 E 6216 E 7016 E 7616 E 8016	저수소계	F, V, O, H	AC 또는 DC(+)	490 이상 520 이상 570 이상 610 이상 690 이상 750이상 780 이상	390 이상 410 이상 490 이상 500 이상 550 이상 620 이상 665 이상	23 이상 20 이상 18 이상 17 이상 16 이상 15 이상 15 이상
E 5026 E 5326 E 5826 E 6226	철분저수소계	F, H	AC 또는 DC(+)	490 이상 520 이상 570 이상 610 이상	390 이상 410 이상 490 이상 500 이상	23 이상 20 이상 18 이상 17 이상
E 5000 E 8000	특수계	F, V, O, H 또는 그 중 어느자세	AC 또는 DC(±)	490 이상 780 이상	390 이상 665 이상	20 이상 13 이상

3.4.5 기타 피복 아크 용접봉

(1) 스테인리스강(stainless steel) 피복 아크 용접봉

스테인리스강은 일반 탄소강에 비해 우수한 내식성과 내열성을 가지며, 기계적 성질이나 가공성도 우수한 합금강이다. 스테인리스강용 용접봉의 피복제는 루틸(rutile)을 주성분으로 한 티탄계와 형석, 석회석 등을 주성분으로 한 라임계가 있는데, 티탄계는 아크가 안정되고 스패터가 적으며, 슬래그의 제거성도 양호하다. 수직, 위보기 용접 작업 시 용적이 아래로 떨어지기 쉬우므로 운봉 기술이 필요하고 용입이 얕으므로 얇은 판의 용접에 주로 사용된다. 라임계는 작업 중 슬래그의 용융지를 거의 덮지 않으며 비드가 볼록형이기 때문에 아래보기 및 수평 필릿 용접에서는 비드의 외관이 나쁘고, 용융 금속의 이행이 입상이어서 아크가 불안정하며 스패터도 큰 입자인 것이 비산된다. 라임계는 X선 검사 성능이 양호하기 때문에 고압 용기나 중구조물의 용접에 쓰인다.

우리나라에서 생산 제조되는 스테인리스강 용접봉은 대부분 티탄계이며, 표 3.13은 크롬－니켈 스테인리스강용 용접봉의 종류를 나타낸 것이다.

표 3.13 크롬－니켈 스테인리스강 용접봉의 종류

용접봉		용접 자세	사용전원	용접봉		용접자세	사용전원
종류	종별			종류	종별		
E 308	15, 16	F.V.O.H	DC, AC	E 316	15, 16	F.V.O.H	DC, AC
E 308L	15, 16	F.V.O.H	DC, AC	E 316 CuL	15, 16	F.V.O.H	DC, AC
E 309	15, 16	F.V.O.H	DC, AC	E 317	15, 16	F.V.O.H	DC, AC
E 309Mo	15, 16	F.V.O.H	DC, AC	E 347	15, 16	F.V.O.H	DC, AC
E 310	15, 16	F.V.O.H	DC, AC	E 410	15, 16	F.V.O.H	DC, AC
E 316	15, 16	F.V.O.H	DC, AC	E 430	15, 16	F.V.O.H	DC, AC

주) 크롬 11% 이상 니켈 22% 이하의 용착 금속을 얻는 스테인리스강 피복 아크 용접봉으로 심선의 직경이 1.6~6 mm인 것에 적용한다.

(2) 주철용 피복 아크 용접봉

주철의 용접은 주로 주물 제품의 결함을 보수할 때나, 파손된 주물 제품의 수리에 이용되며 연강 및 탄소강에 비해 용접이 어렵기 때문에 용접 전후의 처리 및 봉의 선택과 작업 방법에 신중을 기하여 작업해야 하며, 주철에 사용되는 피복 아크 용접봉으로는 니켈계 용접봉, 모넬메탈계 용접봉, 연강용 용접봉 등이 있다.

(3) 구리 및 구리합금용 피복 아크 용접봉

구리 및 구리 합금용 피복 아크 용접봉은 주로 탈산 구리 용접봉 또는 구리 합금용 접봉등이 사용되고 있으며, 연강에 비해 열전도도와 열팽창 계수가 크기 때문에 용접하는데 어려움이 있었으나, 피복제 계통의 발달로 우수한 용접성을 얻을 수 있는 용접봉이 개발되어 사용 되고 있다.

3.4.6 피복 아크 용접봉의 선택과 관리

(1) 용접봉의 선택 방법

용접봉의 선택은 용접 결과를 좌우하는 중요한 인자가 되므로 모재의 재질, 제품의 모양, 용접 자세 등의 사용 목적에 알맞게 선택하지 않으면 안 된다. 알맞은 용접봉을 택하려면 용접봉의 내균열성, 아크의 안정성, 스패터링, 슬래그의 성질 등을 확인하고 선택해야 한다. 또한 피복 아크 용접봉은 사용하기 전에 편심 상태를 확인한 후 사용해야 하는데, 이때의 편심률은 3% 이내이어야 한다.

$$\text{편심률}(\%) = \frac{D' - D}{D} \times 100$$

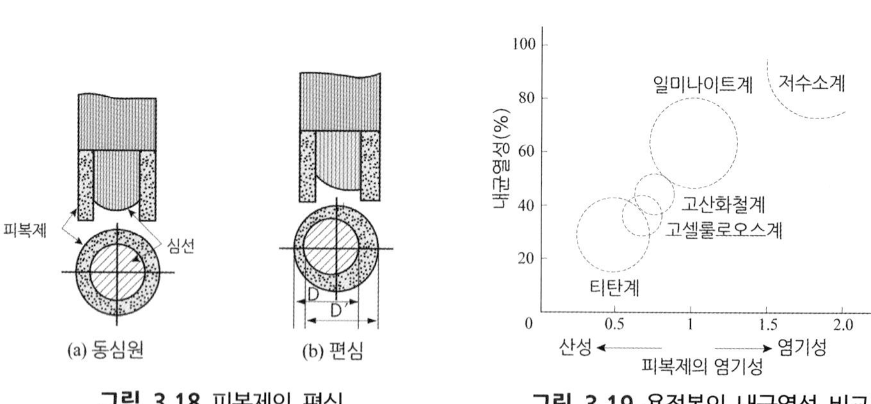

그림 3.18 피복제의 편심

그림 3.19 용접봉의 내균열성 비교

① 모재의 강도에 적합한 용접봉을 선정한다(인장강도, 연신율, 충격치 등).

② 사용 성능에 적합한 용접봉을 선택한다. 박판, 후판 등의 판의 두께와 용접

자세를 충분히 고려한다.

③ 경제성을 충분히 고려하여 용접봉을 선택한다(시간, 능률성 등).

(2) 용접봉의 보관 및 관리 방법

용접봉은 습기에 민감하기 때문에 건조한 장소를 택하며 진동이 없고 하중을 받지 않는 상태에서 지면보다 높은 곳에 보관해야 한다. 습기는 용접봉에 기공이나 균열의 원인이 되기 때문에 사용 전에 충분히 건조해야 하는데, 보통 용접봉은 70～100 ℃에서 30～60분, 저수소계 용접봉은 300～350℃에서 1～2시간 정도 건조 후 사용한다.

3.5 피복 아크 용접법

3.5.1 용접에 영향을 미치는 요소

(1) 용접봉 각도

용접봉과 모재가 이루는 각도를 **용접봉 각도**(angle of elctrode)라 하며, 용접봉 각도에는 **진행각**(lead angle)과 **작업각**(work angle)으로 나누어진다.

진행각은 용접봉과 용접선이 이루는 각도로서 용접봉과 수직선 사이의 각도로 표시하고, 작업각은 용접봉과 이음 방향에 나란히 세워진 수직 평면(또는 수평 평면)과의 각도로 표시한다. 양호한 품질의 용접부를 얻기 위해서는 정확한 용접봉의 진행각과 작업각을 유지하여 작업을 진행해야 한다.

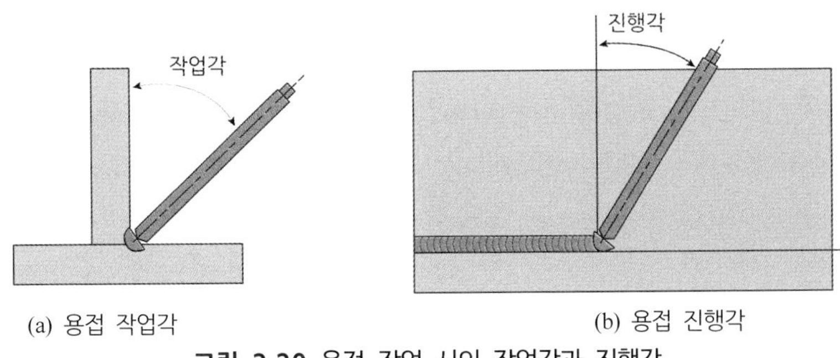

그림 3.20 용접 작업 시의 작업각과 진행각

(2) 아크 길이(arc length)

용접 작업 시 아크 길이는 보통 용접봉 심선의 지름 정도 유지하는 것이 적당하나, 일반적인 아크 길이는 3 mm 정도이며, 양호한 용접을 하려면 가급적 짧은 아크(short arc)를 사용하는 것이 유리하고, 아크 길이가 너무 길면 아크가 불안정하고, 용융 금속이 산화 및 질화되기 쉬우며 열 집중의 부족, 용입 불량 및 스패터도 심하게 된다. 아크 길이가 적당할 때에는 정상적인 용적 이행으로 우수한 품질의 용접부를 얻을 수 있다.

(3) 용접 속도

용접 모재에 대한 용접선 방향의 아크 속도를 **용접 속도**(welding speed)라고 하며, 운봉 속도(travel speed) 또는 아크 속도(arc speed)라고도 한다. 모재의 재질, 이음 모양, 용접봉의 종류 및 전류값, 위빙(weaving)의 유무 등에 따라 용접 속도는 달라지며, 아크 전류와 아크 전압을 일정하게 유지하고 용접 속도를 증가시키면 비드 폭은 좁아지고 용입은 얕아진다.

3.5.2 작업 준비

(1) 용접봉의 건조 및 모재 청정

피복 아크 용접봉은 작업에 필요한 양만큼 사전에 건조로에서 건조시켜 놓아야 하며, 용접 모재는 기름, 녹, 페인트, 및 기타 불순물을 와이어 브러쉬나 가스 불꽃 등으로 깨끗하게 제거해야 한다. 만약 용접봉의 건조나 모재의 청소가 불량한 경우는 기공, 균열 등 용접 결함의 원인이 된다.

(2) 보호구 착용

용접 작업 시에 아크 불꽃 및 스패터로 인한 화상이나 눈의 결막염 또는 전기 감전 등으로부터 작업자를 보호하기 위하여 반드시 규격품의 보호구를 착용하도록 하여 피부가 노출되는 부분이 없도록 해야 한다.

(3) 용접 설비 점검 및 용접 전류 조정

용접기의 전원 스위치를 넣기 전에 다음 사항을 반드시 점검하도록 한다.

① 용접기의 전기 접속 부분이 잘 접속 상태 점검

② 전원 케이블의 손상 여부 확인 및 손상 시 보수

③ 용접기의 케이스에 접지선의 접지 상태 점검 확인

④ 홀더의 파손 여부를 점검 및 교체

⑤ 작업장 주위의 작업 위해 요소를 제거

이상의 점검을 끝낸 다음 이상이 없으면 전원 스위치를 넣고 용접 전류를 조정한다. 적정 전류는 모재의 재질 및 두께, 용접봉의 지름 및 종류, 용접 자세, 용접 속도 등에 따라 알맞은 전류의 선택이 중요하며, 용접봉 심선의 단면적 1 mm^2에 대한 전류 밀도는 10~13 A 정도가 적당하다. 용접 전류가 적정 전류보다 높으면 언더 컷(under cut)이나 기공 등이 생기고, 비드 파형이 거칠어지며, 반대로 용접 전류가 낮으면 **슬래그 섞임**(slag inclusion)이나 용입 불량 등의 용접 결함이 생길 수 있다. 그러므로 적정 전류값의 선택을 위해서는 용접봉 제조회사의 권장 전류값을 참고로 하는 것이 바람직하다.

표 3.14 용접봉과 모재 두께에 대한 표준 용접 전류

모재 두께(mm)	3.2		4.0		5.0		6.0		7.0		9.0		10.0		12.0 이상	
용접봉의 지름(mm)	2.0	2.6	2.6	3.2	3.2	4.0	3.2	4.0	4.0	5.0	4.0	5.0	4.0	5.0	5.0	6.0
용접 전류(A)	40~60	50~70	60~80	80~100	90~110	110~130	100~120	120~140	130~150	160~180	140~190	160~170	150~170	180~200	200~220	240~280

(4) 용접 환기 설비와 공구 준비

① 환기장치

② 용접봉 홀더(electrode holder)

③ 헬멧(helmet) 또는 핸드 실드(hand shield)

④ 보호복(保護服 ; 앞치마)

⑤ 금긋기 바늘(scriber)

⑥ 정(chisel)

⑦ 해머(hammer)

⑧ 치핑 해머(chipping hammer)

⑨ 플라이어(plier)

⑩ 와이어브러쉬(wire brush)

⑪ 차광 유리(welding shade lens)

표 3.15 아크 용접용 차광 유리의 선택

차광도 번호	사용처
8~9	30 A 이상 100 A 미만의 아크 용접 및 절단
10~12	100 A 이상 300 A 미만의 아크 용접 및 절단
13~14	300 A 이상의 아크 용접 및 절단

3.5.3 아크의 발생과 운봉

(1) 아크의 발생

아크의 발생은 모재와 용접봉 사이의 간격이 심선의 굵기만큼 떨어져 있을 때 보통 아크가 안정되게 발생한다. 아크 발생은 긁는법(striking arc method)과 찍는법(tapping arc method)이 있지만 아크의 발생은 일정한 간격을 유지하여 운봉하는 것이 중요하다.

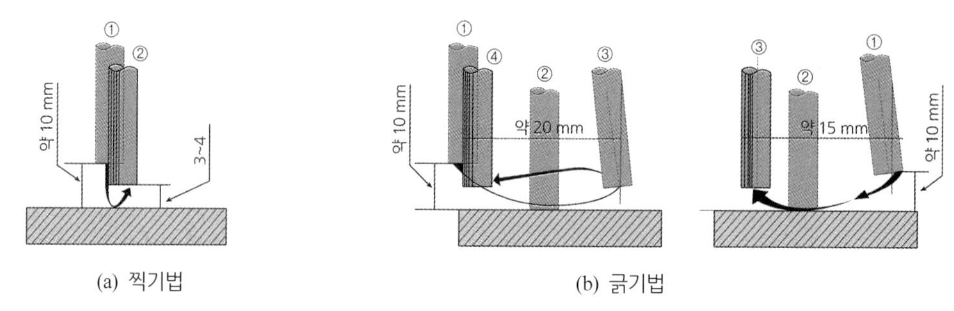

(a) 찍기법 (b) 긁기법

그림 3.21 용접 작업 시 아크의 발생 방법

(2) 용접봉의 운봉법

용접봉을 움직여 용접 비드를 형성하는 것을 **운봉**이라 하며, 용접작업에 있어서 주

표 3.16 용접 자세에 따른 운봉법

용접 자세	운봉법
아래보기 용접	직선 
	소파형 
	대파형 
	원형 
	삼각형 
	각형 
아래보기T형 용접	대파형 
	선전형 
	삼각형 
	부채형 
	지그재그형 (30~40°)
경사관 용접	대파형 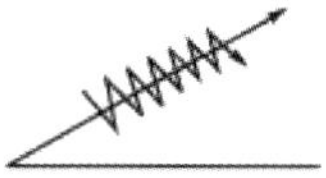
	삼각형 
수평 용접	대파형 원형 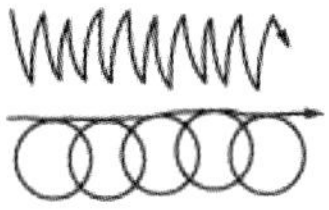
	타원형 (30~40°) 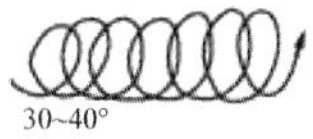
	삼각형 (60°)
위보기 용접	반월형 
	8자형 
	지그재그형 
	대파형 
	각형 
수직 용접	파형 
	삼각형 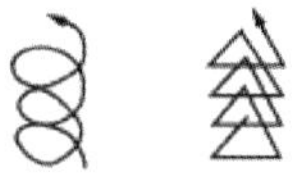
	지그재그형 

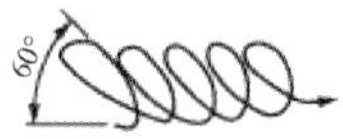

요한 요소가 된다. 비드의 나비, 용접 자세 등에 따라서 적당한 운봉 방법을 사용해야 좋은 용접 결과를 얻을 수 있다. 용접봉을 용접선에 따라 직선으로 움직이면 **직선 비드**(straight bead)가 되고, 용접봉을 좌우로 움직여 운봉하는 것을 **위빙 비드**(weaving bead)라 한다.

① 직선 비드

- 용접봉을 용접 진행 방향으로 70～80° 기울고, 좌우에 대하여 90°가 되게 한다.

• 주로 박판 용접 및 홈 용접에서 이면 비드 형성 시 사용한다.

② 위빙 비드

- 용접봉은 용접 진행 방향으로 70～80° 경사시키고 좌우에 대하여 90°가 되게 한다.
- 위빙 운봉 폭은 심선 지름의 2～3배로 한다.
- 크레이터 발생과 언더컷 발생이 생길 염려가 있으므로 특히 주의한다.

3.5.4 용접작업에서의 용접 결함과 대책

용접부에 발생하는 용접 결함은 용접 조건이 맞지 않거나 용접 기술이 미숙함으로써 생긴다. 용접 결함의 종류로는 용입 불량, 언더컷, 오버랩, 균열, 기공 등이 있으며, 용접 결함이 발생하지 않도록 주의해서 용접 작업을 해야 한다. 표 3.17은 각종 용접 결함과 대책을 참고로 나타낸 것이다.

표 3.17 용접 결함의 원인과 대책

결함의 종류	결함의 모양	원인	방지대책
용입 불량		① 이음 설계의 결함 ② 용접 속도가 너무 빠를 때 ③ 용접 전류가 낮을 때 ④ 용접봉 선택 불량	① 루트 간격 및 치수를 크게 한다. ② 용접 속도를 빠르지 않게 한다. ③ 슬래그가 벗겨지지 않는 한도 내로 전류를 높인다. ④ 용접봉의 선택을 잘 한다.
언더컷		① 전류가 너무 높을 때 ② 아크 길이가 너무 길 때 ③ 부적당한 용접봉을 사용했을 때 ④ 용접 속도가 적당하지 않을 때 ⑤ 용접봉 선택 불량	① 낮은 전류를 사용한다. ② 짧은 아크 길이를 유지한다. ③ 유지 각도를 바꾼다. ④ 용접 속도를 늦춘다. ⑤ 적정봉을 선택한다.
오버랩		① 용접 전류가 너무 낮을 때 ② 운봉 및 봉의 유지 각도 불량 ③ 용접봉의 선택 불량	① 적정 전류를 선택한다. ② 수평 필릿의 경우는 봉의 각도를 잘 선택한다. ③ 적정봉을 선택한다.
선상조직		① 용착 금속의 냉각 속도가 빠를 때 ② 모재 재질 불량	① 급랭을 피한다. ② 모재의 재질에 맞는 적정봉을 선택한다.

(계속)

결함의 종류	결함의 모양	원인	방지대책
균열		① 이음의 강성이 큰 경우 ② 부적당한 용접봉 사용 ③ 모재의 탄소, 망간 등의 합금 원소 함량이 많을 때 ④ 과대 전류, 과대 속도 ⑤ 모재의 유황 함량이 많을 때	① 예열, 피닝 작업을 하거나 용접 비드 배치법 변경, 비드 단면적을 넓힌다. ② 적정봉을 선택한다. ③ 예열, 후열을 한다. ④ 적절한 속도를 운봉한다. ⑤ 저수소계봉을 쓴다.
기공		① 용접 분위기 가운데 수소 또는 일산화탄소의 과잉 ② 용접부의 급속한 응고 ③ 모재 가운데 유황 함유량 과대 ④ 강재에 부착되어 있는 기름, 페인트, 녹 등 ⑤ 아크 길이, 잔류 조작의 부적당 ⑥ 과대 전류의 사용 ⑦ 용접 속도가 빠르다.	① 용접봉을 바꾼다. ② 위빙을 하여 열량을 늘리거나 예열을 한다. ③ 충분히 건조한 저수소계 용접봉을 사용한다. ④ 이음의 표면을 깨끗이 한다. ⑤ 정해진 범위 안의 전류로 좀 긴 아크를 사용하거나 용접법을 조절한다. ⑥ 적당한 전류로 조절한다. ⑦ 용접 속도를 늦춘다.
슬래그 섞임		① 전층의 슬래그 제거 불완전 ② 전류 과소, 운봉 조작 불완전 ③ 용접 이음의 부적당 ④ 슬래그 유동성이 좋고 냉각하기 쉬울 때 ⑤ 봉의 각도 부적당 ⑥ 운봉 속도가 느릴 때	① 슬래그를 깨끗이 제거한다. ② 전류를 약간 세게, 운봉 조작을 적절히 한다. ③ 루트 간격이 넓은 설계로 한다. ④ 용접부 예열을 한다. ⑤ 봉의 유지 각도가 용접 방향에 적절하게 한다. ⑥ 슬래그가 앞지르지 않도록 운봉 속도를 유지한다.
피트		① 모재 가운데 탄소, 망간 등의 합금 원소가 많을 때 ② 습기가 많거나 기름, 녹, 페인트가 묻었을 때 ③ 후판 또는 급랭되는 용접의 경우 ④ 모재 가운데 황 함유량이 많을 때	① 염기도가 높은 봉을 선택한다. ② 이음부를 청소한다. ③ 봉을 건조시킨다. ④ 예열을 한다. ⑤ 저수소계봉을 사용한다.
스패터		① 전류가 높을 때 ② 건조되지 않은 용접봉을 사용했을 때 ③ 아크 길이가 너무 길 때	① 모재의 두께 봉지름에 맞는 최소 전류로 용접 ② 건조된 용접봉 사용 ③ 위빙을 크게 하지 말고 적당한 아크 길이로 한다.

3장 연습문제 피복 아크 용접

01 피복 아크 용접 작업에서 아크 길이 및 아크 전압에 대한 설명으로 틀린 것은?

가. 품질 좋은 용접을 하려면 원칙적으로 짧은 아크를 사용해야 한다.
나. 아크 길이가 너무 길면 아크가 불안정하고, 용융 금속이 산화 및 질화되기 어렵다.
다. 아크 길이가 보통 용접봉 심선의 지름 정도이나 일반적인 아크의 길이는 3 mm 정도이다.
라. 아크 전압은 아크 길이에 비례한다.

02 피복 아크 용접봉의 용접부를 보호하는 방식에 의한 분류에 속하지 않는 것은?

가. 슬래그 생성식
나. 가스 발생식
다. 아크 발생식
라. 가스 가우징

03 피복 아크 용접 중 3.2 mm의 용접봉으로 용접할 때 일반적인 아크 길이로 가장 적당한 것은?

가. 6 mm
나. 3 mm
다. 7 mm
라. 5 mm

04 피복 아크 용접봉에서 피복제의 주된 역할로 틀린 것은?

가. 아크를 안정하게 하고, 전기 전열작용을 한다.
나. 스패터링(spattering)을 많게 한다.
다. 모재 표면의 산화물을 제거하고 양호한 용접부를 만든다.
라. 슬래그 제거를 쉽게 하고 파형이 고운 비드를 만든다.

05 직류 아크 용접기와 비교한 교류 아크 용접기의 특징을 맞게 나타낸 것은?

가. 아크의 안정성이 약간 떨어진다.
나. 값이 비싸고 취급이 어렵다.
다. 고장이 많아 보수가 어렵다.
라. 무부하 전압이 낮아 전격의 위험이 적다.

06 아크 용접기의 구비조건에 대한 설명으로 틀린 것은?

가. 구조 및 취급이 간단해야 한다.
나. 전류조정이 용이하고 일정하게 전류가 흘러야 한다.
다. 아크 발생 및 유지가 용이하고 아크가 안정되어야 한다.
라. 사용 중에 온도 상승이 커야 한다.

07 피복 아크 용접에서 용접의 단위 길이 1 cm당 발생하는 전기적 열에너지 H(용접 입열)를 구하는 식은?

가. $H = \dfrac{V}{60EI}$　　나. $H = \dfrac{60V}{EI}$

다. $H = \dfrac{60E}{VI}$　　라. $H = \dfrac{60EI}{V}$

08 피복 아크 용접봉에서 피복 배합제의 성분 중 탈산제로 사용되지 않는 것은?

가. 규소철　　나. 망간철

다. 알루미늄　　라. 유황

09 저수소계 용접봉(E4316)의 건조 온도에 대하여 올바르게 설명한 것은?

가. 건조로 속의 온도가 100℃ 가열되었을 때부터의 2~4시간 정도 건조시킨다.

나. 건조로 속의 온도가 200℃일 때 용접봉을 넣은 다음부터 30분 정도 건조시킨다.

다. 건조로 속에 들어있는 용접봉의 온도가 300~350℃에 도달한 시간부터 1~2시간 건조시킨다.

라. 건조로 속에 들어있는 용접봉의 온도가 100~200℃에 도달한 시간부터 2~3시간 건조시킨다.

10 아크 용접기의 사용률에서 아크 시간과 휴식 시간을 합한 전체 시간은 몇 분을 기준으로 하는가?

가. 60분　　나. 30분

다. 10분　　라. 5분

11 피복제 중에 석회석이나 형석을 주성분으로 한 피복제를 사용한 것으로서 용착 금속 중의 수소량이 다른 용접봉에 비해서 1/10 정도인 용접봉은?

가. E4301　　나. E4311

다. E4316　　라. E4327

12 아크 용접에서 아크 전류가 200 A, 아크 전압이 25 V, 용접 속도가 15 cm/min인 경우 용접 길이 1 cm당 발생하는 전기적 에너지는?

가. 10000(J/cm)　　나. 15000(J/cm)

다. 20000(J/cm)　　라. 25000)J/cm)

13 아크 용접에서 정격전류 200 A, 전격 사용률 40%인 아크 용접기로 실제 아크 전압 30 V, 아크 전류 130 A로 용접을 수행한다고 가정할 때 허용사용률은 약 얼마인가?

가. 70%　　나. 75%

다. 80%　　라. 95%

14 연강용 피복 아크 용접봉의 종류를 나타내는 기호에서 밑줄친 부분 43의 의미로 옳은 것은?

E4316 (43 밑줄)

가. 피복제 계통　　나. 용착 금속의 최소 인장 강도
다. 피복 아크 용접봉　　라. 사용 전류의 종류

15 AW-300, 무부하 전압 80 V, 아크 전압 20 V인 교류 용접기를 사용할 때, 역률과 효율을 올바르게 구한 것은?(단, 내부손실을 4 kW라 한다.)

가. 역률 : 80.0%, 효율 : 20.6%　　나. 역률 : 20.6%, 효율 : 80.0%
다. 역률 : 60.0%, 효율 : 41.7%　　라. 역률 : 41.7%, 효율 : 60.0%

16 교류 아크 용접기의 종류가 아닌 것은?

가. 가동 코일형　　나. 가동 철심형
다. 전동기 구동형　　라. 탭 전환형

17 용접기 설치 시 1차 압력이 10 kVA이고, 전압이 200 V일 때 퓨즈 용량으로 맞는 것은?

가. 50 A　　나. 100 A
다. 150 A　　라. 200 A

18 용접기의 아크 발생을 8분간 하고 2분간 쉬었다면, 이 용접기의 사용률은 몇 % 인가?

가. 25　　나. 40
다. 65　　라. 80

19 피복 아크 용접에서 사용되는 아크 용접용 기구가 아닌 것은?

가. 용접 케이블　　나. 접지 클램프
다. 용접 홀더　　라. 팁크리너

20 다음 중 용접 전류를 결정하는 요소로 가장 관련이 적은 것은?

가. 판(모재) 두께　　나. 용접봉의 지름
다. 아크 길이　　라. 이음의 모양(형상)

21 피복 아크 용접에서 일반적으로 가장 많이 사용되는 차광유리의 차광도 번호는?

가. 4~5 나. 7~8
다. 10~11 라. 14~15

22 다음 중 직류 아크 용접기는?

가. 가동코일형 나. 탭전환형
다. 정류기형 라. 가포화 리액터형

23 규격이 AW 300인 교류 아크 용접기의 전류 조정 범위는?

가. 0~300 A 나. 20~220 A
다. 60~330 A 라. 120~430 A

24 피복 아크 용접에서 "모재의 일부가 녹은 쇳물 부분"을 무엇이라 하는가?

가. 슬래그 나. 용융지
다. 피복부 라. 용착부

25 피복 아크 용접에서 피복제의 성분에 포함된 물질이 아닌 것은?

가. 피복 안정제 나. 가스 발생제
다. 피복 이탈제 라. 슬래그 생성제

26 연강용 피복 아크 용접봉의 종류와 피복제 계통을 나열한 것으로 틀린 것은?

가. E4303 : 라임티타니아계 나. E4311 : 고산화티탄계
다. E4316 : 저수소계 라. E4327 : 철분산화철계

27 아크 용접에서 아크 길이가 길 때 일어나는 현상이 아닌 것은?

가. 아크가 불안정해진다. 나. 용융 금속의 산화 및 질화가 쉽다.
다. 열 집중력이 양호하다. 라. 전압이 높고 스패터가 많다.

28 다음 중 부하 전류가 변해도 단자 전압은 거의 변화하지 않는 용접기의 특성은?

가. 수하 특성 나. 하향 특성
다. 정전압 특성 라. 정전류 특성

29 용접기의 규격으로 AW 500의 설명 중 맞는 것은?

가. AW은 직류 아크 용접기라는 뜻이다. 나. 500은 정격 2차 전류의 값이다.
다. AW은 용접기의 사용률을 말한다. 라. 500은 용접기의 무부하 전압 값이다.

30 보기와 같이 연강용 피복 아크 용접봉을 표시하였다. 설명이 틀린 것은?

E4316

가. E : 전기 용접봉
나. 43 : 용착 금속의 최저 인장 강도
다. 16 : 피복제의 계통 표시
라. E4316 : 일미나이트계

31 AW300, 정격 사용률이 40%인 교류 아크 용접기를 사용하여 150 A의 용접 전류를 사용한다면 허용 사용률은 얼마인가?

가. 80%
나. 120%
다. 140%
라. 160%

32 직류 아크 용접에서 용접봉을 용접기의 음(－)극에, 모재를 양(＋)극에 연결한 경우의 극성은?

가. 직류 정극성
나. 직류 역극성
다. 용극성
라. 비용극성

33 용접기의 2차 무부하 전압을 20~30 V로 유지하고, 용접 중 전격 재해를 방지하기 위해 설치하는 용접기의 부속장치를 무엇이라 하는가?

가. 과부하방지 장치
나. 전격방지 장치
다. 원격제어 장치
라. 고주파발생 장치

34 직류 정극성(DCSP)에 대한 설명으로 바르게 설명한 것은?

가. 모재의 용입이 얕다.
나. 비드폭이 넓다.
다. 용접봉의 녹음이 느리다.
라. 용접봉에 (＋)극을 연결한다.

35 피복 아크 용접에서 아크 안정제에 속하는 피복 배합제는 어느 것 인가?

가. 산화티탄
나. 탄산마그네슘
다. 페로망간
라. 알루미늄

36 일반적으로 피복 아크 용접 시 용접봉의 운봉폭은 심선 지름의 몇 배인가?

가. 1~2배
나. 2~3배
다. 5~6배
라. 7~8배

37 피복 아크 용접 작업에서 아크 길이에 대한 설명으로 틀린 것은?

가. 아크 길이는 일반적으로 3 mm 정도가 적당하다.
나. 아크 전압은 아크 길이에 반비례한다.
다. 아크 길이가 너무 길면 아크가 불안정하게 된다.
라. 양호한 용접은 짧은 아크(short arc)를 사용한다.

38 수소 함유량이 타 용접봉에 비해서 1/10 정도 현저하게 적고, 특히 균열의 감소성이나 탄소, 황의 함유량이 많은 강(steel)의 용접에 적합한 용접봉은?

가. E4301 나. E4313
다. E4316 라. E4324

39 아크 용접기의 구비 조건을 잘못 설명한 것은?

가. 구조 및 취급이 간단해야 한다.
나. 사용 중에 온도 상승이 커야 한다.
다. 전류 조정이 용이하고, 일정한 전류가 흘러야 한다.
라. 아크 발생 및 유지가 용이하고 아크가 안정되어야 한다.

40 피복 아크 용접에서 용접 회로의 순서가 올바르게 연결된 것은?

가. 용접기 – 전극 케이블 – 용접봉 홀더 – 피복 아크 용접봉 – 아크 – 모재 – 접지 케이블
나. 용접기 – 용접봉 홀더 – 전극 케이블 – 모재 – 아크 – 피복 아크 용접봉 – 접지 케이블
다. 용접기 – 피복 아크 용접봉 – 아크 – 모재 – 접지 케이블 – 전극 케이블 – 용접봉 홀더
라. 용접기 – 전극 케이블 – 접지 케이블 – 용접봉 홀더 – 피복 아크 용접봉 – 아크 – 모재

41 용접봉의 용융 금속이 표면 장력에 의해 모재로 옮겨가는 용적 이행으로 맞는 것은?

가. 스프레이형 나. 핀치 효과형
다. 단락형 라. 용적형

42 피복 아크 용접에서 직류 역극성(DCRP)의 특징으로 맞는 것은?

가. 모재의 용입이 깊다. 나. 비드 폭이 좁다.
다. 봉의 용융이 느리다. 라. 박판, 주철, 고탄소강의 용접 등에 쓰인다.

43 피복 아크 용접봉의 용융속도를 결정하는 관계식으로 맞는 것은?

가. 용융 속도 = 아크 전류 × 용접봉쪽 전압 강하
나. 용융 속도 = 아크 전류 × 모재쪽 전압 강하
다. 용융 속도 = 아크 전압 × 용접봉쪽 전압 강하
라. 용융 속도 = 아크 전압 × 모재쪽 전압 강하

44 가동 철심형 용접기에 대한 설명한 것으로 잘못된 것은?

가. 교류 아크 용접기의 종류에 해당한다.
나. 미세한 전류 조정이 가능하다.
다. 용접 작업 중 가동 철심의 진동으로 소음이 발생할 수 있다.
라. 코일의 감긴 수에 따라 전류를 조정한다.

45 다음 중 용접 작업에 직접적인 영향을 주는 요소가 아닌 것은?

가. 용접봉 각도
나. 아크 길이
다. 용접 속도
라. 용접 비드

연습문제 정답															
	1	2	3	4	5	6	7	8	9	10	11	12	13	14	15
	나	라	나	나	가	라	라	라	다	다	다	다	라	나	라
	16	17	18	19	20	21	22	23	24	25	26	27	28	29	30
	다	가	라	라	다	다	다	다	나	가	나	다	가	라	라
	31	32	33	34	35	36	37	38	39	40	41	42	43	44	45
	라	나	나	다	가	나	나	다	나	가	다	라	가	라	라

4

가스 용접

4.1 가스 용접의 개요

4.1.1 가스 용접의 원리

가스 용접(gas welding)은 가열 조절이 용이하고, 시설비가 싸며 박판이나 파이프, 비철합금 등의 용접에 많이 이용되는 것으로서, 아크 용접과 더불어 가장 널리 알려진 용접 방법이다. 가스 용접은 사용하는 가스에 따라 **산소－아세틸렌 용접**(oxy-acetylene gas welding), **산소－수소 용접**(oxy-hydrogen welding), **산소－LPG 용접**, **공기－아세틸렌 용접** 등이 있으나, 이 중에서 가장 많이 사용되는 것이 산소－아세틸렌 용접이다. 가스 용접이란 곧 산소－아세틸렌 용접을 의미하기도 한다. 산소－아세틸렌 가스의 불꽃은 용접용으로 쓰이는 가스 불꽃 중에서 연소 온도가 가장 높은 불꽃으로, 비교적 얇은 금속의 용접이나 전기를 사용할 수 없는 곳에서의 금속 접합 등에 주로 사용되며, 특히 금속의 절단에 많이 이용되고 있다. 산소－아세틸렌 용접은 아크 용접과 같은 융접으로서 산소－아세틸렌 가스가 연소할 때 약 3,000℃의 높은 고열을 이용하여 모재와 용가재(용접봉)를 용융시켜 접합시키는 방법이다.

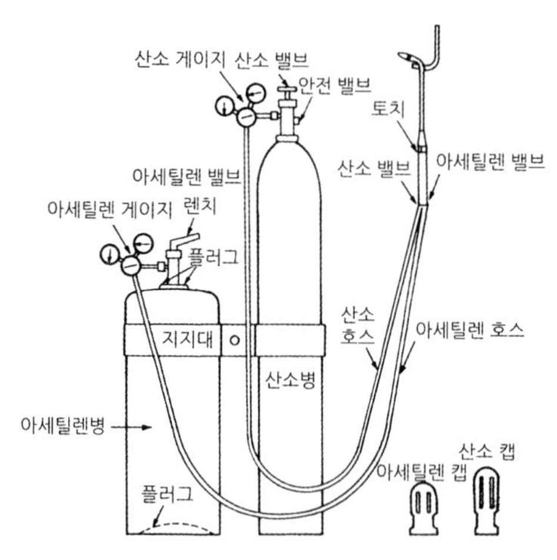

그림 4.1 가스(산소－아세틸렌) 용접 장치

4.1.2 가스 용접의 특징

가스 용접의 장점으로는 다음과 같다.

① 응용 범위가 넓으며 운반이 편리하다.

② 가열 시 열량 조절이 비교적 자유롭기 때문에 박판 용접이 용이하다.

③ 전기 설비가 없는 곳에서도 사용이 가능하고, 설치비용이 저렴하다.

④ 아크 용접에 비해서 유해 광선의 발생이 적다.

가스 용접의 단점으로는 다음과 같다.

① 아크 용접에 비해서 불꽃의 온도가 낮다.

② 열의 집중성이 나빠서 효율적인 용접이 어렵다.

③ 폭발의 위험성이 있고, 용접 금속이 탄화 및 산화될 가능성이 크다.

④ 가열 범위가 커서 용접 시 응력의 발생이 크고, 가열 시간이 오래 걸린다.

⑤ 용접 변형이 크고 금속의 종류에 따라서 기계적 강도가 떨어진다.

⑥ 아크 용접에 비해 일반적으로 신뢰성이 떨어진다.

4.2 가스의 종류 및 불꽃

4.2.1 가스 용접용 가스의 종류

가스 용접에서 사용되는 지연성 가스로는 산소가 가장 많이 쓰이며, 가연성 가스로는 아세틸렌 가스와 수소 가스가 주로 사용된다. 이 밖에 가연성 가스로는 도시가스(석탄가스), 천연가스 , LP가스(프로판, 부탄, 메탄) 등이 있다. 이들 가스의 종류와 성질은 표 4.1에 나타낸 바와 같다.

표 4.1 용접용 가연성 가스의 종류와 성질

가스의 종류	완전 연소식의 화학식	비중	가스혼합비(가연서 가스 : 산소)			최고불꽃 온도(℃)
			최저	최고	최적	
아세틸렌(C_2H_2)	$C_2H_2 + 2\frac{1}{2}O_2 = 2CO_2 + H_2O$	0.9056	1 : 1.1	1 : 1.8	1 : 1.7	3430
수소(H_2)	$H_2 + \frac{1}{2}O_2 = H_2O$	0.0696	1 : 0.5	1 : 0.5	1 : 0.5	2900
프로판(C_3H_8)	$C_3H_8 + 5O_2 = 3CO_2 + 4H_2O$	1.5223	1 : 3.75	1 : 4.75	1 : 4.5	2820
메탄(CH_4)	$CH_4 + 2O_2 = CO_2 + 2H_2O$	0.5545	1 : 1.8	1 : 2.25	1 : 2.1	2700

(1) 산소(oxygen : O_2)

지연성 가스로 사용되는 산소는 공기나 물의 주성분으로 대기 중의 공기 속에는 약 21%가 존재하므로 공기 중에서 얻거나 또는 물을 전기분해하여 포집하는 방법이 있다. 산소는 순도가 높을수록 좋으며 KS규격에 의한 공업용 산소의 순도는 99.5% 이상으로 되어 있고, 일반적으로 산소는 고압 용기 산소 전용 병에 35℃에서 12～15 Mpa의 압력으로 충전하여 사용하는 압축가스이다.

표 4.2 공기의 조성 및 특징

원소명	용량(%)	1ℓ무게(g)	비점(℃)
산소(O_2)	21.0	1.429	-183
질소(N_2)	78.0	1.25	-196
알곤(Ar) 등	1.0	1.78	-186

① 산소의 특징

- 무색, 무미, 무취의 기체로 비중은 1.105, 비등점은 －183℃, 용융점은 －219℃로서 물에도 소량이 녹아 있기 때문에 수중 생물의 호흡에 쓰인다.
- 산소 자체는 불에 타지 않으며 다른 물질의 연소를 도와주는 지연성 가스이다.
- 모든 원소(금, 백금, 수은 등 제외)와 화합 시 산화물을 만든다.
- 액체 산소는 보통 연한 청색을 띤다.
- 산소 1ℓ의 중량은 0℃, 0.1 Mpa에서 1.429 g으로 공기보다 약간 무거우며 타기 쉬운 기체에 산소를 혼합하여 점화하면 폭발적으로 연소한다.

② 산소의 제조 방법

산소를 제조하는 방법에는 화학약품에 의한 제조법과 공업적으로 제조하는 방법이 있는데, 대량의 산소 제조에는 공업적인 방법 중 대기 중에서 포집하는 방법이 사용된다.

- 물의 전기분해에 의한 제조 방법

  물에 묽은 황산이나 수산화나트륨을 넣고 직류 전기를 통하면 다음 식에 의하여 그림과 같이 (+)극에는 산소, (－)극에는 수소가 포집된다.

전기분해

$$\underset{(\text{물})}{2H_2O} \longrightarrow \underset{(\text{음극})}{2H_2\uparrow} + \underset{(\text{양극})}{O_2\uparrow}$$

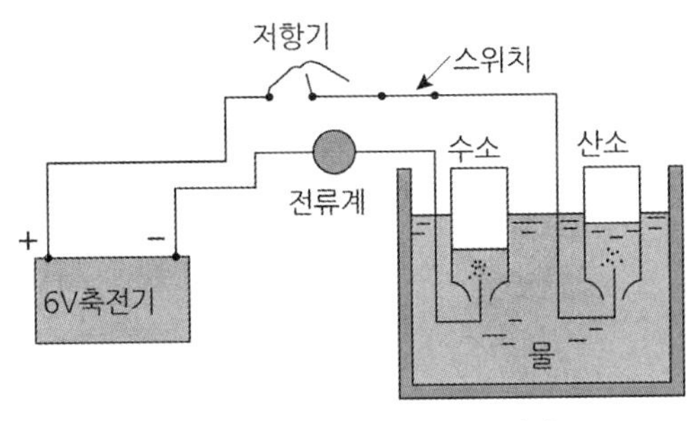

그림 4.2 물의 전기분해 원리

- 공기 중에서 산소를 채취하는 방법

  대기 중의 공기를 비등점 이하로 급속 냉각시키면 액체 산소(liquid oxygen)와 액체 질소(liquid nitrogen)로 액화되고, 표 4.2의 산소와 질소의 비등점을 이용하여 액체 상태의 공기를 가열하면 비등점이 낮은 질소가 먼저 증발하게 되고 산소가 남게 되는데 이것을 액화 또는 기화 압축해서 공업용 산소를 얻는 방법이다.

- 기체 산소와 액체산소

  기체 산소는 액체 상태의 산소를 기화시켜 압축기를 사용하여 전용 고압용기에 충전시킨 후 공급하는 산소를 말하고, 액체 산소는 산업의 대형화에 따라 대량의 산소를 필요로 하는 곳에 사용하면 경제적이고, 99.8% 이상의 고 순도를 유지할 수 있는 장점이 있다.

(2) 아세틸렌(acetylene: C_2H_2)

① 카바이드(CaC_2, calcium carbide)

카바이드는 아세틸렌 가스를 제조하는 원료로서 석회석(CaO)과 석탄 또는 코크스를 56 : 36의 무게비로 혼합하여 이것을 전기로에서 약 3,000℃의 고온으로 가열하여 용융, 화합시켜 제조한다. 칼슘과 탄소가 화합하여 된 탄화칼슘(또는 탄화

석회)으로 순수한 것은 무색투명하지만, 시중에서 시판되고 있는 것은 불순물이 약간 포함되어 있어 회갈색 내지 회흑색을 띠거나 또는 붉거나 푸른빛을 약간 띠고 매우 단단하며 비중은 2.2～2.3 정도이다. 아세틸렌 가스가 발생하는 화학 방정식은 다음과 같다.

CaC_2	+	H_2O	→	C_2H_2	+	CaO
카바이드		물		아세틸렌		생석회
64 g		18 g		26 g		56 g

즉, 64 g의 카바이드에 18 g의 물을 작용시키면 56 g의 생석회와 26 g의 아세틸렌 가스가 발생된다. 그러나 실제로는 아세틸렌 발생기 내에 물이 많으므로 생석회는 다시 물을 흡수하여 소석회가 된다.

$$CaC_2 + H_2O \rightarrow C_2H_2 + Ca(OH)_2 + 31{,}872\ \text{cal}$$

순수한 카바이드는 이론적으로 1 kg당 약 348 ℓ 의 아세틸렌 가스를 발생시킨다. 한국공업규격에서는 1 kgf의 카바이드가 발생하는 아세틸렌 가스의 양에 따라 표 4.3과 같이 구분하고 있으며 카바이드에서 발생한 가스 중의 불순물은 표 4.4와 같이 규정하고 있다.

표 4.3 아세틸렌 가스 발생량에 따른 카바이드 등급

종류	1호	2호	3호
가스 발생량(ℓ/kg)	290 이상	270 이상	230 이상

표 4.4 아세틸렌 가스 중의 주된 불순물

종류	인화수소(PH_3) 용량(%)	황화수소(H_2S) 용량(%)
1급	0.06 이하	0.20 이하
2급	0.10 이하	0.20 이하

카바이드는 위험한 물질로서 취급 시 다음의 사항을 주의해야 한다.

- 카바이드는 승인된 장소에 보관해야 하며, 주위에는 습기가 없어야 한다.

- 카바이드 운반 시 충격이나 마찰 등을 주지 말아야 한다.
- 저장소 가까이에 인화성 물질이나 화기를 가까이 해서는 안 된다.
- 카바이드 통을 개봉할 때는 충격을 주지 말고 가위를 사용한다. 개봉 후 보관 시는 습기가 침투하지 않도록 보관을 잘한다.
- 카바이드 통에서 카바이드를 꺼낼 때에는 불꽃 스파크가 튀지 않도록 모넬 메탈이나 목재 공구를 사용해야 한다.

② 아세틸렌 가스의 성질

- 순수한 아세틸렌 가스는 무색무취의 가스이나 일반적인 아세틸렌 가스는 인화수소(PH_3), 황화수소(H_2S), 암모니아(NH_3) 등의 불순물을 포함하고 있어 악취가 난다.
- 비중은 0.906으로 공기보다 가벼우며 15℃, 0.1 Mpa에서의 아세틸렌 1 ℓ의 무게는 1.176 g 정도이다.
- 각종 액체에 잘 용해되며, 물에 1배, 석유에 2배, 벤젠에 4배, 알코올에 6배, 아세톤에는 25배가 용해된다.
- 산소와 혼합하여 연소시키면 높은 열을 낸다(약 3000～3500℃).

③ 아세틸렌 가스의 위험성

- 온도 : 406～408℃가 되면 자연 발화하고, 505～515℃가 되면 폭발하며 산소가 없어도 780℃ 이상이 되면 자연 폭발한다.
- 압력 : 15℃에서 0.15 Mpa 이상으로 압축하면 분해 폭발의 위험이 있으며, 0.2 Mpa 이상으로 압축하면 폭발을 일으키는 수가 있다.
- 혼합 가스 : 산소와 혼합되면 폭발성이 증가되고 인화점도 매우 낮아진다. 따라서 약간의 화기에도 인화되어 폭발될 위험이 있다. 아세틸렌 15%와 산소 85% 혼합 시 가장 폭발위험이 크다.
- 외력 : 마찰, 진동, 충격 등의 외력이 작용하면 폭발할 위험이 있다.
- 화합물 생성 : 구리, 구리 합금(Cu 62% 이상), 은(Ag), 수은(Hg) 등과 접촉하면 120℃ 부근에서 폭발성이 있는 화합물을 생성하므로 가스 연결구나 배관에 사용해서는 안 된다.

(3) 액화 석유 가스(liquefied petroleum gas : LPG)

석유나 천연가스를 적당한 방법으로 분류하여 제조한 것으로 종류로는 프로판(C_3H_8), 프로필렌(C_3H_6), 부탄(C_4H_{10}), 부틸렌(C_4H_8) 등이 있으며, 공업용에는 프로판과 부탄이 대부분을 차지한다. 프로판 가스의 주요 성질은 다음과 같다.

① 액화가 쉽고, 용기에 넣어 수송이 편리하다(체적을 1/250 정도 압축).
② 무색, 투명하고 약간의 냄새가 난다.
③ 온도 변화에 따른 팽창률이 크고 물에 잘 녹지 않는다.
④ 증발 잠열이 크다(프로판 101.8 kcal/kg).
⑤ 쉽게 기화하며 발열량이 높다(프로판 12000.8 kcal/kg).
⑥ 폭발 한계가 좁아 안전도가 높고, 관리가 쉽다.
⑦ 연소할 때 필요한 산소의 양은 1 : 4.5이다.
⑧ 가스 절단용, 금속 예열용, 가정의 취사용으로 주로 이용된다.

(4) 수소(hydrogen : H_2)

수소 가스는 물의 전기분해에 의해서 제조되고, 고압 용기에 충전(35℃, 1.5 Mpa)시켜 공급한다. 산소−수소 불꽃은 청색의 겉불꽃에 싸인 무광의 불꽃이므로 육안으로 불꽃을 조절하기 어렵다. 수소는 연소할 때에 아세틸렌 가스의 연소와는 달리 탄소가 나오지 않기 때문에 탄소의 존재를 피하는 납(Pb)의 용접이나 수중 절단용 연료 가스 등으로 주로 사용된다. 다음은 수소의 일반적인 특성을 나타낸 것이다.

① 무색, 무미, 무취이며 인체에 해가 없다.
② 가장 가볍고 확산 속도가 빨라 누설되기 쉽고 열전도도가 크다(비중 : 0.0695).
③ 수소는 산소와 화합되기 쉽고 연소 시 2,000℃ 이상의 온도가 되면 물이 생성된다.
④ 고온 고압에서 수소 취성이 일어난다.
⑤ 수중절단, 납의용접, 기구의 부양 등에 사용된다.

(5) 천연가스(LNG)

유전 지대에서 분출되는 가스로서 메탄(CH_4)을 주성분으로 하고 있으며 그 조성은 산지와 분출 시기에 따라 약간씩 다르다.

표 4.5 각종 연료용 가스의 연소 상수

가스의 종류	완전연소 화학방정식	발열량(Kcal/m2)	불꽃온도(℃)
아세틸렌	$C_2H_2 + 2\frac{1}{2}O_2 = 2CO_2 + H_2O$	12753.7	3230.3
수소	$H_2 + \frac{1}{2}O_2 = H_2O$	2448.4	2982.2
도시가스	혼합가스	2670~7120	2537.8
천연가스	혼합가스	7120~10680	2537.8
코크스로가스	혼합가스	4450~4895	2537.8
메탄	$CH_4 + 2O_2 = CO_2 + 2H_2O$	8132.8	2760.0
에탄	$C_2H_6 + 3\frac{1}{2}O_2 = 2CO_2 + 3H_2O$	14515.9	2815.6
프로판	$C_3H_8 + 5O_2 = 3CO_2 + 4H_2O$	20550.1	2926.7
부탄	$C_4H_{10} + 6\frac{1}{2}O_2 = 4CO_2 + 5H_2O$	26691.1	2926.7
에틸렌	$C_2H_4 + 3O_2 = 2CO_2 + 2H_2O$	13617.0	2815.6

4.2.2 산소-아세틸렌 가스 용접 불꽃

(1) 불꽃의 구성

산소와 아세틸렌 가스를 1 : 1로 혼합하여 연소시키면 그로부터 생성되는 불꽃은 그림 4.3과 같이 불꽃심(백심), 속불꽃, 겉불꽃의 3부분으로 구성되어 있다.

① 불꽃심(백심, flame core)

이 불꽃은 팁에서 나오는 혼합가스가 연소하여 일산화탄소 2분자와 수소 1분자를 형성하는 구성되는 환원성의 백색 불꽃이다.

$$C_2H_2 + O_2 = 2CO + H_2 + 107.7\ \text{kcal}$$

② 속불꽃(inner flame)

속불꽃은 백심 부분에서 생성된 일산화탄소와 수소가 공기 중의 산소와 결합 연소되어 3,200~3,500℃의 높은 열을 발생하는 부분으로 무색에 가깝고 약간의 환원성을 띠게 된다. 이 부분이 용접에 이용되는 불꽃으로 용접부의 산화를 방지할 수 있다.

③ 겉불꽃(outer flame)

연소 가스가 다시 공기 중의 산소와 결합하여 완전 연소되는 부분으로 불꽃의 가장자리를 이루며 약 2,000℃ 정도의 열을 내게 된다.

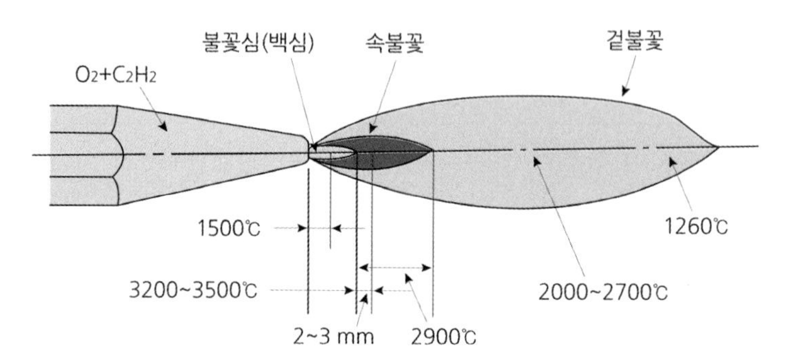

그림 4.3 산소-아세틸렌 가스 불꽃의 구성

(2) 불꽃의 종류

산소와 아세틸렌 가스를 대기 중에서 연소시킬 때 공급되는 산소의 양에 따라 불꽃은 탄화 불꽃, 중성 불꽃, 산화 불꽃으로 나누어진다.

① 탄화불꽃(carbonizing)

아세틸렌 과잉 불꽃으로 산소량이 아세틸렌보다 적을 경우에 생기는 불꽃이다. 이 불꽃은 산화 작용이 일어나지 않기 때문에 산화를 방지할 필요가 있는 금속의 용접, 즉 스테인리스, 스텔라이트, 모넬 메탈 등의 용접에 사용되며 금속 표면에 침탄 작용을 일으키기 쉽다.

② 중성 불꽃(neutral flame)

표준 불꽃이라고도 하며 일반적인 강 등의 용접에 주로 사용되는 불꽃이다. 중성 불꽃은 산소와 아세틸렌 가스의 혼합비가 1 : 1 정도로 이루어지지만, 실제 용접에서는 1.1～1.2 : 1의 비율로 되어 산소가 약간 많게 되며, 용접 작업은 백심 불꽃 끝에서 2～3 mm 앞쪽으로 백심 불꽃 끝이 용융 금속에 닿지 않도록 함으로써 금속에 화학적 영향을 주지 않는다. 중성 불꽃의 연소 과정은 다음과 같이 이루어진다.

$$C_2H_2 \rightarrow 2C + H_2 + 54.8\,\text{kcal}$$

$$2C + O_2 = 2CO + 52.9\,\text{kcal}$$

$$H_2 + \frac{1}{2}O_2 = H_2O + 57.8\,\text{kcal}$$

$$2CO + O_2 = 2CO_2 + 135.9\,\text{kcal}$$

③ 산화 불꽃(oxidizing flame)

산소 과잉 불꽃이라고도 하며, 중성 불꽃에 비해서 백심 근방에서의 연소가 보다 완전히 이루어지므로, 어느 정도 온도가 높아 간단한 가열이나 가스 절단 등에는 효율이 좋으나, 산화성 분위기를 만들기 때문에 일반적인 가스 용접에는 사용하지 않고 구리, 황동 등의 가스 용접에 주로 이용한다.

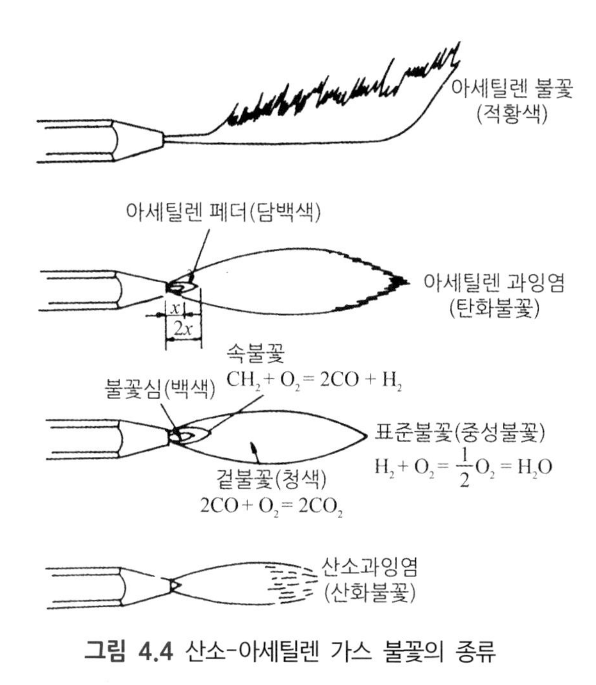

그림 4.4 산소-아세틸렌 가스 불꽃의 종류

4.3 용접 장치 및 부속기구

4.3.1 산소 용기와 연결 장치

산소는 **산소 용기**(oxygen bomb)에 35℃, 12~15 Mpa의 고압으로 충전되어 있으며, 보통 산소병 또는 **봄베**(bomb)라고 한다. 산소병은 에르하르트법 또는 만네스만법으로 이음매 없이 제조되며, 인장강도 560 Mpa 이상, 연신율 18% 이상의 강재가 사용된다.

산소 용기의 크기는 내용적에 따라 33.7 ℓ, 40.7 ℓ, 46.7 ℓ가 주로 사용되며, 이 용기에 충전된 산소를 대기 중에서 환산하면 5000 ℓ, 6000 ℓ, 7000 ℓ가 된다. 용기의 상부에 밸브가 부착되어 있어 운반 시에는 보호캡을 씌워 손상되지 않도록 보호해야 한다.

표 4.6 충전가스에 따른 용기의 도색

가스 명칭	색	나사 종류
산 소	녹 색	오른나사
수 소	주황색	왼 나 사
탄산가스	청 색	오른나사
아세틸렌	황 색	왼 나 사
프 로 판	회 색	왼 나 사
아 르 곤	회 색	오른나사

(1) 용기의 취급

① 용기의 운반 시 밸브를 닫고 캡을 씌워서 이동할 것
② 용기는 뉘어 두거나 굴리는 등 충격을 주지 말 것
③ 용기의 운반 시 전용 운반구를 이용하고, 넘어지지 않게 주의할 것
④ 기름이 묻은 손이나 장갑을 끼고 취급하지 말 것
⑤ 밸브 개폐는 조용히 해야 하며 사용 전에 비눗물로 누설 검사를 할 것
⑥ 각종 화기로부터 5 m 이상 거리를 둘 것
⑦ 사용이 끝난 용기는 「공병」이라 표시하고 실병과 구분하여 보관할 것
⑧ 통풍이 잘 되고 직사광선이 없는 곳에 보관하며 항상 40℃ 이하로 유지할 것
⑨ 불꽃이 발생하기 쉬운 장소나 가연성 물질이 있는 곳에는 용기를 보관하지 말 것
⑩ 용기 내부의 압력이 상승되지 않도록(17 Mpa 이상) 주의할 것

⑪ 산소 밸브가 얼은 경우는 화기를 사용해서는 안 되며 따뜻한 물로 녹일 것

(2) 용기의 고압 밸브

고압 밸브는 황동 단조품이며, 가스 방출부 나사의 구조에 따라 프랑스식과 독일식의 두 가지로 분류된다.

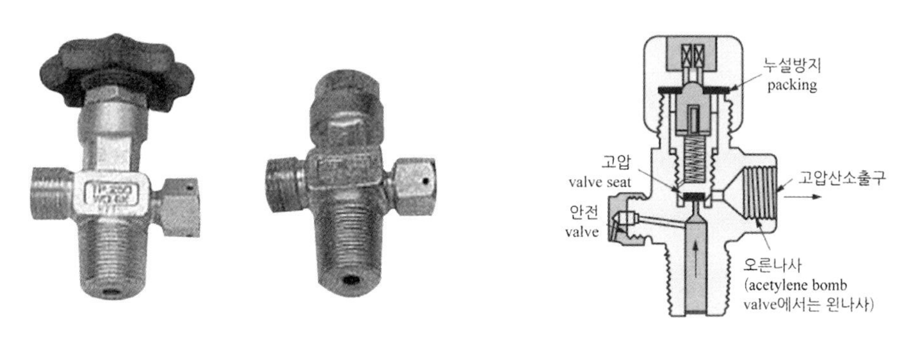

(a) 밸브의 형상 (b) 밸브의 구조

그림 4.5 산소 용기 밸브의 구조

(3) 용기에 표시된 각인

산소 용기의 윗부분에는 다음과 같은 각인이 되어 있다.

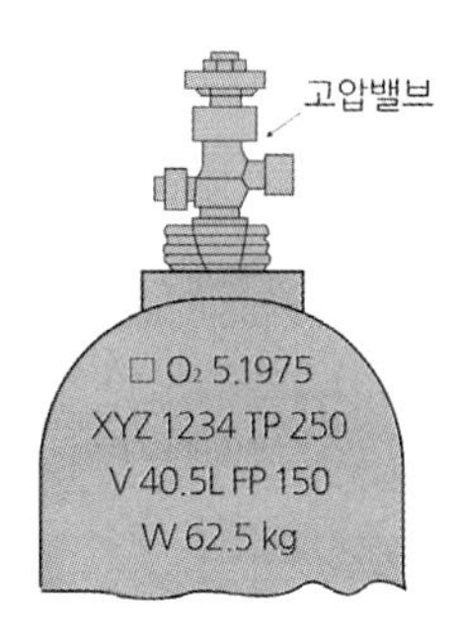

□ : 용기제작사명
O_2 : 산소(충전 가스 명칭 및 화학 기호)
XYZ : 제조업자의 기호 및 제조 번호
V : 내용적(실측) ℓ
W: 용기 중량 kgf
5.2004 : 내압시험 연월
TP : 내압시험 압력 kgf/cm² (Mpa)
FP : 최고충전 압력 kgf/cm² (Mpa)

그림 4.6 산소 용기에 각인된 기호의 설명

표 4.7 압력 용기의 내압검사 압력

가스의 종류	가스의 명칭	내압 시험 압력
압축 가스	산 소	충전압력(35℃, 15 Mpa) × 5/3 이상
용해 가스	아세틸렌	충전압력(15℃, 1.5 Mpa) × 3 이상
액화 가스	LPG	3 Mpa 이상

(4) 연결관(매니폴드 : manifold)

산소를 대량으로 사용하는 곳에서는 매니폴드 장치를 사용하여 한곳에 많은 산소병을 모아놓고, 연결관을 통하여 작업자에게 공급하는 방법을 사용한다. 매니폴더를 설치 시는

① 순간 최대 사용량

② 가스 용기를 교환하는 주기

③ 필요한 가스 용기의 수

④ 사용량에 적합한 압력 조정기 및 안전기

⑤ 사용량을 만족시킬 수 있는 배관 시설 등을 고려해야 한다.

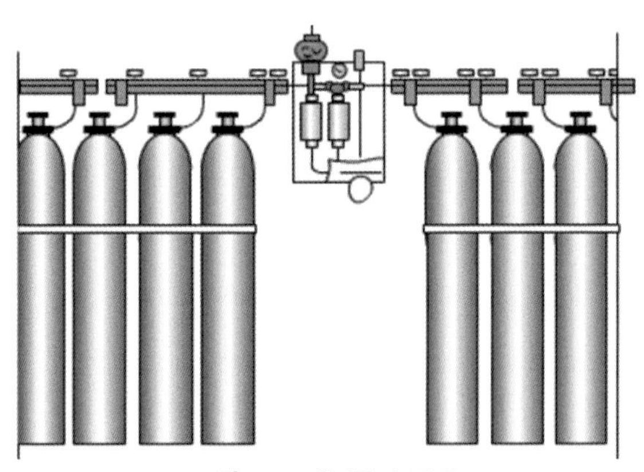

그림 4.7 매니폴더 장치

4.3.2 아세틸렌 가스 용기

아세틸렌 가스의 용기는 산소 용기와 달리 고압으로 충전하지 않으므로 용접하여 제작한다. 아세틸렌은 기체 상태로 압축하면 폭발할 위험이 있으므로 다공질 물질(목탄-규조토)에 아세톤을 흡수시킨 다음 아세틸렌을 흡수시킨다. 용기의 크기는 내용적에 따라 15, 30, 40, 50 ℓ 가 있으며 30 ℓ 가 주로 사용된다.

(1) 용해 아세틸렌 가스 충전

용해 아세틸렌 가스는 15℃에서 1.5 Mpa의 압력으로 충전하며, 15℃, 0.1 Mpa에서 1 ℓ 의 아세톤은 25 ℓ 의 아세틸렌 가스를 용해된다. 따라서 1 ℓ 의 아세톤은 15℃, 1.5 Mpa에

서는 375 ℓ 의 아세틸렌 가스를 용해한다. 따라서 용기 내 아세톤 양에 따라 아세틸렌 가스의 충전량이 결정되므로 용기 내의 아세톤이 유출되지 않도록 주의해야 한다. 용해 아세틸렌 가스를 충전하였을 때 용기 전체의 무게를 A(kgf)와 사용 후 빈병의 무게 B(kgf)와의 차에 용해 아세틸렌 1 kg이 기화하였을 때 15℃, 1 Mpa 하에서 아세틸렌 가스의 용적 905 ℓ 를 곱하면 충전된 아세틸렌 가스의 양 C를 구할 수 있다.

$$C = 905(A - B)$$

(2) 용해 아세틸렌 취급 시 주의사항

① 저장 장소는 통풍이 잘 되어야 한다.

② 저장 장소에는 화기를 가까이 하지 말아야 한다.

③ 저장실의 전기 스위치, 전등 등은 방폭 구조여야 한다.

④ 용기는 아세톤의 유출을 방지하기 위해 세워서 두어야 한다.

⑤ 용기는 40℃ 이하에서 보관하며 반드시 캡을 씌워야 한다.

⑥ 용기는 진동이나 충격을 가하지 말아야 한다.

⑦ 아세틸렌 충전구가 동결 시는 35℃ 이하의 온수로 녹여야 한다.

⑧ 밸브는 전용 핸들로 1/4～1/2회전만 열도록 한다.

⑨ 가스 누설 검사는 비눗물을 사용하여 검사한다.

4.3.3 가스 용접 토치

(1) 용접 토치(welding torch)의 종류

가스 용접 토치는 아세틸렌 가스의 압력에 따라 저압식, 중압식으로 분류되고, 토치의 구조에 따라 불변압식(독일식 : A형)과 가변압식(프랑스식 : B형)으로 분류한다.

① 저압식 토치

용접 토치는 산소와 아세틸렌 가스를 혼합하여 팁(tip)으로 분출하게 된다. 토치의 구조에 따라 독일식(needle valve가 없는 것, A형)과 프랑스식(needle valve가 있는 것, B형)으로 분류한다.

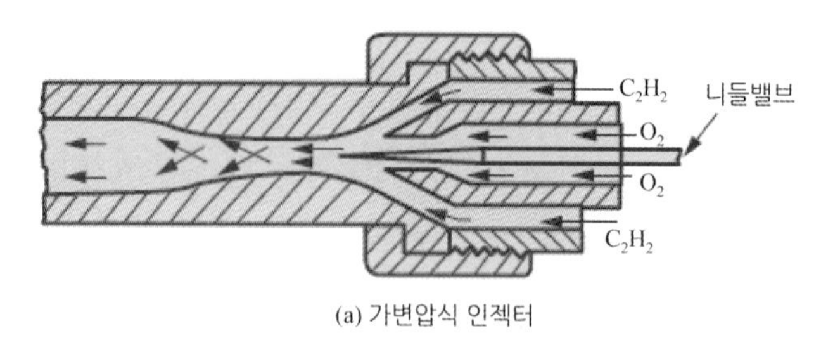

(a) 가변압식 인젝터

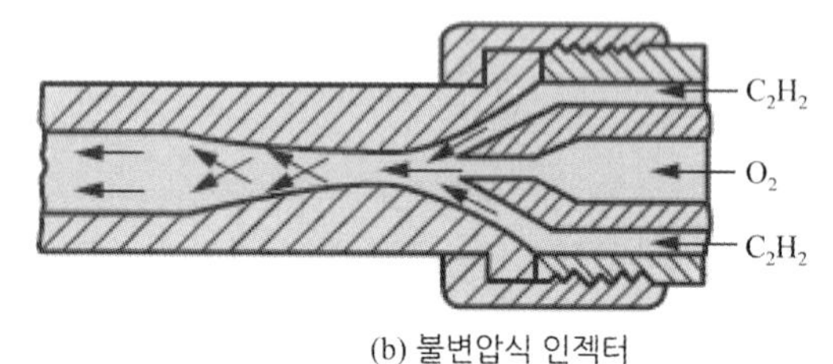

(b) 불변압식 인젝터

그림 4.8 저압식 토치의 혼합실 비교

- 가변압식 토치(B형, 프랑스식)

  가변압식 토치는 니들 밸브가 인젝터 속에 있어 이것으로 산소의 유량을 조절하고, 용도에 따라 용접팁을 교환하여 사용할 수 있다. 토치 전체의 구조가 간단하며 가벼워서 일반적인 가스 용접에서 주로 사용한다.

- 불변압식 토치(A형, 독일식)

  불변압식 토치는 분출 구멍의 크기가 일정하고 팁의 능력도 일정하기 때문에 불꽃의 크기를 변경할 수 없다. 팁, 혼합실, 산소 분출 구멍이 한 조로 되어 있으며, 이것을 **팁**(tip)이라 한다. 팁의 교환은 가변압식에 비해서 불편하나 한 번 바꾸면 계속해서 안정된 상태로 사용할 수 있다.

② 중압식 토치

아세틸렌 가스 압력이 0.007～0.13 Mpa 정도에서 사용하는 용접 토치로, 중앙에 인젝터를 가지고 있어 산소에 의해 아세틸렌의 흡인력이 전혀 없는 것과 약간 있는 것이 있다.

역화, 역류의 위험이 적고 불꽃이 안정되므로 후판 용접에 적당하나, 우리나라에서는 그다지 쓰이지 않고 있다.

(2) 용접팁(welding tip)

토치 능력을 나타내는 방법으로 팁의 번호를 표시하는데, 독일식(A형)과 프랑스식

(B형)의 표시법이 서로 다르다. 독일식 토치의 팁 번호는 연강판의 용접이 가능한 판의 두께로 표시하는데, 가령 10번은 10 mm 연강판의 용접이 가능한 것을 표시하고 있다.

프랑스식 토치는 산소 분출구에 니들 밸브를 가지고 있으며, 산소 분출구의 크기를 팁에 맞추어서 어느 정도 조절이 가능하다. 프랑스식(B형) 팁의 번호는 불꽃에서 유출되는 아세틸렌의 유량(L/h)을 표시한 것으로, 연강판의 용접 가능한 판두께는 팁 번호의 1/100에 해당하므로 1000번 팁은 10 mm 연강판을 용접하는 데 가장 적합한 팁이다.

표 4.8 팁 번호에 따른 A형 토치의 사용 압력(독일식)

형 식	팁 번호	산소 압력(Mpa)	아세틸렌 압력(Mpa)	판두께(mm)
A 1호	1	0.10	0.01	1~1.5
	2	0.10	0.01	1.5~2
	3	0.10	0.01	2~4
	5	0.15	0.01	4~6
	7	0.15	0.015	6~8
A 2호	10	0.20	0.015	8~12
	13	0.20	0.015	12~15
	16	0.25	0.02	15~18
	20	0.25	0.02	18~22
	25	0.25	0.02	22~25
A 3호	30	0.30	0.02	25 이상
	40	0.30	0.02	25 이상
	50	0.30	0.02	25 이상

참고 : A형팁 번호는 용접 가능한 모재의 두께를 표시한다.

표 4.9 팁 번호에 따른 B형 토치의 사용 압력(프랑스식)

형 식	팁 번호	산소 압력(Mpa)	아세틸렌 압력(Mpa)	판두께(mm)
B 0호	50	0.10	0.01	0.5~1
	70	0.10	0.01	1~1.5
	100	0.10	0.01	
	140	0.10	0.01	1.5~2
	200	0.10	0.01	
B 1호	250	0.10	0.01	3~5
	315	0.15	0.01	
	400	0.15	0.01	5~7
	500	0.15	0.025	
	630	0.15	0.025	7~10
	800	0.20	0.025	

4.3.4 가스 압력 조정기

가스의 압력은 실제로 사용하는 압력보다 높으며, 용기의 경우에는 충전량에 따라서 압력이 다르다. 그러므로 작업 환경이나 토치의 능력에 따라 일정한 압력으로 감압하는 것이 필요한데, 이를 **압력 조정기**(pressure regulator)라 한다. 압력 조정기에는 프랑스식과 독일식 두 종류가 있다.

(1) 산소 압력 조정기

산소 용기에는 35℃, 12~15 Mpa로 산소가 충전되어 있으므로 용접 작업에 필요한 압력으로 감압하여 사용 중에 항상 일정한 압력이 공급 되도록 한다. 산소 압력 조정기는 구조상으로 보면 압력 조정 부분, 고압 게이지, 저압 게이지로 구성되어 있으며 프랑스식과 독일식으로 나누어져 있다.

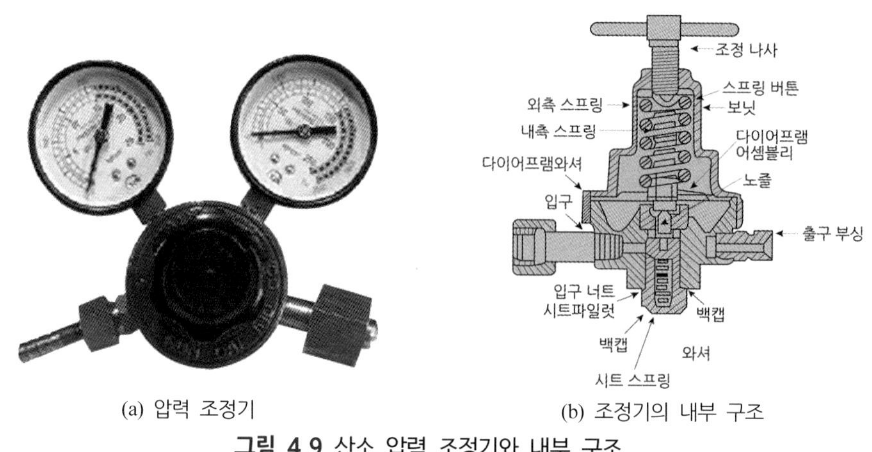

(a) 압력 조정기 (b) 조정기의 내부 구조

그림 4.9 산소 압력 조정기와 내부 구조

(2) 아세틸렌 가스 압력 조정기

고압 산소의 압력보다 용해 아세틸렌의 압력이 낮으므로 훨씬 낮은 압력 조정 스프링을 사용한다. 아세틸렌 용기에는 15℃, 1.5 Mpa로 아세틸렌이 충전되어 있으며 작업에 필요한 압력으로 감압하여 사용 중에 항상 일정한 압력이 되도록 한다. 구조상으로 보면 압력 조정 부분, 고압 게이지, 저압 게이지로 구성된다.

설치 방법은 산소의 경우와 동일하나 아세틸렌 가스가 통과하는 라인(line)의 모든 접속나사는 왼나사인 것에 유의한다.

(3) 압력 조정기 취급 주의 사항

① 용기에 압력 조정기 설치시에는 고압용기 밸브의 먼지를 불어내고 연결부에서 가스의 누설이 없도록 정확하게 연결한다.

② 압력 조정기 설치구 나사부나 조정기의 연결부에 기름 등을 사용하지 않는다.

③ 조정기를 견고하게 설치한 다음 압력 조정 나사를 풀고 밸브를 천천히 열어야 하며 가스 누설 여부를 비눗물로 점검한다.

④ 압력 지시계가 잘 보이도록 설치하며 압력계가 파손되지 않도록 주의한다.

⑤ 조정기를 취급할 때에는 기름이 묻은 장갑 등을 사용해서는 안 된다.

⑥ 압력 용기의 설치구 방향에는 장애물이 없어야 한다.

4.4 가스 용접 작업

4.4.1 용접봉과 용제

(1) 가스 용접봉

가스 용접봉은 원칙적으로 모재와 같은 용착 금속을 얻기 위하여 모재와 조성이 동일하거나 비슷한 것이 사용되지만, 용접부는 용접 중에 금속학적 현상 때문에 용착 금속의 성분과 성질이 변화하므로 용접봉에 성분과 성질의 변화를 보충할 성분을 포함하고 있는 경우도 있다. 가스 용접봉의 선택 시는 다음의 사항을 고려하도록 한다.

① 모재와 같은 특성을 가진 것을 사용할 것

② 재질 중에 불순물을 포함하고 있지 않을 것

③ 모재에 충분한 강도를 줄 수 있을 것

④ 기계적 성질에 나쁜 영향을 주지 않을 것

⑤ 용융 온도가 모재와 동일할 것

일반적으로 가스 용접 시 용접봉과 모재 두께와의 관계는

$$D = \frac{T}{2} + 1$$

D : 용접봉의 지름(mm), T : 모재의 두께(mm)

가스 용접봉의 규격 중 GA와 GB는 가스 용접봉의 재질에 대한 종류이며 46과 43 등의 숫자는 용착 금속의 최소 인장 강도로 450 N/mm^2, 420 N/mm^2 이상이라는 것을 의미한다. NSR은 용접한 그대로 응력을 제거하지 않은 것을 나타내고, SR은 625±25℃에서 1시간 동안 응력을 제거한 것을 뜻한다.

(2) 가스 용접용 용제

용제(flux)는 용접 중에 생기는 금속의 산화물 또는 비금속 개재물을 용해하며, 용제와 결합시켜 용융 온도가 낮은 슬래그를 만들어 용융 금속의 표면에 떠오르게 하며, 용착 금속의 성질을 양호하게 하는 것이다. 이 용제는 건조한 분말 페이스트 또는 미리 용접봉 표면에 피복한 것도 있다.

일반적으로 분말을 물 또는 알코올로 반죽하여 용접 전에 용접할 홈과 용접봉에 발라서 사용한다.

① 강의 용접에서는 산화철 자신이 어느 정도 용제의 작용을 하기 때문에 일반적으로 용제를 쓰지 않는다. 그러나 충분한 용제 작용을 돕기 위하여 붕사, 규산나트륨 등이 사용하는 경우도 있다.

② 고탄소강, 주철의 용접에서는 탄산수소나트륨($NaHCO_3$), 붕산(H_3BO_4), 붕사, 유리 분말 등이 사용된다.

③ 구리와 구리 합금 등의 용접에는 붕사, 붕산, 플루오르화나트륨(NaF) 규산나트륨($NaSiO_3$) 등이 사용된다.

④ 경합금의 용접에는 염화리듐(LiCl), 염화칼슘(KCl), 염화나트륨(NaCl), 플루오르화나트륨(NaF) 등의 혼합물로 된 용제가 사용된다.

4.4.2 전진법과 후진법

가스 용접법은 용접 진행 방향과 토치의 팁이 향하는 방향에 따라 **전진법**(forward method)과 **후진법**(back hand method)으로 나누어진다.

(1) 전진법

전진법은 왼쪽 방향으로 용접을 진행해 나가는 것으로 용접봉이 앞서서 진행하기 때문에 **전진법**이라 하고, 또 왼쪽 방향으로 움직인다고 하여 **좌진법**이라고도 한다. 이 방법은 비드와 용접봉 사이에 팁이 있어 불꽃이 용융 풀의 앞쪽을 가열하기 때문에 용접부가 과열되기 쉽다. 이 관계로 모재는 변형이 심해져 기계적 성질이 떨어지게 되고 불꽃 때문에 용입이 방해되나 비드의 표면이 곱다.

(2) 후진법

후진법은 용접봉이 팁과 비드 사이에 있어 토치의 뒤를 용접봉이 따라가기 때문에 **후진법** 또는 **우진법**이라 한다. 이 방법은 불꽃의 끝부분이 홈의 밑부분에 닿게 되어 용입이 깊은 관계로 5 mm 이상의 두꺼운 모재의 용접에 사용하며, 용융 풀을 가열하는 시간이 짧으므로 과열이 되지 않아 용접부의 기계적 성질이 우수하고 가스의 소비량도 적다.

그러나 비드의 표면은 매끈하게 되기 어렵고 비드의 높이가 높아지기 쉽다. 그러므로 전진법은 용접봉의 소비가 비교적 많고 용접 시간이 긴 데 비하여, 후진법은 용접봉의 소비가 적고 용접 시간이 짧다.

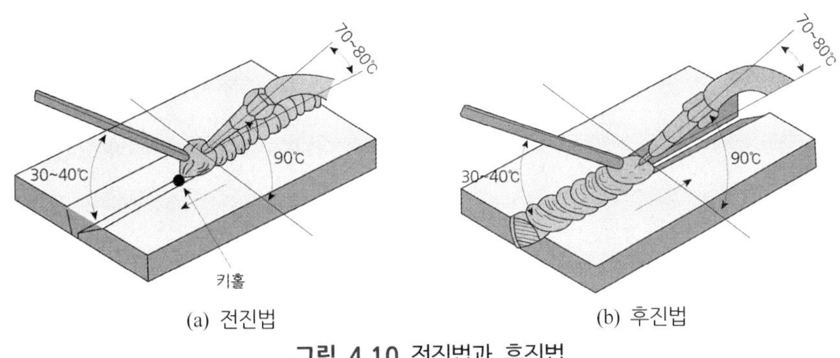

(a) 전진법 (b) 후진법

그림 4.10 전진법과 후진법

4.4.3 역류와 역화

(1) 역화(back fire)

팁 끝이 작업물에 닿았을 때나 팁 끝이 과열 또는 가스 압력이 낮을 때, 팁의 고정이 부적당할 때 일어나며, 이때에는 아세틸렌을 먼저 잠그고 산소로 그을음을 배출한 다음 역화의 원인에 대한 조치를 취한 후 다시 용접 불꽃을 조정하여 사용하도록 한다.

(2) 역류(contra flow)

공급 압력이 낮거나 팁이 과열되었을 때 압력이 높은 산소가 아세틸렌 쪽으로 흡인되는 것으로, 팁 속에서 폭발음이 나며 불꽃이 꺼졌다가 다시 나타나는 현상을 말한다.

(3) 인화(flash back)

불꽃이 혼합실까지 들어오는 것을 뜻한다. 팁의 과열, 팁 막힘, 팁 고정 불량 등에서 나타난다. 가스 압력이 불꽃의 연소 속도보다 느려서 일어난다.

4.4.4 가스 용접 작업 시 조치

가스 용접 작업에서 두 개의 모재를 접합하려면 용융 풀은 언제나 용융상태에 있도록 해야 하며 일정하게 용접봉을 공급해야 한다.

표 4.10 가스 용접 작업 시에 일어나는 현상과 원인 및 대책

현 상	원 인	대 책
불꽃이 자주 커졌다 작아졌다 한다.	① 아세틸렌 도관 속에 물이 들어갔다. ② 안전기의 기능 불량	① 가스 중의 수분이 모여서 호스 속에 고이므로 수시로 청소를 한다. ② 안전기의 수위를 알맞게 맞춘다.
점화 시에 폭음이 난다.	① 혼합가스의 배출이 불완전하다. ② 산소와 아세틸렌 압력이 부족 ③ 가스 분출 속도의 부족	① 토치 속의 혼합비를 조절한다. ② 발생기의 기능을 검사한다. ③ 호스 속의 물을 제거한다. ④ 팁 구멍의 변형을 수정하고 팁을 청소한다.
불꽃이 거칠다.	① 산소의 고압력 ② 팁의 불결	① 산소의 압력을 조절한다. ② 노즐을 청소한다.
작업 중에 탁탁 소리가 난다.	① 토치의 과열 및 팁의 불결 ② 가스 압력의 조정 불량 ③ 팁이 용접 재료에 접촉	① 토치의 불을 끄고 산소를 약간 분출시키면서 물속에 넣어 식히고 팁을 깨끗이 한다. ② 아세틸렌 및 산소의 압력 부족을 조사한다. ③ 팁과 모재의 거리를 조금 뗀다.
산소가 반대로 흐른다.	① 팁의 막힘 ② 팁과 모재의 접촉 ③ 산소 압력의 과대 ④ 토치의 기능 불량	① 팁을 깨끗이 한다. ② 팁을 모재에서 뗀다. ③ 산소 압력을 용접 조건에 맞춘다. ④ 토치의 기능을 점검한다.
역화(逆火) (소리가 나면서 손잡이 부분이 뜨거워진다.)	① 가스의 유출 속도 부족 a. 팁 구멍의 불결 b. 산소 압력 부족 c. 팁 구멍의 확대 변형 d. 작업 중 불꽃의 역행 e. 팁이 막힘, 파손 ② 가스 연소 속도의 증대(팁의 과열)로 혼합 가스의 연소 속도가 분출 속도보다 높다.	① 아세틸렌을 차단한다(호스를 꺾어서 차단해도 된다). ② 팁을 물로 식힌다. ③ 토치의 기능을 점검한다. ④ 발생기의 기능을 점검한다. ⑤ 안전기에 물을 넣고서 다시 사용한다.

양호한 용접부를 얻기 위해서는 다음과 같은 조건들을 갖추어야 한다.

① 모재 표면에 기름, 녹 등을 용접 전에 제거하여 결함을 방지해야 한다.

② 용착 금속의 용입 상태가 균일해야 한다.

③ 과열의 흔적이 없어야 하며 용접부에 첨가된 금속의 성질이 양호해야 한다.

④ 슬래그, 기공 등의 결함이 없어야 한다.

4.5 납접

4.5.1 납접의 개요

납접 또는 납땜이라 함은 솔더링(soldering : 연납땜)과 브레이징(brazing : 경납땜)으로 구분하며, 접합할 모재는 용융시키지 않고 모재보다 용융점이 낮은 금속 또는 그들의 합금을 용가재로 사용하여 두 모재간의 모세관 현상을 이용하여 금속을 접합하는 방법이다. 이론적으로는 솔더링과 브레이징도 용접이나 압접과 같이 접합되는 금속을 구성하고 있는 원자 상호간의 거리를 좁혀서, 원자 간의 인력을 이용하여 접착의 목적을 달성하나 솔더링과 브레이징에서는 원자 간의 상호인력이 고체와 액체 사이에서 일어난다는 점이 용접과 다르다. 따라서 솔더링과 브레이징의 성패는 용접 모재인 고체와 땜납인 액체가 어느 만큼의 친화력을 갖고 서로 접촉될 수 있느냐에 달려있다. 강도는 일반적인 용접 이음보다 뒤떨어지나 이종 금속의 접합이 용이하며, 특히 얇은 재료에 적합하다.

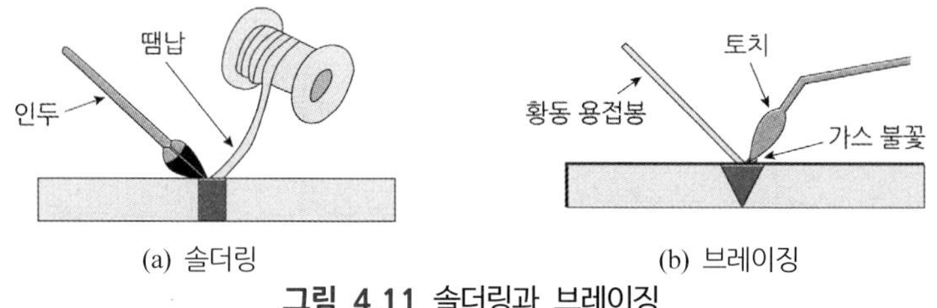

(a) 솔더링 (b) 브레이징

그림 4.11 솔더링과 브레이징

(1) 땜납의 흡착성

납접에는 땜납재를 중개로 하여 금속의 접합이 이루어지므로 이음의 전체 면이 균일하고, 완전하게 접합하기 위해서는 용융납이 모재에 접착하기 쉬우며 유동성이 양호한 것이 좋다. 접합의 난이는 용해된 땜납재와 고체 상태의 모재 사이의 흡착력에 따라 결정되며, 흡착력이라는 말은 땜납재의 모재에 대한 접착성을 나타낸다. 용융납이 모재의 표면에 넓게 퍼지기 쉬운 것을 흡착성이 양호하다고 하며 흡착성의 적부는 용융납이 모재와 부착되는 정도를 비교한 것이다.

(2) 땜납용 용제

① 용제의 구비조건

- 모재의 산화 피막과 같은 불순물을 제거하고 유동성이 좋을 것
- 청정한 금속면의 산화를 방지할 것
- 땜납의 표면 장력을 맞추어서 모재와의 친화력를 높일 것
- 용제의 유효 온도 범위와 납땜 온도가 일치할 것
- 납땜 후 슬래그의 제거가 용이할 것
- 모재나 땜납에 대한 부식 작용이 최소한 일 것
- 전기 저항 납땜에 사용되는 것은 전도체일 것
- 침지땜에 사용되는 것은 수분을 함유하지 않을 것
- 인체에 해가 없어야 할 것

② 용제의 작용

- 모재 및 용융 땜납 표면의 산화막 제거
- 계면 장력의 감소
- 산화 방지
- 도금 성분 금속의 석출

③ 용제의 종류

용제의 성분으로는 대개 염화물, 불화물, 붕산(boric acid), 웨팅(wetting)제, 물 등이 사용되고 있으며 대표적인 것은 다음과 같다.

연납용에는 염화아연($ZnCl_2$), 염산(HCl), 염화암모니아(NH_4Cl) 등이 쓰이며, 경납용에는 붕사($Na_2B_4O_7 \cdot 10H_2O$), 붕산(H_3BO_4), 빙정석($3NaF \cdot AlF_3$), 염화나트륨(NaCl) 등이며, 경금속용으로는 염화리듐(LiCl), 염화칼륨(KCl), 불화리듐(LiF), 염화아연($ZnCl_2$), 염화나트륨(NaCl) 등이 사용된다.

(3) 땜납재

① 땜납재의 구비조건

- 융점(melting point)이 낮을 것
- 접합 모재에 대한 젖음성(wettability)과 유동성(flow)이 좋을 것
- 강도가 높을 것
- 내식성이 좋을 것
- 열 전도도, 전기 전도도가 좋을 것

② 땜납재의 종류

- 연납 : 솔더링에 사용하는 납을 **연납**이라 하고, 연납에는 주석－납을 가장 많이 사용하며, 이외에 납－카드뮴납, 납－은납 등이 있다. 기계적 강도가 낮으므로 강도를 필요로 하는 부분에는 적당하지 않으며, 용융점이 낮고 솔더링이 용이하기 때문에 전기적인 접합이나 기밀, 수밀을 필요로 하는 장소에 사용된다.
- 경납 : 브레이징에 사용하는 납을 **경납**이라 하고 그 종류에는 은납, 구리납, 황동납, 알루미늄납 등이 있으며, 모재의 종류, 브레이징의 방법, 용도에 의하여 선택되고 있다.

4.5.2 납접의 종류

솔더링 작업에는 일반적으로 인두－솔더링(solder iron)법이 주로 사용되고 있으며, 브레이징 방법에는 토치램프나 가스 불꽃을 이용한 **가스 브레이징**(gas brazing), 이음면에 납재를 삽입하고, 가열된 염욕(salt bath)에 침지하는 **담금 브레이징**(dip brazing), 전기 저항열을 이용하는 **저항 브레이징**(resistance brazing), 전열이나 가스 불꽃 등으로 가열된 노 안에서 브레이징을 하는 **노내 브레이징**(furnace brazing), 고주파 전류를 열원으로 사용하여 브레이징하는 **유도 가열 브레이징**(induction brazing) 등이 있다.

(1) 솔더링(soldering, soft soldering)

융점이 450℃ 이하인 용가재(땜납)를 사용하여 납접하는 것을 **솔더링**이라 하고, 주로 인두에 의한 납접을 말한다.

(2) 브레이징(brazing, hard soldering)

용점이 450℃ 이상인 용가재(은납, 황동납 등)를 사용하여 납땜을 행하는 것을 브레이징이라 한다. 브레이징의 종류에는 가스 브레이징, 노내 브레이징, 유도 가열 브레이징, 저항 브레이징, 담금 브레이징 등이 있다.

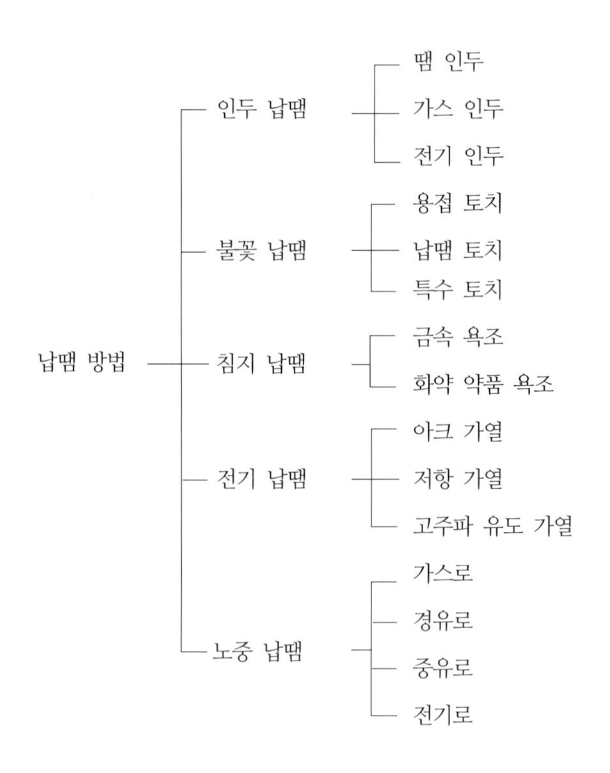

4장 연습문제 가스 용접

01 가연성 가스로 불꽃의 온도가 가장 높은 것은?

가. 아세틸렌
나. 수소
다. 프로판
라. 메탄

02 가스 용접 시 모재의 두께가 3.2 mm일 때 용접봉의 지름(mm)으로 적당한 것은?

가. 1.2
나. 2.6
다. 3.5
라. 4.0

03 아세틸렌은 각종 액체에 잘 용해된다. 1기압에서 아세톤 2 ℓ 에는 몇 ℓ 의 아세틸렌이 용해되는가?

가. 2
나. 10
다. 25
라. 50

04 폭발 위험성이 가장 큰 산소와 아세틸렌 가스의 혼합비(%)는?(단, 산소 : 아세틸렌)

가. 40 : 60
나. 15 : 85
다. 60 : 40
라. 85 : 15

05 가스 용접 작업 시 안전조치로 적절하지 않는 것은?

가. 가스의 누설검사는 필요할 때만 체크하고 점검은 수돗물로 한다.
나. 가스 용접 장치는 화기로부터 5 m 이상 떨어진 곳에 설치해야 한다.
다. 산소병 밸브, 압력조정기, 도관, 연결 부위는 기름 묻은 천으로 닦아서는 안 된다.
라. 인화성 액체 용기의 용접 시는 증기 열탕 물로 완전히 세척 후 통풍구멍을 개방하고 작업한다.

06 납땜에서 연납땜의 용제가 아닌 것은?

가. 붕산
나. 염화아연
다. 염산
라. 염화암모늄

07 가스 용접에서 전진법과 비교한 후진법의 특성의 설명으로 틀린 것은?

가. 열 이용률이 좋다.
나. 용접 속도가 빠르다.
다. 용접 변형이 적다.
라. 산화정도가 심하다.

08 표준 불꽃에서 프랑스식 가스 용접 토치의 용량을 맞게 설명한 것은?

가. 1시간에 소비하는 아세틸렌 가스의 양
나. 1분에 소비하는 아세틸렌 가스의 양
다. 1시간에 소비하는 산소 가스의 양
라. 1분에 소비하는 산소 가스의 양

09 가스 용접봉을 선택하는 공식을 맞게 설명한 것은? (단, D : 용접봉 지름(mm), T : 판두께(mm))

가. $D=\frac{T}{2}+1$
나. $D=\frac{T}{2}+2$
다. $D=\frac{T}{2}-1$
라. $D=\frac{T}{2}-2$

10 가스 용접을 하기 전 아세틸렌 용기의 무게가 57 kg, 용접 후의 무게가 55 kg이었다면 이 때 사용한 용해 아세틸렌 가스는 몇 L인가? (단, 15℃, 1기압 하에서 아세틸렌 가스 1 kg의 용적은 905 L이다.)

가. 905
나. 1810
다. 2715
라. 3620

11 아세틸렌(C_2H_2) 가스의 성질로 맞지 않는 것은?

가. 매우 불안전한 기체이므로 공기 중에서 폭발 위험성이 매우 크다.
나. 비중이 1.906으로 공기보다 무겁다.
다. 순수한 것은 무색, 무취의 기체이다.
라. 구리, 은, 수은과 접촉하면 폭발성 화합물을 만든다.

12 가스 용접 작업에서 후진법에 비교한 전진법의 특징 설명으로 맞는 것은?

가. 용접 변형이 작다.
나. 용접 속도가 빠르다.
다. 산화의 정도가 심하다.
라. 용착 금속의 조직이 미세하다.

13 가스 용접 작업 시 토치의 팁이 막혔을 때 조치 방법으로 가장 적당한 방법은?

가. 팁 클리너를 사용한다.
나. 내화 벽돌 위에 가볍게 문지른다.
다. 철판 위에 가볍게 문지른다.
라. 줄칼로 부착물을 제거한다.

14 연강용 가스 용접봉의 표시에서 "625±25℃에서 1시간 동안 응력을 제거했다"는 영문자 표시에 해당되는 것은?

가. NSR
나. GB
다. SR
라. GA

15 가변압식 토치의 팁 400번을 사용하여 표준 불꽃으로 2시간 동안 용접 시 아세틸렌 가스의 소비량은 몇 ℓ 정도인가?

가. 400　　나. 800
다. 1600　　라. 2400

16 산소 용기의 윗부분에는 각인이 찍혀 있다. 각인의 내용을 잘못 표시된 것은?

가. 용기제작사 명칭 및 기호　　나. 충전가스 명칭
다. 용기 중량　　라. 최저 충전압력

17 청색의 겉불꽃에 둘러싸인 무광의 불꽃이므로 육안으로는 불꽃 조절이 어렵고, 납땜이나 수중 절단의 예열 불꽃으로 사용되는 것은?

가. 산소-수소 가스 불꽃　　나. 산소-아세틸렌 가스 불꽃
다. 도시가스 불꽃　　라. 천연가스 불꽃

18 일반적으로 아크 용접에 비교한 가스 용접의 특징으로 맞는 것은?

가. 열효율이 높다.　　나. 용접 속도가 빠르다.
다. 응용범위가 넓다.　　라. 유해광선 발생이 많다.

19 내용적이 40리터인 산소 용기에 150기압의 산소가 들어있다. 1시간에 200리터를 소모하는 토치 팁를 사용하여 중성 불꽃으로 작업하면 몇 시간 정도나 사용할 수 있는가?

가. 10　　나. 20
다. 30　　라. 40

20 용해 아세틸렌 가스의 취급 시 주의사항으로 잘못된 것은?

가. 아세틸렌 용기는 옆으로 눕혀서 사용한다.
나. 화기에 가깝거나 온도가 높은 곳에 설치해서는 안 된다.
다. 누설검사에는 비눗물을 사용한다.
라. 밸브가 얼었을 때에는 따뜻한 물로 녹인다.

21 가스 용접 작업 중 산소의 양이 많을 때 나타나는 불꽃에 현상은?

가. 아세틸렌의 소비가 과다해진다.
나. 용접부에 기공이 발생한다.
다. 용접봉의 소비가 적게 된다.
라. 용제의 사용이 필요 없게 된다.

22 가스 용접에서 가변압식(프랑스식) 팁(tip)의 능력을 표시하는 기준은?

가. 용접을 할 수 있는 판의 두께
나. 매 시간당 아세틸렌 가스의 소비량
다. 사용 용접봉의 지름
라. 매 시간당 산소의 분출량

23 아세틸렌 가스에 대한 설명으로 옳지 않은 것은?

가. 아세틸렌 가스는 수소와 탄소가 화합된 매우 안정한 기체이다.
나. 보통 아세틸렌 가스는 불순물이 포함되어 있기 때문에 매우 불쾌한 악취가 발생한다.
다. 아세틸렌 가스의 비중은 0.91 정도로서 공기보다 가볍다.
라. 아세틸렌 가스는 여러 가지 액체에 잘 용해된다.

24 가스 용접(산소－아세틸렌 가스)에서 후진법(우진법)의 설명이 아닌 것은?

가. 열효율이 좋다.
나. 비드가 거칠다.
다. 용접 속도가 느리다.
라. 용접 변형이 작다.

25 가스 용접에서 용제(flux)를 사용하는 목적과 방법을 설명한 것으로 틀린 것은?

가. 용접 중에 생성된 산화물과 유해물을 용융시켜 슬래그로 만든다.
나. 분말 용제를 알코올에 개어 용접 전에 용접봉이나 용접 홈에 발라서 사용한다.
다. 연강을 용접할 경우에는 반드시 용제를 사용해야 한다.
라. 용제에는 건조한 분말이나 페이스트(paste)가 있으며, 용접봉 표면에 피복한 것도 있다.

26 가스 용접에 사용되는 열원(가연성가스)이 아닌 것은?

가. 에탄
나. 메탄
다. 수소
라. 질소

27 용접용 가스의 구비 조건에 대한 설명으로 옳지 않은 것은?

가. 연소온도가 높을 것
나. 연소속도가 느릴 것
다. 용융 금속과 화학 반응을 일으키지 않을 것
라. 발열량이 클 것

28 다음 중 산소 용기 취급에 대한 설명으로 잘못된 것은?

가. 산소 용기 밸브, 조정기 등은 기름걸레 등으로 잘 닦는다.
나. 산소 용기 운반 시에는 충격을 주어서는 안 된다.
다. 산소 용기 밸브의 개폐는 천천히 해야 한다.
라. 가스 누설의 점검을 수시로 한다.

29 산소와 아세틸렌 가스를 1:1로 혼합하여 연소시킬 때 생성되는 불꽃이 아닌 것은?

가. 불꽃심　　나. 속불꽃
다. 겉불꽃　　라. 산화 불꽃

30 가스 용접 토치 취급 시 주의 사항이 아닌 것은?

가. 토치를 헤머나 갈고리 대용으로 사용하여서는 안 된다.
나. 점화되어 있는 토치를 아무 곳에나 함부로 방치하지 않는다.
다. 팁 및 토치를 작업장 바닥이나 흙속에 함부로 방치하지 않는다.
라. 작업 중 역류나 역화가 발생 시 산소의 압력을 높여서 예방한다.

31 아세틸렌 가스 용기 누설부에 불이 붙었을 때 가장 우선으로 해야 하는 조치는?

가. 용기를 옥외로 운반한다.
나. 용기내의 잔류 가스를 신속하게 방출시킨다.
다. 용기의 밸브를 잠근다.
라. 용기와 연결된 호스를 제거한다.

32 35℃에서 내부용적 40.7리터의 산소 용기에 150기압으로 충전하였을 때, 용기 속의 산소량은 몇 리터 정도인가?

가. 4105　　나. 5210
다. 6105　　라. 7210

33 가스 용접에서 용접 토치를 오른손에 용접봉을 왼손에 잡고 오른쪽에서 왼쪽으로 용접을 해나가는 용접 방법은?

가. 전진법　　나. 후진법
다. 상진법　　라. 병진법

34 산소－아세틸렌 가스 용접에 대한 장점의 설명으로 틀린 것은?

가. 운반이 편리하다.
나. 전원이 필요 없다.
다. 유해 광선이 적다.
라. 후판 용접이 용이하다

35 가스 용접에서 산화 불꽃으로 용접하는 것이 가장 적합한 금속은?

가. 황동　　나. 모넬메탈
다. 스텔라이트　　라. 스테인리스

36 산소의 일반적인 성질에 대한 설명으로 잘못된 것은?

가. 무미, 무색, 무취의 기체이다.
나. 스스로 연소하여 가연성 가스라고 한다.
다. 금, 백금, 수은 등을 제외한 모든 원소와 화합시 산화물을 만든다.
라. 액체 산소는 보통 연한 청색을 띤다.

37 가스 용접에서 탄화 불꽃의 설명으로 관련이 가장 적은 것은?

가. 속불꽃과 겉불꽃 사이에 밝은 백색의 제 3불꽃이 있다.
나. 산화작용이 일어나지 않는다.
다. 아세틸렌 과잉 불꽃이다.
라. 표준 불꽃이다.

38 아세틸렌 가스의 성질에 대한 설명으로 잘못된 것은?

가. 탄화수소에서 가장 완전한 가스이다.
나. 산소와 적당히 혼합하여 연소하면 고온을 얻는다.
다. 아세톤에 25배로 용해된다.
라. 공기보다 가볍다.

39 다음 중 연소의 3요소를 가장 올바르게 나열한 것은?

가. 가연물, 산소, 공기
나. 가연물, 빛, 탄산가스
다. 가연물, 산소, 정촉매
라. 가연물, 산소, 점화원

40 산소-아세틸렌 가스 용접의 장점으로 잘못 표기된 것은?

가. 가열 시 열량조절이 쉽다.
나. 전원설비가 없는 곳에서도 쉽게 설치할 수 있다.
다. 피복 아크 용접보다 유해광선의 발생이 적다
라. 피복 아크 용접보다 일반적으로 신뢰성이 높다

연습문제 정답

1	2	3	4	5	6	7	8	9	10	11	12	13	14	15
가	나	라	라	가	다	라	가	가	나	나	다	가	다	나
16	17	18	19	20	21	22	23	24	25	26	27	28	29	30
라	가	다	다	가	나	나	가	다	다	라	나	가	라	라
31	32	33	34	35	36	37	38	39	40					
다	다	가	라	가	나	라	가	라	라					

5

특수 용접

5.1 특수 용접의 총론

5.1.1 특수 용접의 개요

용접의 분류에서는 소재의 가열 용융된 상태에 따라 용접, 압접, 납접 등으로 구분하고, 사용하는 열원에 따라 아크 용접, 가스 용접, 특수 용접 등으로 구분하는 방법이 있다. 이 장에서의 **특수 용접**이라 함은 용접하는 기법이나 사용되는 장비가 일반적인 용접 방법과는 다소 다른 용접 방법으로서, 피복 아크 용접, 가스 용접, 전기 저항 용접 등을 제외한 나머지 용접법을 총칭한 것으로 경우에 따라서는 반자동, 자동, 전자동 용접을 뜻하기도 한다.

표 5.1 수동, 반자동, 자동 용접의 적용 방법

적용방법 / 용접동작방법	수동 (MA, manual)	반자동 (SA, semiauto)	자동 (ME, machine)	전자동 (AU, automatic)
아크 길이 유지	인력	기계적	기계적	기계적
용접봉(와이어) 공급	인력	기계적	기계적	기계적
용접 진행 방법	인력	인력	기계적	기계적
용접선 안내 방법	인력	인력	인력	기계적
적용	용접사		용접장치	

5.1.2 특수 용접의 분류

작업 방법에 따른 각종 특수 용접의 분류를 표 5.2에 나타내었다.

5.2 가스 텅스텐 아크 용접

가스 텅스텐 아크 용접(gas tungsten arc welding, GTAW)은 전극이 소모되지 않는 비용극식 불활성 가스 아크 용접으로 아르곤(Ar)이나 헬륨(He) 등 고온에서도 금속과 반응하지 않는 불활성 가스의 분위기 속에서 텅스텐 전극봉과 모재 사이에 아크를 발생시키고, 용가재를 공급하여 용접하는 방식으로 일명 **티그 용접**(TIG : tungsten inert

표 5.2 특수 용접의 분류

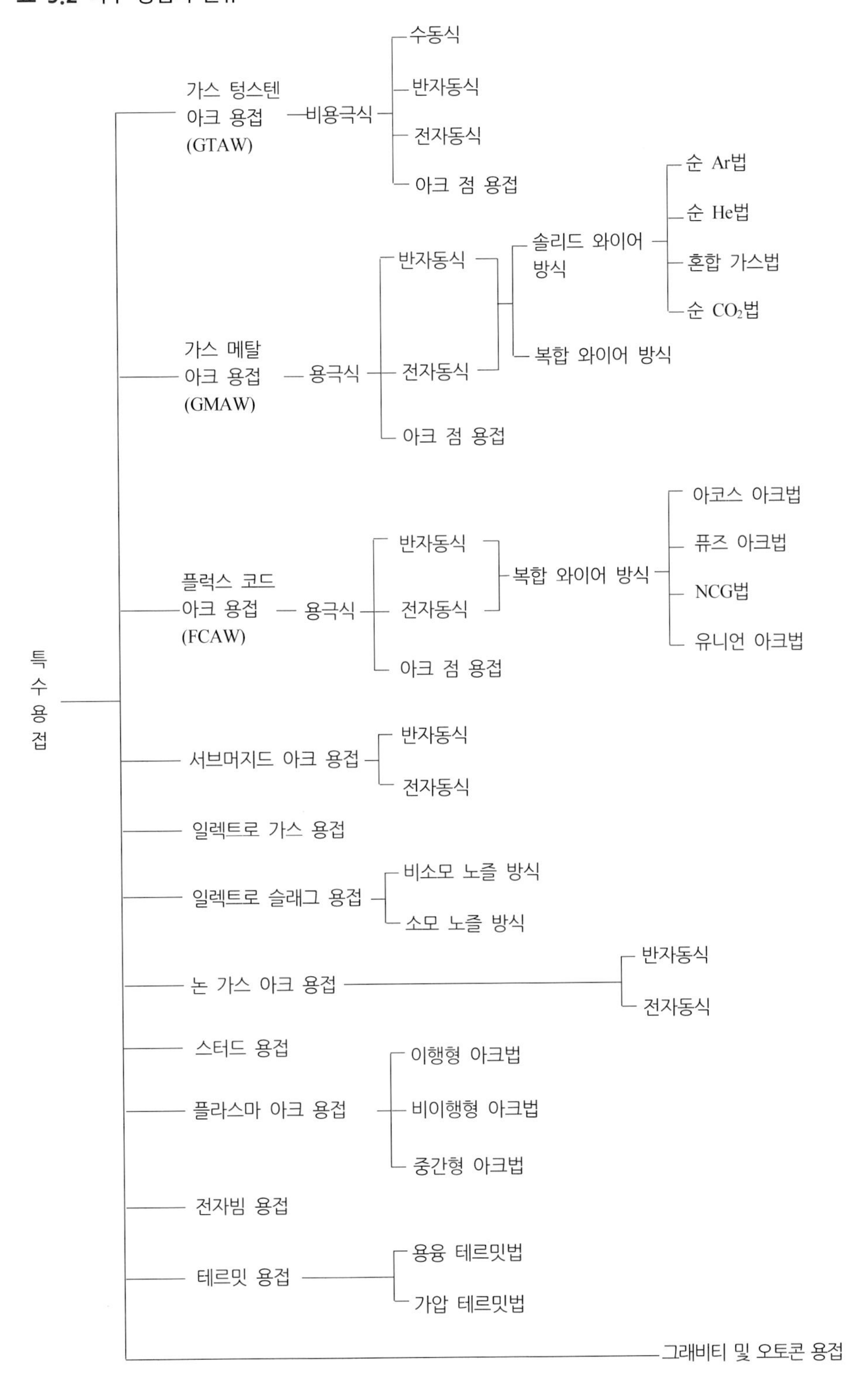

특수 용접
가스 텅스텐 아크 용접 (GTAW)
비용극식
수동식
반자동식
전자동식
아크 점 용접
가스 메탈 아크 용접 (GMAW)
용극식
반자동식
전자동식
아크 점 용접
솔리드 와이어 방식
순 Ar법
순 He법
혼합 가스법
순 CO_2법
복합 와이어 방식
플럭스 코드 아크 용접 (FCAW)
용극식
반자동식
전자동식
아크 점 용접
복합 와이어 방식
아코스 아크법
퓨즈 아크법
NCG법
유니언 아크법
서브머지드 아크 용접
반자동식
전자동식
일렉트로 가스 용접
일렉트로 슬래그 용접
비소모 노즐 방식
소모 노즐 방식
논 가스 아크 용접
반자동식
전자동식
스터드 용접
플라스마 아크 용접
이행형 아크법
비이행형 아크법
중간형 아크법
전자빔 용접
테르밋 용접
용융 테르밋법
가압 테르밋법
그래비티 및 오토콘 용접

gas welding)이라고도 한다. 상품명으로는 헬리 아크(heli arc), 헬리 웰드(heli weld), 아르곤 아크(argon arc) 등이 있으며, 강은 물론 알루미늄, 구리 및 구리합금, 스테인리스강 등의 다양한 금속의 용접에 이용된다.

※ 가스 텅스텐 아크 용접의 특징

(a) 피복제 및 용제가 불필요하다.

(b) 전자세 용접이 가능하고 고능률적이다.

(c) 용접 품질이 우수하다.

(d) 전극의 수명이 길다.

(e) 용접의 속도가 비교적 느리다.

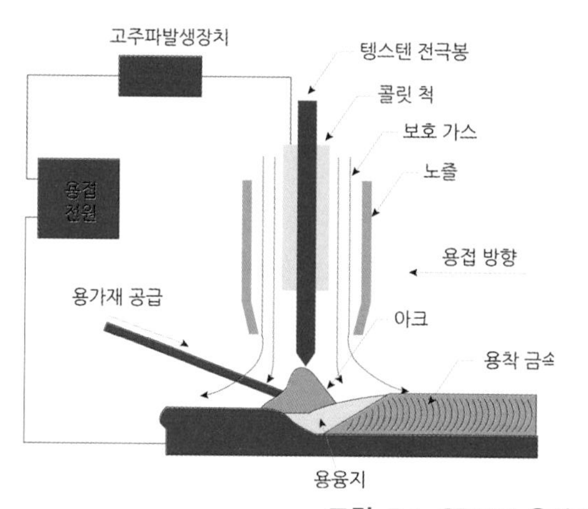

그림 5.1 GTAW 용접의 원리

5.2.1 보호 가스

(1) 아르곤(Ar)

아르곤 가스는 대기 중에 약 0.94% 정도가 포함되어 있고, 무색, 무미, 무취로 독성이 없으며, 공기보다 약간 무거우며 헬륨보다 용접부의 보호 능력이 우수한 가스이다. 아르곤 가스는 1기압에서 6500 ℓ 의 양을 약 140기압으로 고압 용기에 충전하여 사용한다.

(2) 헬륨(He)

헬륨 가스는 현존하는 가스 중 수소 다음으로 가벼운 가스이며, 무색, 무미, 무취로 독성이 없는 가스이다. 헬륨 가스를 사용하여 용접할 경우 너무 가벼워 용접부의 보호 능력이 떨어지므로 아르곤과 혼합하여 사용하면 용접 입열을 높일 수 있다.

5.2.2 용접 전원 및 장치

(1) 용접 전원

용접 전원은 교류(AC), 직류(DC) 또는 교류/직류 겸용 용접기를 사용할 수 있으며, 수하 특성의 용접기가 사용된다. 교류 용접 전원을 사용할 경우는 전극의 보호와 아크 발생의 원활을 위하여 고주파를 병용한 용접기가 사용된다. 직류 전원을 사용할 경우 재료에 따라 **직류 정극성**(DCSP, DCEN) 또는 **직류 역극성**(DCRP, DCEP)으로 전원을 연결하여 사용해야 한다.

① 직류 정극성(DCSP : DC straight polarity) : 용접기의 양극(+)에 모재를, 음극(−)에 토치를 연결하는 방식으로 비드의 폭이 좁고 용입이 깊다.

② 직류 역극성(DCRP : DC reverse polarity) : 용접기의 음극(−)에 모재를, 양극(+)에 토치를 연결하는 방식으로 비드폭이 넓고 용입이 얕으며 산화 피막을 제거하는 청정 작용이 있다.

③ 고주파 교류(ACHF) : 직류 정극성과 역극성의 중간 형태의 용입과 비드폭을 얻을 수 있으며, 청정 효과가 있어 알루미늄이나 마그네슘 등의 용접에 이용된다.

전류 형태	정극성(DCEN, DCSP)	역극성(DCEP, DCRP)	AC(BALANCED)
전극 극성	음극(−)	양극(+)	
전자와 이온유동 용입 특성	이온 전자	이온 전자	이온 전자
청정 작용	없음	있음	있음
열분포	70% 모재 30% 전극	30% 모재 70% 전극	50% 모재 50% 전극
용입	좁고 깊게	넓고 얕게	중간
전극 용량	우수 1/8 in.(3.2 mm) 400 A	불량 1/4 in.(6.2 mm) 120 A	양호 1/8 in.(3.2 mm) 225 A

그림 5.2 GTAW 용접의 전류 특성

(2) 용접 토치(welding torch)

토치의 단면 중심부에는 텅스텐 전극이 코렛에 끼워져 있다. 아르곤 가스는 가스 호스를 지나 전극 주위에 있는 가스 구멍에서 분출된다. 전극은 금속 또는 고순도 알루미나를 구워서 만든 내화성 물질로 된 가스 노즐로 둘러싸여 있다. 방출되어 나온 아르곤 가스는 서서히 난류를 일으키지 않도록 아크 공간의 주위에 방출되어야 한다. 200 A 이하의 저전류에는 공냉식 토치를 사용하며, 200 A 이상의 대전류에는 수냉식 토치가 이용된다.

① 텅스텐 전극봉

텅스텐 전극봉은 전극 연마기로 정밀하게 가공하여 사용해야 하며, 전극봉의 종류로는 순수한 텅스텐 전극봉, 1~2% 토륨(Th) 또는 지르코늄(Zr)을 첨가한 텅스텐 전극봉 등이 있으며, 순 텅스텐 전극은 값이 저렴하며, 교류 전원 사용시 아크가 안정되고, 직류 전원을 사용시는 아르곤 가스에 헬륨가스를 다소 첨가한 보호 가스를 사용하는 것이 좋다. 토륨(thorium, ThO_2) 텅스텐봉은 토륨을 1~2% 첨가한 것으로 전자 방사능이 매우 커서 저전류에도 아크의 발생이 용이하며, 전극의 소모가 적다.

텅스텐 전극은 일반적으로 비소모성이나 텅스텐 전극이 소모되는 경우는 다음과 같은 이유에서 전극의 소모가 발생한다.

- 지나치게 높은 전류를 사용하므로 인하여 전극 끝이 녹는다.
- 용접중 모재 또는 용가재와 부딪힐 경우 전극 끝이 오염된다.
- 용접 시작 전과 후에 보호 가스 불충분으로 인하여 텅스텐 전극이 산화된다.

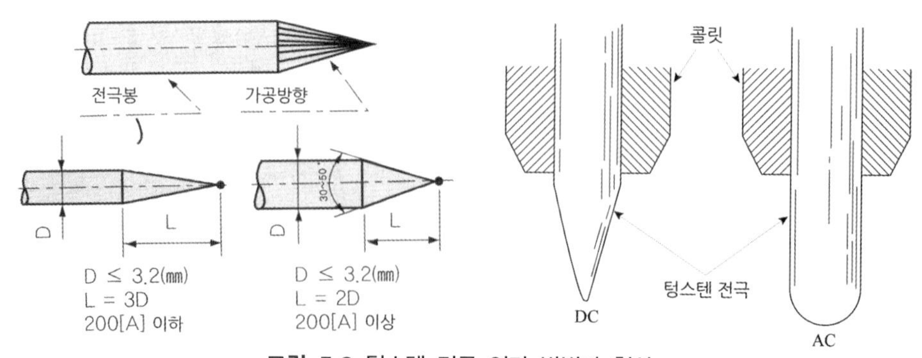

그림 5.3 텅스텐 전극 연마 방법과 형상

표 5.3 텅스텐 전극봉의 종류

KS 등급기호	AWS 등급기호	종류	식별용 색		사용전류	용도
			KS	AWS		
YWP	EWP	순텅스텐	백색	녹색	ACHF	Al. MG 합금
–	EWZr	지르코늄 텅스텐	–	갈색	ACHF	Al. MG 합금
EWTh-1	$EWTh_1$	1% 토륨 텅스텐	황색	황색	DCSP	강. 스테인리스강
EWTh-2	$EWTh_2$	2% 토륨 텅스텐	적색	적색	DCSP	강. 스테인리스강

② 가스 노즐(gas nozzle)

가스 노즐은 세라믹 노즐 또는 가스캡이라 하고, 재질은 세라믹(ceramic) 또는 동제품으로 만들어지며 용접물의 재질, 용접 전류, 이음의 형태, 사용 가스 등에 따라 적당한 노즐을 선택해야 한다. 노즐의 크기는 가스 분출 구멍의 크기로 정해지며 보통 4～13 mm의 크기가 주로 사용된다.

③ 유량계(flow meter)

아르곤 용기에서 압력 조정기를 통해 감압되면서 유량계에 사용되는 압력을 나타내게 된다. 가스가 측정관(calibrated tube) 속을 지날 때 볼(ball)이 움직여 유량을 나타내 보인다. 유량이 많으면 포피 효과가 나쁘고, 난류에 의해 아크가 안정되지 못하며, 포피 면적이 적게 된다.

5.2.3 용접 작업

GTAW 용접에서는 직류 정극성을 사용하며, 역극성은 산화막의 **청정 작용**(plate cleaning action, surface cleaning action)을 필요로 하는 경합금의 용접에는 주로 사용한다.

예를 들면, 알루미늄의 용접은 표면의 산화물(Al_2O_3)이 내화성으로 모재의 융점(660℃)에 비해서 매우 높은 융점(2050℃)을 가지고 있다. 이것을 제거하지 않으면 용입과 융합을 방해하기 때문에 피복 아크 용접과 가스 용접에서는 피복제와 용제를 써서 산화물을 화학적으로 제거하고 있다.

GTAW 용접의 역극성은 아르곤 가스 이온이 모재 표면에 충돌하여 샌드 블라스트를 사용하는 것과 같이 산화막을 제거하는 작용이 있고, 이 때문에 용제를 사용하지 않아도 용접이 가능하다. 그러나 텅스텐 전극에 의한 오염을 고려하여 고주파 교류를 사용한다.

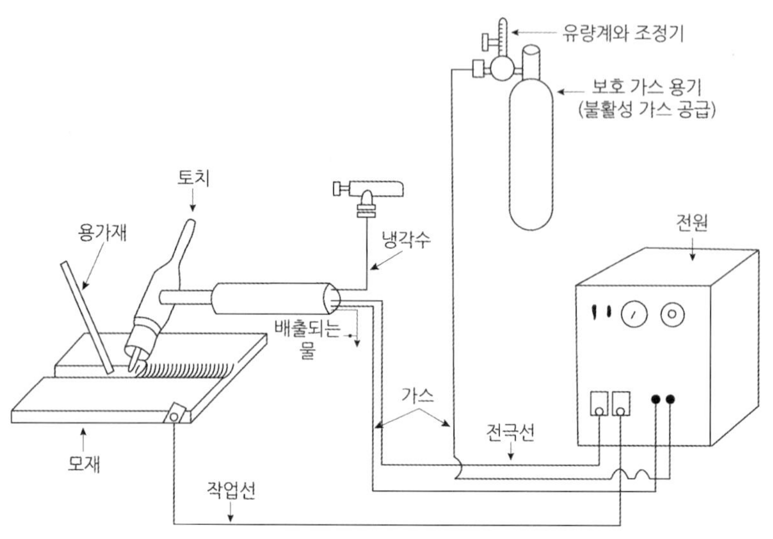

그림 5.4 GTAW 용접 장치

(1) 이음부의 청정

불활성 가스 텅스텐 아크 용접은 피복 아크 용접이 곤란한 재료의 용접에 사용되며, 이음부의 표면에 스케일(scale), 기름, 오물, 녹 등 기타 불순물을 완전히 제거하지 않으면 용접부에 기공이나 균열이 발생할 수 있으므로 용접 전에 이음부를 깨끗이 청소한 후에 용접 작업을 실시해야 한다.

(2) 뒤받침 용접(weld backing)

불활성 가스 텅스텐 아크 용접에서는 용접부의 뒷면이 대기 중의 공기에 의하여 산

표 5.4 전류에 대한 전극, 금속 노즐 및 세라믹 노즐의 치수

용접 전류(A)				전극 지름	아르곤 유량		세라믹 노즐 지름 (1/16 in 단위)		금속 노즐 (1/16 in 단위)	
ACHF		DCSP	DCRP							
순텅스텐봉	토륨 텅스텐봉	순텅스텐봉 및 토륨 텅스텐봉	순텅스텐봉 및 토륨 텅스텐봉	mm	cfh	lpm	HW-9	HP-10 HW-12	HW.10	HW-12
5～15	5～20	5～20	-	0.5	6～14	3～7	4～5～6	-	-	-
10～60	15～18	15～18	-	1.0	8～15	4～8	4～5～6	4	4	6
50～100	70～150	70～150	10～20	1.6	12～18	6～9	4～5～6	4～5	4～5	6
100～160	140～235	150～250	15～30	2.4	15～20	7～10	-	6～7	5～6	6～8
150～210	225～325	250～400	25～40	3.2	20～30	10～15	-	6～8	6～8	8

(cfh = cf/hr = 입방 피트/시, Lpm = L/min, ACHF = 고주파)

화될 우려가 있으므로, 금속제 뒷받침을 사용하여 산화를 방지하고 용락되는 것을 방지할 목적으로 사용한다.

표 5.5 스테인리스강 맞대기 이음의 GTAW 용접 작업 표준(직류 정극성, 수동 용접)

판두께 (mm)	이음 형상	전극봉 지름 (mm)	용가재 지름 (mm)	용접 전류 (A)	아르곤 가스 유량 (L/min)	층수	노즐 지름 (mm)
1.0	또는 0~1	1~1.6	0~1.6	30~60	4	1	9
1.6		1.6~2.3	0~2.3	60~90	4	1	9
2.3		1.6~2.6	1.6~2.6	80~120	4	1	9~11
3.6		2.3~3.2	2.3~3.2	110~150	5	1	9~11
4.0	t 1/3 90°	2.3~3.2	2.6~4.0	130~180	5	1	11~12.5
5.0		2.6~4.0	3.2~5.0	150~220	5	1	12.5
6.0		3.2~5.0	3.2~5.5	180~250	5	1~2	12.5~16
8.0	90°	3.2~5.0	4.0~7.0	220~300	5	2~3	12.5~16

5.3 가스 메탈 아크 용접

5.3.1 가스 메탈 아크 용접의 개요

가스 메탈 아크 용접(gas metal arc welding, GMAW)은 전극선을 계속하여 소모하므로 용극식 불활성 가스 아크 용접 또는 **미그**(MIG : Metal Inert Gas)라고 부르며, 에어코메틱(aircomatic), 시그마(sigma), 필러 아크(filler arc), 아르곤아우트(argonaut) 등 상품명으로 나타내기도 한다.

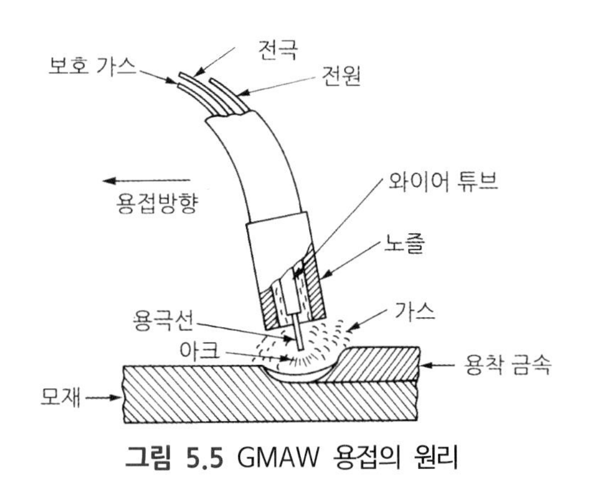

그림 5.5 GMAW 용접의 원리

GMAW 용접은 직류 역극성을 이용한 정전압 특성의 직류 용접기가 사용되고, 전극 와이어는 미세입자가 되어 모재에 이행하는 관계로 매우 아름다운 비드 외관이 얻어진다. GTAW 용접보다 능률적이므로 3 mm 이상의 후판의 용접에 적합하다.

용접 공정은 사용되는 보호 가스의 종류에 따라 아르곤 가스와 같은 불활성 가스를 사용하는 것을 **미그(Metal Inert Gas : MIG) 용접**이라 하고, 순수한 탄산가스(CO_2)만을 사용하는 것을 **탄산가스 아크 용접** 또는 CO_2 용접이라 하며, 아르곤 가스와 탄산가스, 산소, 헬륨 등이 혼합된 것을 사용하는 것을 **마그(Meter Active gas : MAG) 용접**이라고 한다.

GMAW 용접은 전류 밀도가 매우 높다. GMAW 용접의 전류 밀도는 피복 아크 용접의 6배, GTAW 용접의 2배이며, 서브머지드 아크 용접과는 비슷하다.

비드의 표면은 매우 아름답고 매끄러운 비드가 얻어지며 전 자세 용접이 가능하다. 직류의 정전압 특성과 상승 특성을 사용하며 지향성을 가져 전 자세 용접에 적당하다.

(1) 가스 메탈 아크 용접의 장점

① 용접봉을 갈아 끼우는 작업이 불필요하기 때문에 능률적이다.

② 슬래그 제거 시간이 절약된다.

③ 용접 재료의 손실이 적으며 용착 효율이 95% 이상이다(SMAW : 약 60%).

④ 전류 밀도가 높기 때문에 용입이 깊다.

⑤ 용착 금속의 기계적 성질 및 금속학적 성질이 우수하다.

⑥ 가시 아크이므로 시공이 편리하다.

(2) 가스 메탈 아크 용접의 단점

① 용접 장비가 무거우며 이동하기 곤란하고, 구조가 복잡하며 고장이 비교적 많고, 가격이 비싸다.

② 용접 토치가 용접부에 접근하기 곤란한 조건에서는 용접이 불가능한 경우가 있다.

③ 바람이 부는 옥외에서는 보호 가스가 보호 역할을 충분히 하지 못하므로 별도의 방풍 장치를 설치해야 한다.

5.3.2 가스 메탈 아크 용접 장치

(1) 용접기

GMAW 용접에서 사용되는 용접기의 특성은 정전압 특성의 용접기이며, 와이어를 일정한 속도로 송급한다. 이와 같은 특성을 이용하면 아크의 자기 제어 효과에 의해 아크 길이를 자동적으로 일정하게 유지할 수 있는 장점이 있으며, 이를 **아크 자기 제어 특성**이라 한다.

① GMAW 용접의 아크 자기 제어(arc self control)

주로 상승 특성으로 아크가 길어지면 아크 전압이 크게 되어 용융 속도가 감소하기 때문에, 심선이 일정한 이송 속도로 공급될 때는 아크 길이가 짧아져 원래의 길이로 되돌아간다. 반대로 아크가 짧아지면 아크 전압이 작게 되고 심선의 용융 속도가 빨라져 아크 길이가 길어져 원래의 길이로 되돌아간다.

② 금속 이행기구(metal transfer mechanisms)

GMAW 용접에서 금속 이행 현상은 다음과 같이 분류한다.

- 단락 이행(short circuiting transfer)

  그림 5.6의 A, B, C, D점은 전류가 증가하면서 단락이 일어난다. E점은 아크가 발생하여 플라스마의 압력이 용융 금속을 밀어내리는 동시에 용접봉이 녹고, 전류가 감소한다. H점은 용융지의 오목한 것이 회복되고 이를 향해 용접봉이 전진한다. I점은 단락이 다시 일어나 A점의 상태로 돌아간다.

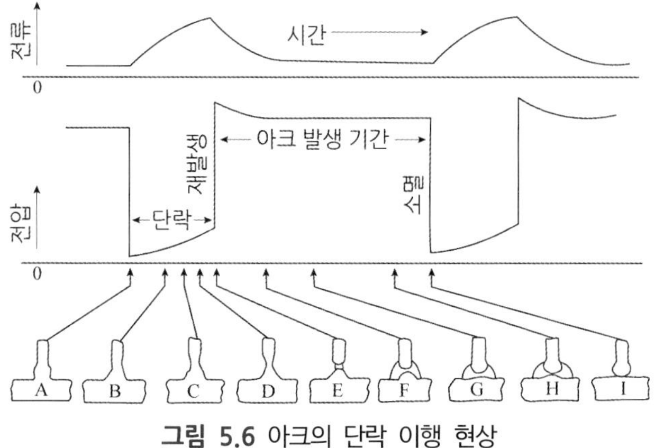

그림 5.6 아크의 단락 이행 현상

- 입적 이행(globular transfer)

  직류 역극성(DCEP)에서 전류가 낮을 때 잘 나타나며, 용적이 모재와 접촉하여 빨려들어가는 형태이다. 용접봉 지름의 2~3배로 용적이 커져 이행한다. 아크는 불안정하고 용입이 얕으며 스패터가 많아진다.

- 스프레이 이행(spray transfer)

  용적이 입상으로 이행한다. 천이 전류라고 부르는 임계값과 혼합가스 사용시 주로 나타난다. 높은 전류 밀도(current density)가 요구되나, 스프레이 이행 시에는 용접선 끝의 녹은 금속이 핀치 효과(pinch effect)에 의해 작은 입자가 튀어나온다. 용접 입열이 크므로 굵은 용접봉이 잘 녹으며 용입이 깊다. 아크는 안정되고 지향성이 있어 전 자세 용접이 가능하다. 천이 전류값보다 적은 전류에서는 용적은 크고 이행 개수는 적으나, 천이 전류 이상에서는 급격히 용적의 크기가 감소하고 개수는 증가한다.

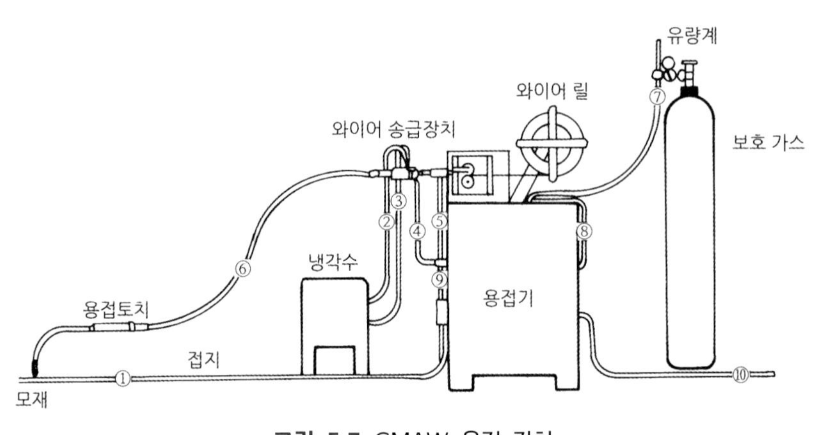

그림 5.7 GMAW 용접 장치

(2) 와이어 송급 장치

송급 장치는 스풀(spool) 또는 릴(reel)에 감겨있는 와이어를 토치 케이블을 통해 용접부까지 일정한 속도로 공급하는 역할을 한다. 와이어 송급장치는 그림 5.8에서와 같이 직류 전동기, 감속 장치, 송급기구, 송급 제어 장치로 구성되어 있으며, 송급기구는 가압 로울러와 송급 로울러가 각각 한 개씩 1조가 된 것이 사용되지만, 알루미늄(Al) 등과 같이 연질의 와이어를 사용할 경우에는 와이어의 표면이 손상되는 것을 방지하기 위하여 2조(4로울러)로 된 것을 사용한다. 와이어를 송급하는 방식에는 송급 로울러의 배치에 따라 그림 5.9에서와 같이 푸시(push) 방식, 풀(pull) 방식, 푸시–풀(push-pull) 방식, 더블 푸시(double push) 방식이 있으며, 반자동 용접기의 경우는 주로 푸시 방식이 사용되고 있다.

그림 5.8 와이어 송급 장치

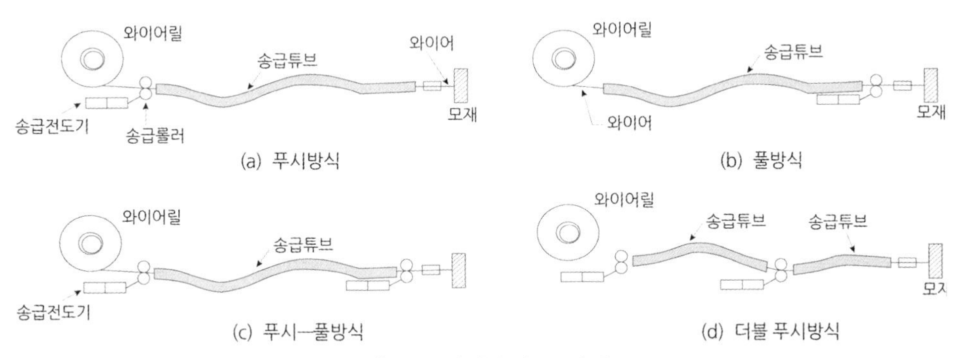

그림 5.9 와이어 송급 방식

(3) 용접 토치(Welding torch)

GMAW 용접에 일반적으로 사용되는 반자동 용접 토치는 토치 선단부의 형상에 따라 커브형과 피스톨형으로 구분되고 있으며, 냉각 방식에 따라 공랭식과 수냉식으로 분류한다. 토치의 구성은 일반적으로 전원 케이블, 가스 공급 호스, 스위치 케이블 등으로 구성되어 있고, 토치의 부품은 그림 5.10에서와 같이 와이어를 송급하는데 필요한 부품과 보호 가스를 분출시키는데 필요한 부품으로 되어 있다.

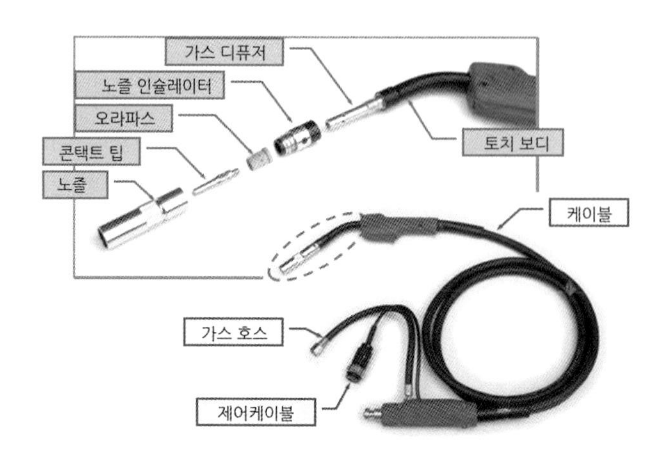

그림 5.10 GMAW 반자동 토치(커브형)의 구조

(4) 유량계와 압력 조정기(regulater)

GMAW 용접에 사용되는 조정기는 아르곤 가스를 사용하는 유량계와 CO_2 가스를 사용하는 압력 조정기가 있으며, 가스 용기(gas cylinder)에 유량계나 조정기를 부착하고 가스 호스를 연결하여 사용한다. 아르곤 가스는 압력용기에 12～15 Mpa 정도의 압력으로 충전하여 사용하고, 유량계는 가스의 압력과 볼의 중량과의 평형의 원리를 이용하여 유량을 측정하므로, 경사지게 설치하면 정확한 유량의 공급이 이루어지지 않으므로 반드시 유량계가 수직이 되도록 설치해야 한다.

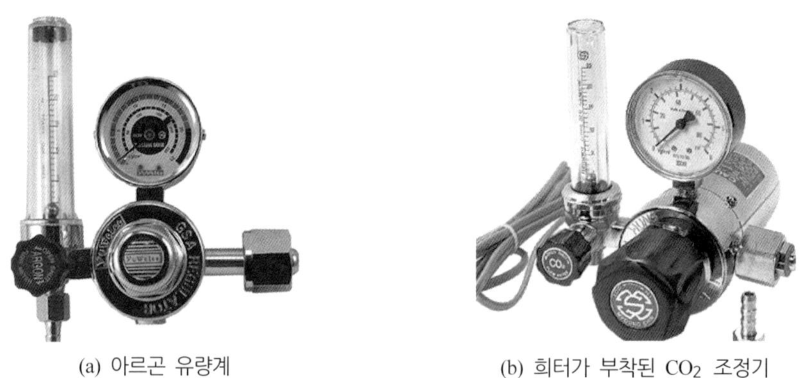

(a) 아르곤 유량계　　(b) 히터가 부착된 CO_2 조정기

그림 5.11 아르곤 유량계와 CO_2 조정기

5.3.3 용접용 재료

(1) 보호 가스

GMAW 용접에 사용되는 보호 가스로는 Ar, He, CO_2 등으로써 이들 가스 중 2가지 이상을 혼합하여 사용하거나 산소(O_2)를 소량 첨가하는 경우도 있다. 표 5.6은 용접 재료에 따른 보호 가스의 선택기준을 나타내고 있다.

① Ar + He 가스

Ar과 He 가스는 화학적으로 불활성 가스이므로 용접부에서 다른 물질과 결합하지 않는다. Ar 가스는 공기보다 약 1.4배 무겁고, He 가스는 약 0.14배 정도 가볍기 때문에 아래보기 용접 자세의 경우 용융 금속을 보호하는 관점에서 보면 Ar 가스보다 효율적이며, He 가스로써 동일한 정도의 효과를 얻으려면 2~3배 정도의 많은 가스 유량이 필요하다.

또한 He 가스만을 사용하면 청정 효과를 얻을 수 없고, 스프레이 이행이 발생하지 않기 때문에 스패터가 많이 발생하고, 비드 외관이 거칠어지는 단점이 있으므로 Ar과 He 가스를 혼합해서 사용하게 되면 두 가지 가스의 장점을 모두 얻을 수 있다.

표 5.6 GMAW 용접용 보호 가스의 선택

재료	보호 가스	장점
탄소강	$Ar+O_2$(2-5%) $Ar-CO_2$	·아크 안정성을 증대시킨다. ·순 Ar일 때보다 용접 속도가 빠르고, 언더컷을 최소화 한다.
	CO_2	·가격이 저렴하다.
스테인리스강	$Ar+O_2$(1%)	·아크 안정성을 증가시킨다. ·용융 금속의 유동성이 좋고 용융지 조성이 쉽다. ·결합이 잘 되고 비드 형상이 좋다.
	$Ar+O_2$(2%)	·후판에서 언더컷이 최소화된다. ·박판 스테인리스강 용접에서 1% O_2 혼합 가스보다 용접 속도 및 아크 안정성이 양호하다.
알루미늄	Ar	·25 mm 이하 : 용융 금속 이동 형태와 아크 안정성이 좋고 스패터가 적다.
	Ar(35%)−He(65%)	·25~75 mm : 순 Ar보다 용접 입열이 크다.
	Ar(25%)−He(75%)	·75 mm 이상 : 용접 입열이 최대로 가고 기공이 감소된다.
저합금강	$Ar-O_2$	·언더컷이 없어지고 인성이 좋아진다.

② Ar + O_2 또는 Ar + CO_2

Ar을 사용하면 스프레이 이행으로 스패터의 발생량을 감소시킬 수 있다. 그러나 순수한 Ar만을 사용하면 언더컷과 같은 결함이 발생하고 아크가 불안정해지기 때문에 Ar에 O_2를 1～5% 또는 CO_2를 3～25% 정도 첨가하여 사용한다. 첨가된 O_2와 CO_2 가스는 용융 풀의 표면에 산화막을 형성하므로 직류 정극성에서 전자의 발생이 용이하게 되어 아크가 안정되고, 생성된 산화물은 일종의 플럭스 역할을 하여 언더컷이 발생하지 않는다. Ar+O_2 혼합 가스는 스테인리스강의 용접에서 주로 사용하며, 연강이나 저합금강에서는 스패터의 발생량을 감소하기 위해서 Ar+CO_2가 주로 사용되고 있다.

③ CO_2 가스

CO_2 가스는 반응성이 매우 강한 가스이지만 가격이 저렴하고 깊은 용입을 얻을 수 있기 때문에 연강이나 합금강의 용접에서 100% CO_2 가스를 주로 사용하고 있다. CO_2 가스는 가스의 특성상 단락 이행과 입상 이행만을 발생하기 때문에 아크가 불안정하고 아크 소음이 크며, 스패터의 발생량이 많은 단점이 있다.

(2) 용접용 와이어

용접용 와이어는 용착 금속을 만들어 용접부의 기계적 성질에 큰 영향을 미치므로 적절한 와이어 선택이 매우 중요하다. 와이어 선택에 있어서는 용접 모재의 화학적 성분, 기계적 성질, 보호 가스, 용접부의 이음 형상과 사용 또는 적용에 요구되는 규격 등의 사항을 고려하여 선택해야 한다.

① 탄소강(연강)용 와이어

연강 및 고장력강용 와이어는 일반적으로 아르곤 가스에 의한 GMA 용접에서는 사용을 하지 않고 CO_2 가스 용접에서 많이 사용하고 있다. 와이어의 종류로는 와이어의 표면이 구리로 도금되어 있어 통전의 효과를 높이고 녹을 방지하는 역할을 하는 **솔리드 와이어**(solid wire)와 용제(flux)가 내장되어 있어 아크가 안정된 **플럭스 코드 와이어**(flux cored wire)로 구분된다.

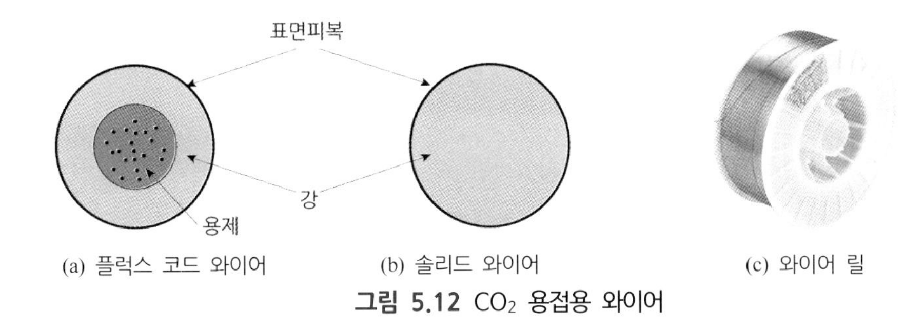

그림 5.12 CO_2 용접용 와이어

② 스테인리스강용 와이어

스테인리스강용 와이어를 선택 시는 용융 금속 이행 형태에 고려하고, 모재와 와이어의 화학성분에 따라 적합한 와이어의 종류를 선택해야 한다. 표 5.7은 STS 308, STS 309종 스테인리스강의 화학 성분과 보호 가스를 나타낸 것이다.

표 5.7 스테인리스강용 와이어의 화학성분(%)과 보호 가스

종류	C	Si	Mn	Ni	S	보호 가스
STS 308	0.02 이하	0.40	1.90	9.0 이상	19.0 이상	Ar + 2%O_2
STS 309	0.01 이하	0.40	1.90	13.0 이상	22.0 이상	Ar + 2%O_2

(3) 용접 뒷댐재(backing)

뒷댐재는 용접부 뒷면에 받침을 부착하여 표면 용접과 동시에 뒷면 비드를 형성하여 뒷면 가우징(gouging) 및 뒷면 용접을 생략할 수 있는 장점이 있다. 뒷댐재의 종류에는 구리 뒷댐재, 불활성 가스 뒷댐재, 글라스 테이프, 세라믹 제품 등이 주로 사용되고 있으나, 일반적으로 CO_2 가스 아크 용접에서는 세라믹(ceramic) 제품이 주로 사용되고, 모재의 크기와 용접자세에 따라 다양한 모양으로 제조되어 시판되고 있다. 구리 뒷댐재는 고전류나 용융 금속량이 많을 경우 용착 및 용락 방지를 목적으로 사용하는 경우가 많다.

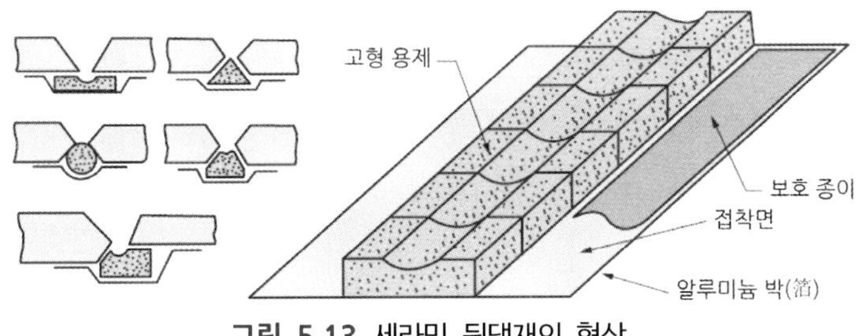

그림 5.13 세라믹 뒷댐재의 형상

5.3.4 용접 작업

(1) 용접 전류(welding current)

가스 메탈 아크 용접에 사용되는 정전압 특성의 전원은 토치 선단에서 송급되는 와이어를 용융시켜 아크를 유지할 수 있는 필요한 전류를 공급하는 특성을 갖게 된다. 일반적으로 용접 전류를 높게 하면 와이어의 용융이 빠르고, 용착률과 용입이 증가한다. 또한 용접 전류를 지나치게 높게 하면 비드의 형성이 볼록하게 되어 용착 금속의 낭비와 비드 외관이 좋지 못한 결과를 초래하므로 적절한 전류 조정을 해야 한다. 그러므로 용접 전류는 용입을 결정하는 가장 큰 요인으로 전류값을 높이면 아크 전압도 같이 높여야 양호한 용접 품질을 기대할 수 있다.

(2) 아크 전압(arc voltage)

아크 전압은 비드 형상을 결정하는 가장 중요한 요인으로서 아크 전압을 높이면 용접 비드가 넓어지고 납작해지며, 낮은 전압은 볼록하고 좁은 비드를 형성하고 와이어 자체가 미처 녹지 않는 현상이 발생한다.

(3) 용접 속도(welding speed)

용접 속도가 빠르면 입열이 감소되어 용입이 얕고 비드폭이 좁게 된다. 반대로 느리면 아크의 바로 밑으로 용융 금속이 흘러들어 아크의 힘을 약화시켜서 용입이 얕으며, 비드폭이 넓은 평평한 비드를 형성하게 되므로 적절한 속도를 유지해야 한다.

(4) 와이어 돌출

돌출 길이는 팁끝에서 아크 선단까지의 길이로서, 돌출 길이가 길어짐에 따라 예열이 많아지고 용접 속도와 용착 효율이 커지며 보호 가스의 효과가 떨어지고 용접 전류는 낮아진다. 와이어 돌출 길이가 짧아지면 보호 가스의 효과는 좋아지나 노즐에 스패터가 부착되기 쉽고 용접부의 외관도 나쁘며 작업성이 떨어지므로 항상 적정 와이어 돌출 길이를 유지해야 한다. 와이어 돌출 길이는 용접 조건에 따라 약간 차이는 있으나, 일반적으로 용접 전류가 200 A 미만의 저 전류에서는 10～15 mm 정도이고, 200 A 이상의 고전류에서는 15～25 mm 정도가 적당하다.

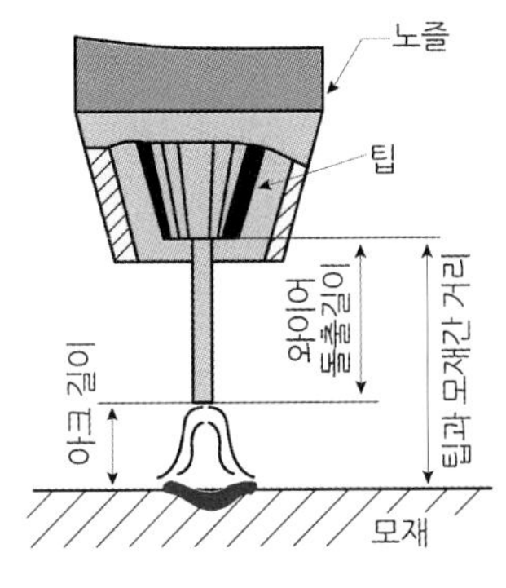

그림 5.14 와이어 돌출 길이

5.4 플럭스 코드 아크 용접

※ 장 점

① 와이어의 단면적 감소로 인한 전류 밀도 상승으로 용착 속도가 증가

② 플럭스에 의한 용접부의 금속학적 성질이 향상

③ 슬래그에 의한 매끄러운 비드 외관을 유지

④ 수직 상진 용접에서 슬래그에 의한 비드 처짐 방지로 고전류 사용 가능

플럭스 코드 아크 용접(Flux Cored Arc Welding : FCAW)의 원리는 GMAW 용접과 유사하지만, 이름 자체가 의미하는 바와 같이 와이어 중심부에 플럭스가 채워져 있는 FC 와이어를 사용한다. 보호 가스로는 값이 싼 탄산가스를 사용하므로 용접 경비가 절감되어 매우 경제적이며, 용접 방법은 그림 5.15와 같이 와이어와 모재 사이에 아크를 발생시키고 토치 선단의 노즐에서 순수한 탄산가스나 이것에 다른 가스(Ar or O_2)를 혼합한 혼합 가스를 내보내어 아크와 용융 금속을 대기로부터 보호하고 있다.

이 용접에 사용되는 탄산가스는 아크 열에 의해 해리되어 아래와 같은 반응을 나타내며

$$CO_2 \rightarrow CO + O \tag{5-1}$$

이는 강한 산화성을 나타내게 되어 용융 금속의 주위를 산성 분위기로 만들기 때문에 용융 금속에 탈산제가 없으면 금속은 산화되고 만다.

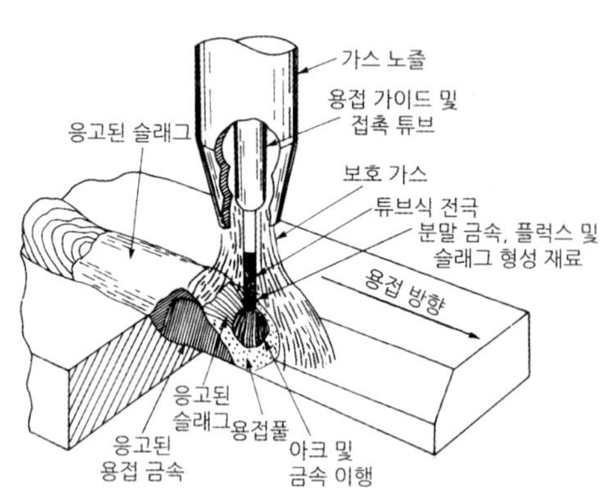

그림 5.15 플럭스 코드 아크 용접(FCAW)

$$Fe + O \rightarrow FeO \tag{5-2}$$

이 산화철(FeO)이 용융 금속에 함유된 탄소와 화합하여 일산화탄소(CO)를 발생한다.

$$FeO + C \rightarrow Fe + CO \tag{5-3}$$

이 반응은 응고점 부근에서 심하게 일어나기 때문에 빠져나가려던 일산화탄소(CO)가 미쳐 빠져나가지 못하여 용착 금속에 산화된 기포가 많게 된다.

따라서 이것을 없애는 방법으로 솔리드 와이어에는 적당한 탈산제인 망간(Mn), 규소(Si) 등을 첨가하면

$$2FeO + Si \rightarrow 2FeO + SiO_2 \tag{5-4}$$

$$FeO + Mn \rightarrow Fe + MnO \tag{5-5}$$

식 5-4, 5-5와 같은 반응에 의하여 용융 금속 중에 산화철을 적당히 감소시켜 기공(blow hole)의 발생을 방지한다. 식 5-4, 5-5 반응에 의하여 산화철은 대부분 없어지고 동시에 일산화탄소도 발생되지 않으므로 대단히 양호한 용접부를 얻을 수 있으며, 일산화탄소에 의한 피해를 방지할 수 있다.

식 5-4, 5-5 반응에 의해 생성된 산화규소(SiO_2), 산화망간(MnO)은 용착 금속과의 비중차에 의해 슬래그가 되어 비드 표면으로 떠올라 슬래그로 된다.

(1) 보호 가스(shield gas)

탄산가스 아크 용접에 사용되는 가스는 순수한 탄산가스와 탄산가스－산소(CO_2-O_2), 탄산가스－아르곤(CO_2-Ar), 탄산가스－아르곤－산소(CO_2-Ar-O_2) 등이 사용되며, 이 중 탄산가스는 대기 중에서 기체로 존재하며 비중이 1.53이고 일반적으로 무색 • 투명하다.

탄산가스는 적당히 압축하여 냉각시키면 액화되므로 고압 용기에 넣어서 사용한다.

용접용 탄산가스는 용기(cylinder) 속에서 대부분 액체로 되어 있고, 용기 상부에는 기체가 존재하는데 이 기체의 양은 완전 충전되었을 때 용기 내용적의 약 10 %가 된다. 액화탄산 1 kg이 완전히 기화되면 1기압 하에서 약 510 L가 되므로 25 kg들이 용기에서는 약 12,700 L가 되며, 1분간 20 L를 방출시키면 10시간 정도 사용한다.

이런 액화 탄산가스에는 수분, 질소, 수소 등의 불순물이 들어있다. 탄산가스 아크 용접에서는 보호 가스의 순도와 가스 유량이 용접부의 성질에 대단히 큰 영향을 주므로 용기에 들어있는 불순물의 함유량이 적어야 한다.

(2) 플럭스 코드 와이어(flux cored wire)의 구조와 특성

플럭스 코드 와이어의 구조는 띠강의 스트립(strip)을 원통형으로 만들고 그 내부에 플럭스를 충전시킨 것이다.

플럭스 코드 와이어는 내부에 충전 플럭스에 의하여 솔리드 와이어(solid wire)로 작업하는 것보다 우수한 특성을 가지고 있으며, 이 플럭스의 주된 역할을 살펴보면

(a) 아크의 안정

(b) 비드 형상의 정형

(c) 슬래그－금속 반응에 의한 용융지의 정화 작용

(d) 슬래그 및 가스에 의한 보호 작용

(e) 용융지의 서냉 작용

등이 있으며, 현재 국내에서 사용되는 플럭스 코드 와이어는 티타니아계(titania type) 와이어로서 이들은 상기 열거된 (a), (b)항의 효과가 특히 뛰어나며 용접 작업성이 양호하다. 여기서 알 수 있듯이 플럭스 코드 와이어는 용접 작업성에 중점을 둔 것 외에도 기계적 성질이 우수한 점을 가지고 있으므로 용접 시공에서의 공수 절감에 크게 기여하고 있다.

표 5.8 플럭스 코드 와이어와 솔리드 와이어의 특징을 비교

구 분	항 목	플럭스 코드 와이어	솔리드 와이어
용접작업성	비드 형상, 외관	평활, 아름답다.	요철이 심해 약간 거칠다.
	용적의 이행	스프레이 이행	입상 이행
	아크의 안정성	극히 양호	양호
	아크의 소리	부드럽다.	시끄럽다.
	스패터의 발생량	소립으로서 적다.	대립으로서 약간 많다.
	슬래그의 도포성	균일하게 덮는다.	불균일하다. 극소
	슬래그의 제거성	양호	불량
	용입의 깊이	보통	깊다.
	와이어의 송급성	약간 불량	양호
	fume의 발생량	약간 많다.	보통
	전자세 용접성	양호	약간 곤란
용접성	인장강도(Mpa)	540~570	550~570
	충격치(N·m)	보통(80~100)	양호(100~130)
	확산성 수소량(cc/100 g)	저수소(2~4)	극저수소(0.5~1)
	내균열성	보통	양호
	X-Ray 성능	우수	양호
능률경제성	용착 속도(동일 전류일 경우)	극히 빠르다.	빠르다.
	용착효율(%)	보통(83~87)	양호(94~96)
	슬래그 스패터 제거	쉽다.	곤란
	적용 전류	높다.	보통

(4) 용접 결함과 대책

결 함	원 인	대 책
용접부에 기공이 발생한다.	① 탄산가스가 공급되지 않는다. ② 탄산가스가 강풍으로 피포 효과가 없다. ③ 노즐이 스패터 때문에 막힌다. ④ 용접부에 기름, 녹 등이 있다. ⑤ 탄산가스가 불순하다. ⑥ 와이어나 모재에 기름이 묻어 있다.	① 가스의 공급 상태를 확인하여 조치를 취한다. ② 풍속 3 m/sec 이상의 장소에서 사용할 때는 바람막이를 설치한다. ③ 노즐에 부착된 스패터를 제거시킨다. ④ 용접부를 청정시킨다. ⑤ 탄산가스를 검사한다. ⑥ 모재 및 송급장치 롤러 등에 기름을 제거하고, 또 와이어의 보관 취급에 주의한다.
비드의 높이가 높다.	① 용접 조건의 부적당, 아크 전압이 높다. 와이어 이송 속도가 빠르고, 주행 속도가 늦다. 토치의 위치가 부적당하다.	① 적정한 용접 조건을 선정한다.
비드가 비뚤비뚤하다.	① 와이어 교정기가 작용하지 않는다. ② 콘택트 팁의 끝에서 용접부까지의 거리가 길다. ③ 와이어 릴의 부착이 적당하지 않다. ④ 와이어가 구부러져 있다.	① 교정기 조정 나사를 조정해서 롤러가 와이어를 적당한 속도로 보내도록 한다. ② 30 mm 이상으로 하지 않는다. ③ 와이어가 직선으로 와이어 가이드 튜브에 들어오도록 릴 부착 각도를 조정한다. ④ 와이어가 바르게 공급되도록 한다.

(계속)

결 함	원 인	대 책
수평 필릿 용접에 있어서 용접부 높이가 아래로 운다.	① 용접 조건의 부적당, 아크 전압이 높다. 와이어 이송 속도가 빠르고, 주행 속도가 늦다. 토치의 위치가 부적당하다.	① 적정한 용접 조건을 선정한다.
아크가 불안정하다.	① 콘택트 팁이 와이어 지름에 비해서 크다. ② 콘택트 팁이 소모되어 있다. ③ 용접 조건이 부적당, 와이어 이송 속도가 늦다(또는 빠르다). 아크 전압이 낮다(또는 높다). 주행 속도가 빠르다. ④ 와이어가 연속적으로 이송되지 않는다. ⑤ 용접 전원의 1차 전압이 변동한다.	① 적정한 콘택트 팁을 사용한다. ② 콘택트 팁을 교환한다. ③ 적정한 용접 조건을 선정한다. ④ 교정기와 릴의 브레이크로 조정, 이송 롤러를 청소한다. ⑤ 전원 변압기의 용량을 크게 하는 등 전압의 변동을 없앤다.
스패터가 많다.	① 용접 조건의 부적당. 와이어 이송 속도가 와이어 지름에 비해서 늦다. ② 용접 전원의 1차 전압이 너무 변동한다.	① 적정한 용접 조건을 선정한다. ② 전원 변압기의 용량을 크게 하는 등 전압의 변동을 없앤다.
비드의 폭이 변화한다.	① 와이어가 일정한 속도로 이송되지 않는다. ② 주행 속도가 일정하지 않다.	① 릴 축에 기름을 쳐서 축의 회전을 원활히 한다. 또 이송 롤러를 청소한다. ② 레일을 수평으로 한다.
언더컷이 발생한다.	① 용접 조건의 부적당. 와이어 이송 속도가 빠르고, 주행 속도가 빠르다. ② 용접 전원의 1차 전압이 너무 변동한다.	① 적정한 용접 조건을 선정한다. ② 전원 변압기의 용량을 크게 하는 등 전압의 변동을 없앤다.
콘택트 팁에 와이어가 용착한다.	① 콘택트 팁과 용접부의 거리가 짧다. ② 용접 전원의 2차 무부하 전압이 높다.	① 팁의 위치를 적정하게 한다(모재 팁간의 거리를 10 mm 이상으로 한다). ② 2차 무부하 전압이 55 V 이하의 것을 선정한다.

5.5 서브머지드 아크 용접

5.5.1 원 리

※ 장점

① 아크 용접에 비해 보통 2～3배의 능률(모재가 두꺼울수록 증가)

② 강도, 신율, 충격치, 균일성, 건전성

③ 용융 속도와 용착 속도가 빠르며, 깊은 용입

서브머지드 아크 용접(submerged arc welding: SAW)은 그림 5.16과 같이 와이어 릴에 감겨진 솔리드 와이어(solid wire)가 이송 롤러(roller)에 의하여 연속적으로 공급되며, 동시에 용제 호퍼(flux hopper)에서 용제가 다량으로 공급되기 때문에 와이어 선단은 용제에 묻힌 상태로 모재와의 사이에서 아크가 발생하게 되는데, 이와 같이 아크가 눈에 보이지 않으므로 일명 **잠호 용접**, 또는 **불가시 용접**이라 하며 상품명으로 유니언 멜트 용접(union melt welding), 링컨 용접(lincoln welding)이라고도 한다.

서브머지드 아크 용접은 아크의 길이를 일정하게 유지시키기 위해 와이어의 이송 속도를 자동적으로 조정되며, 용접 전류도 대전류를 사용할 수 있고, 플럭스가 아크 열을 막아주기 때문에 열 손실이 적으며, 용입도 깊어지면서 고능률의 용접이 가능해진다.

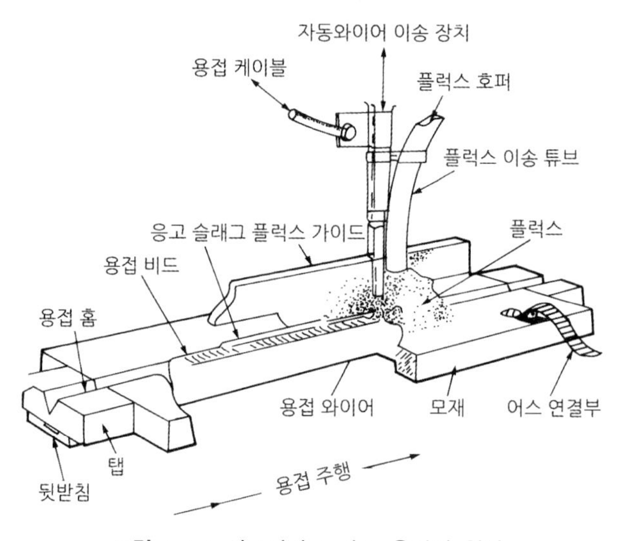

그림 5.16 서브머지드 아크 용접의 원리

용접 속도는 판재가 두꺼울수록 일반적인 용접법에 비해 매우 빠르다. 또한 용접 조건을 일정하게 유지하기가 쉬우므로 용접부가 균일하고, 수동 용접의 경우처럼 용접사의 기량에 따라 용접 결과가 좌우되는 일이 적으며, 이음의 신뢰도가 높아진다. 또한 용입이 깊기 때문에 개선 각도를 작게 해도 되므로 변형 현상이 수동 용접에 비해 극히 적다는 장점도 있다. 서브머지드 아크 용접은 탄소강, 합금강, 스테인리스강, 실리콘 청동, 알루미늄 청동, 모넬 메탈(monel metal) 등의 용접에 이용되며, 조선, 제관, 보일러, 압력 용기, 저장 탱크, 원자로 등의 후판 용접에 적합하다.

용접 변수는 용접 전류, 전압, 용접 속도, 용접봉 지름, 와이어 돌출 길이, 용접봉의 재질, 플럭스 등 여러 가지가 있지만, 용접 전류가 커지면 용입과 비드 높이가 증가하고, 전압이 커지면 용입이 낮고 비드 폭이 넓어진다.

용접 속도가 빠른 경우 용입이 낮아지고 비드 폭이 좁아진다.

5.5.2 용 제(flux)

용제는 분말상이고, 저수소계 광물성 물질로 사용되며, 1,370℃ 고온에서 용융 혹은 760～980℃에서 고온 소성시킨 후 분쇄하여 사용한다. 이 용제는 냉간에는 비전도성이나, 용융되면 전도성을 띠어 서브머지드 아크 용접에 매우 중요한 역할을 한다. 이것은 아크를 보호할 뿐 아니라 작업성, 용착 금속의 성질, 비드의 형상 및 용접성을 좌우하는 중요한 인자이다. 그리고 입도(mesh size)는 용접 성능에 크게 영향을 끼치므로 전류에 따라서 적당한 입도 범위를 선정해야 한다. 입도는 12×200 혹은 20×D와 같이 나타낸다. 일반적으로 세립(fine)일수록 용입이 얕고 폭이 넓은 평활한 비드로 되며, 언더컷(under cut)이 생기지 않는다. 소전류에는 조립(thick)인 것을, 대전류에는 세립인 것을 사용한다. 용제는 용착 금속의 건전성, 기계적 성질 및 비드 외관에 영향을 주므로 모재의 재질과 표면 상태, 이음 형상과 치수, 용접조건 등을 고려하여 선택해야 한다.

(1) 용융 용제(fused flux)

광물성 원료를 고온(1,300℃ 이상)으로 용융한 후에 분쇄하여 적당한 입도로 만든 것인데 유리와 같은 광택이 난다. 주로 서브머지드 용접, 일렉트로 슬래그 용접 등에 이용되고 있으며 흡습성이 적다.

(2) 소결 용제(sintered flux)

분말 원료를 800～1,000℃의 고온으로 가열하여 고체화시킨 분말 모양의 용제로, 강한 탈산 작용을 한다.

(3) 혼성 용제(bonded flux)

분말상 원료에 고착제(물, 유리 등)를 첨가하여 비교적 저온(300～400℃)에서 건조하여 제조한다. 이 용제는 탈산제의 첨가가 용이하다는 이점이 있다. 따라서 용착 금속의 기계적 성질이 향상되고, 탄소강 또는 저합금강용 와이어를 사용할 때 용제에 합금 원소를 첨가하여 각종 고장력강, 표면 경화용 등 여러 가지 용도로 편리하게 사용할 수 있는 이점이 있다.

(4) 용제의 구비조건

① 아크의 발생을 안정시켜 안정된 용접을 할 수 있을 것

② 적당한 합금 성분을 첨가하여 탈산, 탈황 등의 정련 작용을 할 것

③ 적당한 입도를 가져 아크의 보호성이 좋을 것

④ 용접 후 슬래그의 박리성이 양호할 것

5.5.3 용접 장치

서브머지드 아크 용접기의 전원은 직류나 교류 모두 사용이 가능하며, 용접기의 외부 전원 특성은 수하 특성의 용접기나 정전압 특성의 용접기 등이 사용된다. 용접 장치로는 송급장치, 전압 제어 장치, 접촉 팁, 이동 대차 등으로 구성되어 있다.

(1) 용접기의 종류(전류의 용량에 의한 분류)

① 반자동 용접기 : 최대 전류 900 A(UMW, FSW형)

② 경량형 용접기 : 최대 전류 1,200 A(DS, SW형)

③ 표준 만능형 용접기 : 최대 전류 2,000 A(UE, USW형)

④ 대형 용접기 : 최대 전류 4,000 A(75 mm 후판을 1회로 용접 가능)

(2) 다전극 방식에 의한 분류

① 텐덤식(tandem process) : 두 개의 전극 와이어를 각각 독립된 전원에 연결

② 횡병렬식(parallel transverse process) : 같은 종류의 전원에 두 개의 전극을 연결

③ 횡직렬식(series transverse process) : 두 개의 와이어에 전류를 직렬로 연결

5.5.4 용접 작업

(1) 이음 홈의 가공

서브머지드 아크 용접에서는 이음 홈의 가공 정밀도가 용접 품질에 많은 영향을 미치므로 기계 가공이나 자동 가스 절단에 의해 다음과 같은 조건으로 가공한다.

① 홈의 각도는 ±5° 허용

② 루트 간격은 0.8 mm 이하(뒷받침이 없는 경우)

③ 루트면은 ±1 mm 허용

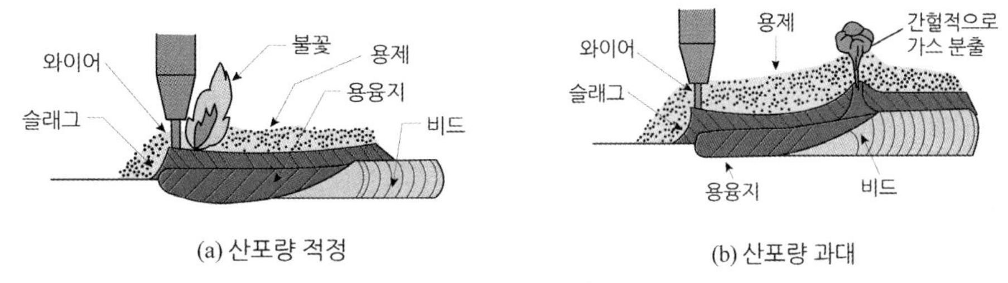

그림 5.17 서브머지드 아크 용접의 용제 산포

(2) 받침(backing)

루트면의 치수가 용융 금속을 지지할 만큼 정밀하지 못할 경우 또는 단층 용접으로 뒷면까지 완전한 용입이 필요할 경우는 용착 금속의 용락을 방지하기 위하여 이면에 받침재를 사용한다.

(3) 가용접 및 엔드 탭

본 용접 시 각 부분의 정확한 위치 유지 및 변형을 방지하기 위하여 **가용접**(tack welding)을 하게 되는데, 이때 가용접의 길이나 가용접 개소 등의 설정이 매우 중요하다. 그리고 용접의 시점과 끝나는 부분에는 용접 결함이 많이 발생하므로, 이것을 효과적으로 방지하기 위해서는 모재와 홈의 형상이나 두께, 재질 등이 동일한 규격의 엔드 탭의 부착이 필요하다.

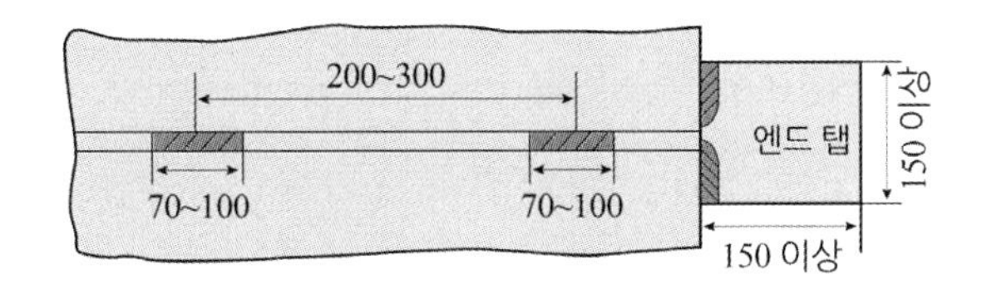

그림 5.18 가용접(예시)

5.5.5 용접 결함과 대책

결 함	원 인	대 책
기 공 (blow hole)	① 이음부나 와이어의 녹, 기름, 페인트, 기타 오물이 부착 ② 용제의 습기 흡수 ③ 용제 살포량의 과부족 ④ 용접 속도 과대 ⑤ 용제 중에 불순물의 혼입 ⑥ 용제의 살포량이 많아 가스의 방출이 불충분(입도가 가는 경우에만) ⑦ 극성 부적당	① 오물 부착 부분을 청소, 연소, 연마한다. ② 용융형 용제는 약 150℃로 1시간, 소결형 용제는 약 300℃로 1시간 건조한다. ③ 용제 살포량은 용제 호스를 높게 하여 조정한다. ④ 용접 속도를 저하시킨다. ⑤ 용제를 교환, 용제 회수 시에 주의한다. ⑥ 용제 호스를 낮게 한다. ⑦ 전극을 (+)극으로 연결한다.
균 열 (crack)	① 모재에 대하여 와이어와 용제의 부적당(모재의 탄소량 과대, 용착 금속의 망간량 감소) ② 용접부의 급랭으로 열영향부의 경화 ③ 용접 순서 부적당에 의한 집중 응력 ④ 와이어의 탄소와 유황의 함유량이 증대 ⑤ 모재 성분의 편석 ⑥ 다층 용접의 제1층에 생긴 균열은 비드가 수축 방향에 견디지 못할 때	① 망간량이 많은 와이어를 사용, 모재는 탄소량이 많으면 예열할 것 ② 전류와 전압을 높게, 용접 속도는 느리게 할 것 ③ 적당한 용접 설계를 한다. ④ 용접 와이어을 교환한다. ⑤ 와이어, 용접의 조합 변경, 전류와 속도를 저하 ⑥ 제1층 비드를 크게 한다.
슬래그 섞임 (slag inclusion)	① 모재의 경사에 의해 용접 진행 방향으로 슬래그가 들어감 ② 다층 용접의 경우 앞 층의 슬래그 제거가 불완전 ③ 용입의 부족으로 비드 사이에 슬래그가 섞임 ④ 용접 속도가 느려 슬래그가 앞 쪽으로 흐를 때	① 모재는 되도록 수평으로 하든가, 용접 진행 방향을 반대로 하고, 전류와 용접 속도를 높게 한다. ② 완전히 슬래그를 제거하고 다음 층을 용접한다. ③ 전류를 알맞게 조정한다. ④ 전류, 용접 속도를 빠르게 한다. ⑤ 전압을 감소시키고 속도를 증가시킨다.
용 락	전류 과대, 홈 각이 지나치게 크고, 루트의 면 부족, 루트 간격 과대	용접의 각종 조건을 다시 조정할 것
용입이 얕다.	전류가 낮다. 전압이 높다. 루트 간격이 부적당	용접의 각종 조건을 다시 조정할 것
용입이 너무 크다.	전류가 높다. 전압이 낮다. 루트 간격이 부적당	용접의 각종 조건을 다시 조정할 것
오버랩	전류가 높다. 용접 속도가 너무 느리다. 전압이 낮다.	전류를 낮추고, 전압을 알맞게, 용접 속도를 알맞게 한다.
언더컷	용접 속도가 너무 빠르고, 전류, 전압, 전극 위치 부적당	용접 속도를 느리게, 전류, 전압, 전극 위치를 알맞게 조정한다.

5.6 플라스마 아크 용접

기체를 가열하여 온도가 높아지면 기체 전자는 심한 열운동에 의해 전리되어 이온과 전자로 유리되고 도전성을 띠게 된다. 이 상태를 **플라스마**라 하며, 매우 높은 온도 상태로 된다. 이 높은 온도의 플라스마를 적당한 방법으로 한 방향으로 분출시키는 것을 **플라스마 제트**라 하고, 이를 이용하여 각종 금속의 용접이나 절단 등에 이용하는 것으로 **플라스마 용접** 또는 **플라스마 절단**이라 한다.

플라스마 아크는 종래의 용접 아크에 비해 10~100배의 높은 에너지의 밀도를 가져 10,000~30,000℃의 고온 플라스마가 쉽게 얻어지므로 비철 금속의 용접과 절단에 많이 이용된다. 공기(air) 플라스마와 아크 플라스마가 있으며, 수소 가스는 작동 가스로, 아르곤 가스는 피포 가스로 사용된다.

※ 플라스마 아크 용접(plasma arc welding: PAW)의 특징

(a) 플라스마 제트의 에너지 밀도가 크고, 안정도가 높으며, 보유 열량이 크다.

(b) 비드 폭이 좁고 깊다.

(c) 용접 속도가 크고, 균일한 용접이 된다.

(d) 용접 변형이 적다.

모재를 ⊕로 하고, 전극을 ⊖로 한 것을 **이행형 토치**라 하고, 노즐 자체를 ⊕로 하고, 전극을 ⊖로 한 것을 **비이행형 토치**라 한다. 이행형을 플라스마 아크(plasma arc)라 하고, 비이행형을 플라스마 제트(plasma jet)라고 부른다. 용접에는 주로 이행형을 많이 이용한다.

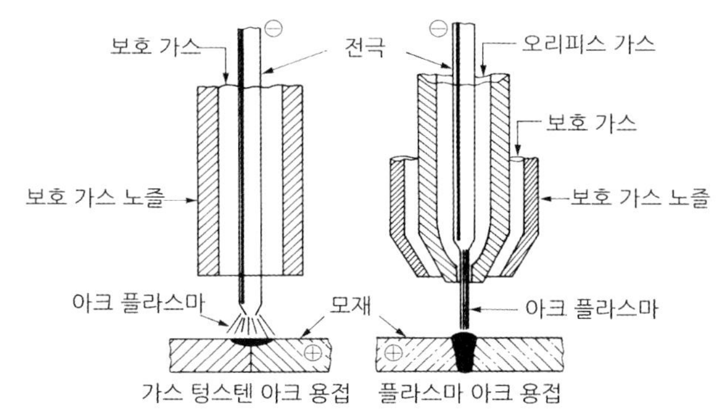

그림 5.19 가스 텅스텐 아크(GTAW) 용접과 플라스마의 비교

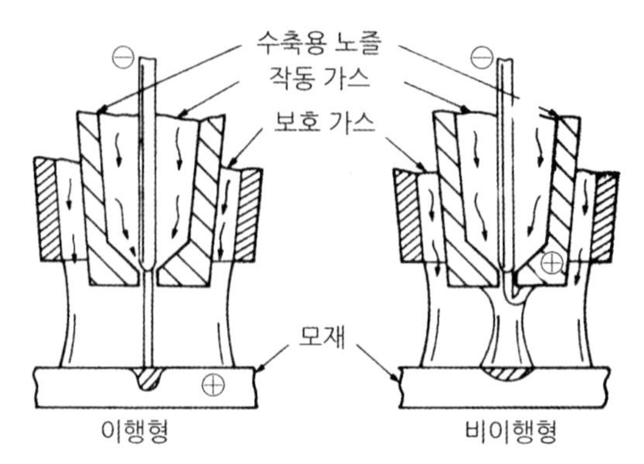

그림 5.20 플라스마 용접의 종류

5.7 스터드 용접

스터드 용접(stud welding)의 방법에는 저항 용접에 의한 것, 충격 용접에 의한 것 그리고 아크 용접법에 의한 것의 3가지로 크게 나눌 수 있다. 아크 스터드 용접의 원리는 먼저 용접건의 스터드 척에 스터드를 끼우고 스터드 끝부분에는 페룰(ferule)이라고 하는 둥근 도자기를 붙이고 용접하고자 하는 곳에 대고 누른다. 다음에 통전용 방아쇠를 당기면 전자석의 작용에 의해 스터드가 약간 끌어 올려지며, 그 순간 모재와 스터드 사이에서 아크가 발생되어 스터드와 모재가 용융된다. 일반적으로 아크 발생 시간은 0.1~0.2초 정도로 한다. 용접 전원으로 직류, 교류 모두 사용이 가능하나 일반적으로 현장에서는 직류 전원이 사용되고 있다.

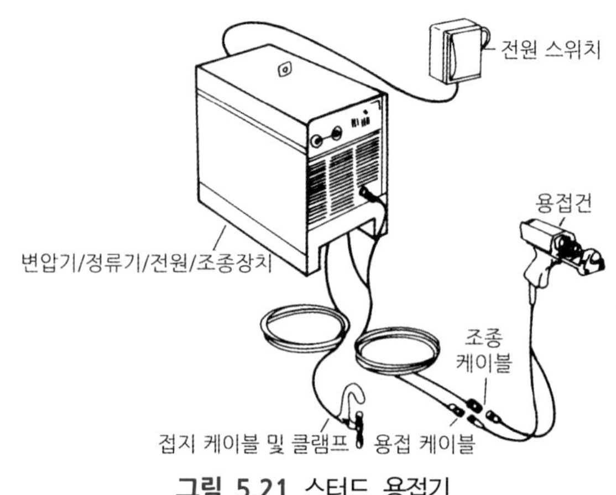

그림 5.21 스터드 용접기

용접건의 구조는 그림 5.21과 같이 용접건 끝에 스터드를 끼울 수 있는 스터드 척, 내부에는 스터드를 누르는 스프링 및 잡아당기는 전자석(solenoid), 통전용 방아쇠(trigger) 등으로 구성되어 있다.

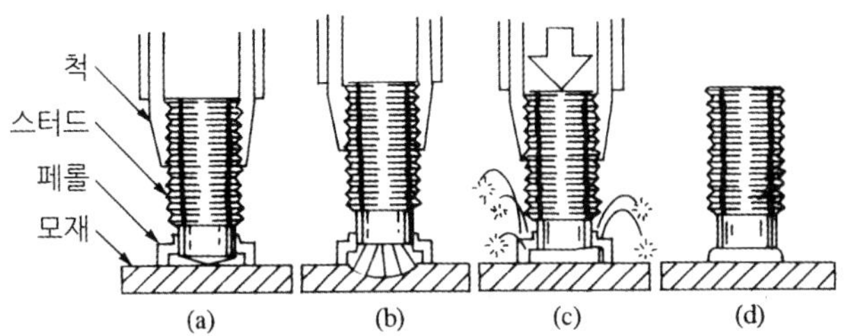

(a) 용접건을 올바르게 위치시킴, (b) 방아쇠를 당기고, 스터드가 들어올려지면 아크 발생, (c) 아크 발생이 끝나고, 모재에 스터드가 용해됨. (d) 용접된 스터드로부터 용접건을 분리시키고, 페룰이 탈착됨

그림 5.22 스터드 용접 공정

5.8 일렉트로 슬래그 용접

일렉트로 슬래그 용접(electro slag welding: ESW)은 구 소련의 패튼(paton) 용접 연구소에서 개발된 것으로, 용접 슬래그와 용융 금속이 용접부로부터 유출되지 않도록 모재의 양쪽에 냉각 동판을 대어 용융 슬래그 속에 전극 와이어를 연속적으로 공급하여

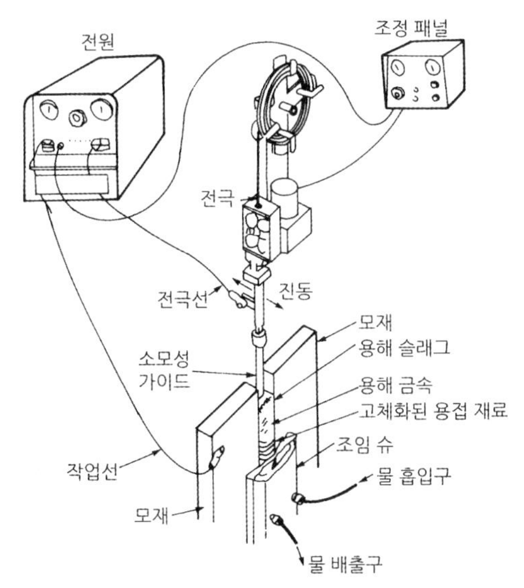

그림 5.23 일렉트로 슬래그 용접 장치

용융 슬래그 내에 흐르는 저항열에 의하여 와이어와 모재를 용융시키는 단층 수직 상진 용접법이다. 즉, 아크를 발생시키지 않고 와이어와 용융 슬래그 사이의 전기 저항열에 의하여 용접한다. 이 용접의 특징으로는 두꺼운 판재의 용접에 적합하고, 홈의 형상은 I형 그대로 사용되므로 용접홈 가공 준비가 간단하며, 각변형이 적고, 용접 시간을 단축할 수 있으며, 능률적이고 경제적이다. 그러나 용접부의 기계적 성질이 나쁘다.

5.9 전자빔 용접

전자빔 용접(electron beam welding)은 높은 진공 중에서 고속의 전자빔을 그림 5.24와 같이 모재에 비치어 그 충격열을 이용하여 용접하는 방법이다.

전자빔 용접은 높은 진공(10^{-4}~10^{-5} mmHg) 중에서 행해지므로 대기와 반응하기 쉬운 재료도 용이하게 용접할 수 있으며, 또 전자빔은 렌즈에 의하여 가늘게 쪼여져 에너지를 집중시킬 수 있으므로 높은 용융점을 가지는 모재의 용접이 가능하다. 특히 아크 용접에 비하여 용입이 깊은 것과 아크빔에 의하여 열의 집중이 잘 되는 특징이 있다(10^{-3} mmHg 이상에서는 방전 현상, 좁고 깊은 용입으로 고속 절단, 구멍 뚫기에 적합).

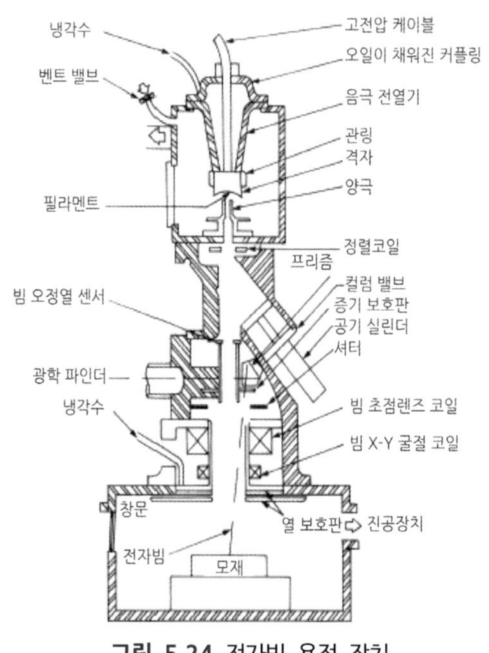

그림 5.24 전자빔 용접 장치

5.10 테르밋 용접

테르밋 용접(thermit welding)이란 산화철 분말과 알루미늄 분말의 탈산 반응을 용접에 응용한 것으로, 강철용 테르밋제의 보기를 들어 설명하면 다음 식의 화학 반응을 기본으로 한다.

$$3Fe_3O_4 + 8Al = 9Fe + 4Al_2O_3 + 702.5 \text{ kcal}$$

$$Fe_2O_3 + 2Al = 2Fe + Al_2O_3 + 189 \text{ kcal}$$

$$3FeO + 2Al = 3Fe + Al_2O_3 + 187 \text{ kcal}$$

반응은 매우 심하며, 생성되는 철의 이론적 온도는 약 3,000℃에 도달한다. 그 취급법은 비교적 안전하다.

이 용접법은 대별하면 가압 테르밋법, 용융 테르밋법, 조합 테르밋법 등으로 분류할 수 있다.

(1) 가압 테르밋법

가압 테르밋법은 테르밋 반응에 의해서 만들어진 반응 생성물에 의해 모재의 양 끝면을 가열하고 큰 압력을 가하여 접합하는 압접이다. 이 용접법에서는 용융 금속은 쓰이지 않는다.

(2) 용융 테르밋법

용융 테르밋법은 현재 가장 널리 사용되고 있는 방법으로, 테르밋 반응에 의해서 만들어진 용융 금속을 접합 또는 덧붙이 용접에 이용한다. 미리 준비된 용접 이음에 적당한 간격을 두고 그 주위에 주형을 짜서 예열구로부터 나오는 불꽃에 의해 모재를 적당한 온도까지 가열(강은 800～900℃)한 후, 도가니 테르밋 반응을 일으켜 용해된 용융 금속 및 슬래그를 주형 속에 주입하여 용접홈 간격을 용착시킨다.

5.11 용사

금속 또는 금속 화합물의 분말을 가열하여 반용융 상태로 모재에 뿌려서 밀착 피복하는 것을 **용사**(metallizing)라 한다.

용사재의 형상에는 와이어 또는 막대 모양의 것, 즉 선식과 분말식이 있으며 각 형식에 따라 용사건의 모양도 다르다.

용사재의 가열 방식에는 가스 불꽃 또는 아크를 사용하는 법과 최근에는 플라스마를 사용하기도 한다.

가스 불꽃을 사용하는 방법은 융점 약 2,800℃ 이상의 금속, 합금 또는 금속 산화물의 용사에 이용할 수 있다. 플라스마 용사에서는 초고온이 얻어진 음속에 가까운 제트의 속도로 고융점재를 고속으로 뿌려서 붙일 수 있으므로 고속으로 고온도의 피막을 만들 수 있다. 또 플라스마 용사에서는 작동 가스로서 불활성 가스를 사용하므로 용사재의 산화가 극히 적다. 용사는 내열, 내마모 혹은 인성용 피복으로 매우 넓은 용도를 가지며, 특히 기계 부속품의 마모부의 보수에 많이 이용되고, 내열 피복으로도 이용되고 있다.

5.12 레이저 용접

레이저(light amplification by stimulated emission of radiation, LASER)란 유도 방사에 의한 빛의 증폭기란 뜻이다.

레이저광은 각 원자에서 방출되는 빛의 위상을 가지런하게 하여 이들의 중첩 사용으로 진폭을 증대하고 완전히 평면파로 되게 한 것으로 보통 전파와 같이 복사된다. 따라서 이들의 레이저광은 렌즈로서 아주 먼 곳까지 흩어지지 않고 진행되게 하는 것이다.

레이저는 종래의 진공관 방식과 매우 성질이 다른 증폭 발진을 일으키는 장치이다. 원자와 분자의 유도 방사 현상을 이용하여 얻어진 빛으로 강열한 에너지를 가진 집속성(集束性)이 강한 단색 광선이다.

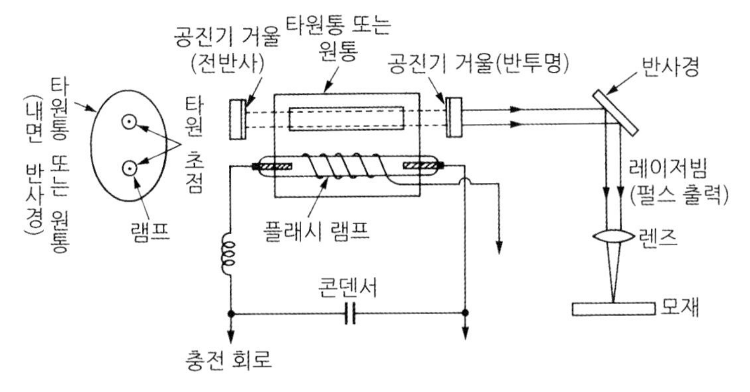

(a) 고체 레이저(펄스 출력) 장치

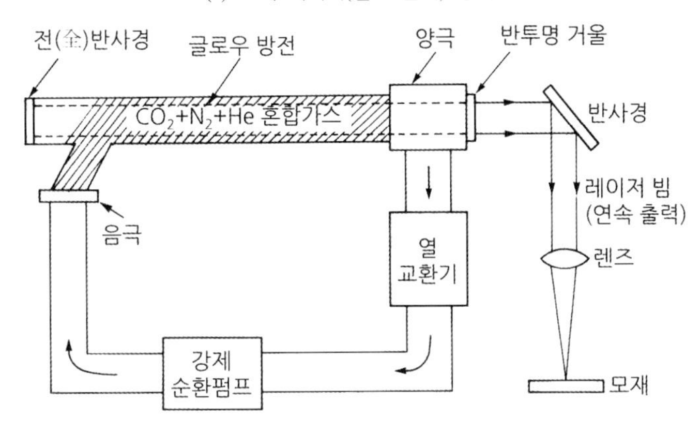

(b) 탄산가스 레이저(연속 대출력) 장치

그림 5.25 레이저 용접 장치

(1) 레이저 용접의 특징

① 광선의 열원이다.

광선의 제어는 원격 조작을 할 수 있으며 진공 중에서의 용접이 가능하고, 투명한 것이며 육안으로 보면서 용접할 수 있는 점 등이 광선 용접의 특징이다.

② 열의 영향 범위가 좁다.

광선을 집광렌즈에 의하여 용접부에 안내하므로 지향성이 좋고, 집중성이 높으므로 열의 발생이 국부적이다.

루비 레이저의 경우는 파루스광 등으로 스포트 용접되나, 탄산가스 레이저는 연속 용접으로 된다. 열영향이 작아 기계적 성질이 양호하므로 정밀 부품이나 소형 물건의 용접에 많이 이용된다.

레이저는 일반 빛보다 단색성과 지향성이 좋고, 집광성이 우수하여 전자빔과 유사한 극히 높은 에너지를 얻는다. 열원으로 이용되는 레이저는 고체 레이저(루비, YAG, 글라스 등)와 기체 레이저(탄산가스)가 있다.

(2) 용접 형태

그림 5.26은 레이저 용접 형태의 종류를 나타낸 것이다. (a)는 연속된 비드를 형성하는 용접법이며, 연속 발진(CW) 레이저에 의한 방법(a-1)과 펄스 레이저를 오버랩(overlap)시키는 방법(a-2)이 있다. 후자는 점(spot) 용접의 형태에서 사용하는 것이 기본이며, 레이저를 펄스 발진하면서 재료(또는 빔)를 이동시켜, 점 용접점을 차례로 겹쳐서 연속한 용접부를 만드는 것이다.

펄스(pulse) 주파수를 높게 설정하면 비교적 빠른 속도로 용접할 수 있다.

그림 (b)의 점 용접은 국부적인 용접법이며, 주로 펄스 YAG 레이저가 사용된다.

심 용접(seam welding)은 용접부가 연속하여 있는 점에서 높은 용접 강도와 기밀 효과가 얻어진다. 주로 대출력 CO_2 레이저가 사용되며, 고속 용접을 할 수 있는 것이 특징이다.

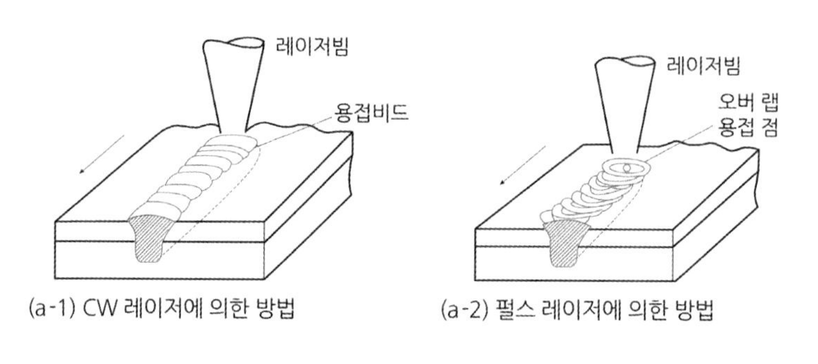

(a-1) CW 레이저에 의한 방법 (a-2) 펄스 레이저에 의한 방법

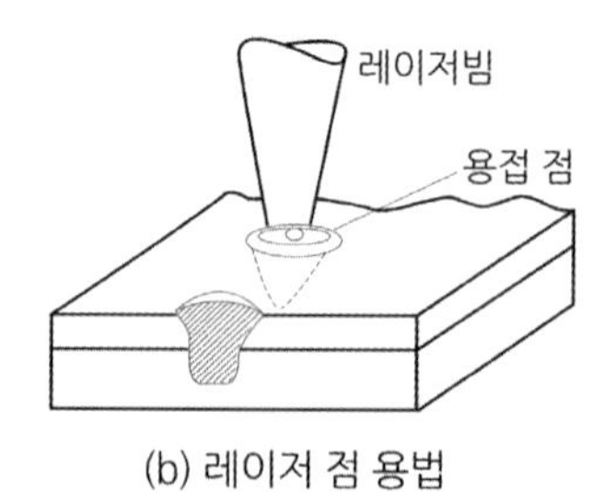

(b) 레이저 점 용법

그림 5.26 레이저 용접 형태의 종류

5장 연습문제 특수 용접

01 서브머지드 아크 용접의 특징에 해당되지 않는 것은?

가. 용접 속도가 수동 용접보다 빠르고 능률이 높다.
나. 개선각을 작게하여 용접 패스 수를 줄일 수 있다.
다. 콘택트 팁에서 통전되므로 와이어 중에 저항열이 적게 발생되어 고전류 사용이 가능하다.
라. 용전 집행 상태의 좋고 나쁨을 육안으로 확인할 수 있다.

02 가스 메탈 아크 용접(GMAW, MIG)에서 가장 많이 사용되는 것으로 용가재가 고속으로 용융되어 미입자의 용적으로 분사되어 모재로 옮겨가는 이행 형식은?

가. 단락 이행
나. 입상 이행
다. 펄스 아크 이행
라. 스프레이 이행

03 CO_2 아크 용접에서 가장 두꺼운 판에 사용되는 용접 홈의 형식은?

가. I형
나. V형
다. H형
라. J형

04 가스 텅스텐 아크 용접에서 교류(AC), 직류 정극성(DCSP), 직류 역극성(DCRP)의 용입 깊이를 비교한 것으로 옳은 것은?

가. DCSP<AC<DCRP
나. AC<DCSP<DCRP
다. AC<DCRP<DCSP
라. DCRP<AC<DCSP

05 테르밋 용접의 특징에 대한 설명으로 틀린 것은?

가. 용접 작업이 단순하다.
나. 용접 시간이 길고 용접 후 변형이 크다
다. 용접기구가 간단하고 작업장소의 이동이 쉽다.
라. 전기가 필요 없다.

06 가스 텅스텐 아크 용접에 주로 사용되는 불활성 가스는?

가. He, Ar
나. Ne, Lo
다. Rn, Lu
라. CO, Xe'

07 가스 텅스텐 아크 용접을 설명한 것으로 틀린 것은?

가. 직류 역극성에서는 청정 작용이 있다.
나. 알루미늄과 마그네슘의 용접에 적합하다.
다. 텅스텐을 소모하지 않아 비용극식이라고 한다.
라. 잠호 용접법이라고도 한다.

08 탄산가스 아크 용접에서 주로 용접하는 금속은?

가. 연강
나. 구리와 동합금
다. 스테인리스강
라. 알루미늄

09 플라스마 아크 용접에 사용되는 보호 가스가 아닌 것은?

가. 헬륨
나. 수소
다. 아르곤
라. 암모니아

10 가스 메탈 아크 용접(GMAW, MIG)에 사용되는 보호 가스로 적당하지 않은 것은?

가. 순수 아르곤 가스
나. 아르곤－산소 가스
다. 아르곤－헬륨 가스
라. 아르곤－수소 가스

11 가스 텅스텐 아크(TIG) 용접으로 스테인리스강을 용접할 때 가장 적합한 전원 극성은?

가. 교류 전원
나. 직류 역극성
다. 직류 정극성
라. 고주파 교류 전원

12 가스 메탈 아크 용접(GMAW) 시 와이어 송급 방식의 종류가 아닌 것은?

가. 풀 방식
나. 푸시 방식
다. 푸시 풀 방식
라. 푸시 언더 방식

13 다음 중 산화철 분말과 알루미늄 분말을 혼합한 배합제에 점화하면 반응열이 약 2,800℃에 달하며, 주로 레일이음에 사용되는 용접 방법은?

가. 스폿 용접
나. 테르밋 용접
다. 심 용접
라. 일렉트로 가스 용접

14 다음 중 가스 텅스텐 아크 용접에서 박판 용접 시 뒷받침의 사용 목적으로 적절하지 않은 것은?

가. 용착 금속의 손실을 방지한다.
나. 용착 금속의 용락을 방지한다.
다. 용착 금속 내에 기공의 생성을 방지한다.
라. 산화에 의해 외관이 거칠어지는 것을 방지한다.

15 서브머지드 아크 용접의 용제 중 흡습성이 높아 일반적으로 사용 전에 150~300℃에서 1시간 정도 재건조해서 사용하는 용제의 종류는?

가. 용제형　　나. 혼성형
다. 용융형　　라. 소결형

16 일렉트로 슬래그 용접의 장점이 아닌 것은?

가. 용접 능률과 용접 품질이 우수하므로 후판 용접 등에 적당하다.
나. 용접 진행 중 용접부를 직접 관찰할 수 있다.
다. 최소한의 변형과 최단 시간의 용접법이다.
라. 다전극을 이용하면 더욱 능률을 높일 수 있다.

17 가스 텅스텐 아크 용접(GTAW, TIG)에서 모재가 (−)이고 전극이 (+)인 극성은?

가. 정극성　　나. 역극성
다. 반극성　　라. 양극성

18 서브머지드 아크 용접에서 다전극 방식에 의한 분류가 아닌 것은?

가. 텐덤식　　나. 횡병렬식
다. 횡직렬식　　라. 이행형식

19 탄산가스 아크 용접에 대한 설명으로 맞지 않는 것은?

가. 가시 아크이므로 시공이 편리하다
나. 철 및 비철류의 용접에 적합하다
다. 전류 밀도가 높고 용입이 깊다
라. 바람의 영향을 받으므로 풍속 2 m/s 이상일 때에는 방풍장치가 필요하다

20 이산화탄소 아크 용접의 솔리드 와이어 용접봉에 대한 설명으로 YGA-50W-1.2-20에서 '50'이 뜻하는 것은?

가. 용접봉의 무게
나. 용착금속의 최소 인장강도
다. 용접와이어
라. 가스 실드 아크 용접

21 다음 중 서브머지드 아크 용접의 다른 이름(명칭)이 아닌 것은?

가. 잠호 용접　　나. 유니언멜트 용접
다. 링컨 용접　　라. 플라스마 아크 용접

22 GTA 용접 및 GMA 용접에 사용되는 불활성 가스로 맞는 것은?

가. 수소 가스
나. 아르곤 가스
다. 탄산 가스
라. 질소 가스

23 가스 메탈 아크 용접(GMAW)에 관한 설명으로 틀린 것은?

가. 용접 후 슬랙 또는 잔류용제를 제거하기 위한 처리가 필요하다.
나. 청정 작용에 의해 산화막이 강한 금속도 쉽게 용접할 수 있다.
다. 아크가 극히 안정되고 스패터가 적다.
라. 전자세 용접이 가능하고 열의 집중이 좋다.

24 가스 메탈 아크 용접(GMAW)에서 텅스텐 전극봉은 가스노즐의 끝에서부터 몇 mm 정도 도출시키는가?

가. 1~2
나. 3~6
다. 7~9
라. 10~12

25 전극봉을 직접 용가재로 사용하지 않는 용접법은?

가. GMA 용접
나. GTA 용접
다. 서브머지드 아크 용접
라. 피복 아크 용접

26 용제(FLUX)를 필요로 하는 용접법은?

가. GMA 용접
나. GTA 용접
다. 원자 수소 용접
라. 서브머지드 용접

27 일명 유니언 멜트 용접법이라고도 하며 아크가 용제 속에 잠겨 있어 보이지 않는 용접법은?

가. 가스 텅스텐 아크 용접
나. 일렉트로 슬래그 용접
다. 서브머지드 아크 용접
라. 이산화탄소 아크 용접

28 GTA 용접의 전극봉에서 전극의 조건으로 잘못된 것은?

가. 고용융점의 금속
나. 전자 방출이 잘되는 금속
다. 전기 저항률이 높은 금속
라. 열전도성이 좋은 금속

29 GTA 용접에 사용하는 토륨 텅스텐 전극봉에는 몇 %의 토륨이 함유되어 있는가?

가. 4~5%
나. 1~2%
다. 0.3~0.8%
라. 6~7%

30 가스 메탈 아크 용접(GMAW)에 관한 설명으로 틀린 것은?

가. 박판용접(3 mm 이하)에 적당하다.

나. 피복 아크 용접에 비해 용착효율이 높아 고능률적이다.

다. GTA 용접에 비해 전류 밀도가 높아 용융 속도가 빠르다.

라. CO_2 용접에 비해 스패터 발생이 적어 비교적 아름답고 깨끗한 비드를 얻을 수 있다.

31 서브머지드 아크 용접의 기공 발생 원인으로 맞는 것은?

가. 용접 속도 과대

나. 적정 전압 유지

다. 용제의 양호한 건조

라. 가용접부의 표면, 이면 슬래그 제거

32 GTA 용접에서 청정 작용이 발생하는 용접 전원은?

가. 직류 역극성일 때

나. 직류 정극성일 때

다. 교류 정극성일 때

라. 극성에 관계없음

33 탄산가스 아크 용접의 방식에 해당되지 않는 것은?

가. 아코스 아크법

나. 테르밋 용접법

다. 유니언 아크법

라. 퓨즈 아크법

34 GMA 용접의 기본적인 특징이 아닌 것은?

가. 피복 아크 용접에 비해 용착 효율이 높다.

나. CO_2 용접에 비해 스패터 발생이 적다.

다. 아크가 안정되므로 박판 용접에 적합하다.

라. GTA 용접에 비해 전류 밀도가 높다.

35 가스 텅스텐 아크 용접(GTAW)의 직류 정극성에 관한 설명이 맞는 것은?

가. 직류 역극성보다 청정 작용의 효과가 가장 크다.

나. 직류 역극성보다 용입이 깊다.

다. 직류 역극성보다 비드폭이 넓다.

라. 직류 역극성에 비하여 지름이 큰 전극이 필요하다.

36 서브머지드 아크 용접의 특징 설명으로 틀린 것은?

가. 개선각을 작게 하여 용접 패스수를 줄일 수 있다.

나. 용접 중 아크가 안 보이므로 용접부의 확인이 곤란하다.

다. 용접선이 구부러지거나 짧아도 능률적이다.

라. 용접 설비비가 고가이다.

37 서브머지드 아크 용접 시 받침쇠를 사용하지 않을 경우 루트 간격이 몇 mm 이하로 해야 하는가?

가. 0.2　　나. 0.4
다. 0.6　　라. 0.8

38 플라즈마 아크 용접의 아크 방식 중 텅스텐 전극과 구속 노즐 사이에서 아크를 발생시키는 것은?

가. 이행형(transferred) 아크　　나. 비이행형(non transferred) 아크
다. 반이행형(semi transferred) 아크　　라. 펄스(pulse) 아크

39 서브머지드 아크 용접기로 아크를 발생할 때 모재와 용접 와이어 사이에 놓고 통전시켜 주는 재료는?

가. 용제　　나. 스틸 울
다. 탄소봉　　라. 앤드 탭

40 CO_2 가스 아크 용접에서 기공 발생의 원인이 아닌 것은?

가. CO_2 가스 유량이 부족하다.
나. 노즐과 모재간 거리가 지나치게 길다.
다. 바람에 의해 CO_2 가스가 날린다.
라. 앤드 탭(end tap)을 부착하여 고전류를 사용한다.

41 테르밋 용접의 특징 설명으로 틀린 것은?

가. 용접 작업이 단순하고 용접 결과의 재현성이 높다.
나. 용접 시간이 짧고 용접 후 변형이 적다.
다. 전기가 필요하고 설비비가 비싸다.
라. 용접기구가 간단하고 작업장소의 이동이 쉽다.

42 서브머지드 아크 용접에서 본 용접 시작점과 끝나는 부분에 용접 결함을 효과적으로 방지하기 위하여 사용하는 것은?

가. 동판 받침　　나. 백킹(backing)
다. 엔드 탭(end tab)　　라. 실링(sealing) 비드

43 전자빔 용접의 특징으로 틀린 것은?

가. 정밀 용접이 가능하다.
나. 용입이 깊어 다층용접도 단층 용접으로 완성할 수 있다.
다. 유해 가스에 의한 오염이 적고 높은 순도의 용접이 가능하다.
라. 용접부의 열 영향부가 크고 설비비가 적게 든다.

44 비소모 전극 방식의 아크 용접에 해당하는 것은?

가. 가스 텅스텐 아크 용접
나. 서브머지드 아크 용접
다. 피복 금속 아크 용접
라. 탄산(CO_2) 가스 아크 용접

45 원자와 분자의 유도방사현상을 이용한 빛에너지를 이용하여 모재의 열 변형이 거의 없고 이종 금속의 용접이 가능하며, 미세하고 정밀한 용접을 비접촉식 용접 방식으로 할 수 있는 용접법은?

가. 전자빔 용접법
나. 플라스마 용접법
다. 레이저 용접법
라. 초음파 용접법

연습문제 정답

1	2	3	4	5	6	7	8	9	10	11	12	13	14	15
라	라	다	라	나	가	라	가	라	라	다	라	나	나	라
16	17	18	19	20	21	22	23	24	25	26	27	28	29	30
나	나	라	나	나	라	나	가	나	나	라	다	다	나	가
31	32	33	34	35	36	37	38	39	40	41	42	43	44	45
가	가	나	다	나	다	라	나	나	라	다	다	라	가	다

6

압접

6.1 가스 압접

가스 압접(gas pressure welding)은 접합부를 먼저 가스 불꽃으로 가열하고 압력을 가해 접합하는 방법으로, 저항 용접과 같이 막대 모양의 모재를 용접하는 데 사용된다. 가스 압접법은 가열, 가압 방식에 따라 밀착법과 개방법의 두 종류가 있다. 접합할 금속 모재를 **재결정 온도**(recrystallization temperature) 이상의 온도로 가열한 후 가압하여 벌지(bulge)가 생기게 하는 용접 방법으로 산소－아세틸렌 가스 불꽃이 이용된다.

철근의 이음이나 열로 인한 취화가 심한 재료의 접합에 주로 이용되고 있다.

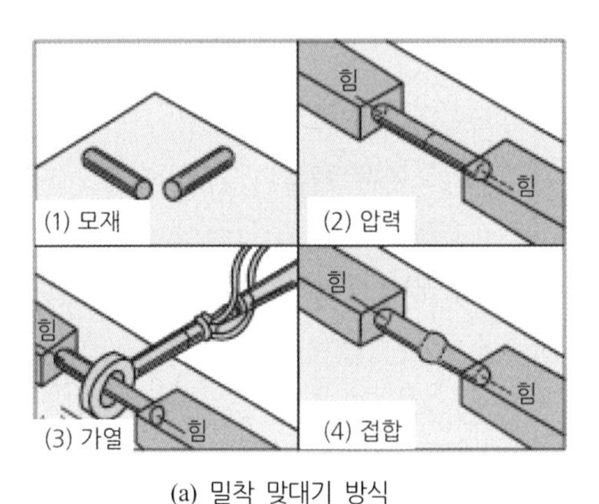

(a) 밀착 맞대기 방식

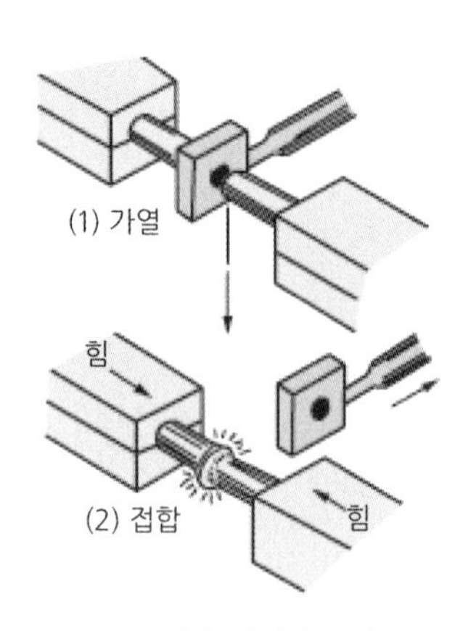

(b) 개방 맞대기 방식

그림 6.1 가스 압접의 원리

6.2 초음파 용접

6.2.1 원리

초음파 용접(ultrasonic welding)이라 함은 접합하고자 하는 소재에 초음파(18 kHz 이상) 진동을 주어 그 진동 에너지에 의해 접촉부의 원자가 서로 확산되어 접합이 되는 것이다. 이 압접법은 종래의 용접법에 비해 편리한 점은 없으나, 다른 용접법으로는 접합이 불가능한 것 또는 신뢰도가 없는 것, 금속이나 플라스틱의 용접, 서로 다른 금속끼리의 용접에 사용된다.

이 압접의 원리는 팁과 앤빌 사이에 접합하고자 하는 소재를 끼우고 가압하여 서로 접촉시켜서 팁을 짧은 시간(1～7초) 동안 진동시키면 접촉면은 마찰에 의해 마찰열이 발생한다. 이때 가압과 마찰에 의해서 소재 접촉면의 피막이 파괴되어 순수한 금속 표면이 접촉되고 원자 간의 인력이 작용되어 금속 접합이 이루어진다.

이 압접법에 적합한 판재의 두께는 금속에서는 0.01～2 mm, 플라스틱류에서는 1～5 mm 정도의 박판 접합에 주로 이용된다.

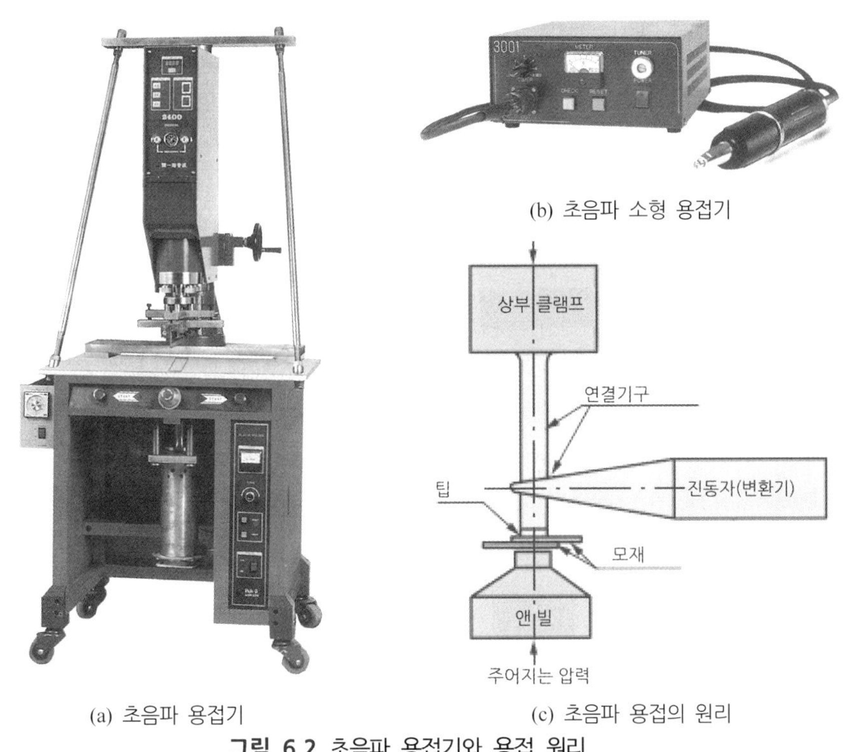

(a) 초음파 용접기 (b) 초음파 소형 용접기 (c) 초음파 용접의 원리

그림 6.2 초음파 용접기와 용접 원리

6.2.2 용접의 특징

플라스틱은 열가소성이 있어 고온의 열로서 용접할 수 있다. 이러한 용접 현상과 특징들을 살펴보면 다음과 같다.

① 주어지는 압력이 작으므로 용접물의 변형이 적다.

② 용접물의 표면 처리가 간단하고 압연 상태 그대로 용접이 가능하다.

③ 얇은판(금속 : 0.01～2 mm, 플라스틱 : 1～5 mm)이나 필름의 용접도 가능하다

④ 이종 금속의 용접이 가능하며, 판두께에 따라 용접 강도가 현저하게 변화한다.

6.3 마찰 용접

마찰 용접(friction welding)은 그림 6.3과 같이 맞대어 상대 운동을 시켜 그 접촉면에 발생하는 마찰열을 유효하게 이용하여 이들을 압접하는 것이다. 방식은

(a) 이음면을 맞대고 한 편의 소재를 회전시키는 방식

(b) 양 소재를 서로 반대 방향으로 회전시키는 방식

(c) 긴 소재를 압접하는 방식

(d) 위와 아래로 진동시키는 방식

등이 있다. 어느 방식이나 축 방향에 압접력을 작용시키고 있으므로 맞대기면과 그 부근은 회전 또는 진동에 의한 마찰열에 의하여 변화되어 소성 상태가 된다. 이 맞대기면의 온도가 압접 온도에 달하면 상대 운동을 정지시키고, 압접력은 그대로 또는 다시 증가시켜 냉각시켜서 압접을 완성한다. 이 방법에 의하여 탄소강, 합금강, 알루미늄, 구리 등 거의 모든 금속과 합금 그리고 고분자 재료의 압접과 또는 서로 다른 재료의 압접도 가능하다.

압접기는 일반형과 플라이휠형의 두 종류가 있다.

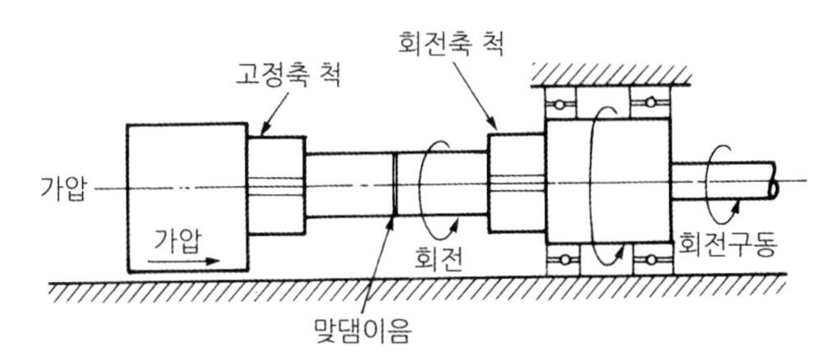

그림 6.3 마찰 용접의 원리

6.4 폭발 용접

폭발 용접(explosive welding)은 그림 6.4와 같이 폭약의 폭압으로 가열된 소재끼리 고속도로 어느 각도를 이루어 충돌시키면 소재의 충돌 표면은 서로 파상으로 소성 변형되어 양면은 결합된다.

이 결합에서 금속 결합이 이루어진다. 압접성을 지배하는 인자는 소재의 판두께, 폭, 길이와 재질, 폭약의 종류와 폭약 두께 그리고 양 소재가 이루는 각도 등이다.

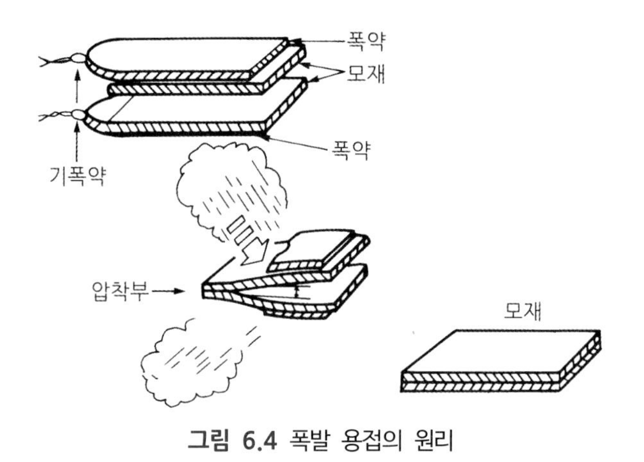

그림 6.4 폭발 용접의 원리

6.5 냉간 압접

냉간 압접(cold pressure welding)은 가열하지 않고 상온에서 단순히 가압만의 조작으로 금속 상호간의 확산을 일으키게 하여 압접을 하는 방법이다.

깨끗한 두 개의 금속면을 Å($1\,Å = 10^{-8}$ cm) 단위의 거리로 원자들을 가까이 하면 자유 전자가 공통화되고, 결정 격자점의 양 이온과 서로 인력으로 작용하여 2개의 금속면이 결합된다. 그러므로 이 용접에서는 압접 전에 재료의 표면을 깨끗하게 하는 것이 무엇보다 중요하다. 재료의 접합면이 더러우면 접합이 곤란하다. 일반적으로 압접 시에 사용되는 가압력은 냉각 압접을 충분히 하기 위해 압접하고자 하는 재료의 두께에 소성 변형을 시킬만큼 가압하면 된다.

압접 방법에는 겹치기와 맞대기가 있는데, 겹치기는 그림 6.5와 같이 접촉면을 표면처리하여 불순물을 제거한 후 겹치기 클램프로 결합시켜 압축 다이스에 의해 강압을 가하여 소요의 소성 변형을 주어 압축시키는 방법이다.

현재 롤 본딩(roll bonding)을 이용한 클래드 메탈(clad metal)의 생산이나 열교환기의 핀(fin) 등을 압접으로 제작하며, 터빈 블레이드 생크(turbine blade shank)나 메탈 베어링(metal bearing) 등 기계 부품, 자동차 부속품, 항공 부품, 전자 기계 부품에 냉간압접은 널리 이용되고 있다.

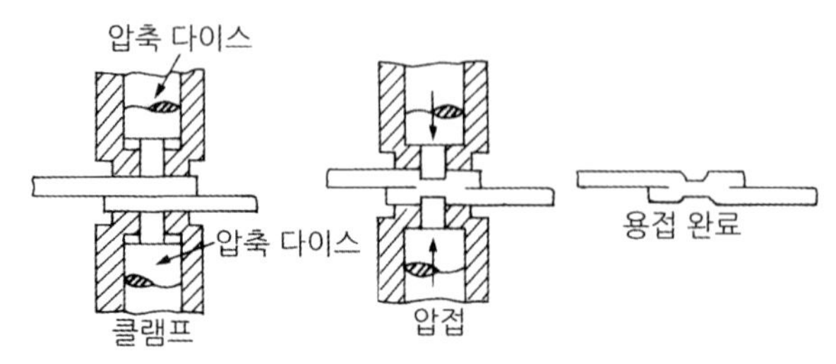

그림 6.5 겹치기 냉간 압접 방법

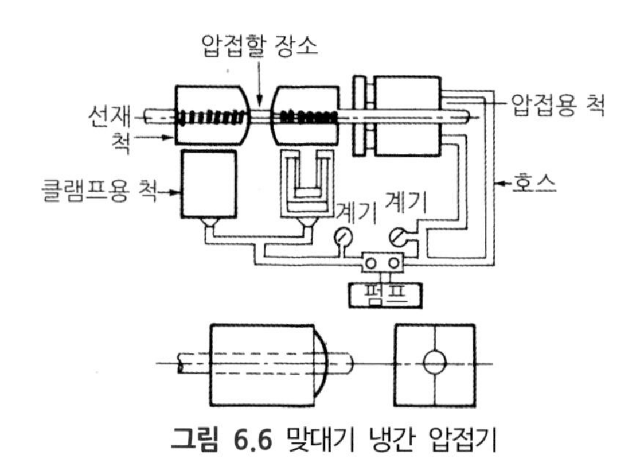

그림 6.6 맞대기 냉간 압접기

6.6 저항 용접

6.6.1 저항 용접의 개요

(1) 저항 용접의 원리

1885년 미국 MIT의 E.Thomson 교수가 개발한 저항 용접법(resistance welding)은 자동차 산업이나 판재 가공에 널리 이용되고 있다. 금속에 전기를 통하면 저항 때문에 도체 내에 열이 생긴다. 이 열을 **저항열** 또는 **줄열**(Joule's heat)이라 한다.

$$Q = 0.24\,I^2Rt$$

Q : 저항열(cal) R : 저항(Ω)

I : 전류(A) t : 통전 시간(sec)

저항 용접은 그림 6.7과 같이 용접하고자 하는 재료를 서로 접촉시켜 놓고 이것에 전류를 통하면 저항열로 접합면의 온도가 높아졌을 때 가압하여 용접하는 것으로, 이 때의 저항열은 줄의 법칙에 의해서 계산된다.

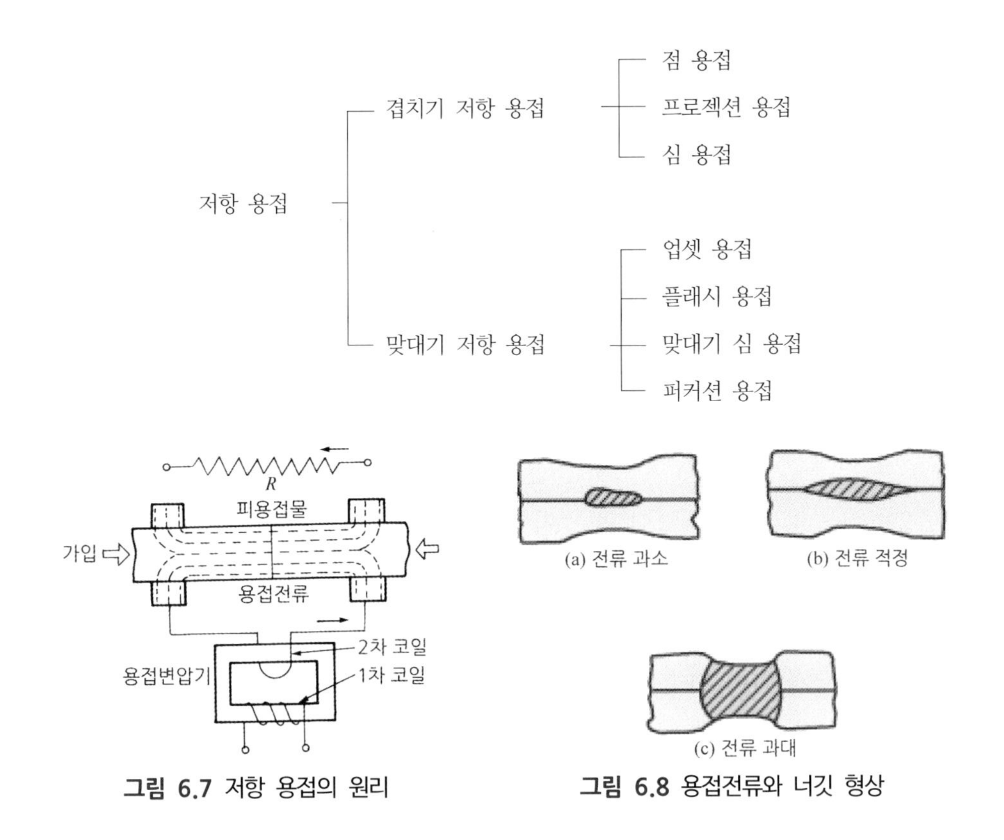

그림 6.7 저항 용접의 원리

그림 6.8 용접전류와 너깃 형상

(2) 저항 용접의 3요소

① 용접 통전 전류

용접 접합부 가열에 필요한 전류로서 용도에 따라 2,000 A에서 수십 만 A에 이르고, 모재의 용입 열량과 입열이 알맞아야 한다. 특히 저항 용접은 저전압 대전류 방식에 의한 것으로 이와 같은 낮은 전압의 대전류를 필요로 하는 것은 가열 부분의 저항이 적기 때문이다. 판두께가 클수록 열용량도 커야 하며, 필요한 너깃(nugget)도 커야하므로 전류의 값도 크게 된다.

② 통전 시간

통전 시간이라 함은 저항 용접 시 전류를 통해주는 시간을 말하는데, 전류를 통하는 시간은 5 Hz에서 40 Hz 정도의 매우 짧은 시간이 좋다. 모재의 재질과 소재의 두께, 용접부의 형상에 따라 적당한 전류를 통전시켜야 하나, 전류가 적당하다 해도 통전되는 시간이 적당하지 않으면 양호한 품질의 용접부를 기대할 수 없다.

③ 가압력

전류 세기와 통전 시간은 클수록 유효 발열량이 증가하나 가압력은 클수록 유효 발열량이 저하한다. 모재와 모재, 전극과 모재 사이에 접촉 저항은 전극의 가압력이 클수록 작아진다. 가압력이 너무 크면 용접면이 찌그러지고, 녹을 수가 있으며, 너무 적으면 접합면의 강도가 떨어지게 된다.

(3) 저항 용접의 특징

【장 점】

① 작업 속도가 빠르고 대량생산에 적합하다.
② 열손실이 적고, 용접부에 집중열을 가할 수 있다(용접 변형, 잔류 응력이 적다).
③ 산화 및 변질 부분이 적다.
④ 접합 강도가 비교적 크다.
⑤ 가압 효과로 용접 접촉부의 조직이 치밀해진다.
⑥ 용접봉, 용제 등이 불필요하다.
⑦ 작업자의 숙련을 비교적 필요로 하지 않는다.

【단 점】

① 대전류를 필요로 하고 설비가 복잡하고 용접 장치의 가격이 비싸다.
② 용접부의 급랭 경화로 후열 처리가 필요하다.
③ 용접부의 위치, 형상 등의 영향을 받는다.
④ 다른 금속 간의 접합이 곤란하다.

6.6.2 점 용접

(1) 점 용접의 원리와 특징

점 용접(spot welding)은 겹치기 저항 용접의 대표적인 것으로, 그림 6.9와 같이 2개 또는 그 이상의 금속재를 두 전극 사이에 넣고 전류를 통하면 접촉부의 접촉 저항으로 먼저 발열이 일어나 용접부의 온도가 급격히 상승하여 금속재는 녹기 시작한다. 이때 압력을 가하면 접촉부는 변형되어 접촉 저항이 감소된다. 그러나 이미 상승된 온도로 금속재 자체의 고유 저항은 더욱 증가하고 온도가 상승되어 반용융 상태에 달한다. 이때 상하의 전극으로 압력을 가하여 밀착시킨 다음 전극을 용접부에서 떼면 전류의 흐름이 정지되어 용접이 완료된다. 이때 전류를 통하는 통전 시간은 재료에 따라 1/100초에서 수초 정도가 필요하다.

※ 점 용접의 특징

(a) 표면이 평평하고 외관이 아름답다.

(b) 작업 속도가 빠르다.

(c) 재료가 절약된다.

(d) 홈을 가공할 필요가 없다.

(e) 고도의 숙련이 필요 없다.

(f) 변형 발생이 극히 적다.

(g) 공해가 극히 적다.

저항 용접에 미치는 요인으로는 용접 전류, 통전 시간, 가압력, 모재의 표면 상태, 전극의 재질 및 형상, 용접 피치 등이 있다.

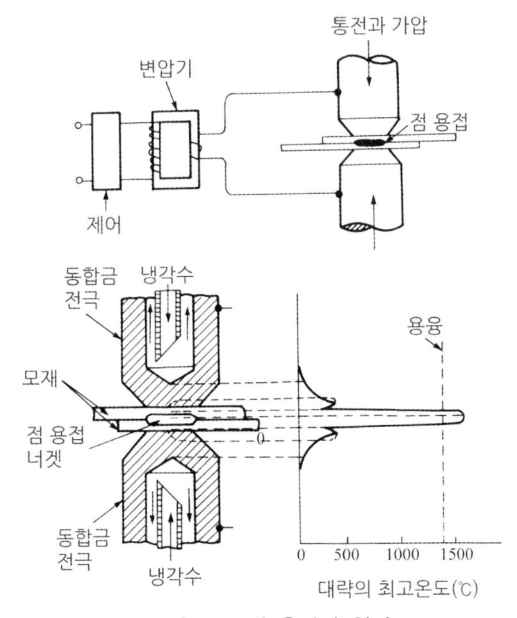

그림 6.9 점 용접의 원리

(2) 점 용접의 종류

① 단극식 점 용접(single spot welding)

점 용접의 가장 기본적인 방법으로 상하 1쌍의 전극으로 1점의 용접부를 만드는 용접법이다.

② 다전극 점 용접(multi spot welding)

전극을 2개 이상으로 하여 동시에 2점 이상의 용접을 하며, 용접 속도를 향상시키고, 용접 변형을 방지시키는 효과가 있다.

③ 직렬식 점 용접(series spot welding)

1개의 전류 회로에 2개 이상의 용접점을 만드는 방법으로 용접 전류의 손실이 많아 전류를 증가시켜야 하며, 용접 표면이 불량하여 용접 결과가 균일하지 못하다.

④ 맥동 점 용접(pulsation welding)

용접 재료의 두께가 서로 다른 경우에 전극의 과열을 피하기 위하여 사이클 단위를 몇 번이고 전류를 단속 통전하여 용접하는 것이다.

⑤ 인터랙 점 용접(interact spot welding)

용접 점의 부분에 직접 2개의 전극으로 통전하지 않고 용접 전류가 피용접물의 일부를 통하여 다른 곳으로 전달하는 방식의 점 용접 방식이다.

(3) 점 용접의 전극

① 전극의 재질

점 용접에서 전극의 재질은 전기와 열전도도가 좋고 계속 사용하더라도 내구성이 있으며, 고온에서도 기계적 성질을 유지되어야 한다. 철강을 비롯한 경합금, 구리 합금에는 순구리를, 구리 용접에는 크롬, 티탄 니켈 등을 첨가한 구리 합금이 주로 사용되고 있다.

② 전극의 종류

- R형팁(radius type) : 전극의 끝이 라운딩된 것으로 용접부의 품질, 용접 횟수 및 수평 등에서 우수하여 많이 사용되고 있다.
- P형팁(pointed type) : R형보다 용접부 품질과 수명이 떨어지나 많이 쓰이고 있는 전극이다.

- C형팁(truncated cone type) : 원추형의 끝이 갈라진 형으로 일반적으로 가장 많 사용되며 성능도 우수하다.
- E형팁(eccentric type) : 용접점이 앵글재와 같이 용접 위치가 나쁠 때, 보통 팁으로는 용접이 어려운 경우에 사용한다.
- F형팁(flat type) : 표면이 평평하여 전극에 눌린 흔적이 거의 없다.

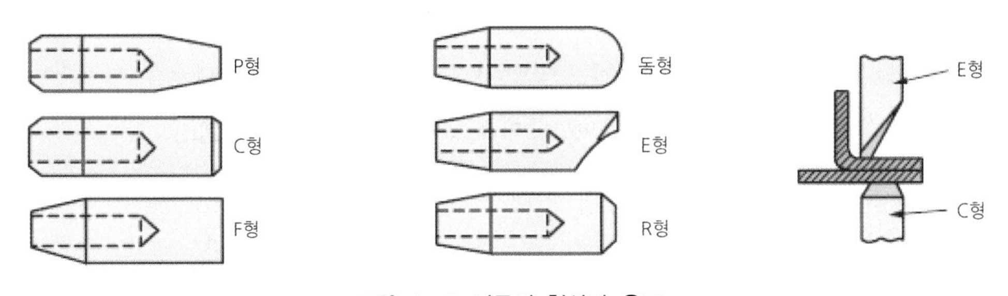

그림 6.10 전극의 형상과 용도

6.6.3 프로젝션 용접

프로젝션 용접(projection welding)은 점 용접의 변형으로 모재의 한쪽 또는 양쪽에 돌기(projection)를 만들어 이 부분에 용접 전류를 집중시켜 압접하는 방법이다. 점 용접은 전극에 의하여 전류를 집중시키는데 비하여, 프로젝션 용접에서는 피용접물에 돌기부를 이용하여 전류를 집중시켜 우수한 열평형을 얻는 방법으로, 점 용접과 같거나 그 이상의 적용성을 가진다.

따라서 프로젝션 용접에서는 전극은 평탄한 것이 쓰여지며 프로젝션의 형상이나 크기에 따라 용접 조건이 결정된다.

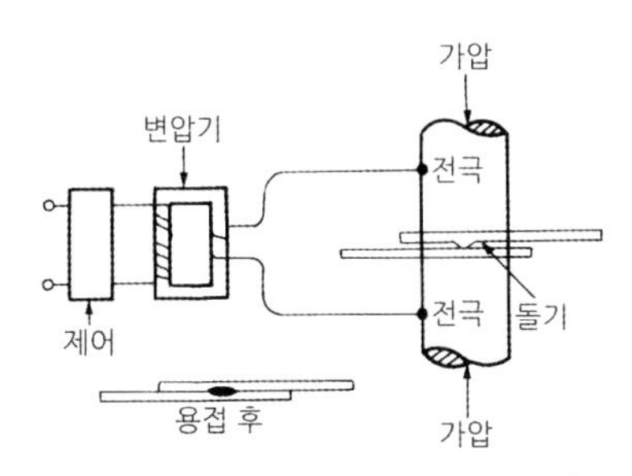

그림 6.11 프로젝션 용접의 원리

프로젝션의 용접 요구 조건은 다음과 같다.

① 프로젝션 용접 돌기부에 전류가 통하기 전의 가압력에 견딜 수 있을 것
② 상대판이 충분히 가열될 때까지 녹지 않을 것
③ 성형 시 일부에 전단 부분이 생기지 않을 것
④ 성형에 의한 변형이 없어야 하며 용접 후 양면의 밀착이 양호할 것

프로젝션 용접에서는 판두께보다도 오히려 프로젝션의 크기와 형상이 문제가 되며 프로젝션의 수에 따라 전류를 증가시켜야 한다.

6.6.4 심 용접

(1) 심 용접의 개요

심 용접(seam welding)은 그림 6.12와 같은 원판 모양의 두 개의 롤러 전극 사이에 용접재를 끼워서 가압 통전하고, 전극을 회전시켜 용접재를 이동시키면서 연속적으로 점 용접을 반복하는 방법으로 하나의 연속된 선 모양의 용접부가 얻어진다.

심 용접의 통전 방법에서 단속 통전법, 연속 통전법, 맥동 통전법의 3가지 방법이 있으나 단속 통전법이 가장 많이 쓰인다.

큰 전류를 계속해서 통전하면 모재에 가해지는 열량이 너무 지나쳐 과열될 우려가 있다. 이와 같이 과열에 의해 용접부가 움푹 들어가게 될 경우, 잠시 냉각 후 용접을 계속한다. 일반적으로 연강 용접의 경우는 통전 시간과 중지 시간의 비율이 1 : 1 정도이며, 경합금에서는 1 : 3 정도로 한다.

단속 용접법은 통전과 중지를 규칙적으로 반복하여 통전하고, 연속 통전법은 용접 전류를 연속적으로 통전하여 용접하는 방법으로, 단전 시간이 없으므로 모재가 과열될 염려가 있고 용접부의 품질이 약간 저하된다.

심 용접은 박판의 용기 제작으로 우수한 특성을 가지며 용접 이음을 기계적으로 행하므로 강도가 크며, 용접 속도도 빠르고, 능률이 좋다. 같은 재료의 점 용접법보다 용접 전류는 1.5～2.0배, 전극 사이의 가압력은 1.2～1.6배 정도를 필요로 한다.

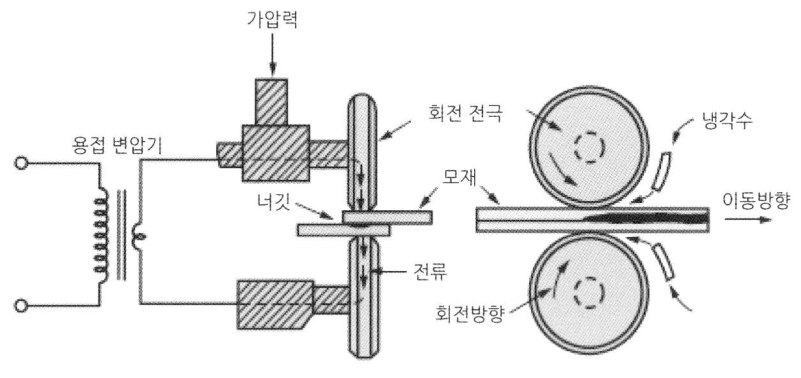

그림 6.12 심 용접의 원리

(2) 심 용접의 종류

① 맞대기 심 용접(butt seam welding)

주로 심 파이프를 만드는 방법이며 관 끝을 맞대어 가압하고 2개의 전극 롤러로 맞 댄 면을 통전하여 접합하는 방법이다.

② 매시 심 용접(mash seam welding)

심 접합부의 겹침을 모재 두께 정도로 하여 겹쳐진 폭 전체를 가압하여 접합하는 방법이다.

③ 포일 심 용접(foil seam welding)

모재를 맞대어 놓고 이음부에 동일 재질의 박판을 대고 가압하여 접합하는 방법이며 이음부에 받쳐진 얇은 판을 **포일**이라 한다.

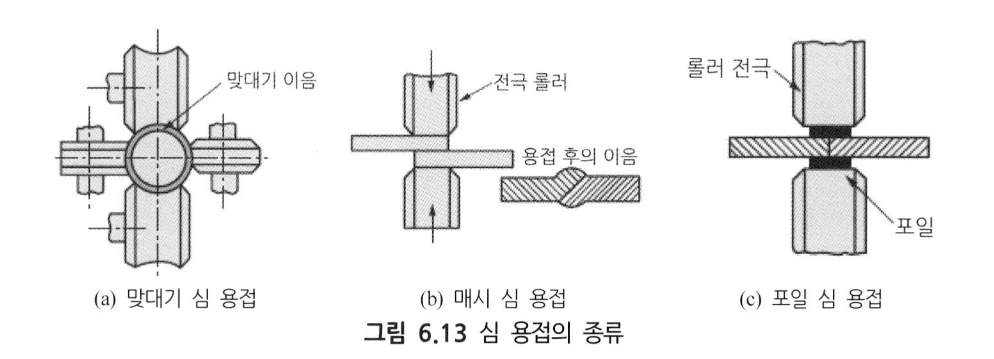

(a) 맞대기 심 용접 (b) 매시 심 용접 (c) 포일 심 용접

그림 6.13 심 용접의 종류

6.6.5 고주파 용접

고주파 용접(high frequency welding)은 높은 주파수의 전류를 용접 대상물에 공급하고, 이때 발생하는 열로 용접을 실시하는 방법이다. 용접 조건에 따라 알벽과 열을 가하기도 한다.

고주파 용접은 직접 용접 대상물에 전류를 흐르게 하여 용접열을 얻는 **유도 가열법**과 용접물에 직접 흐르지 않고 인덕션 코일에 의해 모재에 유도된 전류의 열을 이용하여 용접을 실시하는 **통전 가열법**으로 구분된다. 두 가지 방법 모두 전류를 공급하는 방식의 차이만 있지 고주파 전류에서 발생되는 저항열로 용접을 실시하는 점에서 기본적인 원리는 같다.

※ 고주파 용접의 특징

(a) 매우 좁은 열 영향부(HAZ)를 얻는다.

(b) 용접부의 성능 개선을 위한 열처리가 불필요하다.

(c) 에너지의 효율이 좋아서 적은 전력 소모로 빠른 용접을 할 수 있다.

(d) 강의 종류에 제한이 없이 용접이 가능하다.

(e) 용접 시간이 빠르고, 국부적인 가열로 용접부의 산화나 변형이 적다.

(f) 높은 고주파를 사용하므로 주변의 기기에 영향을 줄 수 있다.

그림 6.14는 고주파 용접을 이용한 여러 가지 제품의 응용 예이다.

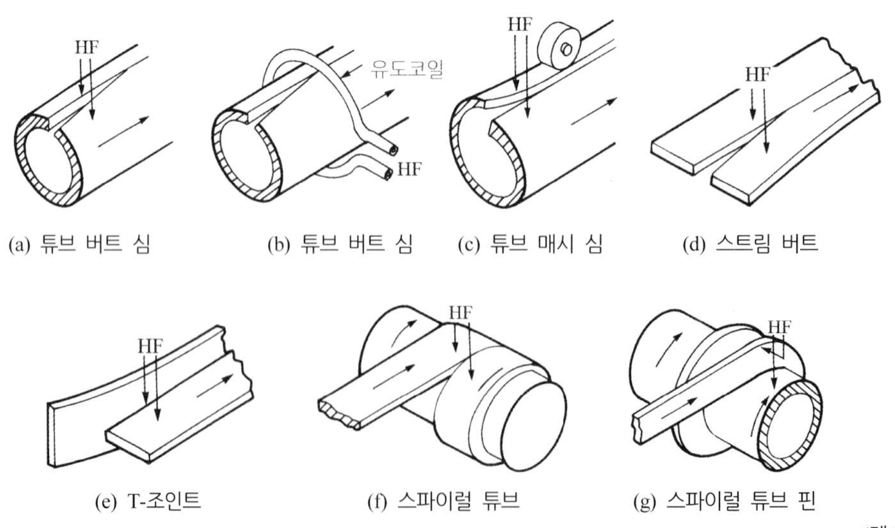

(a) 튜브 버트 심 (b) 튜브 버트 심 (c) 튜브 매시 심 (d) 스트립 버트

(e) T-조인트 (f) 스파이럴 튜브 (g) 스파이럴 튜브 핀

(계속)

그림 6.14 고주파 용접의 응용

6.6.6 업셋 용접

업셋 용접(upset welding)은 스로 버트 용접 또는 업셋 버트 용접이라 하며, 용접재를 강하게 맞대어 놓고 대전류를 통하여 그 접촉 저항과 고유 저항에 의한 발열, 그 발열에 의한 저항의 증대 등을 이용하여 접합하고자 하는 부분의 온도를 높여 용접에 적합한 온도에 도달했을 때 축 방향으로 큰 압력을 가하여 접합하는 방법이다. 최후의 공정에 의하여 접촉부에 개재하는 스케일이나 개재물은 밀려나 건전한 접합부가 얻어진다. 접합부의 열의 방산은 주로 긴 방향의 전극에 의하여 이루어지므로, 용접부의 열영향부가 크고 비교적 긴 용접 시간이 허용되고, 열영향 범위가 넓으며, 가압력에 대하여 모재가 변형되기 쉬우므로 얇은 판재의 용접은 어렵다.

철강에서는 완전한 단접에 가까운 접합이 얻어지나 경합금에서는 접합부가 생기어 마치 용접에 가까운 접합이 이루어진다.

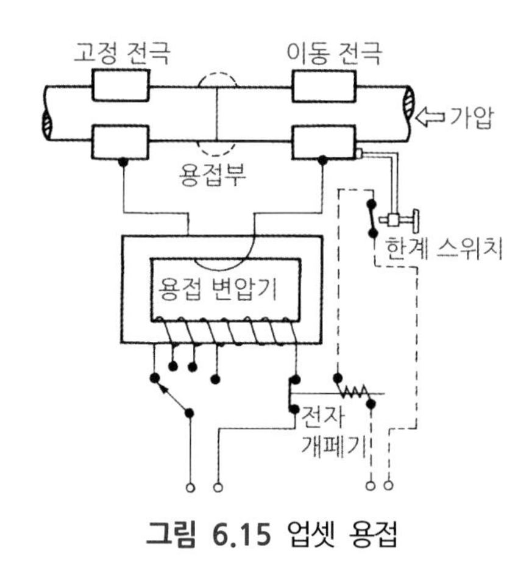

그림 6.15 업셋 용접

※ 업셋 용접의 특징

(a) 적합한 온도에 도달했을 때 큰 압접력을 가하므로 용접부의 산화물이나 개재물이 밀려나와 건전한 접합이 이루어진다.

(b) 열의 방산이 비교적 양호하며, 긴 용접 시간이 필요하다.

(c) 가열에 의하여 변형이 생기기 쉬우므로 판재나 선재의 용접이 곤란하다.

(d) 용접부의 접합 강도가 매우 우수하다.

(e) 이종의 다른 재료의 용접도 가능하다.

6.6.7 플래시 용접

플래시 용접(flash welding)은 업셋 용접과 비슷한 방법으로 **플래시 버트 용접**이라고도 부르며, 그림 6.16과 같이 2개의 용접하고자 하는 모재를 약간 띄어서 고정 클램프와 가동 클램프의 전극에 각각 고정하고 전원을 연결한 다음 서서히 이동대를 전진시켜 모재에 가까이 한다. 이때 두 모재의 접촉면을 확대하여 생각하면 작은 요철이 무수히 있으며 높은 용접 저항을 형성하고 있다. 여기에 10 V 내외의 전압을 가하면 접촉부에 대전류가 집중하므로 이 부분이 순간적으로 융점에 도달하고 다시 폭발적으로 팽창하여 플래시로 된다. 접촉점은 과열 용융되어 불꽃으로 흩어지나 그 접촉점이 끊어지면 다시 용접재를 내보내어 항상 접촉과 불꽃 비산을 반복시키면서, 용접면을 고르게 가열하여 적당한 온도에 도달하였을 때 강한 압력을 주어 압접하는 방법으로 예열 과정, 플래시 과정, 업셋 과정의 3단계로 구분된다.

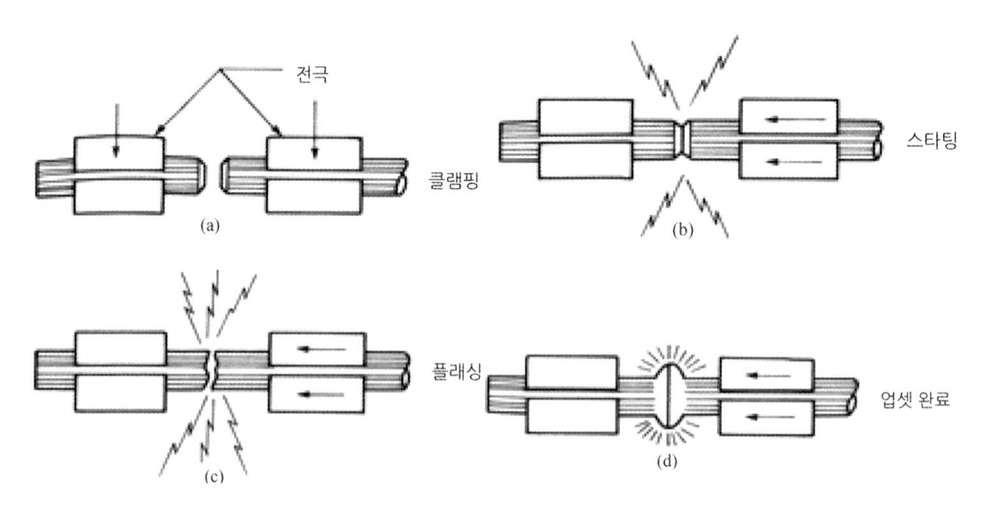

그림 6.16 플래시 용접의 원리

※ 플래시 용접의 특징

(a) 가열 범위가 좁고, 열영향부가 적으며, 용접 속도가 빠르다.

(b) 접합부의 강도가 높으며, 신뢰도가 크다.

(c) 얇은 관이나 판재와 같이 업셋 용접이 곤란한 것에도 적용된다.

(d) 불꽃이 비산하는 양만큼 재료가 짧아진다.

(e) 판의 두께는 0.5 mm 이상이어야 용접이 가능하다.

(f) 이종의 서로 다른 재질의 용접도 가능하다.

(g) 맞대기 접합에는 벌지(bulge)가 생긴다.

(h) 용접 속도는 빠르나 급한 용접에 의하여 그 부분의 기계적 성질이 변화된다.

(i) 용접부에 생긴 벌지가 제품의 성능에 영향을 미치지 않는다고 하면 다른 용접에 비하여 생산성이 높은 용접법이다.

6.7 퍼커션 용접

퍼커션 용접(percussion welding)은 극히 짧은 지름의 용접물을 접합하는데 사용하며 전원은 축전된 직류를 사용한다. 피용접물을 두 전극 사이에 끼운 후에 전류를 통하고 빠른 속도로 피용접물이 충돌하게 되면 퍼커션 용접에 사용되는 콘덴서는 변압기를 거치지 않고 직접 피용접물에 단락시키게 되어 있어 피용접물이 상호 충돌되는 상태에서 용접이 되므로 일명 **충돌 용접**이라고도 한다.

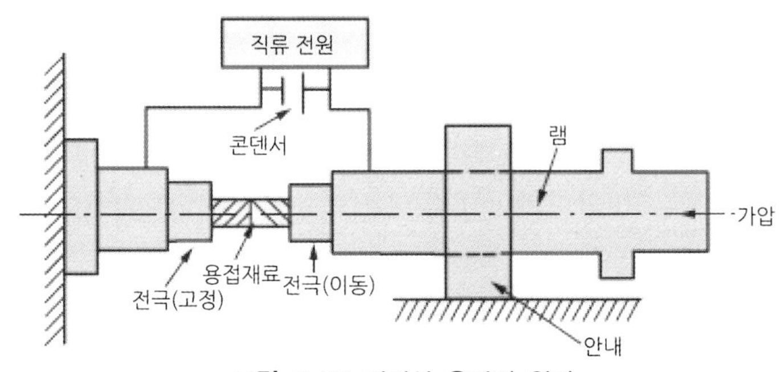

그림 6.17 퍼커션 용접의 원리

6장 연습문제 　 압접

01 볼트나 환봉을 피스톤형의 홀더에 끼우고 모재와 볼트 사이에 순간적으로 아크를 발생시켜 접합하는 용접 방법은?

가. 서브머지드 아크 용접　　나. 스터드 용접
다. 테르밋 용접　　라. 불활성가스 아크 용접

02 전기 저항 용접의 종류 중에서 맞대기 용접이 아닌 것은?

가. 프로젝션 용접　　나. 업셋 용접
다. 플래시 버트 용접　　라. 퍼커션 용접

03 점 용접 조건의 3대 요소가 아닌 것은?

가. 고유 저항　　나. 가압력
다. 전류의 세기　　라. 통전 시간

04 극히 짧은 지름의 용접물을 접합하는데 사용하고 축전된 직류를 전원으로 사용하며 일명 충돌 용접이라고도 하는 전기저항 용접법은?

가. 업셋 용접　　나. 플래시 버트 용접
다. 퍼커션 용접　　라. 심 용접

05 다음의 용접법 중에서 가스 압접의 특징을 설명한 것으로 맞는 것은?

가. 대단위 전력이 필요하다.
나. 용접 장치가 복잡하고 설비 보수가 비싸다.
다. 이음부에 첨가 금속 또는 용제가 불필요하다.
라. 용접 이음부의 탈탄층이 많아 용접 이음 효율이 나쁘다.

06 점 용접 방법의 종류가 아닌 것은?

가. 맥동 점 용접　　나. 인터랙 점 용접
다. 직렬식 점 용접　　라. 병렬식 점 용접

07 다음 중 전기 저항 용접의 종류가 아닌 것은?

가. 스폿 용접　　나. 심 용접
다. 업셋 맞대기 용접　　라. 초음파 용접

08 다음 중 마찰 용접의 장점이 아닌 것은?

가. 용접 작업 시간이 짧아 작업 능률이 높다.
나. 이종 금속의 접합이 가능하다.
다. 피용접물의 형상치수, 길이, 무게의 제한이 없다.
라. 치수의 정밀도가 높고, 재료가 절약된다.

09 기밀, 수밀을 필요로 하는 탱크의 용접이나 배관용 탄소강관의 관 제작 이음 용접에 가장 적합한 접합 방법은?

가. 심 용접
나. 스폿 용접
다. 업셋 용접
라. 플래시 용접

10 다음 중 탄소 아크 절단에 압축 공기를 병용한 가공 방법은?

가. 산소창 절단
나. 아크에어 가우징
다. 스카핑
라. 플라즈마 절단

11 플래시 버트 용접의 작업 공정 3단계는?

가. 예열, 플래시, 업셋
나. 업셋, 플래시, 후열
다. 예열, 검사, 플래시
라. 업셋, 예열, 후열

12 전기 저항 용접법의 특징 설명으로 잘못된 것은?

가. 작업 속도가 빠르고 대량생산에 적합하다.
나. 산화 및 변질부분이 적다.
다. 열손실이 많고, 용접부에 집중열을 가할 수 없다.
라. 용접봉, 용재 등이 불필요하다.

13 점 용접의 종류가 아닌 것은?

가. 맥동 점 용접
나. 인터랙 점 용접
다. 직렬식 점 용접
라. 원판식 점 용접

14 스터드 용접에서 페룰의 역할이 아닌 것은?

가. 용융 금속의 탈산방지
나. 용융 금속의 유출방지
다. 용착부의 오염방지
라. 용접사의 눈을 아크로부터 보호

15 전기 저항 용접의 장점이 아닌 것은?

가. 작업 속도가 빠르다.
나. 용접봉의 소비량이 많다.
다. 접합 강도가 비교적 크다.
라. 열손실이 적고, 용접부에 집중 열을 가할 수 있다.

16 상온에서 접합부를 강하게 압축함으로써 경계면을 국부적으로 소성 변형시켜 압접하는 방법은?

가. 가스 압접
나. 마찰 압접
다. 냉간 압접
라. 테르밋 압접

17 전기 저항 용접에 속하지 않는 것은?

가. 테르밋 용접
나. 점 용접
다. 프로젝션 용접
라. 심 용접

18 심(seam) 용접법에서 용접 전류의 통전 방법이 아닌 것은?

가. 직병렬 통전법
나. 단속 통전법
다. 연속 통전법
라. 맥동 통전법

19 다음 중 가스 압접의 특징으로 틀린 것은?

가. 이음부의 탈탄층이 전혀 없다.
나. 작업이 거의 기계적이어서 숙련이 필요하다.
다. 용가재 및 용제가 불필요하고, 용접 시간이 빠르다.
라. 장치가 간단하여 설비비, 보수비가 싸고 전력이 불필요하다.

20 전기 저항 용접의 특징에 대한 설명으로 틀린 것은?

가. 산화 및 변질 부분이 적다.
나. 다른 금속 간의 접합이 쉽다.
다. 용제나 용접봉이 필요 없다.
라. 접합 강도가 비교적 크다.

21 플래시 용접(flash welding)법의 특징으로 틀린 것은?

가. 가열 범위가 좁고 열영향부가 적으며 용접 속도가 빠르다.
나. 용접면에 산화물의 개입이 적다.
다. 종류가 다른 재료의 용접이 가능하다.
라. 용접면의 끝맺음 가공이 정확해야 한다.

22 전기 저항 용접의 발열량을 구하는 공식으로 옳은 것은? (단, H : 발열량(cal), I : 전류(A), R : 저항(Ω), t : 시간(see)이다.)

가. $H = 0.24\ IRt$
나. $H = 0.24\ IR^2t$
다. $H = 0.24\ I^2Rt$
라. $H = 0.24\ IRt^2$

23 다음 전기 저항 용접 중 맞대기 용접이 아닌 것은?

가. 버트 심 용접
나. 업셋 용접
다. 프로젝션 용접
라. 퍼커션 용접

24 상온에서 강하게 압축함으로써 경계면을 국부적으로 소성 변형시켜 접합하는 것은?

가. 냉간 압접
나. 플래시 버트 용접
다. 업셋 용접
라. 가스 압접

25 다음의 용접법 중 저항 용접이 아닌 것은?

가. 스폿 용접
나. 심 용접
다. 프로젝션 용접
라. 스터드 용접

26 다음 중 전기 저항 용접에 있어 맥동 점 용접에 관한 설명으로 옳은 것은?

가. 1개의 전류 회로에 2개 이상의 용접점을 만드는 용접법이다.
나. 전극을 2개 이상으로 하여 2점 이상의 용접을 하는 용접법이다.
다. 점용접의 기본적인 방법으로 1쌍의 전극으로 1점의 용접부를 만드는 용접법이다.
라. 모재 두께가 다른 경우 전극의 과열을 피하기 위하여 사이클 단위를 몇 번이고 전류를 단속하여 용접하는 것이다.

27 2개의 모재에 압력을 가해 접촉시킨 다음 접촉면에 압력을 주면서 상대운동을 시켜 접촉면에서 발생하는 열을 이용하는 용접법은?

가. 가스 압접
나. 냉간 압접
다. 마찰 용접
라. 열간 압접

28 겹치기 저항 용접에 있어서 접합부에 나타나는 용융 응고된 금속 부분은?

가. 마크(mark) 나. 스포트(spot)
다. 포인트(point) 라. 너깃(nugget)

29 원판상의 롤러 전극 사이에 용접할 2장의 판을 두고 가압 통전해 전극을 회전시키면서 연속적으로 용접하는 것은?

가. 퍼커션 용접 나. 프로젝션
다. 심 용접 라. 업셋 용접

연습문제 정답

1	2	3	4	5	6	7	8	9	10	11	12	13	14	15
나	가	가	다	다	라	라	다	가	나	가	다	라	라	나
16	17	18	19	20	21	22	23	24	25	26	27	28	29	
다	가	가	나	나	라	다	다	가	라	라	다	라	다	

7

절단 및 가공

7.1 절단의 개요

절단(cutting)은 용접 작업에 수반되는 작업으로서 용접 작업의 능률화를 위하여 금속을 신속하게 절단할 수 있는 절단 방법이 필요하게 된다.

가스 절단은 산소와 금속과의 산화 반응을 이용하여 절단하는 방법이고, **아크 절단**은 아크열을 이용하여 절단하는 방법을 말하며, 열에너지에 의해 금속을 국부적으로 용융하여 절단하는 것을 열 절단이라 하며, 이것을 **융단(fusion cutting)** 작업이라 한다.

가스 절단은 강 또는 합금강의 절단에 널리 이용되며, 비철 금속에는 분말 가스 절단 또는 아크 절단이 이용된다.

표 7.1 절단 및 가공의 종류

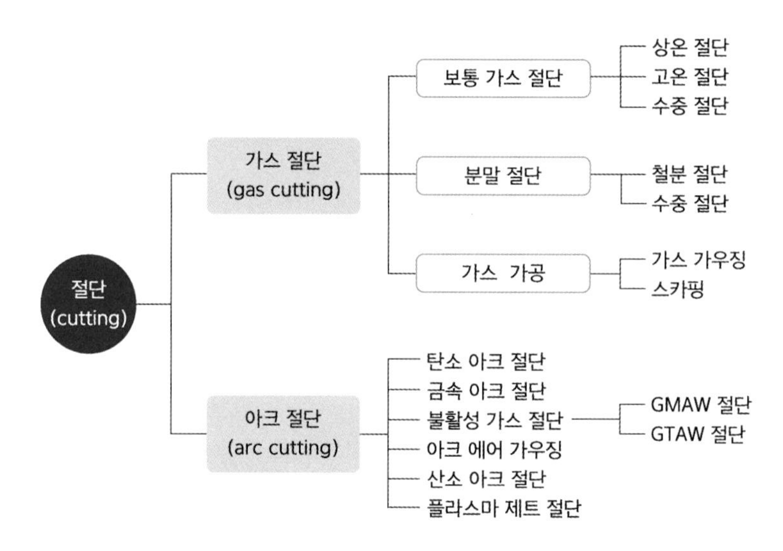

아크 절단은 아크의 열로써 모재를 용융시켜 절단하는 방법으로 압축 공기나 산소 기류를 이용하여 용융 금속을 불어내면 능률적이다. 아크 절단은 절단면의 정밀도가 가스 절단보다 못하나, 보통 가스 절단이 곤란한 금속에 이용되는 이점이 있다.

7.2 가스 절단

7.2.1 가스 절단의 원리

가스 절단(gas cutting)은 보통 산소－아세틸렌 또는 산소－LP가스 불꽃 등으로 가스 절단 토치를 사용하여 팁에서 분출되는 불꽃으로 절단 부분을 미리 가열(800～1,000℃)하고, 가열된 재료를 고압의 산소와 산화 반응을 이용하여 절단하는 방식이다. 가스로 예열된 부분에 높은 순도의 산소를 분출시키면 철강과 접촉되어 빠른 연소 작용을 일으켜 철강은 산화철이 되며, 이때 산소 기체의 분출력에 의해 산화철이 밀려나므로 2～4 mm의 부분적인 홈이 생긴다. 이러한 작업을 계속해서 실시하면 가스 절단 작업이 된다. 고압의 산소를 불어내면 산화철의 용융점이 강보다 낮으므로 용융과 동시에 절단되기 시작하며, 절단 시의 강의 산화 반응은 다음과 같이 나타낸다.

$$\mathrm{Fe} + \frac{1}{2}\mathrm{O_2} \rightarrow \mathrm{FeO} + 63.8(\mathrm{kcal})$$

$$2\mathrm{Fe} + 1\frac{1}{2}\mathrm{O_2} \rightarrow \mathrm{Fe_2O_3} + 196.8(\mathrm{kcal})$$

$$3\mathrm{Fe} + 2\mathrm{O_2} \rightarrow \mathrm{Fe_3O_4} + 267.8(\mathrm{kcal})$$

탄소강(cabon steel)이나 저합금강의 절단은 위와 같은 반응에 의해 쉽게 가스 절단이 이루어지나, 주철, 비철 금속 및 10% 이상의 크롬을 함유한 스테인리스강과 같은 고합금강 등은 불연소물이나, 산화물의 용융 온도가 슬래그의 용융 온도보다 낮기 때문에 일반적인 가스 절단 방법으로는 절단이 곤란하게 된다. 그림 7.1은 가스 절단의 원리를 나타낸 것이다.

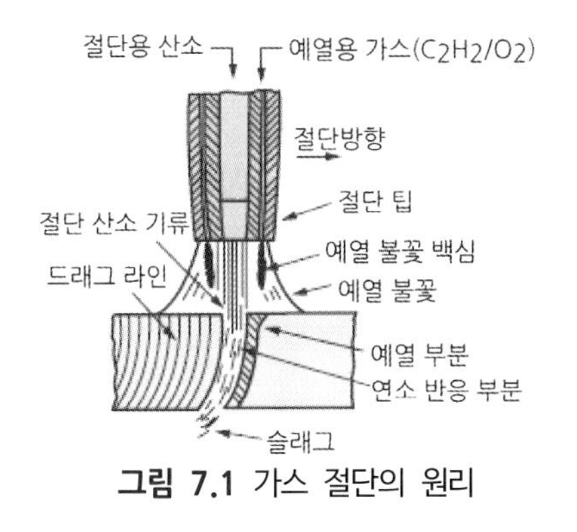

그림 7.1 가스 절단의 원리

7.2.2 가스 절단에 영향을 미치는 요인

(1) 가스 절단의 조건

재료가 절단되려면 용융 상태의 금속이 고압 산소의 분출 압력에 의해 잘 밀려나가기 위해서는 다음과 같은 조건을 갖추어야 한다.

① 절단 재료의 산화 연소하는 온도는 절단하려는 금속의 용융점보다 낮을 것
② 생성된 금속 산화물은 유동성이 좋고, 고압 산소의 압력에 잘 밀려 나갈 것
③ 생성된 금속 산화물의 용융 온도는 모재의 용융 온도보다 낮을 것
④ 금속의 산화물 중에는 연소하지 않는 물질(불연성 물질)이 적을 것

가스 절단에서 절단 결과는 절단 효율, 절단면의 모양 등에 따라 판정되며, 양호한 절단면을 얻기 위해서는 다음 사항을 충족해야 한다.

① 절단 드래그(drag)가 가능한 작아야 한다.
② 절단면의 표면각이 예리해야 한다.
③ 절단면이 평탄하며 드래그의 홈이 낮고 노치(notch)가 없어야 한다.
④ 슬래그 이탈이 양호해야 한다.
⑤ 경제적인 절단이 이루어져야 한다.

이들 조건들을 만족시켜 양호한 절단면을 얻기 위해서는 절단재의 두께와 폭, 절단재의 재질, 팁(tip)의 크기와 모양, 산소 압력, 절단 주행속도, 절단재의 표면 상태, 사용 가스, 산소의 순도, 예열 불꽃의 세기, 절단재 및 산소의 예열 온도, 팁의 거리 및 각도 등의 조건이 잘 맞아야 한다.

표 7.2 각종 원소가 가스 절단에 미치는 영향

원 소	미 치 는 영 향
탄 소(C)	0.25 % 이하의 저탄소강에서는 절단성이 양호하나, 탄소량의 증가로 균열이 생기게 된다.
규 소(Si)	SiO_2의 융점은 1,710℃, 규소의 함유량이 적을 때는 영향이 적으나, 고규소 강판의 절단은 곤란하다.
망 간(Mn)	MnO의 융점은 1,785℃, 보통 강재 중에 함유된 강도로서는 문제가 되지 않으나, 고망간강의 절단은 곤란하다.
인(P), 유황(S)	보통 강 중에 함유되어 있는 정도로는 영향을 주지 않는다.
니 켈(Ni)	NiO의 융점은 1,950℃, 탄소가 적게 함유된 니켈강의 절단은 용이하다.
크 롬(Cr)	Cr_2O_3의 융점은 2,275℃, 크롬이 5% 정도 이하의 강은 절단이 비교적 용이하나, 10% 이상은 절단이 안 되므로 분말 절단을 해야 한다.
몰리브텐(Mo)	MoO_3의 융점은 795℃(승화), 크롬과 거의 같은 영향을 준다. Cr, Mo강에서 그 함유량이 적을 때 절단이 잘 된다.
구 리(Cu)	CuO의 융점은 1,021℃, Cu_2O 1,230℃, 구리가 2% 이하의 경우는 절단에 영향이 없다.

(2) 고압 산소

절단용 고압 산소는 절단부를 연소시켜서 그 산화물을 깨끗이 밀어내는 역할을 하므로 산소의 압력과 순도가 절단 속도에 영향을 미치게 되며, 절단 시의 절단 속도는 산소의 압력과 소비량에 따라 거의 비례한다. 산소의 순도(99.5% 이상)가 높으면 절단 속도가 빠르고, 절단면이 매우 양호하며, 순도가 낮으면 절단 속도가 느리고 절단면도 거칠게 된다. 산소의 순도가 떨어지면 다음과 같은 불량한 절단 결과를 가져오게 된다.

① 절단면이 거칠어지고, 절단 속도가 늦어진다.

② 산소의 소비량이 증가하고, 절단 개시 시간이 길어진다.

③ 슬랙이 절단면에 용착되어 이탈성이 나빠진다.

④ 절단 홈의 폭이 넓어진다.

(3) 절단용 예열불꽃

가스 절단의 예열용 가스로는 아세틸렌, LPG, 수소 가스가 주로 사용된다. 그중에서 LP 가스는 발열량이 높고 값이 싸므로 가스 절단 시 주로 사용되고 있다. 수소 가스는 고압에서도 액화하지 않고 완전히 연소하므로 수중 절단 예열용 가스로 사용된다. 표 7.3은 여러 가지 예열용 가스의 성질을 나타낸 것이고, 표 7.4에서는 연료용 가스인 아세틸렌 가스와 LP 가스의 절단 상태를 비교한 것이다.

표 7.3 각종 예열용 가스의 성질

가스의 종류	발열량 (Kcal/m^2)	혼합비(연료 : 가스)		최고 불꽃온도 (℃)
		저	고	
아세틸렌	12690	1 : 1.1	1 : 1.8	3430
수소	2420	1 : 0.5	1 : 0.5	2900
프로판	20780	1 : 4.75	1 : 4.75	2820
메탄	8080	1 : 2.25	1 : 2.25	2700
일산화탄소	2865	1 : 0.5	1 : 0.5	2820

예열 불꽃의 세기가 절단 결과에 미치는 영향은 다음과 같다.

※ 예열 불꽃의 세기가 지나치게 강하면

① 절단면이 거칠어진다.

② 슬래그의 제거가 어려워진다.

③ 절단면 상부 모서리가 용융되어 둥글게 된다.

※ 예열 불꽃의 세기가 약하면

① 절단 속도가 느리고 절단 도중에 중단될 우려가 있다.

② 절단 드래그가 증가한다.

③ 가스 불꽃이 역화를 일으키기 쉽다.

표 7.4 LPG와 아세틸렌 가스의 절단 특징

LPG	아세틸렌
절단면 윗 모서리의 녹는 것이 적다. 절단면이 고우며 깨끗하다. 슬래그의 제거가 쉽다. 포갬 절단 시 유리하다. 두꺼운 판 절단 시 유리하다.	불꽃의 점화가 쉽다. 불꽃의 조절이 용이하다. 예열 시간이 빠르다. 재료 표면 상태의 영향이 적다. 얇은 판 절단 시 빠르다.

주) 산소-아세틸렌 가스 절단보다 산소-LP 가스 절단이 산소가 4.5배 정도 더 필요하다.

(4) 절단 속도

가스 절단 속도는 절단재의 온도가 높을수록 고속 절단이 가능하며, 절단 산소의 압력이 높고, 산소 소비량이 많을수록 증가한다. 가스 절단 속도는 절단 산소의 분출 상태와 속도에 따라 크게 좌우되며, 다이버전트형 노즐은 고속분출을 얻는 데 가장 적합하고, 보통의 팁에 비하여 산소 소비량이 같을 때 절단 속도를 20~25% 증가시킬 수 있다.

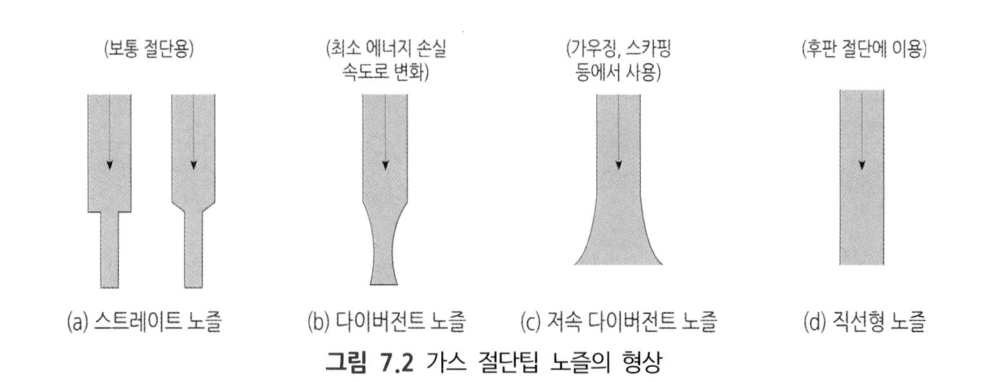

그림 7.2 가스 절단팁 노즐의 형상

(5) 절단 드래그(drag)

일정 속도로 가스 절단을 실시하면 절단 재료의 아래 부분에서는 슬래그의 방해, 산소압력의 저하, 산소의 오염 등으로 인하여 절단이 지연되고 드래그의 길이가 증가하게 되는데, 드래그의 길이는 절단면에 일정한 간격의 곡선이 진행 방향으로 나타나 있는데 이것을 **드래그 라인**이라 하며, 하나의 드래그 라인의 시작점에서 끝점까지의 수평거리를 드래그 또는 **드래그 길이**(drag length)라 한다. 드래그 길이는 주로 절단 속도, 산소 소비량 등에 의하여 변화하며 절단면 말단부가 남지 않을 정도의 드래그를 표준 드래그 길이라고 하는데, 보통 판두께의 20% 정도이다.

$$\text{드래그율}(\%) = \frac{\text{드래그길이}(\text{mm})}{\text{판두께}(\text{mm})} \times 100$$

표 7.5 표준 드래그 길이

판두께(mm)	12.7	25.4	51	51~152
드래그 길이(mm)	2.4	5.2	5.6	6.4

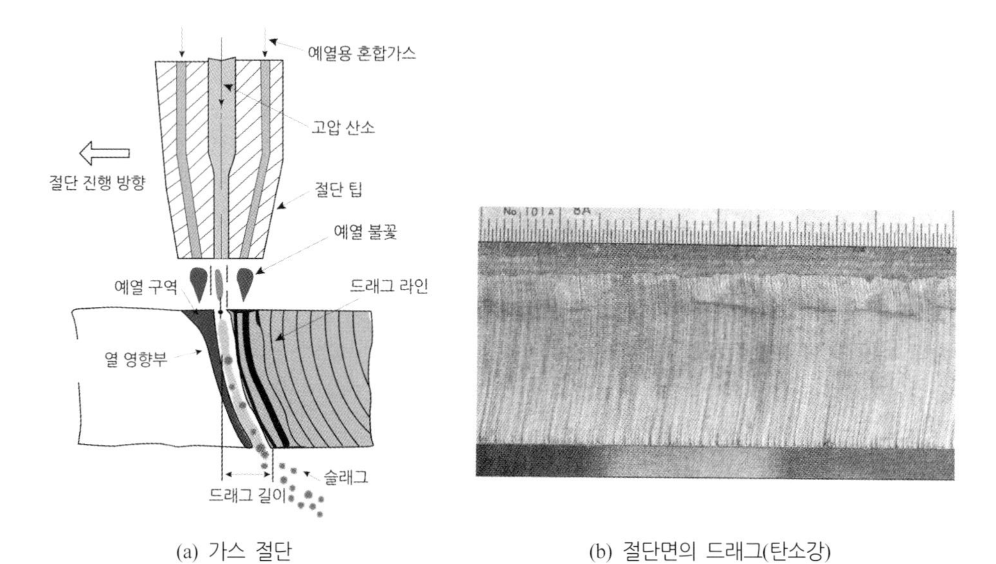

(a) 가스 절단 (b) 절단면의 드래그(탄소강)

그림 7.3 가스 절단 시 드래그의 발생

7.2.3 가스 절단 장치

(1) 수동 가스 절단

예열용 아세틸렌의 압력을 기준으로 하여 저압식과 중압식으로 분류되며, 내부 구조도 조금 다르다. 저압식 토치는 산소와 아세틸렌을 혼합하여 예열용 가스를 만드는 부분과 산소만을 분출시키는 부분으로 나눈다. 또 토치 끝에 붙어 있는 팁(tip)은 2가지 가스를 2중으로 된 동심원의 구멍으로부터 분출하는 동심형 팁과 각각 별개의 팁으로부터 분출하는 이심형 팁이 있다.

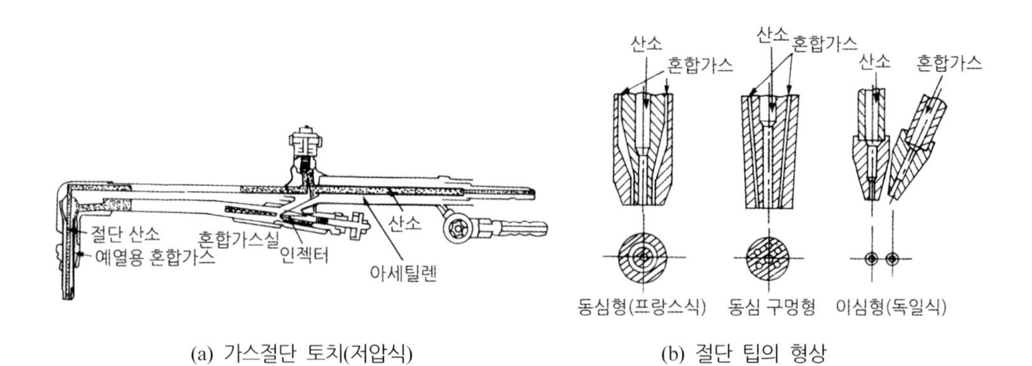

(a) 가스절단 토치(저압식)　　(b) 절단 팁의 형상

그림 7.4 가스 절단 토치와 팁의 형상

표 7.6 동심형 토치의 팁과 절단 모재의 두께

팁의 종류	팁의 번호	팁의 구멍 지름 (mm)	산소 불꽃 백심의 길이(mm)	산소압력 (Mpa)	절단 모재 두께 (mm)
1호	1	0.7	50	0.10	1~7
	2	0.9	60	0.15	5~15
	3	1.1	70	0.25	10~30
2호	1	1.0	80	0.20	3~20
	2	1.3	90	0.30	5~50
	3	1.6	100	0.40	40~100
3호	1	2.0	100	0.50	50~120
	2	2.5	110	0.70	100~120
	3	2.7	120	0.80	180~260

(2) 자동 가스 절단

절단 장치를 자동으로 이동시키는 주행대차에 설치한 것으로, 절단(cutting) 방향을 손으로 조작하는 반자동식과 모든 조작이 자동인 전자동식이 있다.

반자동식은 이동만을 자동화한 것이고 손의 조작으로 절단 토치를 어떤 방향으로도 절단이 될 수 있도록 움직이는 것으로, 주로 소형물이나 곡선의 절단에 사용한다.

전자동식에는 용도에 따라 직선, 형 절단용의 2가지가 있으며, 그 종류와 용도는 다음과 같다.

① 소형 자동 가스 절단기 : 보통 1~2개의 팁에 의해 대개 직선 절단에 사용되며 한 사람이 작업할 수 있다.

② 반자동 가스 절단기 : 형의 곡선이나 짧은 거리의 직선 절단에 주로 사용된다.

③ 형 자동 가스 절단기 : 같은 형상의 것을 다량으로 절단하는 경우에 쓰인다.

④ 광전식형 자동 가스 절단기 : 정밀한 소량 절단에 적합하고, 원격 조정된다.

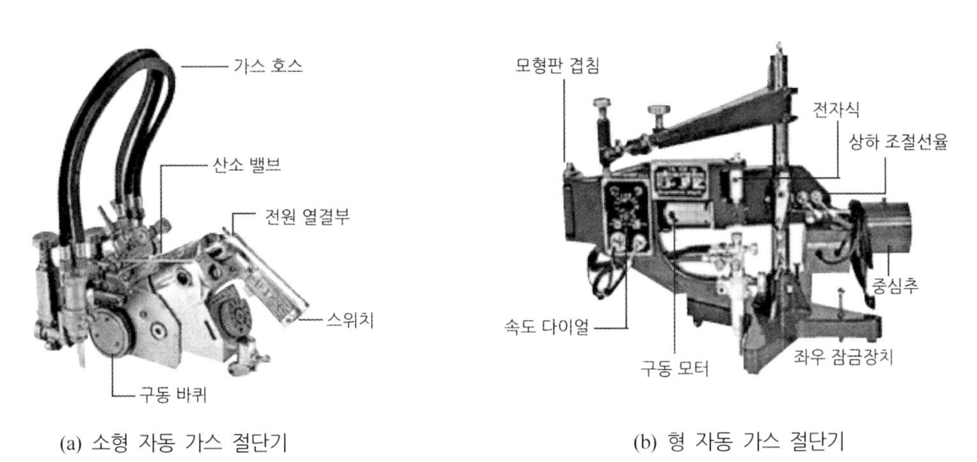

(a) 소형 자동 가스 절단기 (b) 형 자동 가스 절단기

그림 7.5 자동 가스 절단기

7.2.4 가스 절단 작업

가스 절단을 할 때는 절단 속도가 적당해야 하는데, 이 **절단 속도**(cutting speed)는 산소의 압력, 모재의 온도, 산소의 순도, 팁의 형상에 따라 다르게 되며, 특히 절단 산소의 분출과 속도에 따라 크게 좌우된다. 다이버젠트 노즐은 고속 분출시키는 데 알맞은 것으로, 일반 팁에 비해 절단 속도가 같은 조건에서는 산소 소비량이 25~40%로 절약되며, 산소량이 같을 때는 20~25% 절단 속도가 증가된다.

가스 절단은 다음과 같은 인자를 고려해야 한다.

(a) 산소의 순도와 소비량

(b) 절단 속도와 효율

(c) 절단면 외관과 드래그

(d) 재료의 예열 온도와 불꽃

(e) 팁의 형상

이 중 가장 중요한 것이 토치의 팁 형상과 절단 속도, 예열이다.

가스 절단에서 일정한 속도로 절단할 때 절단 홈이 아래로 갈수록 슬래그, 산소 오염, 절단 산소의 압력 저하 등으로 절단이 느려져 절단면에 일정한 간격으로 평행한 곡선의 드래그가 나타난다.

가스 절단의 양부는 표면 절단면의 각도, 슬래그의 부착 상태, 절단면의 거칠기, 절단면의 평면도, 절단 각도의 정밀도 등을 종합적으로 검사하여 양호한 절단면을 얻도록 조건 설정을 잘해야 한다.

표 7.7 수동 가스 절단 작업의 여러 인자

강판두께 (mm)	팁 지름 (mm)	산소 압력 (Mpa)	절단 속도 (mm/min)	가스 소비량(m^3/hr)		드래그 (%)
				산소	아세틸렌	
3	0.5~1.0	0.10~0.21	510~760	0.5~1.6	0.17~0.26	-
6	0.8~1.5	0.11~0.14	410~660	1.0~2.6	0.19~0.31	-
9	0.8~1.5	0.12~0.21	380~610	1.3~3.3	0.19~0.34	-
12	1.0~1.5	0.14~0.22	305~560	1.9~3.6	0.28~0.37	15~20
19	1.2~1.5	0.17~0.25	305~510	3.3~4.1	0.34~0.43	15~20
25	1.2~1.5	0.20~0.28	230~460	3.7~4.5	0.37~0.45	12~16
50	1.7~2.0	0.16~0.35	150~330	5.2~6.5	0.45~0.57	10~15

7.3 아크 절단

7.3.1 탄소 아크 절단

탄소 또는 흑연 전극봉과 금속 사이에서 아크를 발생시켜 금속의 일부를 용융 제거하는 절단하는 방법을 **탄소 아크 절단**(carbon arc cutting)이라 하며, 전원은 직류, 교류 모두 사용 가능하지만, 주로 직류 정극성(DCSP, DCEN)이 사용된다. 아크 절단은 아크 용접과는 달리 대 전류를 사용하고, 전도성 향상을 목적으로 전극봉 표면에 구리 도금을 한 것도 있다.

아크 절단(arc cutting) 시 담금질 경화성이 없는 재료는 절단부의 기계 가공성이 저하하지 않으나 담금질 경화성이 높은 재료는 절단 열영향부가 경화되는 경향이 있어 기계 가공이 곤란해진다.

탄소 함유량이 많은 주철이나 고탄소강의 절단에서는 절단면에 약간의 탈탄층이 생기게 되므로, 가스 절단면에 비해 대단히 거칠며 절단 속도가 느리기 때문에 다른 절단 방법이 어려울 때 주로 이용되고 있다.

7.3.2 금속 아크 절단

탄소 전극봉 대용으로 특별한 피복제를 씌운 전극봉을 써서 금속을 절단하는 방법을 **금속 아크 절단**(metal arc cutting)이라고 한다. 전원은 주로 직류 정극성(DCSP)이 적합하나, 교류도 가능하며, 피복제는 발열량이 많고 산화성이 풍부한 것으로 되어 있으므로 심선 및 피복제의 용융물은 유동성이 좋아야 한다.

절단 장비는 아크 용접 장비와 동일하며 절단 조작 원리는 탄소 아크 절단의 경우와 같고, 절단면은 가스 절단면에 비하여 거칠다.

7.3.3 산소 아크 절단

모재와 전극간에 아크를 발생시키고, 속이 빈 전극봉의 중심으로부터 고압의 산소를 분출시켜 재료를 절단하는 방법을 **산소 아크 절단**(oxygen arc cutting)이라 한다.

특수하게 결합되는 전극 홀더와 산소 토치가 필요하며 일반적인 정전류 용접기와 특수하게 관 모양으로 피복을 덮은 전극봉이 사용된다.

전원은 보통 직류 정극성이 사용되나 교류도 가능하다. 가스 절단에 비하여 절단면은 거칠지만, 절단 속도가 빠르므로 각종 철강 구조물의 해체나 특히, 수중 해체 작업에 이용된다. 절단 가능한 금속은 고크롬강, 스테인리스강, 고합금강 비철 금속 등이다. 절단부의 정도는 일반 가스 절단에 비해서 양호하지는 못하지만 용융 범위는 넓은 편이다.

7.3.4 불활성 가스 아크 절단

(1) 가스 텅스텐 아크 절단(GTA cutting)

가스 텅스텐 아크 용접(GTAW)과 같이 텅스텐 전극과 모재 사이에 아크를 발생시켜 모재를 용융하여 절단하는 방법으로 일명 **티그 절단**이라 한다. 사용 전원은 직류 정극성을 사용하며 아크 냉각용 가스에는 주로 아르곤과 수소의 혼합 가스가 사용된다. 알루미늄, 마그네슘, 구리 및 구리 합금, 스테인리스강 등의 금속 재료의 절단에 주로 이용되며, 절단면이 매끈하고 열효율이 좋으며 능률이 대단히 높다. 이 절단법은 플라스마 제트와 같이 아크를 냉각하고, 주로 열적 핀치 효과에 의하여 고온, 고속의 제트상의 아크 플라스마를 발생시켜 용융된 금속을 절단하는 방법이다.

(2) 가스 메탈 아크 절단(GMA cutting)

절단부를 불활성 가스(inert gas)로 둘러싸고 금속 전극에 대전류를 흐르게 하여 절단하는 방법으로, 알루미늄과 같이 공기와 산화에 강한 금속의 절단에 이용된다. 사용되는 전원은 직류 역극성이 사용되고, 보호 가스로는 10～15% 정도의 산소를 혼합한 아르곤 가스를 사용한다. GMA 절단법은 모든 금속의 절단이 가능하다.

7.3.5 플라스마 절단

아크 플라스마를 이용한 절단법으로, 기체를 가열하여 온도가 상승하면 기체 원자의 운동은 활발해져 원자핵과 전자로 분리되고, 이는 ⊕⊖의 이온 상태가 된 플라스마로 되어 강한 빛을 내며 고온의 열에너지를 갖는 열원이 된다.

아크 플라스마는 종래의 아크보다 고온도(10,000～30,000℃)로 높은 열에너지를 가지는 열원이다. 그림 7.6과 같이 텅스텐 전극과 모재 사이에서 아크 플라스마를 발생시키는 것을 **이행형 아크 절단**(transferred plasma arc cutting)이라 하며, 텅스텐 전극과 수냉 노즐과의 사이에서 아크를 발생시켜 절단하는 것을 **비이행형 아크 절단**(non-transferred arc cutting)이라 한다. 이 비이행형 절단을 플라스마 제트 절단이라 하며, 절단하려는 재료에 전기적 접촉을 하지 않는 것이므로 금속 재료는 물론 비금속의 절단에도 사용이 가능하다.

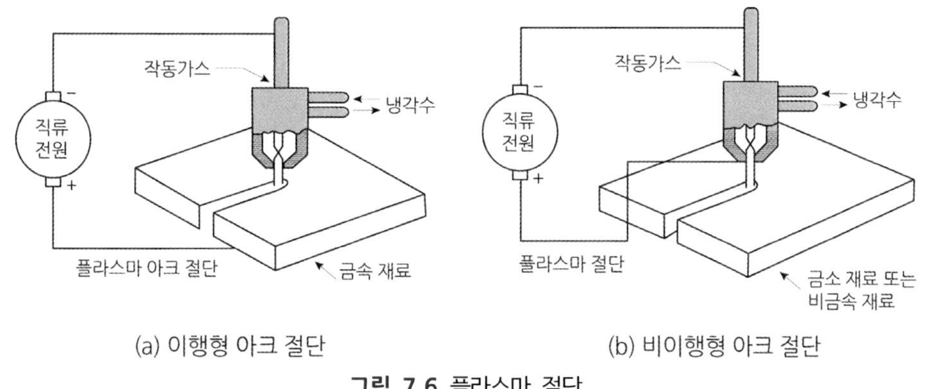

(a) 이행형 아크 절단 (b) 비이행형 아크 절단

그림 7.6 플라스마 절단

7.4 기타 특수 절단

7.4.1 분말 절단

절단할 부분에 철분이나 용제의 미세한 분말을 압축 공기 또는 압축 질소와 같이 팁을 통해서 분출시키고, 가스 불꽃으로 가열하여 그 산화열 또는 용제의 화학 작용을 이용하여 절단하는 방법을 **분말 절단**(powder cutting)이라 하며, 절단면의 상태는 가스 절단에 비하여 거칠다. 분말 절단의 종류로는 사용하는 분말에 따라 철분을 사용하는 방법을 **철분 절단**, 용제를 사용하는 방법을 **용제 절단**이라고 한다. 분말 절단에서는 보통의 토치에 분말을 공급하기 위한 보조 장치가 필요하다.

① 철분 절단 : 200메시(mesh) 정도의 철분에 알루미늄 분말을 배합하여 절단하는 것으로, 주철, 스테인리스강, 구리, 청동 등의 절단에 효과적이다.

② 용제 절단 : 주로 스테인리스강의 절단에 쓰이는데 융점이 높은 크롬－산화물을 제거하는 약품을 절단 산소와 함께 공급하는 방법이다.

7.4.2 산소창 절단

산소창 절단(oxygen lance cutting)은 안지름 3.2～6 mm, 길이 1.5～3 m 정도의 강관에 산소를 공급하여 그 강관이 산화 연소할 때의 반응열로 금속을 절단하는 방법이다. 산소창은 그 자신이 예열 불꽃을 가지지 않기 때문에 절단을 시작할 때에는 별도의 토치를 이용하여 창의 끝을 가열해야 하는데, 가열하는 방법에는 산소－아세틸렌 불꽃이나, 창과 모재 사이에 아크를 발생시키는 방법이 있다.

두꺼운 강판의 절단이나, 주철, 강괴 등의 절단에 사용되며, 산소창에 철분말을 공급하면 콘크리트에 구멍을 뚫을 수도 있다.

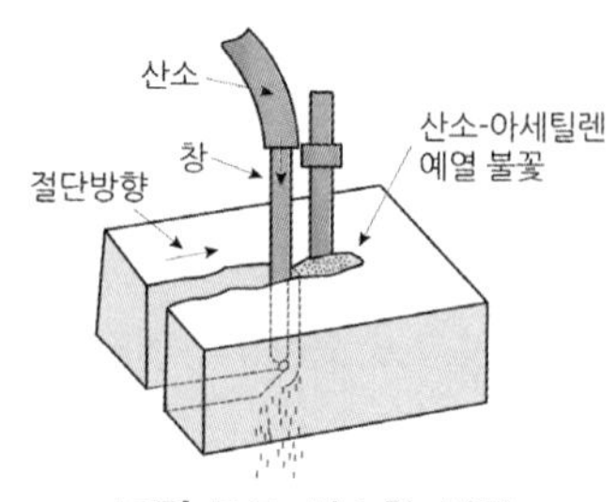

그림 7.7 산소창 절단

7.4.3 수중 절단

수중 절단(underwater cutting)은 침몰선의 해체나 교량의 개조, 항만의 방파제 공사 등에 사용된다. 토치는 일반적으로 사용되는 토치의 구조와 큰 차이가 없으나 수중에서 예열 불꽃을 안정하게 착화하고 연소시키기 위해서 절단 팁의 외측에 압축 공기를 보내어 물을 배제하고, 이 공간에서 절단이 행해지도록 커버가 붙어 있다. 또 수중에서는 점화를 할 수 없기 때문에 토치를 물속에 넣기 전에 점화용 보조팁에 점화하며, 연료 가스로는 수소가 주로 사용된다. 수소는 높은 수압에서 사용이 가능하고 수중 절단 중 기포의 발생이 적어 작업이 용이하며, 아세틸렌 가스는 수압이 높으면 폭발할 위험이 있고 깊은 곳에서는 가스가 기화되지 않아 점화를 할 수가 없다. 수중에서 작업을 할 때 예열 가스의 양은 공기 중에서의 4～8배 정도로 하고 절단 산소의 압력은 1.5～2배로 한다. 일반적으로 수중 절단은 수심 45 m까지 작업이 가능하다.

7.4.4 CNC 절단

CNC 자동 절단(CNC cutting)은 모든 제어를 컴퓨터로 지시하는 절단기로서, 절단에 필요한 정보를 수치로 입력하여 처리하는 방식이며, 실제 사용되는 장치에서는 절단 도형을 원호와 직선의 조합으로 컴퓨터에 지시한다. 절단하는 도형 이외에 동작인 이동, 마킹 등도 수치를 이용하여 제어하며, 이와 같은 지시는 현장이 아니더라도 원격 전송이 가능하기 때문에 현장에서는 전송된 프로그램에 의하여 작업이 되며, 무인 작업도 가능하다.

7.4.5 아크 에어 가우징

탄소 아크 절단에 압축 공기를 병용하여 전극 홀더의 구멍에서 고속의 압축 공기를 분출시켜 용융된 금속을 불어내어 홈을 파는 방법을 **아크 에어 가우징**이라 한다. 이 방법은 용접 결함부 제거, 용접 홈의 준비 및 가공 등 여러 가지 용도에 이용되며, 특히 보수 용접을 하기 위해 균열 부분이나 용접 결함부를 제거하는데 주로 이용되며, 때로는 절단을 하는 수도 있다.

아크 에어 가우징(arc air gouging)의 장치는 보통 용접기를 모두 사용할 수 있으나, 충분한 용량의 과부하 방지 장치가 부착된 직류 역극성(DCRP)의 전원에 정전류 특성의 용접기가 주로 사용되며, 개로 전압이 최소 60 V 이상이 되어야 작업에 지장이 없다.

아크 에어 가우징의 장점은 그라인딩이나 치핑 또는 가스 가우징보다 작업 능률이 2~3배 높고 장비가 간단하고 작업 방법도 비교적 쉬우며, 활용 범위가 넓어 강, 스테인리스강, 알루미늄, 동합금 등의 가공에 사용된다.

7.5 가스 가공

가스 가공은 산소-아세틸렌 또는 산소-LP가스 등의 가스 불꽃을 이용하여 용접부의 홈가공, 결함 제거 또는 금속 표면 등에 홈을 파거나 표면을 깎아내는 작업으로 가스 가우징과 스카핑이 있다.

(1) 가스 가우징(gas gouging)

가스 절단과 비슷한 토치를 사용하여 강재의 표면에 둥근 홈을 내는 방법이다. 가우징용 토치의 본체는 프랑스식 토치와 비슷하다. 팁 부분이 다소 다르게 되어 있어 산소 분출 구멍이 절단용에 비해 크고, 예열 불꽃의 구멍은 산소 분출 구멍 상하 또는 둘레에 만들어져 있다. 용접부의 결함 제거, 뒷면 따내기, 가접의 제거, 표면 결함 제거에 이용된다.

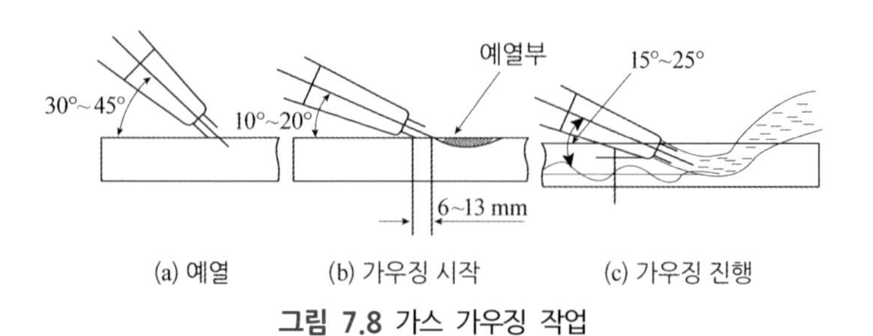

그림 7.8 가스 가우징 작업

표 7.8 가스 가우징 표준 작업

팁 지름 (mm)	산소 압력 (Mpa)	작업 속도 (cm/min)	홈 형상(mm)	
			폭	깊 이
3.4	0.45	30.4~36.5	8	3.2~4.8
3.4	0.52	45.6~55	8	4.8~6.4
48	0.56	48.5~58	9	4.8~6.4
4.8	0.63	58~61.4	11	6.4~9.5
6.4	0.63	58~61.4	12.7	6.4~9.5
6.4	0.70	78~85	12.7	8~11

(2) 스카핑(scarfing)

강괴, 강편, 슬래그 기타 표면의 균열이나 주름, 탈산층 등의 표면 결함을 가스 불꽃 가공에 의해 얇고 넓게 그리고 타원형 모양으로 표면을 깎아내는 가공 방법을 **스카핑**이라 한다. 종류로는 열간 스카핑(hot scarfing, 1000℃), 냉간 스카핑(cold scarfing), 분말 스카핑(powder scarfing) 등이 있다.

7장 연습문제　절단 및 가공

01 가스 절단 작업 시 주의할 사항으로 틀린 것은?

가. 호스가 꼬여 있는지 확인한다.
나. 가스 절단에 알맞은 보호구를 착용한다.
다. 절단부가 예리하고 날카로우므로 상처를 입지 않도록 주의한다.
라. 절단 진행 중에 시선은 절단면을 떠나도 된다.

02 아크 에어 가우징의 작업 능률은 치핑이나. 그라인딩 또는 가스 가우징보다 몇 배 정도 높은가?

가. 10~12배　나. 8~9배
다. 5~6배　라. 2~3배

03 가스 절단 작업 시 생기는 드래그는 보통 판두께의 몇 % 를 표준으로 하는가?

가. 5　나. 10
다. 15　라. 20

04 아크 에어 가우징은 가스 가우징이나 치핑에 비하여 여러 가지 특징이 있다. 틀린 것은?

가. 작업 능률이 높다.
나. 모재에 악영향을 주지 않는다.
다. 작업 방법이 비교적 용이하다.
라. 소음이 크고 용융 범위가 좁다.

05 주철이나 비철금속은 가스 절단이 용이하지 않으므로 철분 또는 용제를 연속적으로 절단용 산소에 공급하여 그 산화열 또는 용제의 화학 작용을 이용한 절단 방법은?

가. 분말 절단　나. 산소창 절단
다. 탄소 아크 절단　라. 스카핑

06 침몰선의 해체나 교량의 개조 시 사용되는 수중 절단법에서 가장 많이 사용되는 연료 가스는?

가. 아세톤　나. 에틸렌
다. 수소　라. 질소

07 가스 절단 시 양호한 절단면을 얻기 위한 조건으로 잘못 설명한 것은?

가. 드래그가 가능한 작을 것　　나. 절단면이 충분히 평활할 것
다. 슬래그의 이탈이 양호할 것　　라. 드래그의 홈이 높고 노치가 있을 것

08 가스 절단에서 전후, 좌우 및 직선의 절단을 자유롭게 할 수 있는 절단팁의 형상은?

가. 이심형　　나. 동심형
다. 곡선형　　라. 회전형

09 가스 절단에서 절단 속도에 영향을 미치는 요소가 아닌 것은?

가. 예열 불꽃의 세기　　나. 팁과 모재의 간격
다. 역화방지기의 설치 유무　　라. 모재의 재질과 두께

10 가스 가공에서 강제 표면의 홈, 탈탄층 등의 결함을 제거하기 위해 얇게 그리고 타원형 모양으로 표면을 깎아내는 가공방법은?

가. 가스 가우징　　나. 분말 절단
다. 산소창 절단　　라. 스카핑

11 가스 절단 시 양호한 절단면을 얻기 위한 조건으로 잘못된 것은?

가. 드래그가 가능한 작을 것　　나. 절단면이 충분히 평활할 것
다. 슬래그의 이탈이 양호할 것　　라. 드래그의 홈이 높고 노치가 있을 것

12 산소-아세틸렌 가스 절단에 비교한 산소-프로판 가스 절단의 특징을 설명한 것으로 틀린 것은?

가. 점화하기 쉽다.　　나. 절단면이 미세하여 깨끗하다.
다. 후판 절단 시 속도가 빠르다.　　라. 포갬 절단 속도가 빠르다.

13 알루미늄 등의 경금속에 아르곤과 수소의 혼합 가스를 사용하여 절단하는 방식은?

가. 분말 절단　　나. 산소 아크 절단
다. 플라즈마 절단　　라. 수중 절단

14 다음 중에서 아크 절단의 종류에 해당하는 것은?

가. 철분 절단　　나. 수중 절단
다. 스카핑　　라. 아크 에어 가우징

15 가스 가우징에 의한 홈 가공을 할 때 가장 적당한 홈의 깊이에 대한 나비의 비는 얼마인가?

가. 1 : (2~3)　　나. 1 : (5~7)
다. (2~3) : 1　　라. (5~7) : 1

16 고속분출을 얻는 데 적합하고 보통의 팁에 비하여 산소의 소비량이 같을 때, 절단 속도를 20~25% 증가시킬 수 있는 절단 팁의 형상은?

가. 다이버전트형 팁　　나. 직선형 팁
다. 산소－LP용 팁　　라. 보통형 팁

17 가스 절단면의 표준드래그의 길이는 판두께의 얼마 정도로 하는가?

가. 판두께의 1/2　　나. 판두께의 1/3
다. 판두께의 1/5　　라. 판두께의 1/7

18 스카핑(Scarfing)에 대한 설명 중 틀린 것은?

가. 수동용 토치는 서서 작업할 수 있도록 긴 것이 많다.
나. 토치는 가우징 토치에 비해 능력이 큰 것이 사용된다.
다. 되도록 좁게 가열해야 첫 부분이 깊게 파지는 것을 방지할 수 있다.
라. 예열면이 점화온도에 도달하여 표면의 불순물이 떨어져 깨끗한 금속면이 나타날 때까지 가열한다.

19 가스 절단이 가장 용이한 금속은?

가. 주철　　나. 저합금강
다. 알루미늄　　라. 아연

20 가스 절단 작업에서 절단 속도에 영향을 주는 요인과 가장 관계가 먼 것은?

가. 모재의 온도　　나. 산소의 압력
다. 아세틸렌 압력　　라. 산소의 순도

21 탄소 전극봉 대신 절단 전용의 특수 피복을 입힌 피복봉을 사용하는 절단 방법은?

가. 금속 분말 절단　　나. 금속 아크 절단
다. 전자빔 절단　　라. 플라스마 절단

22 가스 절단면에 있어서 절단 기류의 입구점과 출구점 사이의 수평거리를 무엇이라고 하는가?

가. 드래그　　나. 절단 깊이
다. 절단 거리　　라. 너깃

23 플라스마 제트 절단에서 주로 이용하는 것은?

가. 열적 핀치 효과　　나. 열적 불림 효과
다. 열적 담금 효과　　라. 열적 뜨임 효과

24 산소 절단 시 예열 불꽃이 너무 강한 경우 나타나는 현상으로 잘못된 것은?

가. 드래그가 증가한다.
나. 절단면이 거칠게 된다.
다. 슬래그 중의 철 성분의 박리가 어렵게 된다.
라. 절단 모서리가 둥글게 된다.

25 산소창 절단 방법으로 절단할 수 없는 것은?

가. 알루미늄 판　　나. 암석의 천공
다. 두꺼운 강판의 절단　　라. 강괴의 절단

26 가스 절단에서 절단 드래그에 대한 설명으로 틀린 것은?

가. 절단면에 일정한 간격의 곡선이 진행 방향으로 나타나 있는 것을 드래그라인이라 한다.
나. 드래그 길이는 절단 속도, 산소 소비량 등에 의해 변화한다.
다. 표준 드래그 길이는 보통 판두께의 50% 정도이다.
라. 하나의 드래그라인의 시작점에서 끝점까지의 수평거리를 드래그 또는 드래그 길이라 한다.

27 수동 절단 작업 요령을 설명한 것으로 틀린 것은?

가. 절단 토치의 밸브를 자유롭게 열고 닫을 수 있도록 가볍게 한다.
나. 토치의 진행 속도가 늦으면 절단면 윗모서리가 녹아서 둥글게 되므로 적당한 속도로 진행한다.
다. 토치가 과열되었을 때는 아세틸렌 밸브를 열고 물에 냉각시켜서 사용한다.
라. 절단 시 필요한 경우 지그나 가이드를 이용하는 것이 좋다.

28 가스 가우징에 대한 설명으로 가장 적당한 것은?

가. 강재 표면에 홈이나 개재물, 탈탄층 등을 제거하기 위해 표면을 얇게 깎아내는 것
나. 용접 부분의 뒷면을 따내든지, H형 등의 용접 홈을 가공하기 위한 가공법
다. 침몰선의 해체나 교량의 개조, 항만의 방파제 공사 등에 사용하는 가공법
라. 비교적 얇은 판을 작업 능률을 높이기 위항 여러 장을 겹쳐놓고 한 번에 절단하는 가공법

29 가스 절단에 영향을 주는 요소가 아닌 것은?

가. 산소의 압력　　나. 팁의 크기와 모양
다. 절단재의 재질　　라. 호스의 굵기

30 가스 절단에서 절단 속도에 대한 설명으로 틀린 것은?

가. 절단 속도는 모재의 온도가 높을수록 고속 절단이 가능하다.
나. 절단 속도는 절단 산소의 압력이 낮고 산소 소비량이 적을수록 정비례하여 증가한다.
다. 산소 절단할 때의 절단 속도는 절단 산소의 분출상태와 속도에 따라 좌우된다.
라. 산소의 순도(99% 이상)가 높으면 절단 속도가 빠르다.

31 다음 중 포갬 절단(stack cutting)에 관한 설명으로 틀린 것은?

가. 예열 불꽃으로 산소-아세틸렌 불꽃보다 산소-프로판 불꽃이 적합하다.
나. 절단 시 판과 판 사이에는 산화물이나 불순물을 깨끗이 제거해야 한다.
다. 판과 판 사이의 틈새는 0.1 mm 이상으로 포개어 압착시킨 후 절단해야 한다.
라. 6 mm 이하의 비교적 얇은 판을 작업 능률을 높이기 위하여 여러 장 겹쳐놓고 한 번에 절단하는 방법을 말한다.

32 강재를 가스 절단 시 예열 온도로 가장 적합한 것은?

가. 300～450℃　　나. 450～700℃
다. 800～900℃　　라. 1000～1300℃

33 가스 절단 시 예열 불꽃이 약할 때 일어나는 현상으로 틀린 것은?

가. 드래그가 증가한다.
나. 절단면이 거칠어진다.
다. 역화를 일으키기 쉽다.
라. 절단 속도가 느려지고, 절단이 중단되기 쉽다.

34 토치를 사용하여 용접 부분의 뒷면을 따내거나 U형, H형으로 용접 홈을 가공하는 것으로 일명 가스 파내기라고 부르는 가공법은?

가. 산소창 절단　　나. 선삭
다. 가스 가우징　　라. 천공

35 가스 절단에 대한 설명으로 옳은 것은?

가. 강의 절단 원리는 예열 후 고압 산소를 불어내면 강보다 용융점이 낮은 산화철이 생성되고 이때 산화철은 용융과 동시 절단된다.
나. 양호한 절단면을 얻으려면 절단면이 평활하며 드래그의 홈이 높고 노치 등이 있을수록 좋다.
다. 절단 산소의 순도는 절단 속도와 절단면에 영향이 없다.
라. 가스 절단 중에 모래를 뿌리면서 절단하는 방법을 가스 분말 절단이라 한다.

36 탄소 아크 절단에 압축공기를 병용하여 전극홀더의 구멍에서 탄소 전극봉에 나란히 분출하는 고속의 공기를 분출시켜 용융 금속을 불어내어 홈을 파는 방법은?

가. 아크에어 가우징　　나. 금속 아크 절단
다. 가스 가우징　　라. 가스 스카핑

37 수중 절단 작업에 주로 사용되는 연료 가스는?

가. 아세틸렌　　나. 프로판
다. 벤젠　　라. 수소

38 절단의 종류 중 아크 절단에 속하지 않는 것은?

가. 탄소 아크 절단　　나. 금속 아크 절단
다. 플라스마 제트 절단　　라. 수중 절단

39 아크 절단법의 종류가 아닌 것은?

가. 플라스마 절단　　나. 탄소 아크 절단
다. 스카핑　　라. 불활성 가스 아크 절단

40 산소 프로판 가스 절단 시 산소 : 프로판 가스의 혼합비로 가장 적당한 것은?

가. 1 : 1　　나. 2 : 1
다. 2.5 : 1　　라. 4.5 : 1

41 수중 절단 작업을 할 때에는 예열 가스의 양을 공기 중의 몇 배로 하는가?

가. 0.5~1배　　나. 1.5~2배
다. 4~8배　　라. 9~16배

42 수동 가스 절단 작업 중 절단면의 윗 모서리가 녹아 둥글게 되는 현상이 생기는 원인과 거리가 먼 것은?

가. 팁과 강판 사이의 거리가 가까울 때
나. 절단 가스의 순도가 높을 때
다. 예열 불꽃이 너무 강할 때
라. 절단 속도가 너무 느릴 때

43 두께가 12.7 mm인 연강판을 가스 절단할 때 가장 적합한 표준 드래그 길이는?

가. 약 2.4 mm　　나. 약 5.2 mm
다. 약 5.6 mm　　라. 약 6.4 mm

44 다음 절단법 중에서 두꺼운 판, 주강의 슬랙 덩어리, 암석의 천공 등의 절단에 이용되는 절단법은?

가. 산소창 절단　　나. 수중 절단
다. 분말 절단　　라. 포갬 절단

45 아크 절단법 중 텅스텐 전극과 모재 사이에 아크를 발생시켜 모재를 용융하여 절단하는 방법으로 알루미늄, 마그네슘, 구리 및 구리 합금, 스테인리스강 등의 금속 재료의 절단에 이용되는 것은?

가. GTA(티그) 절단　　나. GMA(미그) 절단
다. 플라즈마 절단　　라. 금속 아크 절단

연습문제 정답

1	2	3	4	5	6	7	8	9	10	11	12	13	14	15
라	라	라	라	가	다	라	나	다	라	라	가	다	라	가
16	17	18	19	20	21	22	23	24	25	26	27	28	29	30
가	가	다	나	다	다	가	가	가	가	다	다	나	라	나
31	32	33	34	35	36	37	38	39	40	41	42	43	44	45
다	다	나	다	가	가	라	라	다	라	다	나	가	가	가

8

용접설계

8.1 용접 이음

8.1.1 용접 이음의 종류

① 모재의 배치에 의해 맞대기(butt) 용접, 덮개판(strap) 용접, 겹치기(lap) 용접, T-용접, 모서리 용접, 변두리 용접 등이 있다.

② 홈(groove)의 형식에 따라 I형, V형, U형, X형 등 그림 8.2와 같은 것이 있다.

③ 용접봉의 첨가 형태에 따라 맞대기 혹은 홈(butt or groove) 용접, 필릿(fillet) 용접, 슬롯 또는 플러그(plug) 용접 등으로 나눈다.

필릿 용접(fillet weld)은 겹치기 또는 T이음의 구석 부분에 용접한 것이며, T이음의 경우는 홈을 가공하는 경우도 있다.

비드 용접(bead weld)은 평판상에 용접 비드를 접착시킨 것이다. **플러그 용접**(plug weld)은 겹쳐진 2매의 판에서 한쪽 판에 둥근 구멍을 뚫어, 그곳에 덧붙이 용접을 하는 방법이며, 또한 **슬롯 용접**(slot weld)은 둥근 구멍 대신 가늘고 긴 홈에 비드를 붙이는 용접 방법이다.

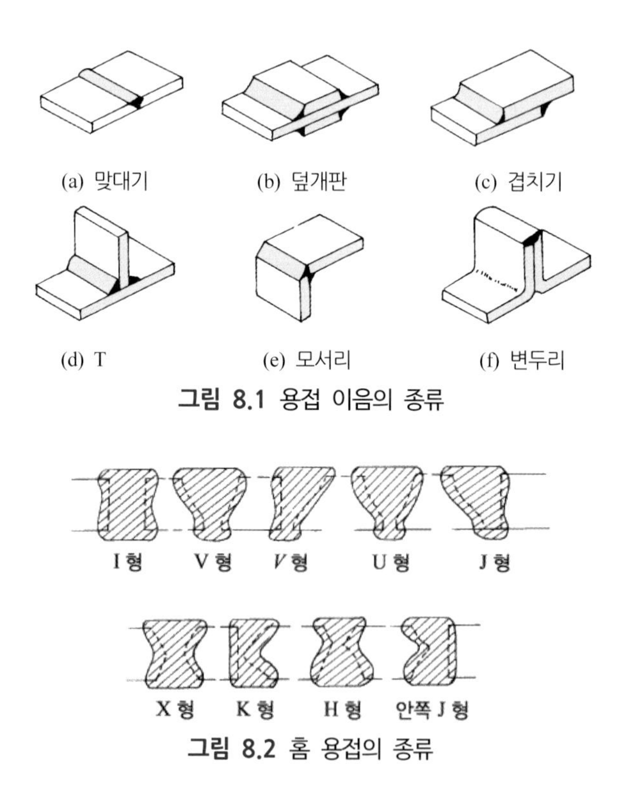

그림 8.1 용접 이음의 종류

그림 8.2 홈 용접의 종류

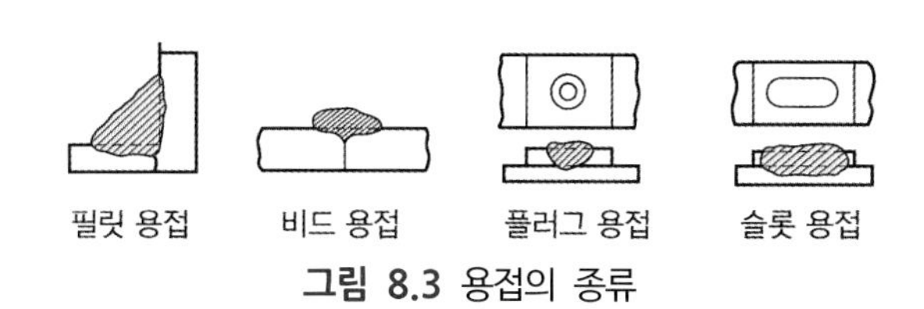

그림 8.3 용접의 종류

이러한 이음 형식 중에서 **I형 이음**(square groove joint)은 대략 판두께 6 mm 이하에, V형 이음은 판두께 6~20 mm에, 그 이상 두꺼운 판에는 X형, U형 또는 H형을 사용한다. 홈의 폭을 좁히면 용접 시간이 적어지지만, 루트(root)의 용입이 불량하게 된다. 덮개판 이음(strapped joint)에서는 루트 간격을 크게 취할 수 있으므로 홈의 각도는 너무 크게 하지 않는 것이 좋다. I형 또는 V형 루트 간격의 최대치는 사용봉경(즉, 심선의 지름) 한도로 한다.

X형 이음은 후판에 대해서는 매우 유리하나, 밑면 따내기가 약간 곤란하다. 따라서 간격은 될 수 있는 대로 넓게, 루트면은 될 수 있는 대로 작게 하는 것이 루트의 용입이 좋고, 밑면 따내기도 용이하게 된다. 또한 X형 홈의 형상은 반드시 상하 대칭으로 할 필요는 없고 비대칭 X형이 많이 쓰인다.

U형 홈은 비교적 후판의 경우에도 V형에 비하여 홈의 폭이 작아도 되고, 또한 간격이 없어도 작업성이 좋고 루트의 용입도 양호하다. 특히 두꺼운 판에 대하여는 H형을 사용한다. H형, U형, X형의 루트 간격 최대치는 사용봉경을 한도로 한다.

모서리 용접 또는 모든 T형 필릿 용접의 홈에 쓰이는 V형 홈(베벨형)은 V형에 비하여 작업성이 좋지 않다. 따라서 홈을 취한 쪽에 너무 접근하여 작업에 방해가 되는 구조물 부분이 오지 않도록 설계에 주의를 요하며, 수평 용접의 경우에는 홈을 취한 면이 아래쪽이 되지 않도록 해야 한다. 단 V형에서 덮개판 용접 이음은 간격을 크게 취할 수 있으므로 작업성이 좋다.

K형 홈은 V형의 경우보다 약간 두꺼운 판에 쓰이나 작업성이 좋지 않은 점이나 기타 설계상 주의해야 할 점은 V형의 경우와 동일하다. 그리고 밑면 따내기가 매우 곤란하지만 V형에 비하여 용접 변형이 적은 이점이 있다.

8.2 용접 이음의 강도

8.2.1 허용 응력과 안전율

용접 이음의 형상과 치수의 결정에 있어서는 실제로 이음에 걸리는 설계 응력이 용착부의 재료 강도(보통 인장 강도 또는 전단 강도)의 몇분의 일에 상당하는 안전한 응력, 즉 **허용 응력**(allowable stress)을 넘지 않도록 설계한다. 일반적으로 재료 강도가 허용 응력의 몇 배인가 하는 수치를 **안전율**(safety factor)이라 한다.

안전율은 재료 역학상 재질이나 하중의 성질에 따라 적당히 취해지고 있으나, 용접 이음의 안전율에 영향을 미치는 인자로는 다음 사항이 고려되고 있다.

① 모재 및 용접 금속의 기계적 성질, 즉 내력(항복점), 인장 강도 및 연신, 압축 및 충격치

② 재료의 용접성

③ 시공 제작

용접공의 기능

용접 방법(수동, 자동, 아크, 가스 용접 등)

용접 자세

이음의 종류와 형상

작업 장소(공장, 현장의 구별)

용접 후의 처리와 비파괴 시험

④ 하중의 종류(정, 동, 진동 하중)와 온도 및 분위기

설계상, **이음 효율**(joint efficiency)이 중요하지만, 이것은 이음의 파괴 강도가 모재의 파단 강도의 몇%인가 하는 크기를 나타내는 수치이다. 인장에서는 이음과 모재의 인장 강도비, 전단에서는 이음과 모재의 전단 응력비를 사용한다.

$$\text{이음 효율} = \frac{\text{용접 시편 인장 강도}}{\text{모재 인장 강도}} \times 100(\%)$$

이음의 허용 응력을 결정하는 방법에는 2종류가 있다. 그중 하나는 용착 금속의 기계적 성질을 기본으로 해서 안전율을 정하여, 모재의 허용 응력에 이음 효율을

곱한 값을 이음의 허용 응력으로 하는 방법이다.

강재의 허용 응력으로는 보통 정하중에 대하여 인장 강도의 1/4의 값(연강에서는 항복점의 약 1/2)이 취해지고 있으며, 최근 고항복점을 갖는 고장력강에 대하여는 인장 강도의 1/3(항복점의 약 40%)의 응력이 쓰인다. 이것은 구조물이 부하를 받았을 때 재료가 항복하지 않는 것을 전제로 한 소위 탄성 설계(elastic design)에 의한 것이지만, 최근의 용접 구조에 대하여는 재료의 국부적 항복을 허용하는 소위 소성 설계(plastic design)가 이용되어 재료와 제작비의 절약이 도모되고 있다.

실제의 구조물에서는 국소적으로 항복하여도 전체적으로는 보다 큰 하중에 견딜 수 있다. 즉, 탄성 한계를 넘은 소성 영역에까지 배려하여 구조물을 설계하면, 탄성 설계의 경우보다 재료를 절약할 수 있다. 단 소성 설계에서는 재료가 충분한 연성을 갖는 것으로 가정하고 있으므로 강한 응력 집중, 취성 파괴 또는 피로 파괴가 일어날 수 있는 구조물에는 쓸 수 없다.

8.2.2 용접 이음의 강도 계산

(1) 가정과 정의

① 가정

국부적인 응력은 고려하지 않는다. 즉, 루트부나 토(Toe)의 응력집중은 고려하지 않으며, 응력은 목단면 전체에 균일하게 작용하는 것으로 본다.

파괴는 목단면에서 일어나지 않는 것도 있지만 강도계산은 목단면이 작용하는 응력으로 한다.

잔류 응력은 고려하지 않는다.

② 정의

목두께(a) : 목두께는 이론 목두께와 실제 목두께가 있지만 이음의 강도 계산에는 이론 목두께를 이용한다. 필릿 용접 이음에서의 목두께는 필릿의 다리 길이에서 정해지는 이등변 삼각형의 이음부 루트에서 측정한 높이를 사용하고, 그루브 용접 이음에서는 접합하는 부재의 두께를 사용한다. 만약 두께가 다른 경우에는 판두께가 얇은쪽의 부재 두께를 이용 한다.

용접 유효 길이(ℓ) : 계획된 치수에서의 단면이 존재하는 용접부의 전 길이로 한다.

목단 면적(A=a·ℓ) : 목단 면적은 목두께 × 용접의 유효 길이로 한다.

용접부의 유효 길이는 용접 이음 전길이에서 시작단부와 끝단부의 길이를 뺀 것으로 하는데, 실측에 의하지 않는 것은 전길이에서 이음부의 목두께 만큼 또는 8 mm 만큼 뺀 것으로 한다. 그러나 시단부와 끝단부를 완전하게 크레이터처리를 하였을 경우에는 실제의 전길이를 유효 길이로 취급한다. 돌림 용접을 하였을 경우에는 용접의 유효 길이(ℓ)는 (a)와 (b)는 $\ell = 2 \cdot \ell_1$ 이 되고, (c)는 $\ell = 2(\ell_1 + \ell_2)$가 된다.

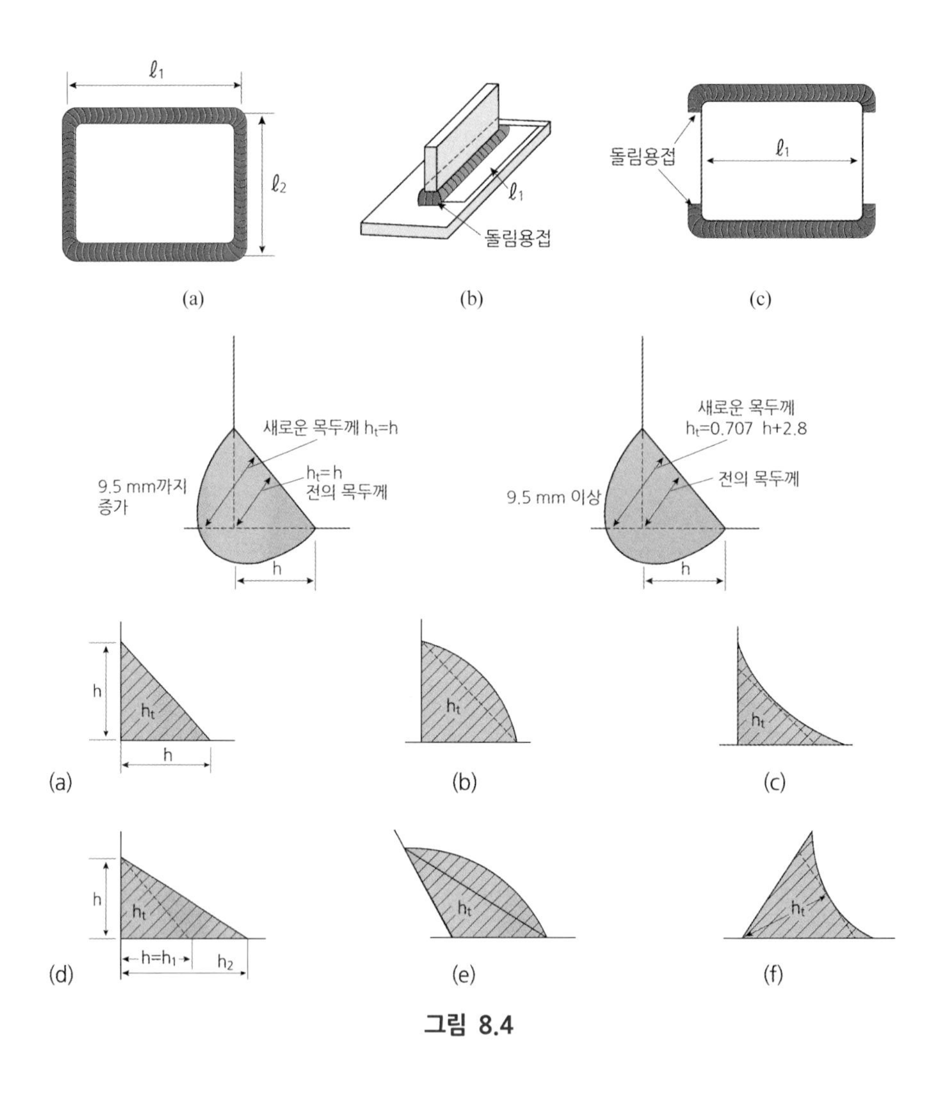

그림 8.4

플러그 용접의 경우에 유효 길이는 목두께 중심선을 기준으로 전체 길이를 잡는다.

- 원형 용접일 경우

$$\ell = 2\pi(\frac{D}{2} - 0.25L)$$

• 타원형 용접일 경우

$$\ell = 2\pi(\frac{D}{2} - 0.25L) + 2\cdot\ell'$$

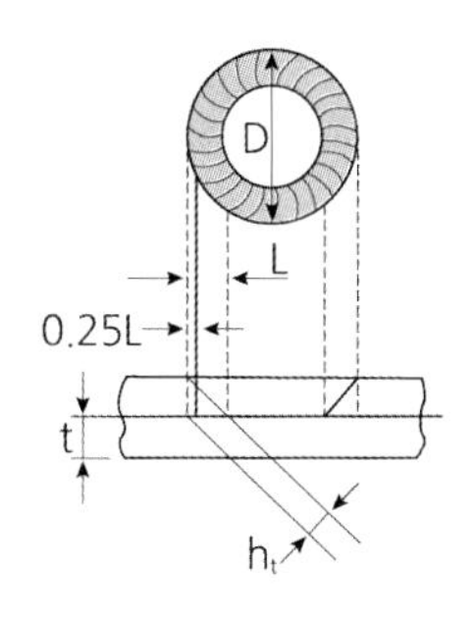

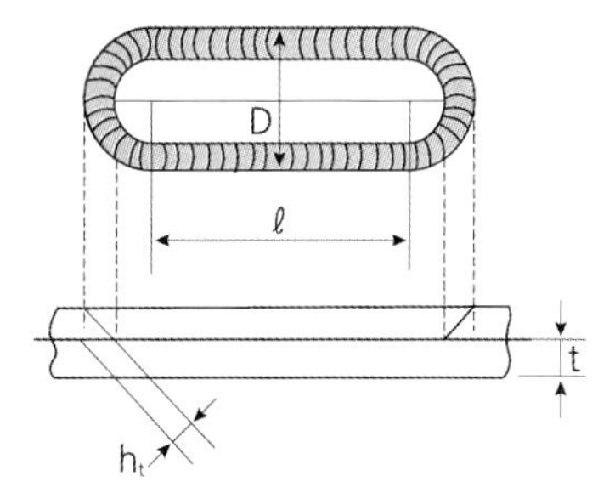

그림 8.5

(2) 제닝의 응력 계산

① 완전 용입부에 수직하중이 작용할 경우

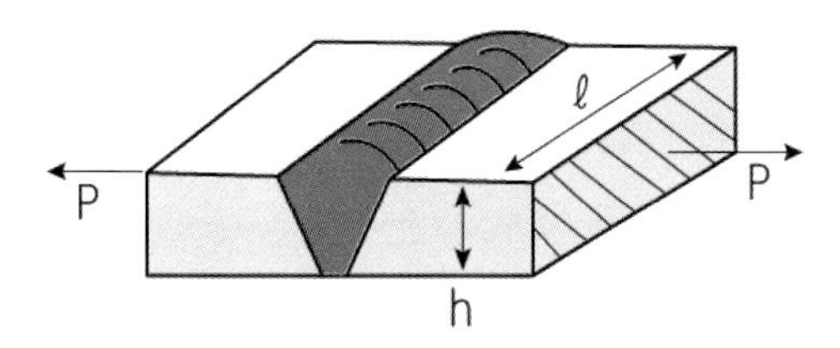

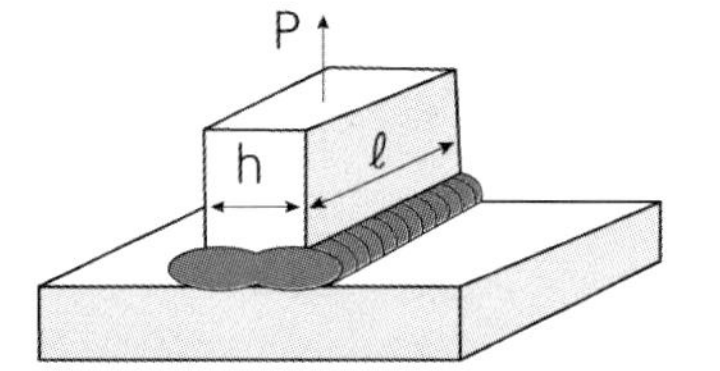

$$\sigma = \frac{P}{A} = \frac{P}{h \times \ell}[N/mm^2 \text{ or } Pa]$$

그림 8.6

② 부분 용입부에 수직하중이 작용할 경우

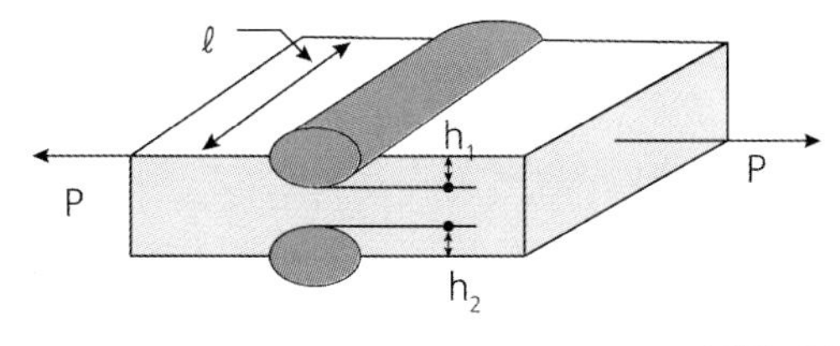

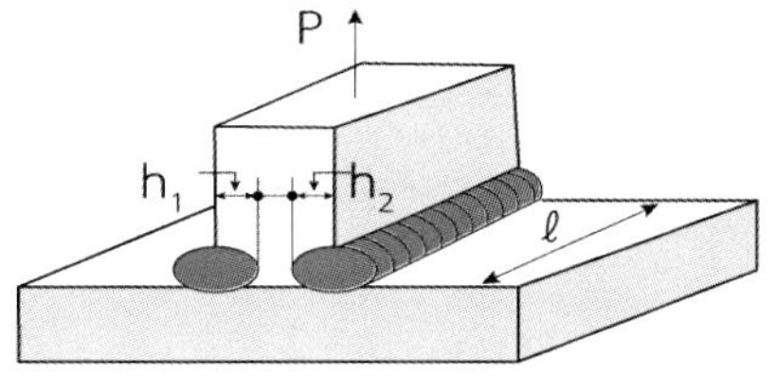

그림 8.7

$$\sigma = \frac{P}{A} = \frac{P}{(h_1 + h_2)\ell} [N/mm^2 \text{ or } Pa]$$

③ 필릿 용접부에 수직하중이 작용할 경우

- 전단면이 1개인 경우

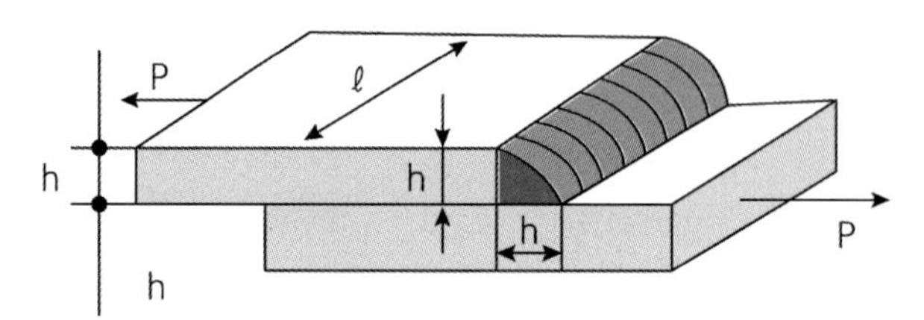

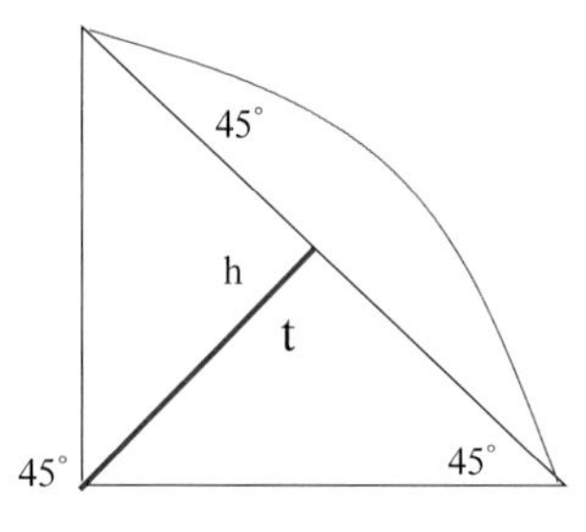

그림 8.8

$$\tau = \frac{P}{A} = \frac{P}{t \cdot \ell} = \frac{P}{(h \cdot \cos 45°)\ell} = \frac{1}{\cos 45°} \times \frac{P}{h \cdot \ell} \fallingdotseq 1.414 \times \frac{P}{h \cdot \ell}$$

- 전단면이 2개인 경우

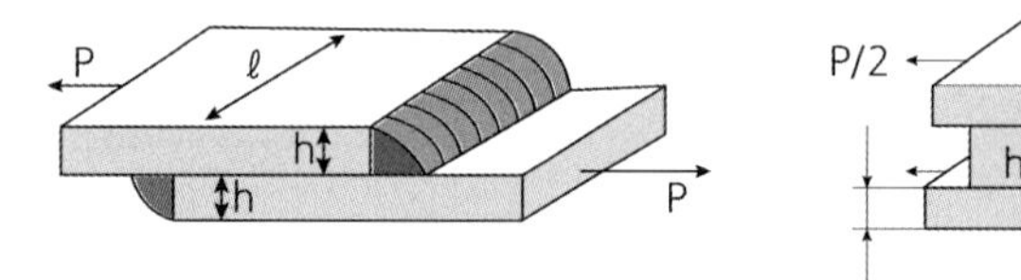

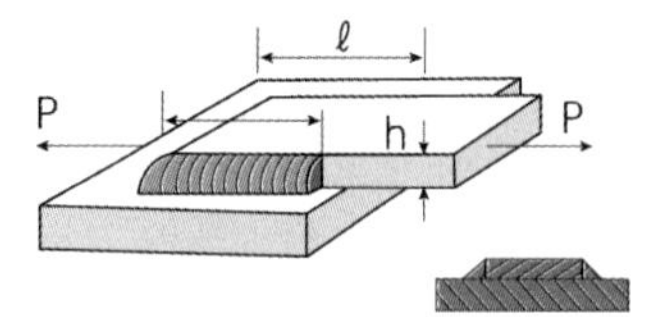

그림 8.9

$$\tau = \frac{P}{A} = \frac{P}{2 \cdot t \cdot \ell} = \frac{P}{2 \cdot (h \cdot \cos 45°)\ell} = \frac{1}{2 \cdot \cos 45°} \times \frac{P}{h \cdot \ell} \fallingdotseq 0.707 \times \frac{P}{h \cdot \ell}$$

• 단면이 4개인 경우

$$\tau = \frac{P}{A} = \frac{P}{4 \cdot t \cdot \ell} = \frac{P}{4 \cdot (h \cdot \cos 45°)\ell} = \frac{1}{4 \cdot \cos 45°} \times \frac{P}{h \cdot \ell} \fallingdotseq 0.3535 \times \frac{P}{h \cdot \ell}$$

• 단면이 n개인 경우

$$\tau = \frac{P}{A} = \frac{P}{n \cdot t \cdot \ell} = \frac{P}{n \cdot (h \cdot \cos 45°)\ell} = \frac{1}{n \cdot \cos 45°} \times \frac{P}{h \cdot \ell} \fallingdotseq \frac{1.414}{n} \times \frac{P}{h \cdot \ell}$$

④ 내측개선 필릿 완전용입 용접부에 굽힘 모우먼트가 작용할 경우

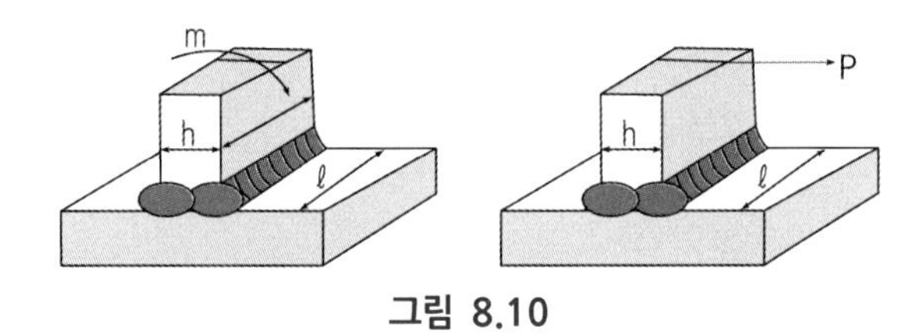

그림 8.10

사각단면의 중심축에 대한 단면 2차 모우먼트(I_x)와 단면 계수(Z)의 관계

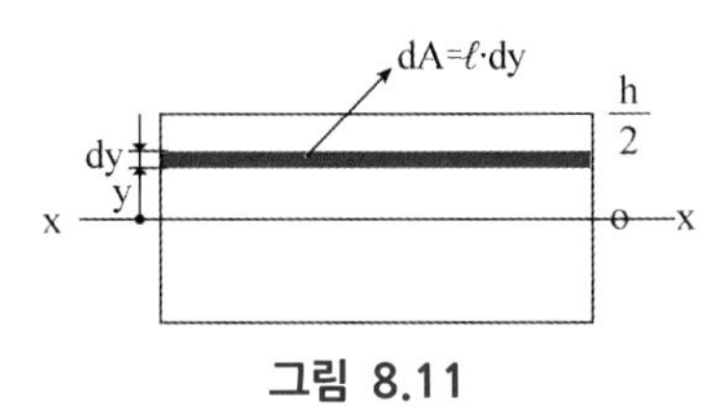

그림 8.11

단면 2차 모우먼트(I_x), 단면 계수(Z)

$$\begin{aligned} I_x &= \int_A y^2\, dA = 2 \cdot \int_0^{\frac{h}{2}} y^2 \cdot l \cdot dy \\ &= 2 \cdot l \cdot \int_0^{\frac{h}{2}} y^2 \cdot dy = 2 \cdot l \cdot [\frac{y^3}{3}]_0^{\frac{h}{2}} \\ &= \frac{2 \cdot l}{3}[(\frac{h}{2})^3 - 0^3] \\ &= \frac{2 \cdot l \cdot h^3}{3 \times 8} = \frac{l \cdot h^3}{12} \end{aligned}$$

$$Z = \frac{I_x}{e} = \frac{(\frac{l \cdot h^3}{12})}{(\frac{h}{2})} = \frac{l \cdot h^2}{6}$$

또한, 굽힘 모우먼트(M)과 굽힘 응력(σ_b), 단면 계수(Z)의 관계는

$$M = \sigma_b \cdot Z = P \cdot L \text{에서}$$
$$\sigma_b = \frac{M}{Z} = \frac{6 \cdot M}{l \cdot h^2} = \frac{6 \cdot (P \cdot L)}{l \cdot h^2}$$

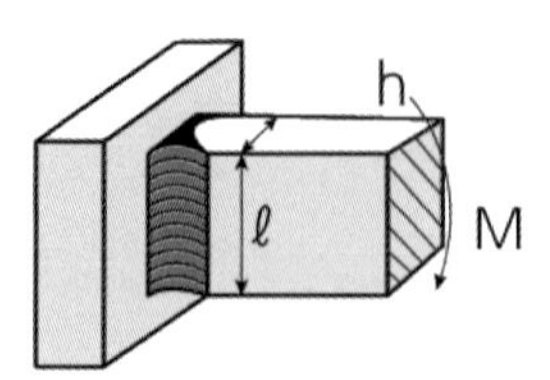

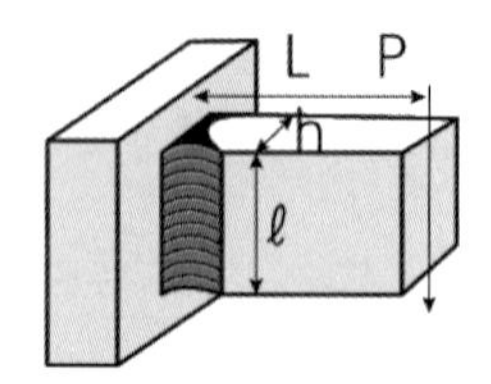

그림 8.12

단면 2차 모우먼트(I_x), 단면 계수(Z)는

h와 ℓ를 반대로 적용

$$I_x = \frac{h \cdot l^3}{12}$$
$$Z = \frac{I_x}{e} = \frac{h \cdot l^2}{6}$$

또한 굽힘 모우먼트(M)과 굽힘 응력(σ_b), 단면 계수(Z)의 관계는

$$M = \sigma_b \cdot Z = P \cdot L \text{에서}$$
$$\sigma_b = \frac{M}{Z} = \frac{6 \cdot M}{h \cdot l^2} = \frac{6 \cdot (P \cdot L)}{h \cdot l^2}$$

⑤ 내측개선 필릿 부분 용입 용접부에 굽힘 모우먼트가 작용할 경우(하중 – 용접선 직각)

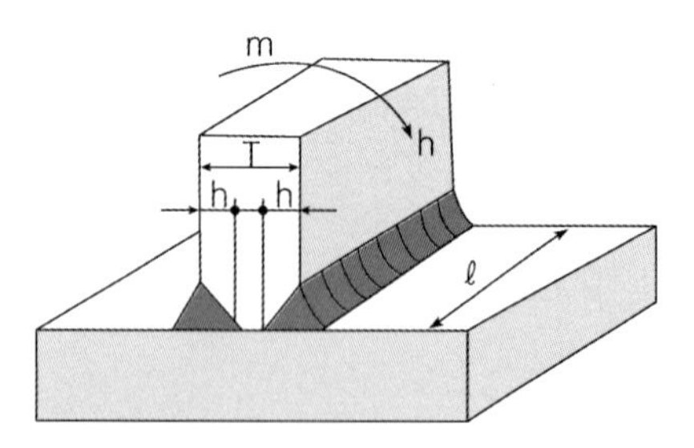

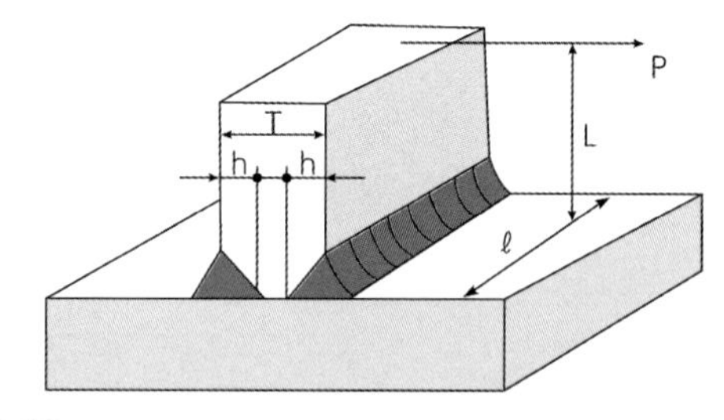

그림 8.13

사각 단면의 중심축에 대한 단면 2차 모우먼트(I_x)와 단면 계수(Z)의 관계

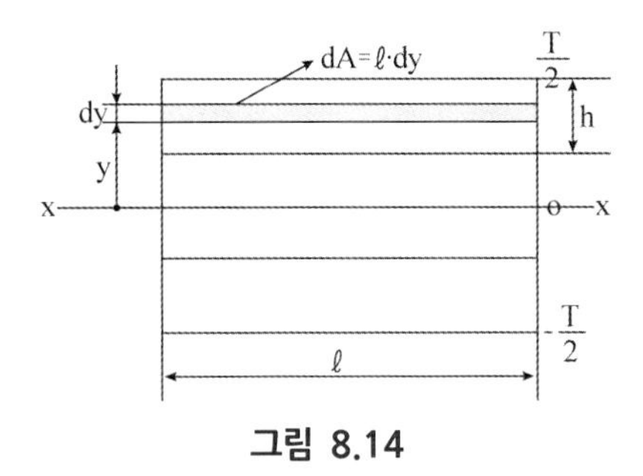

그림 8.14

단면 2차 모우먼트(I_x), 단면 계수(Z)

$$
\begin{aligned}
I_x &= \int_A y^2\, dA = 2\cdot \int_{(\frac{T}{2}-h)}^{(\frac{T}{2})} y^2 \cdot l \cdot dy \\
&= 2\cdot l \cdot \int_{(\frac{T}{2}-h)}^{(\frac{T}{2})} y^2 \cdot dy = 2\cdot l \cdot [\frac{y^3}{3}]_{(\frac{T}{2}-h)}^{(\frac{T}{2})} \\
&= \frac{2\cdot l}{3}[(\frac{T}{2})^3 - (\frac{T}{2}-h)^3] \\
&\because (\frac{T}{2}-h)^3 = (\frac{T}{2})^3 - \frac{3\cdot T^2 \cdot h}{4} + \frac{3\cdot T \cdot h^2}{2} - h^3 \text{ 이므로} \\
&= \frac{2\cdot l}{3}(\frac{3\cdot T^2\cdot h}{4} - \frac{3\cdot T\cdot h^2}{2} + h^3) \\
&= \frac{3\cdot l\cdot T^2 \cdot h}{6} - l\cdot T \cdot h^2 + \frac{2\cdot l \cdot h^3}{3} \\
&= \frac{l\cdot h}{6}(3\cdot T^2 - 6\cdot T\cdot h + 4\cdot h^2)
\end{aligned}
$$

$$
\therefore Z = \frac{I_x}{e} = \frac{(\frac{l\cdot h}{6})}{(\frac{T}{2})}\cdot(3\cdot T^2 - 6\cdot T\cdot h + 4\cdot h^2) = \frac{l\cdot h}{3\cdot T}\cdot(3\cdot T^2 - 6\cdot T\cdot h + 4\cdot h^2)
$$

또한 굽힘 모우먼트(M)과 굽힘 응력(σ_b), 단면 계수(Z)의 관계는

$$
M = \sigma_b \cdot Z = P\cdot L \text{ 에서}
$$

$$
\begin{aligned}
\therefore \sigma_b &= \frac{M}{Z} = \frac{3\cdot T \cdot M}{l\cdot h\cdot(3\cdot T^2 - 6\cdot T\cdot h + 4\cdot h^2)} \\
&= \frac{3\cdot T\cdot(P\cdot L)}{l\cdot h\cdot(3\cdot T^2 - 6\cdot T\cdot h + 4\cdot h^2)}
\end{aligned}
$$

⑥ 내측 개선 필릿 부분 용입 용접부에 굽힘 모우먼트가 작용할 경우(하중－용접선 방향)

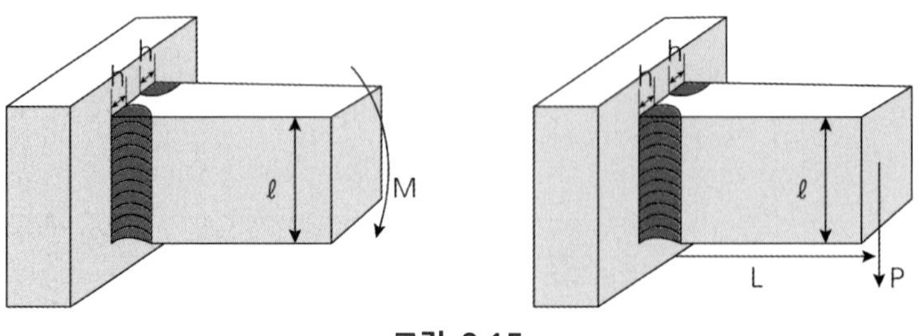

그림 8.15

사각 단면의 중심축에 대한 단면 2차 모우먼트(I_x)와 단면 계수(Z)의 관계

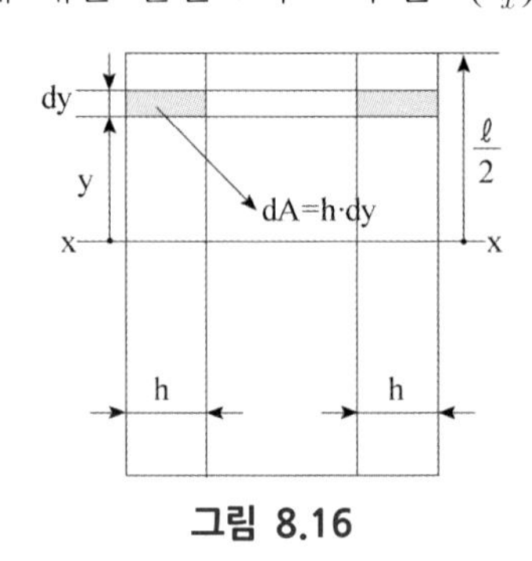

그림 8.16

단면 2차 모우먼트(I_x), 단면 계수(Z)

$$I_x = \int_A y^2\,dA = 2\cdot 2\cdot \int_0^{\frac{l}{2}} y^2\cdot h\cdot dy$$

$$= 2\cdot 2\cdot h\cdot \int_0^{\frac{l}{2}} y^2\cdot dy = 2\cdot 2\cdot h\cdot [\frac{y^3}{3}]_0^{\frac{l}{2}}$$

$$= \frac{4\cdot h}{3}[(\frac{l}{2})^3 - 0^3]$$

$$= \frac{4\cdot h\cdot l^3}{3\times 8} = \frac{h\cdot l^3}{6}$$

$$Z = \frac{I_x}{e} = \frac{(\frac{h\cdot l^3}{6})}{(\frac{l}{2})} = \frac{h\cdot l^2}{3}$$

또한 굽힘 모우먼트(M)과 굽힘 응력(σ_b), 단면 계수(Z)의 관계는

$$M = \sigma_b\cdot Z = P\cdot L \text{에서}$$

$$\sigma_b = \frac{M}{Z} = \frac{3\cdot M}{h\cdot l^2} = \frac{3\cdot (P\cdot L)}{h\cdot l^2}$$

예제 8.1

그림에서 용접부에 발생하는 인장 응력 (σ_t)은 얼마인가?

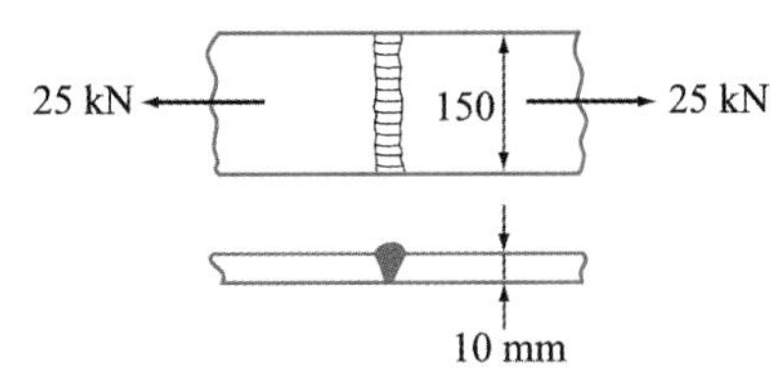

그림 8.17 맞대기 용접 이음의 예

풀이 $\sigma_t = \dfrac{P}{A_w}$

$$\sigma_t = \frac{25000}{10 \times 150} = 16.6 \text{ MPa}$$

예제 8.2

평판 맞대기 용접 이음에서 허용 인장 응력 90 MPa, 두께 10 mm의 강판을 용접 길이 150 mm, 용접 이음 효율 80%로 맞대기 용접할 때 용접 두께는 얼마로 해야 되는가?(다만 용접부의 허용 응력은 70 MPa이다)

풀이 용접 길이에 해당하는 강판에 견딜 수 있는 하중은,

$$90 \times 10 \times 150 = 135 \text{ kN}$$
$$p = 135{,}000 \times 0.8 = 108 \text{ kN}$$

용접 두께 t는 $p = \sigma_t \cdot t \cdot l$에서 $t = \dfrac{p}{\sigma_t \cdot l}$

$$t = \frac{108000}{70 \times 150} = 1.02 \text{ cm}, \qquad \therefore 1.1 \text{ cm}$$

예제 8.3

전면 겹치기 필릿 이음에서 허용 응력을 60 MPa이라 할 때 용접 길이는 얼마 이상이어야 하는가?(단 여기에 작용하는 하중은 45 kN이 양쪽에서 작용하고 판두께는 10 mm이다.)

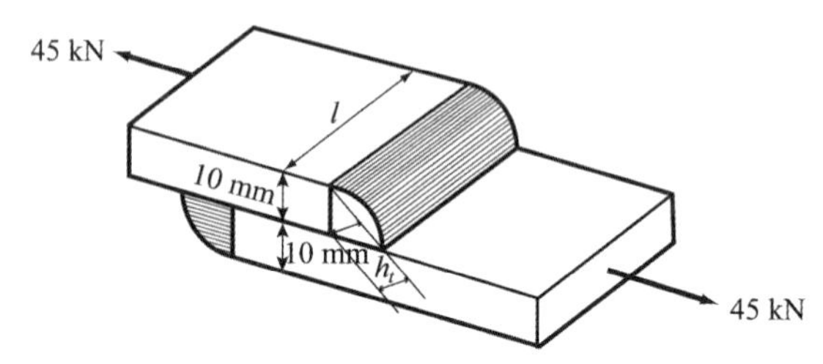

그림 8.18 겹치기 필릿 이음

풀이 $h_t = \dfrac{h}{\sqrt{2}} = 0.707h$

$\tau = \dfrac{P}{2h_t \cdot l}$에서

$$l = \frac{1.414P}{2h \cdot \tau} = \frac{1.414 \times 45000}{2 \times 10 \times 10^{-3} \times 60 \times 10^6} \fallingdotseq 0.053\,\mathrm{m} \fallingdotseq 53\,\mathrm{mm}$$

즉, 판의 폭은 53 mm 이상이어야 한다.

예제 8.4

측면 양쪽 필릿 이음에서 두께가 10 mm이고 하중이 40 kN이 가해지면 용접 길이는 얼마로 해야 하는가?(단 허용 전단 응력은 50 MPa로 한다.)

풀이 $P = 2h_t \cdot l \cdot \tau$에서

$$l = \frac{P}{2h_t \cdot \tau} = \frac{40000}{2 \times 0.707 \times 10 \times 10^{-3} \times 50 \times 10^6} = 0.05658\,\mathrm{m} = 56.58\,\mathrm{mm}$$

즉, 57 mm 이상은 겹쳐야 된다.

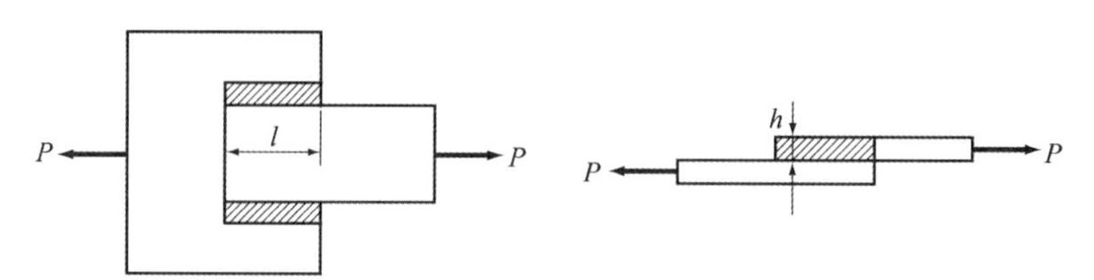

그림 8.19 측면 양쪽 필릿 이음

8.3 용접 비용의 계산

8.3.1 일반 사항

용접 공사에 필요한 경비(cost)의 견적 또는 산출에는 노임, 재료비, 전력료, 일반 간접비 및 이익을 고려하지 않으면 안되므로, 용접봉 사용량, 용접 작업 시간, 용접 준비비, 전력 사용량 또는 산소, 아세틸렌 가스 등의 사용량을 산출하고, 이 밖에 용접기, 용접용 지그, 안전보호구 등 용접 장치의 유지 및 상각비 또는 특별한 경우에는 열처리비, 검사비 등을 가산함과 동시에 용접공 노임에 비례하여 간접비를 고려할 필요가 있다.

용접 경비를 적게 하려면

① 용접봉의 적당한 선정과 그 경제적 사용법

② 재료 절약을 위한 연구

③ 고정구(fixture)의 사용에 의한 일의 능률 향상

④ 용접 지그(jig)의 사용에 의한 아래 보기 자세의 용접

⑤ 용접공의 작업률 향상

⑥ 적당한 품질관리와 검사를 시행함으로써 재용접하는 낭비를 제거

⑦ 적당한 용접 방법의 채용 등을 유의해야 한다.

8.3.2 용접봉 소요량

용접봉 소요량의 산출은 이음의 용착 금속 단면적에 용접 길이를 곱하여 얻어지는 용착 금속 중량에 그밖에 사항, 즉 스패터 및 연소에 의한 손실량, 노출 심선부의 폐기량(40～50 mm) 등을 가산하여 얻어진다. 따라서 사용 용접봉 전중량(피복 포함) 대비 순수 용착 금속 중량 의 비를 **용착률**(deposition efficiency)이라 하며, 이것은 피복의 종류, 두께, 슬래그양, 아크, 용접 자세에 따라 차이가 있으며, 봉경 4～5 mm의 보통 연강봉에서는 50～60%의 용착률값을 갖는다. 6 mm에서는 60～70%, 철분 용접봉에서는 이보다 더 많은 70～75%이다.

$$\text{용접봉 소요량} = \left[\frac{\text{순수 용착 금속 중량(kg)}}{\text{용착 효율(\%)}} \right]$$

8.3.3 용접 작업 시간

용접 작업에 요하는 시간은 봉의 종류, 용접 자세, 제품의 형상 종류에 따라 달라지게 된다. 특히 용접 자세가 아래 보기이면 수직이나 수평에 비하여 용접 시간이 50% 정도 절약된다.

용접 작업 시간 중에는 용접 준비, 봉의 교환, 슬래그 제거, 홈의 청소 등의 시간이 필요하므로, 실제로 아크가 발생하고 있는 시간은 상당히 짧다. 일반적으로 실제 7시간에 대한 아크 발생 시간을 백분율로 표시한 **아크 타임**(arc time) 또는 **작업률**(operator factor)은 조선소 등의 예를 들면 수동이나 자동 용접에서 1일 평균 40~50% 정도이다.

물론 대형 용접물을 용접하는 경우에는 수십 시간의 용접이 되므로 아크 타임으로 써 그 시간에 대한 아크 발생률을 취하지 않으면 안 되지만, 이때는 60%에 가까운 값이 될 때도 있고 용접물의 크기와 형상, 이음 형상의 양부, 용접 장소, 용접 자세 등에 의하여 10~60% 정도로도 변동한다.

$$\text{용접 작업 시간} = \left[\frac{\text{용착 금속 중량(kg)}}{\text{용착 속도(g/min)} \times \text{아크 타임}} \right]$$

8.3.4 환산 용접 길이

용접 작업량은 용접의 크기와 형상, 용접봉의 지름, 용접 자세 및 작업 장소에 따라 큰 차이가 있다. 그러므로 소요 작업 시간, 용접봉 사용량을 알기 위하여는 환산 **용접 길이**(equivalent weld length)를 사용한다. 그 일례는 표 8.1과 같다. 표 8.1은 용접의 판두께, 다리 길이, 자세, 작업 장소의 상이에 따라 각각 계수로 표시하고, 이 계수를 실제의 용접 길이에 곱하면 기준의 용접, 즉 판두께 10 mm의 현장 아래 보기 맞대기 용접으로 환산한 경우의 기준 용접 길이가 구해진다. 따라서 이 기준 조건에서 1시간에 몇 m를 용접할 수 있는가를 알면(보통 1.4~1.7 m 정도) 이 용접 작업에 필요한 시간을 알 수 있으며, 기준 조건에서 1 m당 용접봉 소요량을 알면 이 일에 필요한 용접봉이 산출되고, 사용 전력량도 계산될 수 있다.

예제 8.5

두께 8 mm 필릿 맞대기 용접으로 15 m와 두께 15 mm 수직 맞대기 용접으로 8 m 현장 용접에서 환산 용접 길이는 얼마로 해야 하는가?

풀이 표 9.9에서

15 × 1.32 = 19.8 m

8 × 4.32 = 34.56 m

총 길이 54.36 m

표 8.1 환산 용접 길이의 환산 계수

용접 장소	판두께	6 이하 (mm)	7~10 (mm)	11~14 (mm)	15~18 (mm)	19~22 (mm)	23~26 (mm)	27 이상 (mm)
지상용접 F	하향 F	T0.48 0.6 V0.72	T0.72 0.9 V1.08	T1.12 1.4 V1.68	T1.60 2.0 V2.40	T2.24 2.8 V3.36	T3.20 4.0 V4.80	T4.40 5.5 V6.60
	수직 V 수평 H	T0.72 0.9 V1.03	T1.04 1.3 V1.56	T1.68 2.1 V2.52	T2.40 3.0 V3.60	T3.0 4.2 V5.4	T4.80 6.0 V7.20	T6.16 7.7 V8.24
	상향 O	T0.96 1.2 V1.44	T1.44 1.8 V2.16	T2.44 2.3 V3.36	T3.20 4.0 V4.80	T4.48 5.6 V6.72	T6.40 8.0 V9.60	T8.0 10.0 V12.0
현장용접 S	하향 F	T0.64 0.8 V0.96	T0.88 1.1 V1.32	T1.28 1.6 V1.92	T1.92 2.4 V2.88	T2.72 3.4 V4.08	T3.76 4.7 V5.64	T5.20 6.5 V7.80
	수직 V 수평 H	T0.96 1.2 V1.44	T1.28 1.6 V1.92	T1.92 2.4 V2.88	T2.58 3.6 V4.32	T4.68 5.1 V6.12	T5.60 7.0 V8.42	T5.32 8.7 V10.44
	상향 O	T1.28 1.6 V1.92	T1.76 2.2 V2.64	T1.96 3.2 V3.94	T3.84 4.8 V5.76	T5.44 6.8 V8.76	T7.52 9.4 V11.23	T10.40 13.0 V15.60

(비고) T는 필릿용, V는 맞대기용, T, V의 중간은 평균치

8장 연습문제 용접설계

01 연강재의 용접 이음부에 대한 충격하중이 작용할 때 안전율은?

가. 3　　나. 5
다. 8　　라. 12

02 치수 보조기호 중 지름을 표시하는 기호는?

가. D　　나. Ø
다. R　　라. SR

03 필릿 용접 크기에 대한 설명으로 틀린 것은?

가. 필릿 이음에서 목길이를 증가시켜 줄 필요가 있을 경우 양쪽 목길이를 같게 증가시켜 주는 것이 효과적이다.
나. 판두께가 같은 경우 목길이가 다른 필릿 용접 시는 수직 쪽의 목길이를 짧게 수평 쪽의 목길이를 길게 하는 것이 좋다.
다. 필릿 용접 시 표면 비드는 오목형보다 볼록형이 인장에 의한 수축 균열 발생이 적다.
라. 다층 필릿 이음에서의 첫 패스는 항상 오목형이 되도록 하는 것이 좋다.

04 연강판의 두께가 9 mm, 용접길이를 200 mm로 하고 양단에 최대720[kN]의 인장하중을 작용시키는 V형 맞대기 용접 이음에서 발생하는 인장응력[MPa]은?

가. 200　　나. 400
다. 600　　라. 800

05 완전 맞대기 용접 이음이 단순굽힘모멘트 Mb = 9800 N cm을 받고 있을 때, 용접부에 발생하는 최대굽힘응력은? (단, 용접선길이 = 200 mm, 판두께 = 25 mm이다.)

가. 196.0 N/cm2　　나. 470.4 N/cm2
다. 376.3 N/cm2　　라. 235.2 N/cm2

06 설계 단계에서 용접부 변형을 방지하기 위한 방법이 아닌 것은?

가. 용접 길이가 감소될 수 있는 설계를 한다.
나. 변형이 적어질 수 있는 이음 부분을 배치한다.
다. 보강재 등 구속이 커지도록 구조설계를 한다.
라. 용착 금속을 증가시킬 수 있는 설계를 한다.

07 용접 이음 강도 계산에서 안전율을 5로 하고 허용 응력을 100 MPa이라 할 때 인장강도는 얼마인가?

가. 300 Mpa　　나. 400 Mpa
다. 500 Mpa　　라. 600 Mpa

08 다음 [그림]은 겹치기 필릿용접 이음을 나타낸 것이다. 이음부에 발생하는 허용응력은 5 MPa일 때 필요한 용접 길이(ℓ)는 얼마인가?(단, h=20 mm, P=6 kN이다.)

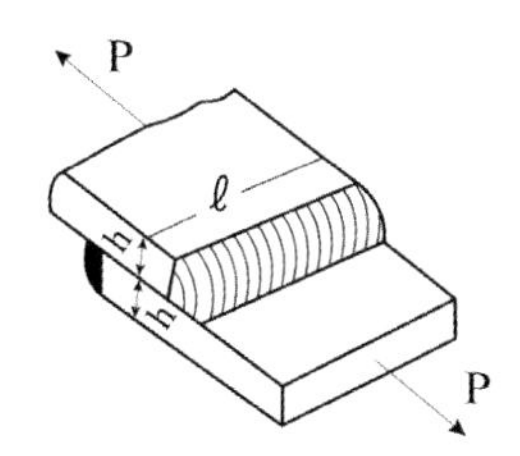

가. 약 42 mm　　나. 약 38 mm
다. 약 35 mm　　라. 약 32 mm

09 인장강도가 430 Mpa인 모재를 용접하여 만든 용접 시험편의 인장강도가 350 Mpa일 때 이 용접부의 이음효율은 약 몇 %인가?

가. 81　　나. 90
다. 71　　라. 122

10 용접 이음부의 형태를 설계할 때 고려할 사항이 아닌 것은?

가. 용착 금속량이 적게 드는 이음 모양이 되도록 할 것
나. 적당한 루트 간격과 홈 각도를 선택할 것
다. 용입이 깊은 용접법을 선택하여 가능한 이음의 베벨가공은 생략하거나 줄일 것
라. 후판용접에서는 양면 V형 홈보다 V형 홈 용접하여 용착 금속량을 많게 할 것

11 필릿 용접과 맞대기 용접의 특성을 비교한 것으로 틀린 것은?

가. 필릿 용접이 공작하기 쉽다.
나. 필릿 용접은 결함이 생기지 않고 이면 따내기가 쉽다.
다. 필릿 용접의 수축변형이 맞대기 용접보다 작다.
라. 부식은 필릿 용접이 맞대기 용접보다 더 영향을 받는다.

12 용접 이음의 준비사항으로 틀린 것은?

가. 용입이 허용하는 한 홈 각도를 작게 하는 것이 좋다.
나. 가접은 이음의 끝 부분, 모서리 부분을 피한다.
다. 구조물을 조립할 때에는 용접 지그를 사용한다.
라. 용접부의 결함을 검사한다.

13 용접 방법과 시공 방법을 개선하여 비용을 절감하는 방법으로 틀린 것은?

가. 사용 가능한 용접 방법 중 용착 속도가 큰 것을 사용한다.
나. 피복아크 용접할 경우 가능한 굵은 용접봉을 사용한다.
다. 용접 변형을 최소화하는 용접 순서를 택한다.
라. 모든 용접에 되도록 덧살을 많게 한다.

14 용접 이음을 할 때 주의할 사항으로 틀린 것은?

가. 맞대기 용접에서 뒷면에 용입 부족이 없도록 한다.
나. 용접선은 가능한 서로 교차하게 한다.
다. 아래보기 자세 용접을 많이 사용하도록 한다.
라. 가능한 용접량이 적은 홈 형상을 선택한다.

15 다음 [그림]에서 2번의 명칭으로 알맞은 것은?

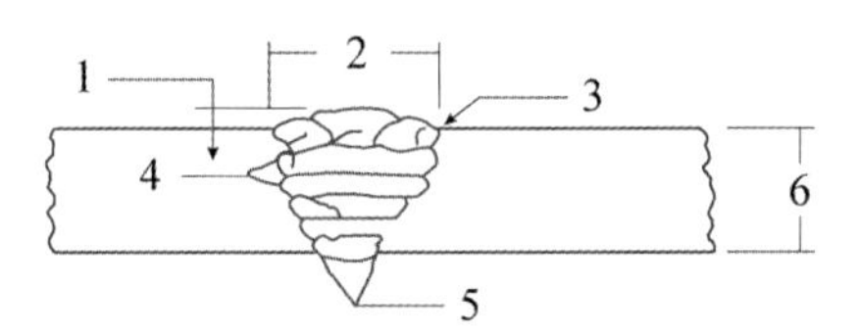

가. 용접 토우　　나. 용접 덧살
다. 용접 루트　　라. 용접 비드

16 용접부의 비파괴 시험 보조기호 중 잘못 표기된 것은?

가. RT : 방사선투과 시험　　나. UT : 초음파탐상 시험
다. MT : 침투탐상 시험　　라. ET : 와류탐상 시험

17 맞대기 용접 시험편의 인장강도가 650 N/mm^2이고, 모재의 인장 강도가 700 N/mm^2일 경우에 이음 효율은 약 얼마인가?

가. 85.9%　　나. 90.5%
다. 92.9%　　라. 98.2%

18 용접 이음 설계 시 일반적인 주의사항 중 틀린 것은?

가. 가급적 능률이 좋은 아래보기 용접을 많이 할 수 있도록 설계한다.
나. 후판을 용접할 경우는 용입이 깊은 용접법을 이용하여 용착량을 줄인다.
다. 맞대기 용접에는 이면 용접을 할 수 있도록 해서 용입 부족이 없도록 한다.
라. 될 수 있는 대로 용접량이 많은 홈 형상을 선택한다.

19 그림과 같이 폭 50 mm, 두께 10 mm의 강판을 40 mm만을 겹쳐서 전둘레 필릿 용접을 한다. 이때 100 kN의 하중을 작용시킨다면 필릿 용접의 치수는 얼마로 하면 좋은가 ? (단 용접 허용응력은 10.2 kN/cm^2)

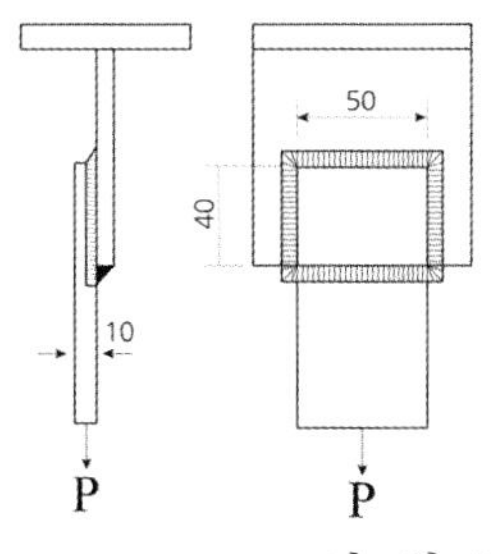

가. 약 2 mm
나. 약 5 mm
다. 약 8 mm
라. 약 11 mm

20 용착 금속의 인장강도를 구하는 식은?

가. 인장강도 $= \dfrac{\text{인장하중}}{\text{시험편의 단면적}}$

나. 인장강도 $= \dfrac{\text{시험편의 단면적}}{\text{인장하중}}$

다. 인장강도 $= \dfrac{\text{표점거리}}{\text{연신율}}$

라. 인장강도 $= \dfrac{\text{연신율}}{\text{표점거리}}$

21 용접 이음의 안전율을 나타내는 식은?

가. 안전율 $= \dfrac{\text{인장강도}}{\text{허용응력}}$

나. 안전율 $= \dfrac{\text{허용응력}}{\text{인장강도}}$

다. 안전율 $= \dfrac{\text{이음효율}}{\text{허용응력}}$

라. 안전율 $= \dfrac{\text{허용응력}}{\text{이음효율}}$

22 용접 이음의 종류 중 겹치기 이음은?

가. 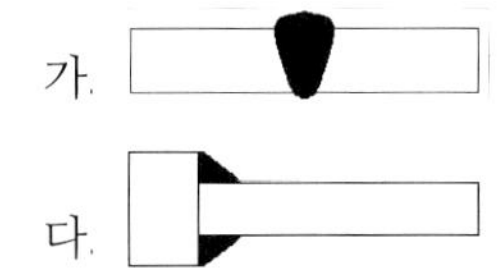

나. 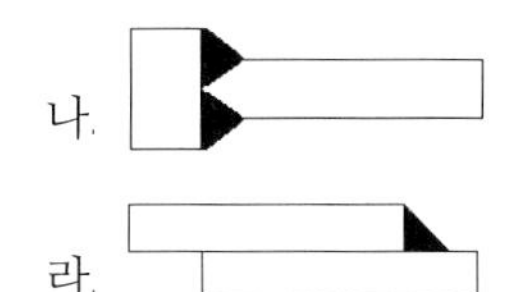

다.

라.

23 일반적으로 피로 강도는 세로축에 응력 (S), 가로축에 파괴까지의 응력 반복 회수 (N)를 가진 선도로 표시한다. 이 선도를 무엇이라 부르는가?

가. B-S 선도
나. S-S 선도
다. N-N 선도
라. S-N 선도

24 용접부의 기호 도시방법 설명으로 옳지 않은 것은?

가. 설명선은 기선, 화살표, 꼬리로 구성되고, 꼬리는 필요가 없으면 생략해도 좋다.

나. 화살표는 용접부를 지시하는 것이므로 기선에 대하여 되도록 60° 의 직선으로 한다.

다. 기선은 보통 수직으로 한다.

라. 화살표는 기선의 한 쪽 끝에 연결한다.

25 다음 용접 기호를 설명한 것으로 옳지 않은 것은?

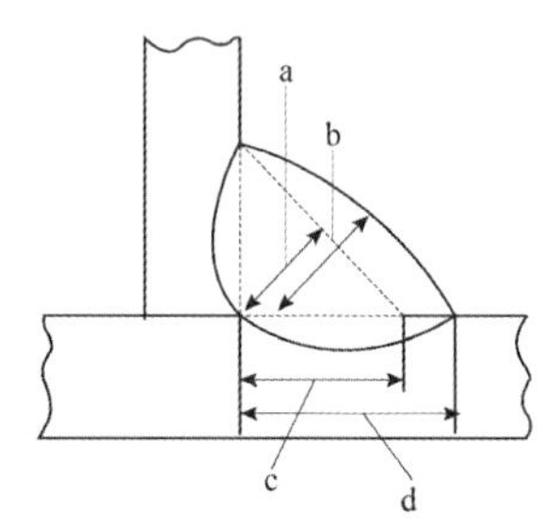

가. n : 용접 개수　　나. l : 용접 길이

다. C : 심 용접 길이　　라. e : 용접단속길이

26 용접부의 이음효율을 나타내는 것은?

가. $\text{이음효율} = \dfrac{\text{용접시험편의 인장강도}}{\text{모재의 굽힘강도}} \times 100(\%)$

나. $\text{이음효율} = \dfrac{\text{용접시험편의 굽힘강도}}{\text{모재의 인장강도}} \times 100(\%)$

다. $\text{이음효율} = \dfrac{\text{모재의 인장강도}}{\text{용접시험편의 인장강도}} \times 100(\%)$

라. $\text{이음효율} = \dfrac{\text{용접시험편의 인장강도}}{\text{모재의 인장강도}} \times 100(\%)$

27 다음 [그림]에서 실제 목두께는 어느 부분인가?

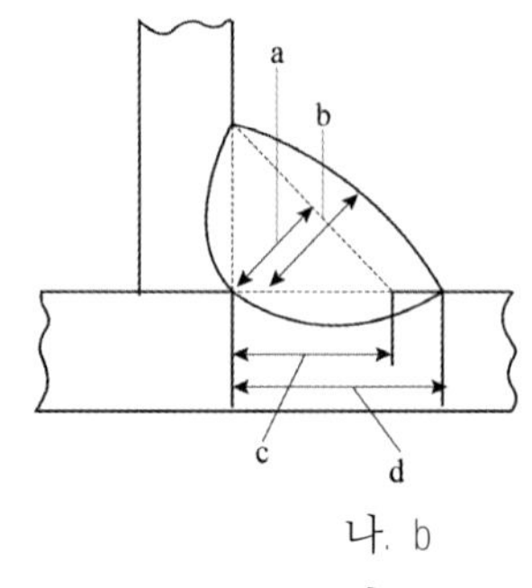

가. a　　나. b

다. c　　라. d

28 다음 [그림]과 같은 V형 맞대기 용접에서 굽힘 모멘트(Mb)가 1000 N・m 작용하고 있을 때, 최대 굽힘 응력은 몇 MPa인가? (단, ℓ = 150 mm, t = 20 mm이고 완전 용입이다.)

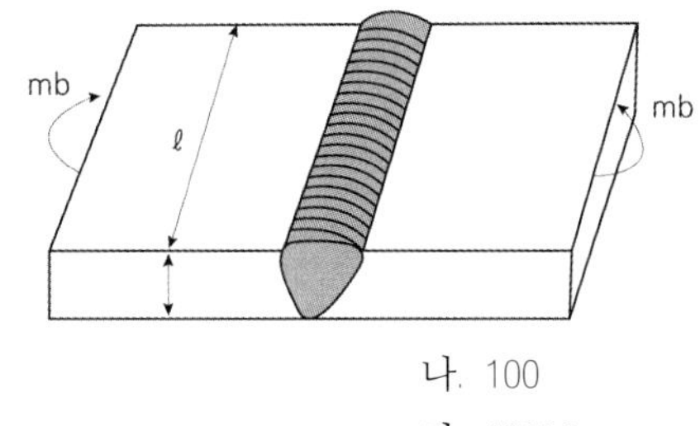

가. 10　　나. 100
다. 1000　　라. 10000

29 다음 용접기호를 설명한 것으로 옳지 않은 것은?

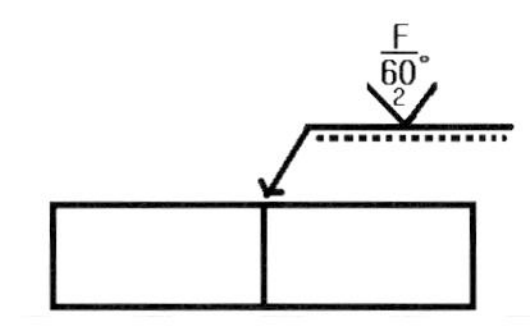

가. 용접부의 다듬질 방법은 연삭으로 한다.　　나. 루트 간격은 2 mm로 한다.
다. 개선 각도는 60°로 한다.　　라. 용접부의 표면 모양은 평탄하게 한다.

30 응력이 "0"을 통과하여 같은 양의 다른 부호 사이를 변동하는 반복응력 사이클은?

가. 교번 응력　　나. 양진 응력
다. 반복 응력　　라. 편진 응력

31 단면적이 150 mm , 표점거리가 50 mm인 인장시험편에 20 kN의 하중이 작용할 때 시험편에 작용하는 인장응력(σ)은?

가. 약 133 GPa　　나. 약 133 MPa
다. 약 133 KPa　　라. 약 133 Pa

32 단면이 가로 7 mm인 직사각형의 용접부를 인장하여 파단시켰을 때 최대하중이 34.44 kN이었다면 용접부의 인장강도는 몇 MPa인가?

가. 310　　나. 350
다. 410　　라. 460

33 필릿 용접의 이음강도를 계산할 때, 각장이 10 mm라면 목두께는?

가. 약 3 mm　　나. 약 7 mm
다. 약 11 mm　　라. 약 15 mm

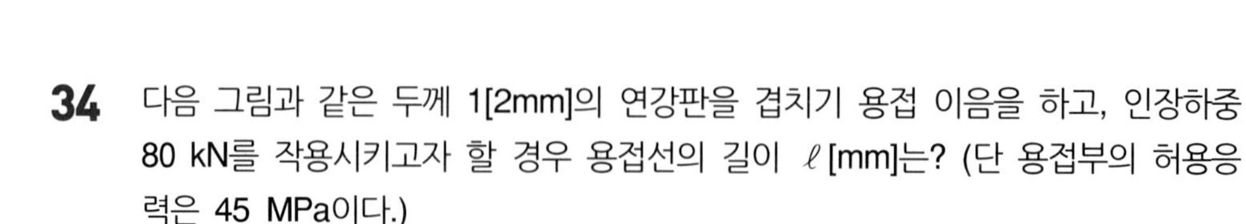

34 다음 그림과 같은 두께 1[2mm]의 연강판을 겹치기 용접 이음을 하고, 인장하중 80 kN를 작용시키고자 할 경우 용접선의 길이 ℓ[mm]는? (단 용접부의 허용응력은 45 MPa이다.)

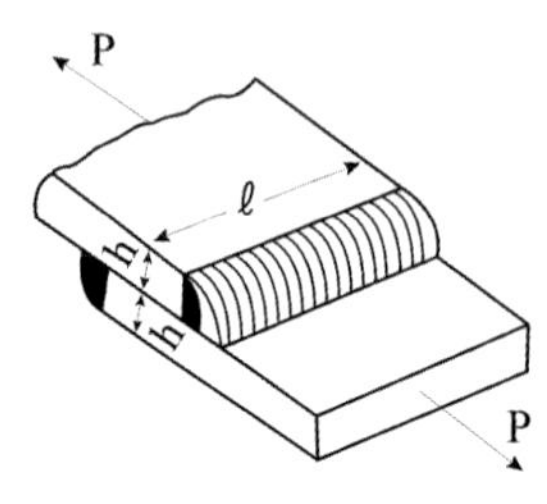

가. 224.7 나. 184.7
다. 104.7 라. 204.7

35 용접 이음설계에 관한 설명 중 옳지 않은 것은?

가. 이음부의 홈 모양은 응력 및 변형을 억제하기 위하여 될 수 있는 한 용착량이 적게 할 수 있는 모양을 선택해야 한다.
나. 용접 이음의 형식과 응력 집중의 관계를 항상 고려하여 될 수 있는 한 이음을 대칭으로 해야 한다.
다. 용접물의 중립축을 생각하고, 그 중립축에 대하여 용접으로 인한 수축 모멘트의 합이 1이 되게 한다.
라. 국부적으로 열이 집중하는 것을 방지하고 재질의 변화를 적게 한다.

36 용접 이음의 피로 강도는 다음의 어느 것을 넘으면 파괴되는가?

가. 연신율
나. 최대하중
다. 응력의 최대값
라. 최소하중

37 KS규격에서 용접부 및 용접부의 표면 형상 설명으로 옳지 않은 것은?

가. ――― : 동일평면으로 다듬질함
나. ◡◡ : 끝단부를 오목하게 함
다. M : 영구적인 덮개판을 사용함
라. MR : 제거 가능한 덮개판을 사용함

38 KS규격에서 플러그 용접을 의미하는 기호는?

가. 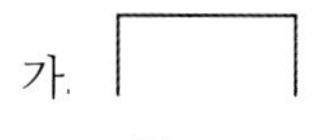

나.

다.

라.

39 용접 기호 중에서 스폿 용접을 표시하는 기호는?

가. 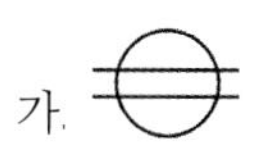

나.

다.

라.

40 KS규격 (3각법)에서 용접 기호의 해석으로 옳은 것은?

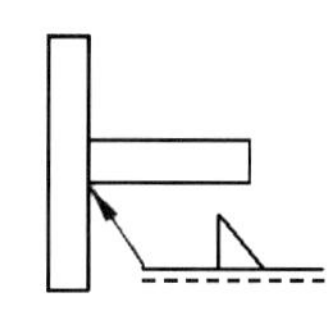

가. 화살표 반대쪽 맞대기 용접이다.

나. 화살표 쪽 맞대기 용접이다.

다. 화살표 쪽 필렛 용접이다.

라. 화살표 반대쪽 필렛 용접이다.

41 용착부의 인장응력 50 MPa, 용접선 유효 길이가 80 mm이며, V형 맞대기로 완전 용입인 경우 하중 80 kN에 대한 판두께는 몇 mm로 계산되는가? (단, 하중은 용접선과 직각 방향임)

가. 10

나. 20

다. 30

라. 40

42 인장강도 P, 사용응력 σ , 허용응력 σ_a라 할 때, 안전율 공식으로 옳은 것은?

가. 안전율 = P / $(\sigma \cdot \sigma_a)$

나. 안전율 = P / σ_a

다. 안전율 = P / $(2 \cdot \sigma)$

라. 안전율 = P / σ

43 그림과 같은 용접부의 목두께는?

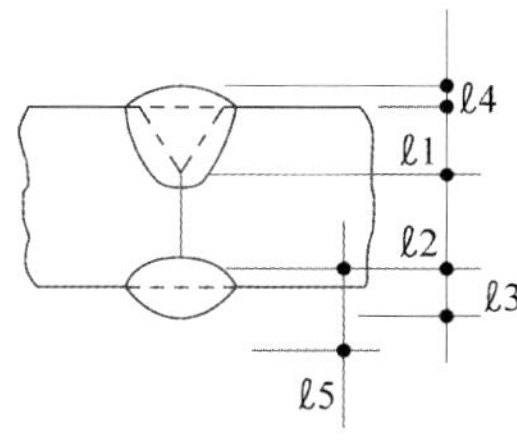

가. ℓ1 + ℓ2 + ℓ3

나. ℓ1 + ℓ2

다. ℓ1 + ℓ3

라. ℓ1 + ℓ2 + ℓ3 + ℓ4 + ℓ5

44 인장압축의 반복하중 300 kN이 용접선에 직각방향으로 작용하고, 폭이 500 mm인 2개의 강판을 맞대기 용접할 때, 그 강판의 두께는 얼마인가? (단,허용응력 σa = 80 MPa이다.)

가. 3.5 mm　　나. 5.5 mm
다. 7.5 mm　　라. 9.5 mm

45 강판두께 t = 19 mm, 용접선의 유효 길이 ℓ = 200 mm이고, h1, h2가 각각 8 mm일 때, 하중 P = 70 kN에 대한 인장응력은 몇 MPa인가?

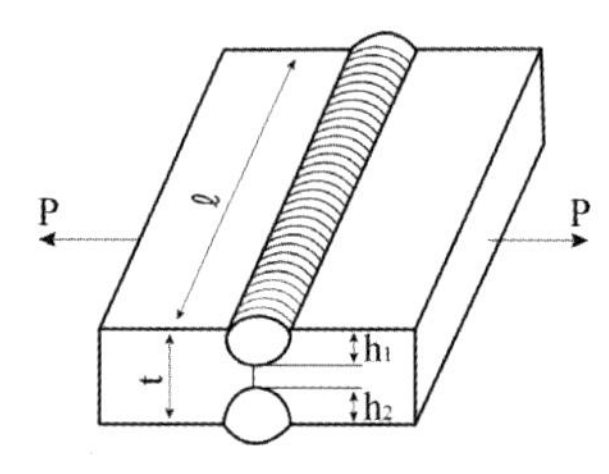

가. 약 2　　나. 약 22
다. 약 48　　라. 약 68

연습문제 정답														
1	2	3	4	5	6	7	8	9	10	11	12	13	14	15
라	나	라	나	나	라	다	가	라	다	나	라	라	나	라
16	17	18	19	20	21	22	23	24	25	26	27	28	29	30
라	다	라	다	가	가	라	라	다	다	라	나	나	가	나
31	32	33	34	35	36	37	38	39	40	41	42	43	44	45
나	다	나	다	다	다	나	가	다	다	나	나	다	다	나

9

용접결합

9.1 용접에 의한 수축 변형
9.2 잔류 응력
9.3 용접 응력의 측정
9.4 용접 입열
9.5 용접부의 온도 분포
9.6 용접 열영향부의 열사이클
9.7 열영향부의 냉각 속도
9.8 용접 균열의 종류
9.9 용접 균열의 발생 요인

9.1 용접에 의한 수축 변형

9.1.1 잔류 응력 및 변형의 발생

– 변형 : 용착 금속은 가열된 상태에서는 늘어났다가 다시 냉각을 하면 수축변형을 일으킨다.

– 잔류 응력 : 구속된 상태의 금속에 열을 가하면 자유로이 수축과 팽창을 하지 못하고 재료 내부에 응력이 남게 되는데 이것을 **잔류 응력**이라 한다.

표 9.1 용접부의 변형과 잔류 응력 발생 원리

조건	그림	온도 변화	형태 변화	잔류 응력
(1) 팽창과 수축이 자유로움		상온	–	–
		가열	팽창함	–
		냉각	수축함	–
		상온	처음 길이로 됨	잔류 응력 없음
(2) 팽창 억제 수축은 자유로움		상온	–	–
		가열	팽창이 억제됨	압축 응력
		냉각	수축함	–
		상온	길이 짧아지고 중앙부는 두꺼워짐	잔류 응력 없음
(3) 팽창 억제 수축 억제		상온	–	–
		가열	팽창이 방해됨 압축	응력 발생
		냉각	수축이 방해됨	인장 응력 발생
		상온	중앙부 두꺼워짐 끝부분 얇아짐 인장	응력 발생

사각관과 같은 구조의 일부를 가열 · 냉각 시 변형의 예

– 열 변형 : 열에 의해 발생하는 변형은 다음과 같다.

$$\lambda = \alpha \Delta t \ \ell$$

여기서 λ : 열에 의한 신장량, α : 열팽창계수, Δt: 온도변화, ℓ: 재료의 처음 길이

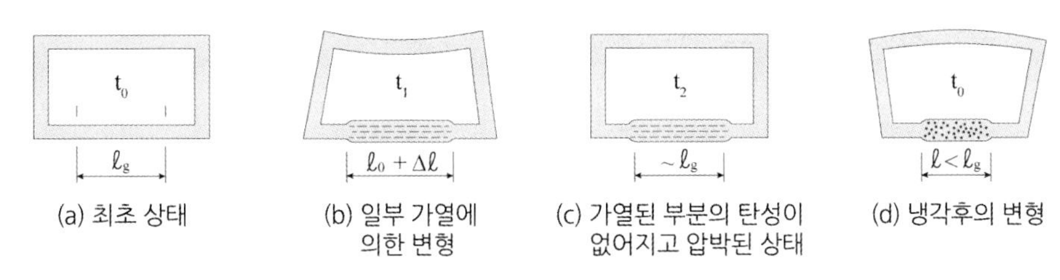

그림 9.1 응력과 변형의 상태의 예

9.1.2 수축 변형 발생과 그 종류

(1) 용접 변형의 특징과 변형의 원인

① 용접 변형의 특징

- 용접 변형은 구조물의 미관을 손상시킴
- 초기 변형이나 잔류 응력으로 구조물의 강도를 저하시킴
- 용접 변형은 강구조물 제작시 용접부 형상에 따라 복합적으로 발생
- 변형 발생 시 절단, 교정 등의 불필요한 작업으로 생산성 저하

② 용접 변형의 원인

- 모재의 영향
  - 열팽창계수가 크고 열전달이 클수록 변형 발생이 크다.
  - 오스테나이트 스텐리스강은 선팽창계수가 탄소강의 1.5배로 열에 의한 변형량이 탄소강보다 크다는 것을 알 수 있다.
- 용접 형상의 영향
  - V형 맞대기 이음은 각 변화가 한 방향에서만 일어난다.
  - X형 맞대기 이음은 각 변화가 반대편 용접 시 상쇄작용으로 V형보다 작다.
  - V형 맞대기 이음 시 큰 지름의 용접봉을 쓰는 것이 각 변형을 감소.
  - X형 맞대기 이음은 양면의 상하 개선 비율(대칭도)을 적절하게 조절하면 각 변형을 거의 없게 할 수 있으며, 보통 개선 비율은 6:4 혹은 7:3 정도.
- 용접 속도의 영향
  - 용접 속도를 빠르게 할수록 각 변형 방지 효과가 크다.
  - 용접 패스(pass)수가 적을수록 각 변형 및 세로방향 뒤틀림이 적어진다.

- 용접 입열 대소의 영향
  - 대 입열의 용접일수록 용융 금속이 많이 발생되어 수축량이 많이 발생.
  - 용접부 변형을 최소화하기 위해서는 가능한 저입열의 용접 방법을 선택.

(2) 용접 변형의 종류

표 9.2 용접 변형에 영향을 미치는 인자

용접열에 관계되는 인자	외적 구속에 관계되는 인자
용접 전류, 아크 전압, 용접 속도, 용접 층수, 용접봉의 종류와 크기, 용착법, 이음의 홈 모양과 치수, 용접 순서, 용접 방법(즉, 수동이나 자동 용접), 이면 따내기 또는 이면 용접 유무 등	부재 치수나 이음의 주변 지지 조건, 부재의 강성, 가용접의 크기와 피치, 구속 지그 적용법, 용착 순서, 용접 순서 등
변형을 생기게 하는 인자	변형을 억제하는 인자

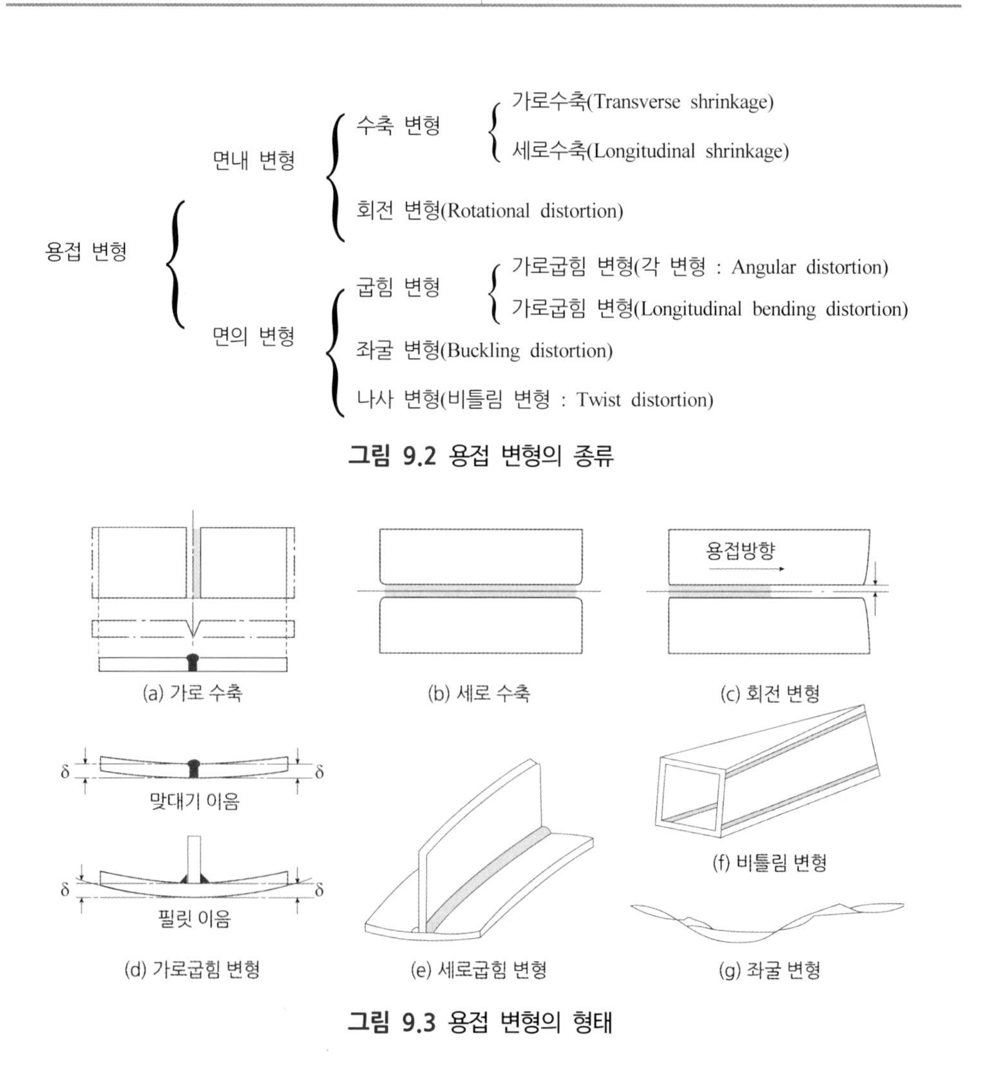

그림 9.2 용접 변형의 종류

그림 9.3 용접 변형의 형태

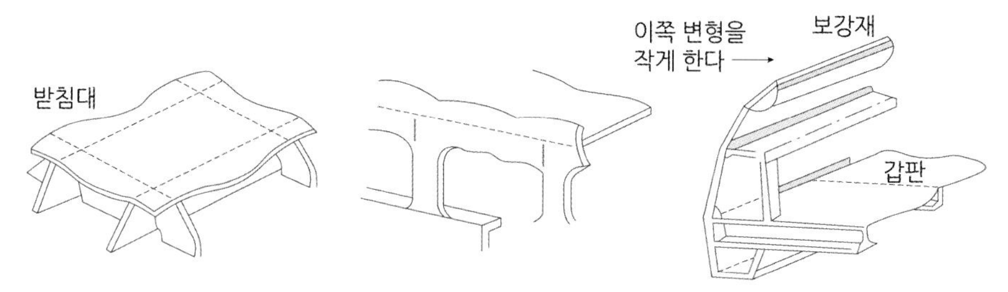

그림 9.4 구조물에서의 용접 변화

① 가로(횡) 수축 : 용접선에 직각 방향의 수축

1) 자유 이음의 가로(횡) 수축

- 자유 이음의 수축량

$$S_d = \frac{a}{C_\rho} \times \frac{Q}{vd}$$

여기서 S_d: 자유 이음의 수축량(cm), a: 선팽창계수(1/℃), C: 비열(cal/g℃), ρ: 밀도(g/cm^3), Q: 단위 시간당 입열(cal/sec), v: 용접 속도(cm/sec), d: 판두께(cm)이다.

- 용착 금속의 양은 입열량과 비례하고, 입열량은 개선 단면적과 비례하므로 개선 단면적이 클수록 가로(횡) 수축량도 증가한다.
- 같은 판두께라도 루트 간격이 클수록, X형보다 V형 홈의 용접이 가로(횡) 수축량이 크다.
- 스텐리스강이나 알루미늄 용접의 경우 α/Cρ값이 연강보다 크므로(STS : 2배, AL : 4배) 가로(횡) 수축량도 훨씬 크다.

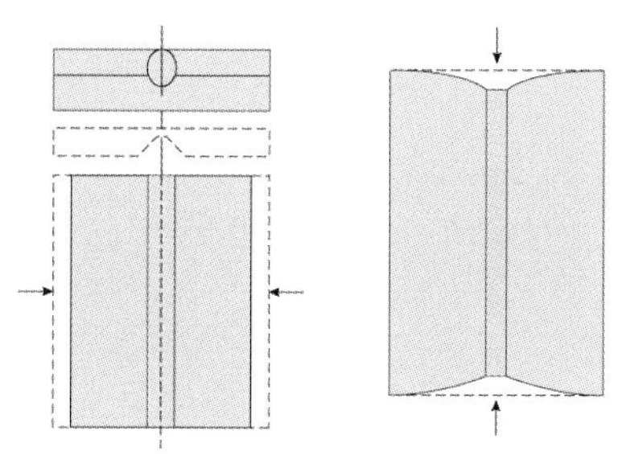

(a) 가로(횡) 수축 (b) 세로(종) 수축

그림 9.5 가로 및 세로 수축

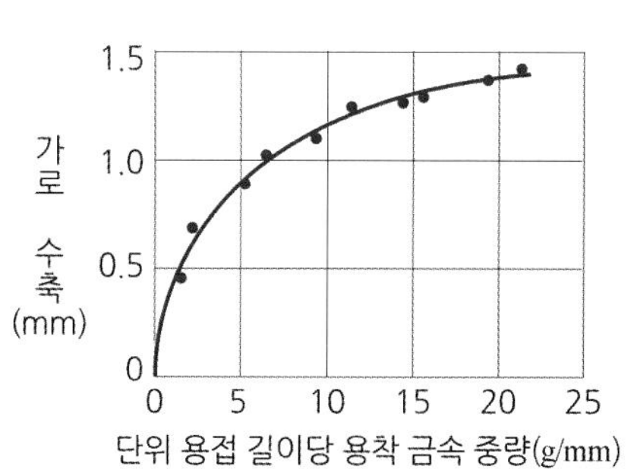

그림 9.6 다층 용접 시 가로(횡) 수축량

- 비용착열(용접 입열량 Q / 용착금속량 W)의 비에 따라 수축량이 달라지므로, 비용착열이 적은 서브머지드 아크 용접이 피복 아크 용접의 1 ／2 정도로 가로(횡) 수축량이 적다.

2) 필릿 용접 이음의 가로(횡) 수축

- 필릿 용접은 맞대기 용접보다 용착 금속 자체의 수축이 자유롭지 못해 가로(횡) 수축량은 맞대기 용접보다 훨씬 적다.
- 필릿 용접의 가로(횡) 수축량(실험식)
  - 연속 필릿 용접 시 횡 수축량 = 다리 길이/판두께 [mm]
  - 단속 필릿 용접 시 횡 수축량 = (다리 길이/판두께) × (용접 길이/전길이) [mm]
  - 겹치기(양면 필릿) 이음 횡 수축량 = (다리 길이/판두께) × 1.5 [mm]

표 9.3 용접 시공 조건과 수축량의 관계

시공 조건	수축량과 정도 효과
홈의 형태	V형 홈이 X형 홈보다 수축이 큼. 단, 대칭 X형 홈은 오히려 좋지 않음
루트 간격	간격이 클수록 수축이 큼
용접봉 지름	봉 지름이 큰 것으로 시공할수록 수축이 작음
피복제의 종류	별로 영향이 없음
운봉법	위빙하는 쪽이 수축이 적음
구속 정도	구속도가 크면 수축이 적음. 단 너무 구속도가 크면 균열의 우려가 있음
피닝 여부	피닝하면 수축량이 다소 감소함, 후판에선 별 영향 없음
밑면 따내기(가스 가우징)	밑면 따내기만으로는 별 영향이 없으며 재용접하면 밑면 따내기 전과 대략 평행으로 증가함. 가우징 시 가우징 열에 의해서도 수축하며 이후 평행으로 증가함
서브머지드 아크 용접	횡수축이 훨씬 적어 피복 아크 용접의 약 1/3~1/2 정도임.

② 세로(종) 수축 : 용접선 방향의 수축

일반적으로 용접 이음의 종수축량은 1/1000 정도이며, Gryot의 맞대기 용접 종수축량 계산 실험식은 다음과 같다.

$$\delta = \frac{Aw}{Ap} \times 25\ \mathrm{mm}$$

여기서 Aw : 용착 금속의 단면적 (mm^2), Ap: 저항하는 부재의 단면적 mm^2, Aw/Ap의 비가 1/20보다 작을 경우 모두 0.05로 한다.

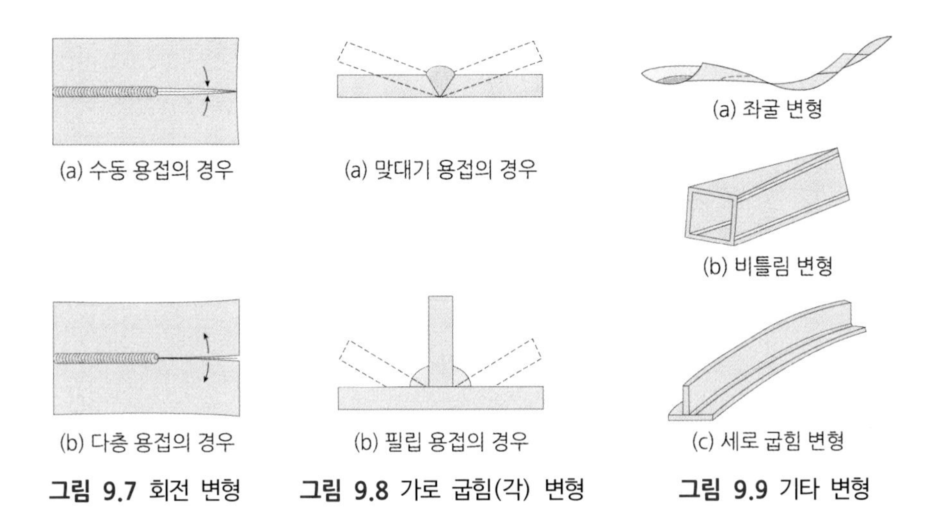

그림 9.7 회전 변형 **그림 9.8** 가로 굽힘(각) 변형 **그림 9.9** 기타 변형

③ 회전변형

- 서브머지드 아크 용접과 같이 고속 대입열 용접의 경우 넓어지고 수동 용접이나 일렉트로 슬래그 용접과 같이 저속 소입열인 경우 반대로 좁아지게 된다.
- 회전 변형은 첫 패스(Pass)의 용접에 가장 심하게 나타나며, 2층 이후는 비교적 작다.
- 회전 변형의 방지대책
  - 가접을 완전하게 하거나 미리 수축을 예견하여 그만큼 벌리거나 좁혀준다.
  - 용접 끝부분을 구속한다.
  - 길이가 긴 경우는 2명 이상의 용접사가 이음의 길이를 정해 놓고 동시에 시작한다.
  - 후퇴법, 대칭법, 비석법(Skip method) 등의 용착법을 이용한다.
  - 맞대기 이음이 많은 경우 길이가 길고 용접선이 직선인 경우, 제작 개수가 많은 부재는 큰 판으로 맞대기 용접한 후 플레임 플레이너로 절단하면 능률의 향상과 회전 변형을 방지할 수 있다.

④ 가로 굽힘(각) 변형

- 맞대기 용접을 한쪽에서 용접하는 경우 용접하는 쪽으로 생기는 굽힘 변형이 일어난다.
- 후판 용접 시 각변형으로 인하여 루트 균열이 발생한다.
- 각 변형 방지 대책은 클램프나 스트롱 백에 의해 구속 용접 수행한다.
- 후판의 경우 각 변형은 첫패스나 2번째 패스보다 3번째 패스에서 급격히 증가 한다.
- 각 변형의 방지 대책
  - 개선각도 될 수 있는 한 작게 한다.
  - 판두께가 얇을수록 첫 패스측의 개선 깊이를 크게 한다.
  - 용접 속도가 빠른 용접법을 이용한다.
  - 구속지그를 활용한다.
  - 역변형의 시공법을 사용한다.
  - 판두께와 개선형상이 일정할 때 용접봉 지름이 큰 것을 이용하여 패스수를 줄인다.

⑤ 필릿 용접 이음에서의 각 변형

- 용착 금속량이 많을수록 커진다.
- 필릿 용접의 각 변형은 패스수(층수)에 따라 증가한다.
- T형 필릿 용접의 각 변형 경감 방법
  - 판을 휘어놓는 역변형이 가장 좋다.
  - 단속 용접을 한다.
  - 용접 속도가 빠른 용접법(서브머지드)을 이용한다.

⑥ 세로(종) 굽힘 변형

- 세로 수축의 중심이 부재의 가로(횡)단면의 중립축과 일치하지 않는 경우 발생한다.
- 맞대기 이음의 경우도 발생하지만, T형 조립 빔이나 I형 조립빔 용접과 같이 용접선이 빔의 단면 중립축에서 떨어진 경우에 많이 발생한다.

⑦ 좌굴 변형(Buckling distortion)

- 두꺼운 판의 경우는 문제가 없으나 얇은 판의 경우는 용접 입열에 비하여 판의 강성이 현저하게 낮으므로, 용접선 방향으로 압축 응력에 의하여 좌굴 변형이 발생
- 좌굴 변형 방지법
  - 이음의 근방에서 면외 변형을 구속하는 방법
  - 용착 순서를 고려하여 열량을 적당히 분산시키는 방법

⑧ 비틀림 형식의 변형(Twist distortion)

- 기둥이나 보 등과 같이 가늘고 길이가 긴 구조에서 재료 고유의 비틀림이나 용접수축의 미소한 불균형에 의해서 비틀림이 생긴다.
- 비틀림 변형은 일단 발생하면 교정이 극히 곤란하므로 용접 전에 보강하여 비틀림 강성을 증가시켜야 한다.
- 비틀림 변형의 원인
  - 압연 작업 시 발생하는 재료 고유의 비틀림
  - 조립 작업 시의 비틀림
  - 구조설계의 잘못
- 비틀림 변형을 경감시키는 시공 방법
  - 표면 덧붙이를 필요 이상 주지 말 것
  - 용접 집중을 피할 것
  - 이음부의 맞춤을 정확하게 할 것
  - 가공 및 정밀도에 주의할 것
  - 지그를 활용할 것
  - 조립 정밀도가 응력 변형 발생에 영향을 준다.
  - 용접 순서는 구속이 큰 부분에서 부터 구속이 없는 자유단으로 진행한다.

⑨ 가스 절단에 의한 변형(Twist distortion)

- 가스 절단 변형량은 절단 속도, 예열 불꽃의 크기, 모재의 초기 응력 등에 따라 다르므로, 절단 시에는 예열 및 절단 속도를 알맞게 선택한다.

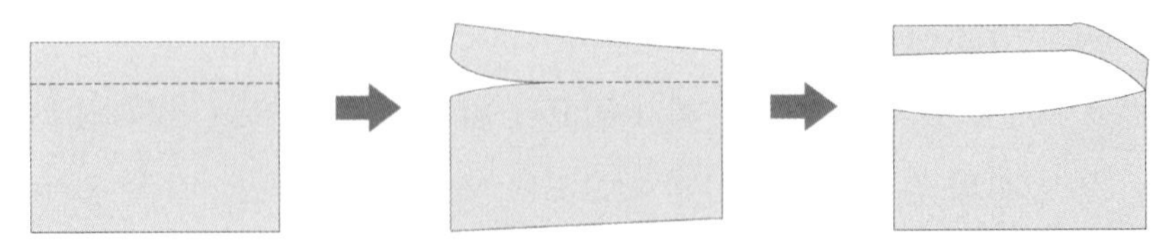

그림 9.10 가스 절단 변형

- 가스 절단 변형을 경감시키는 시공 방법
  - 적당한 지그를 사용하여 절단재의 이동을 구속한다.
  - 절단에 의하여 변형되기 쉬운 부분을 최후까지 남겨 놓고, 냉각하면서 절단한다.
  - 플레임 플레이너와 같은 여러 개의 토치를 사용하여 평행 절단한다.
  - 가스 절단 직후에 절단가장자리를 수냉하는 방법이다.

(3) 용접 변형의 방지 대책

용접 변형이 없는 완전한 구조물 제작은 곤란하고, 설계, 가공, 용접 때 적당한 배려를 통하여 그 크기나 분포를 조정가능하며, 용접 변형의 경감이나 방지를 위한 근본적인 방법은 용접 입열을 감소시키고, 변형에 저항하는 부재의 강성을 증가시키는 것이다.

① 용접 변형 방지법의 종류

- 구속법(restraint method method; 억제법 또는 구속에 의한 변형 방지법)
- 역변형법(pre-distortion method)
- 용접 순서를 바꾸는 법
- 냉각법(cooling method)
- 가열법
- 피닝법(peening method)

– 구속법(restraint method : 억제법 또는 구속에 의한 변형 방지법)

1) 용접물을 정반, 보강재, 보조판 등을 이용하여 강제 고정하여 변형을 방지하면서 용접하는 방법이며, 가장 많이 사용하는 방법이다.
2) 소성 변형이 일어나기 쉬운 장소를 구속하는 것이 원칙이다.
3) 구속법은 억제하는 힘이 너무 클 경우 잔류 응력이 커져서 균열을 발생한다.

4) 후판의 경우는 잔류 응력으로 인한 균열에 주의 필요하다.

5) 스테인리스강의 경우도 구속으로 생긴 잔류 응력이 응력 부식 균열 등을 일으킬 수 수 있으므로 주의가 필요하다.

6) 박판 구조물에 적당한 방법이다.

· 박판의 경우 개선면 부근에 클램프나 잭으로 고정

· 스테인리스강 박판 맞대기 이음 시 동판을 조합시킨 구속 지그 사용

· 적당한 지그가 없는 경우 스트롱백(strong back)을 사용

· 홈 각 및 루트 간격을 용접이 가능한 범위로 최소화한다.

· 맞대기 용접의 경우 잭으로 판을 구속하거나 중량물을 올려놓는다.

· 변형 상쇄법이나 엘보 강관 용접의 경우 앵글을 사용하는 방법도 있다.

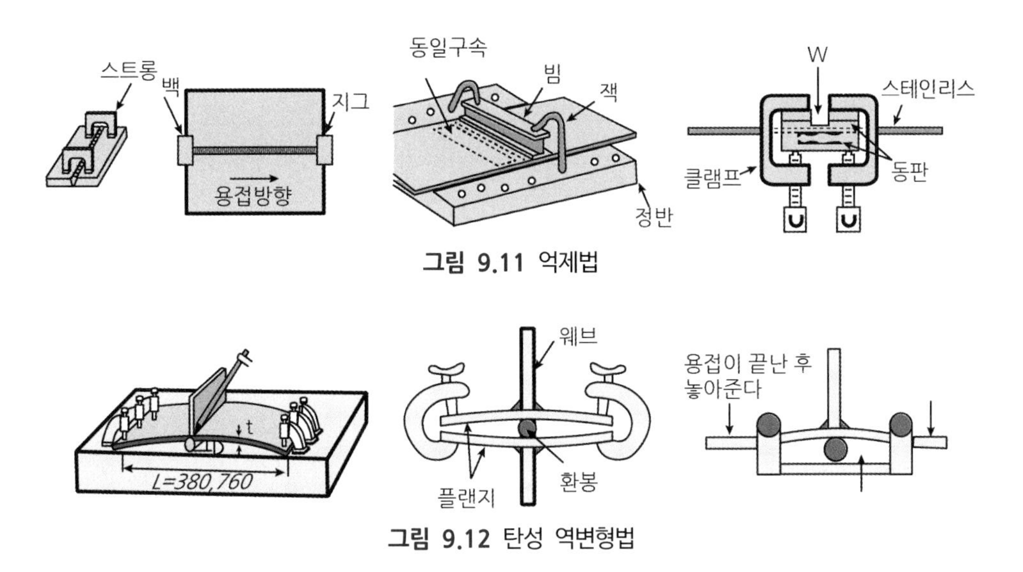

그림 9.11 억제법

그림 9.12 탄성 역변형법

– 역변형법(pre-distortion method)

· 용접에 의한 변형을 미리 예측하여 용접하기 전에 반대방향으로 먼저 변형을 주고 용접하는 것

· 용접 후 변형을 바로 잡기가 어려울 때나, 처음부터 변형량을 대략 예측할 수 있을 때 사용한 방법

· 역변형을 주는 방법은 탄성 역변형법과 소성 역변형법 2가지가 있다.

· 탄성 역변형법 : 재료를 탄성한도 범위 내로 변형을 주었다가 놓아주

면 제 자리로 돌아가는 변형

· 소성 역변형법 : 가장 널리 쓰는 방법으로 탄성한도를 넘어서 제자리로 돌아오지 않는 범위까지 역변형을 주는 방법

· 역변형을 주는 방법

1) V형 맞대기 용접 시 루트 간격을 종단 부근에서 더 벌려 주는 방법

2) 가접 후 뒷면으로 2 ~ 3° 정도 꺾어준 후 용접하는 방법

• V형 맞대기 용접 시 일반적인 루트간격의 역변형량

D = (d + 0.005 l)

D : 아크가 끝나는 지점의 역변형량

d : 시점의 루트 간격, ℓ : 전체 용접 길이

– 용접 순서를 바꾸는 방법

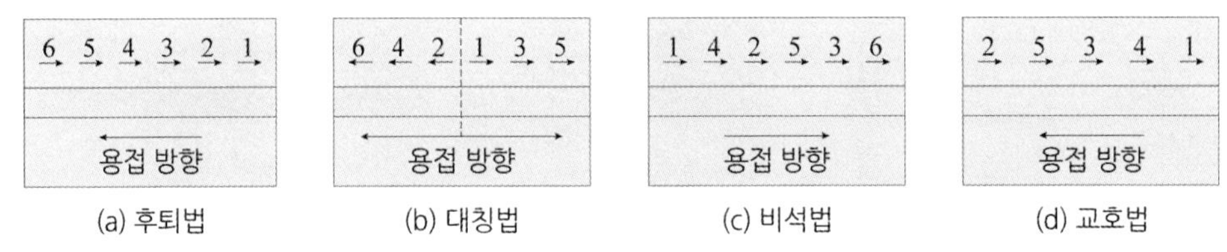

(a) 후퇴법 (b) 대칭법 (c) 비석법 (d) 교호법

그림 9.13 용접 순서 변경에 따른 변형 방지법

• 후퇴법(back step method)

• 대칭법(symmetry method)

• 비석법(skip method) : 잔류 응력이 가장 적게 남는 방법

비석법의 경우 각 비드의 길이는 약 200 mm 정도가 적당

• 교호법(alternation method)

– 냉각법(cooling method)

1) 용접부 부근을 냉각시켜 열영향부의 넓이를 축소시킴으로서 변형을 방지하는 방법

2) 냉각법의 종류 3가지

· 수냉 동(구리)판 사용법

· 살수법

· 석면포 사용법

– 가열법

용접에 의한 국부 가열을 피하기 위하여 전체 또는 국부적으로 가열하고 용접하는 방법이다.

– 피닝법(peening method)

1) 가늘고 긴 피닝 망치로 용접부위를 계속하여 두들겨 주는 작업

2) 피닝의 목적 : 비드 표면층에 성질 변화를 주게 되어

· 용접에 의한 수축 변형을 감소

· 용접부의 잔류 응력을 완화

· 용접 변형 방지

· 용접 금속의 균열 방지

표 9.4 피닝의 시공조건

피닝의 목적	피닝의 시기	회수*	피닝을 하는 장소
잔류응력 완화	냉간	최종 층만이 좋다. 각층 피닝은 다소 효과적이다.	용착 금속 및 그 양측 약 50 mm 범위
변형의 방지	냉간	각층 피닝	용착 금속 및 그 양측 부분
미소균열의 방지	열간	각층 피닝	용착 금속

* ① 제1층을 피닝하면 균열의 우려가 있다.
② 가공에 의한 취화가 문제될 때에는 최종 층의 피닝을 하지 않는다.

※ 연강 이외의 재료에 피닝을 할때 주의 사항

① 오스테나이트계 스테인리스강은 가공경화가 일어나고, 또한 내식성이 약하므로 최종 층은 과도한 피닝은 하지 않는다.

② 페라이트 스테인리스강은 인성이 낮으므로 과도한 피닝을 하면 그 충격으로 균열이 일어나기 쉽다.

③ 청동의 피닝은 열간취성 온도를 피하는 것이 좋다.

② 일반적인 용접 변형 방지법

● 설계 단계에서의 변형 방지법

– 용접 길이가 감소될 수 있는 설계를 한다. 프레스 굽힘이나 형재의 사용, 단속 용접 등을 채용한 설계로 용접 길이를 감소한다.

– 용착 금속을 감소시킬 수 있는 설계를 한다. 개선 형상이나 각장 길

이의 감소 여지를 파악하여 최적 설계로 용착 금속을 감소시킨다.
- 보강재 등 구속이 커지도록 구조 설계를 한다. 4 변형이 적어질 수 있는 이음 부분을 배치한다.

- 시공 단계에서의 변형 방지법
  - 재료 운반, 절단 시의 변형을 줄인다.
  - 개선 치수와 조립의 정밀도를 향상시키고, 용접 금속의 중량을 줄인다.
  - 탄성 역변형법, 소성 역변형법을 채용한다.
  - 용착열이 적은 용접법을 채용한다.
  - 포지셔너 등을 사용하여 처음부터 품질이 좋은 이음 부분을 얻는다.
  - 용접 전 고정구나 스트롱백을 사용하여 구속한다.
  - 용접 변형이 작도록 용접 순서를 채용한다.
  - 용입을 가능한 적게 하고 맞춤의 이가 잘 맞도록 한다.
  - 용접을 중앙으로부터 시작하여 밖으로 진행한다.
  - 단면의 중심축에 대하여 양쪽에 균형있게 용착시킨다.
  - 필릿 용접보다 맞대기 용접을 먼저 한다.
  - 용접물을 중간 조립체로 나누어 용접해 나간다.
  - 가장 정밀한 용접부가 가장 나중에 용접되도록 순서를 정한다.

(4) 용접 변형의 교정법

용접 변형 교정 방법은 다음과 같다.

① 가열법 : 점가열법(얇은판에 대한 점 수축법)
선상 가열법(형재에 대한 직선 수축법)
쐐기모양 가열법

② 가압법 : 후판에 대하여 가열 후 압력을 주어 수냉하는 법
롤러에 의한 가열 후 햄머링법

③ 절단에 의한 성형과 재용접

④ 피닝법

- 연강의 최고 가열온도는 600~650°C 이하로 하는 것이 좋다.
- 얇은 판에 대한 점 수축법(점가열법) 조건

– 가열 온도 : 500~600°C

– 가열 시간 : 약 30초

– 가열 점의 지름 : 20~30 mm

– 중심 거리 : 60~80 mm

– 가열 후 즉시 수냉

가열·수냉 위치·순서 등이 올바르지 않으면 변형이 제거되지 않는다.

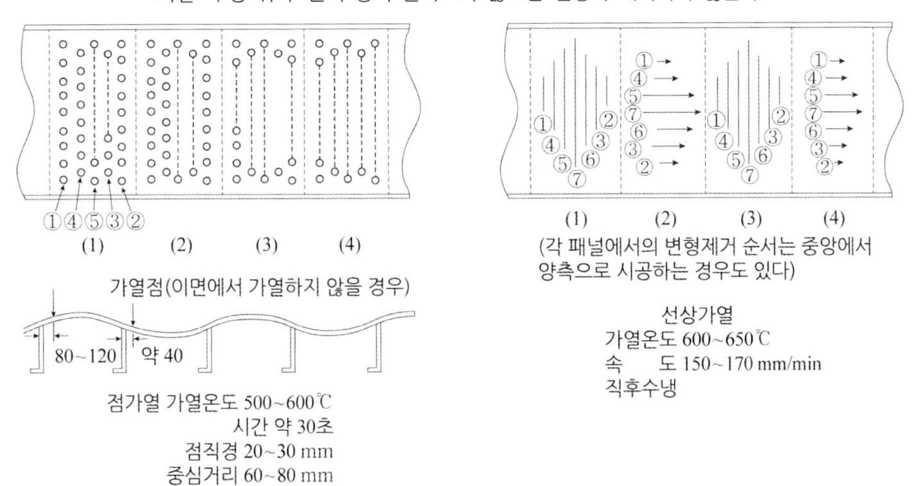

그림 9.14 점가열에 의한 변형제거법

그림 9.15 선상가열에 의한 변형제거법

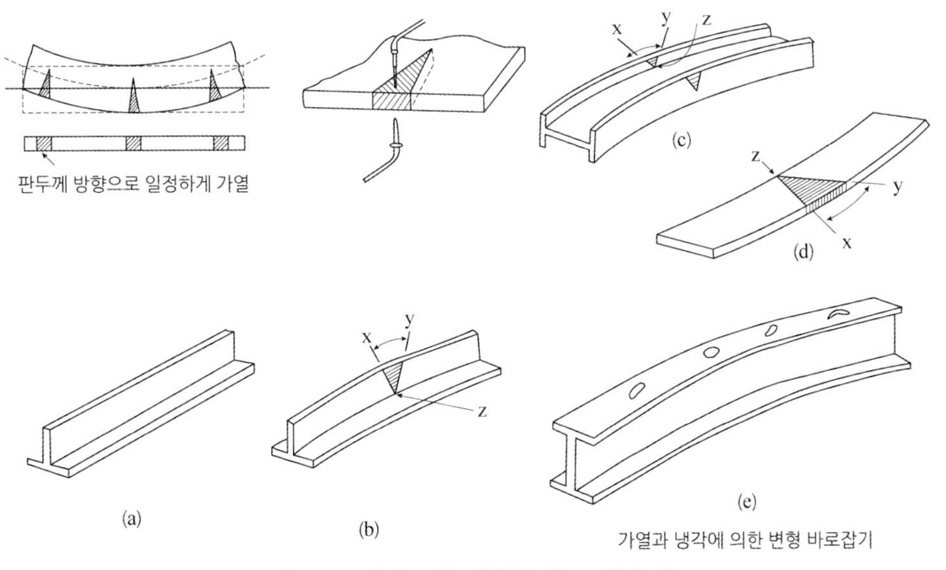

그림 9.16 쐐기 모양 가열법 및 그 응용 예

9.2 잔류 응력

9.2.1 잔류 응력의 발생과 분포

① 수축과 팽창의 정도

- 수축과 팽창의 정도는 가열된 면적의 크기에 정비례한다.
- 구속된 상태의 팽창, 수축은 금속의 변형과 응력을 초래한다.
- 구속된 상태에서의 수축은 금속이 그 장력에 견딜만한 연성을 가지지 못하면 결국 파단된다.

② 잔류 응력이 미치는 영향

- 박판구조물에서 국부 좌굴 변형을 일으킨다.
- 용접 구조물에서는 취성 파괴 및 응력 부식을 일으킨다.
- 기계 부품에서는 사용 중에 서서히 해방되어 변형을 일으킨다.

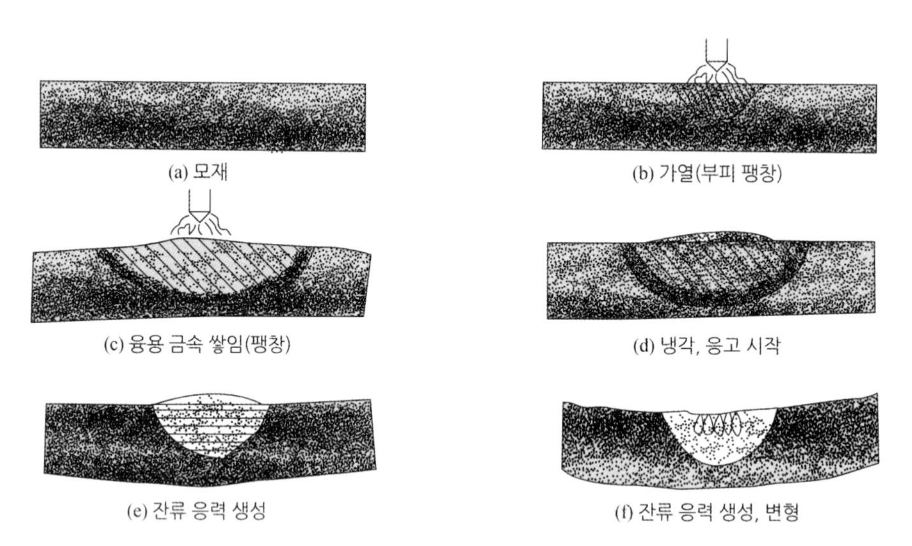

그림 9.17 용접 과정과 잔류 응력 발생

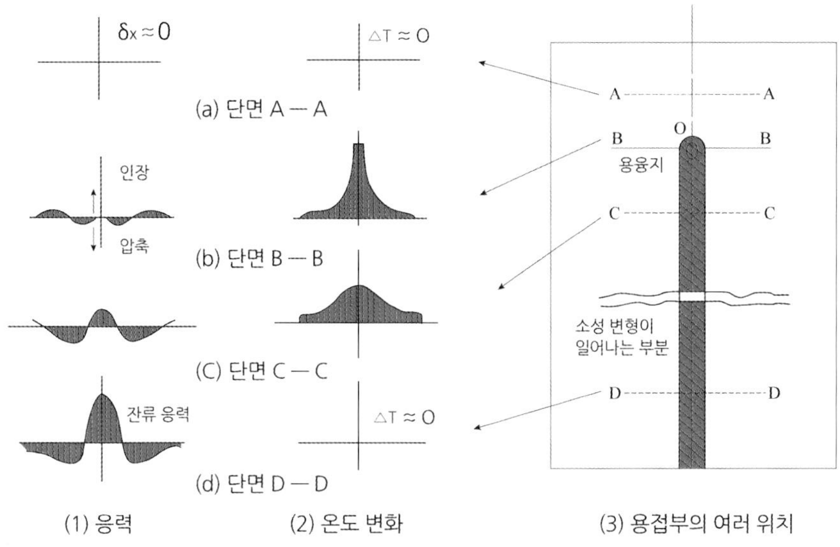

그림 9.18 자유단 맞대기 용접 이음 각 부의 온도와 응력 변화

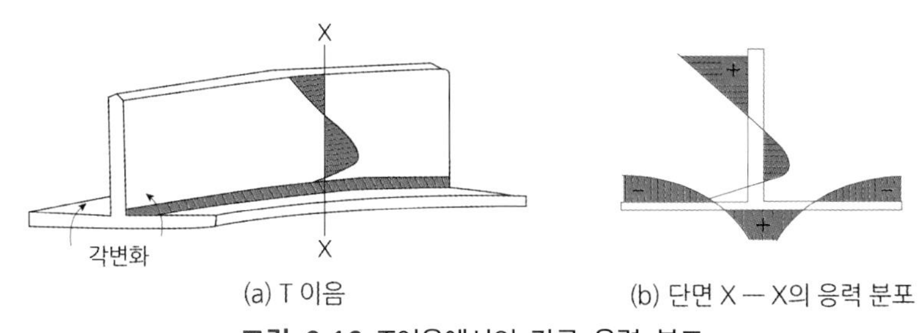

그림 9.19 T이음에서의 잔류 응력 분포

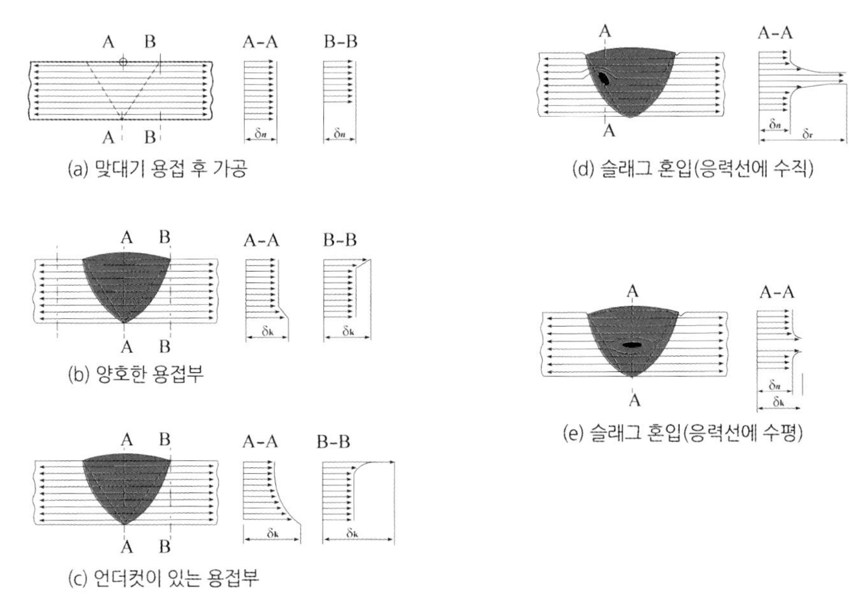

그림 9.20 맞대기 용접의 응력 분포 그림

9.2.2 잔류 응력의 영향

① 정적 강도 : 인장, 압축, 좌굴

- 재료의 연성이 어느 정도 존재하고 있는 경우에 부재의 정적 강도에는 잔류 응력이 크게 영향을 미치지 않는다.

② 피로 강도

③ 취성 파괴

④ 부식에 의한 영향

- 응력부식 균열의 대표적인 재료
  - 오스테나이트계 스테인리스강의 부식 균열
  - 연강의 알칼리 취성
  - 고장력강의 응력부식 균열
  - Al 합금, Mg 합금, Cu 합금의 응력 부식
  - 특히 α황동이나 청동은 일반적으로 응력 부식을 받기 쉽다.

⑤ 다듬질 가공에 의한 변형

9.2.3 잔류 응력 경감과 완화

(1) 잔류 응력 경감

① 용착 금속량의 감소

② 적절한 용착법의 선정 : 비석법(skip method)을 선정

③ 예열 : 잔류 응력 방지를 위한 예열 온도는 50~150°C

용접부의 열원은 열응력을 유발시켜 응력이 잔류하게 되는데, 이를 경감시키기 위해 용접부를 예열한 후 용접하면 용접 시 온도 분포의 구배(gradient)가 적어져 냉각 시 수축 변형량도 감소하고 구속 응력도 경감된다.

예열의 목적은

- 열영향부와 용착 금속의 경화를 방지하고 연성을 증가시킨다.
- 수소의 방출을 용이하게 하여 저온 균열을 방지한다.
- 용접부의 기계적 성질을 향상시키고 경화 조직의 석출을 방지한다.
- 용접에 의한 변형과 잔류 응력을 적게 한다.

- 용접부의 온도 분포, 최고 도달온도 및 냉각 속도를 변화시킨다.

④ 용접 순서의 선정

(2) 잔류 응력의 완화법

① 응력제거 풀림법(stress-relief annealing)

- 노내 응력제거 풀림법(furnace stress relief)
- 국부 가열 풀림법(local stress relief)

표 9.5 노내 응력 제거 풀림의 유지 시간과 온도

기호	강 재	종	화학 성분					유지 온도	유지 시간
			C	Mn	Si	Cr	Mo		
SB	보일러용 압연 강재		0.15 ~0.30	0.90 이하	0.15 ~0.30			625±25℃	두께 25 mm에 대하여 1 h
SM	용접 구조용 연강재		0.15 ~0.30	0.30 ~0.60	0.15 ~0.30			625±25℃	두께 25 mm에 대하여 1 h
SS	일반 구조용 연강재		0.15 ~0.30	0.30 ~0.60	0.15 ~0.30			625±25℃	두께 25 mm에 대하여 1 h
S-C	기계 구조용 탄소강		0.05 ~0.60	0.30 ~0.60	0.15 ~0.30			625±25℃	두께 25 mm에 대하여 1 h
SC	탄소강 주강품		0.05 ~0.60	0.30 ~0.60	0.15 ~0.30			625±25℃	두께 25 mm에 대하여 1 h
SF	탄소강 단강품		0.05 ~0.60	0.30 ~0.60	0.15 ~0.30			625±25℃	두께 25 mm에 대하여 1 h
STB	보일러용 강관	1~5종	0.08 ~0.20	0.25 ~0.80	0.10 ~0.50		0~ 0.65	1~5종 625±25℃	두께 25 mm에 대하여 1 h
		6, 7, 8종			0.10 ~0.50	0.80 ~2.50	0.20 ~1.10	6, 7, 8종 725±25℃	두께 25 mm에 대하여 2 h
STT	고온 고압 배관용 강관	1, 2종	0.10 ~0.20	0.30 ~0.80			0.10 ~0.65	1. 2종 625±25℃	두께 25 mm에 대하여 1 h
		3, 4, 5종			0.10 ~0.75	0.80 ~6.00	0.20 ~0.65	3, 4, 5종 725±25℃	두께 25 mm에 대하여 2 h
STP	압력 배관용 강관		0.08 ~0.30	0.25 ~0.80	0.35 이하			625±25℃	두께 25 mm에 대하여 1 h
STS	특수고압 배관용강관		0.08 ~0.30	0.30 ~0.80	0.10 ~0.35			625±25℃	두께 25 mm에 대하여 1 h
STC	화학공업용 강관	1, 2종	0.08 ~0.18	0.25 ~0.60	0.35 이하			1, 2종 625±25℃	두께 25 mm에 대하여 1 h
		3, 4종			0.10 ~0.75	0.80 ~6.00	0.20 ~0.65	3, 4종 725±25℃	두께 25 mm에 대하여 2 h

② 기계적 응력 완화법(mechanical stress relief)

③ 저온 응력 완화법(low-temperature stress relief)

④ 피닝법(peening)

피닝법은 용접부를 구면상의 피닝 해머로 연속적인 타격을 주어 표면층에 소성 변형을 주는 법으로, 용착 금속부의 인장 응력을 완화시킨다. 응력 완화 이외에도 변형의 경감이나 균열 방지 등에도 이용되나, 피닝의 효과는 표면 근처밖에 영향이 없으므로 판두께가 두꺼운 것은 내부 응력이 완화되기 어렵고, 용접부를 가공 경화 시켜 연성을 해치기도 한다.

피닝의 목적은 비드 표면층에 성분 변화를 주게 되어

- 용접에 의한 수축변형을 감소시킨다.
- 용접부의 잔류 응력을 완화시킨다.
- 용접 변형을 방지한다.
- 용접 금속의 균열을 방지한다.

⑤ 노내 응력제거 풀림법(furnace stress relief)

- 피가열물을 노내에 출입시키는 온도는 300°C를 넘어서는 안 된다.

표 9.6 각종 금속 및 합금의 응력 제거 풀림 표준 온도와 시간

금속의 종류	풀림 온도 ℃	유지 시간(h) 판두께 25 mm당	금속의 종류	풀림 온도 ℃	유지 시간(h) 판두께 25 mm당
회주철	430~500	5	Cr 스테인리스강(모든 판두께)		
탄소강			AISI 410, 430	775~800	2
C 0.35% 이하, 19 mm 미만	불필요	–	AISI 405, 19 mm 미만	불필요	–
C 0.35% 이상, 19 mm 이상	590~680	1	Cr–Ni 스테인리스강		
C 0.35% 이하, 12 mm 미만	불필요	–	AISI 304, 321, 347, 19 mm 미만	불필요	–
C 0.35% 이상, 12 mm 이상	590~680	1	AISI 316, 19 mm 이상	815	2
저온 사용 목적 특수 킬드강	590~680	1	AISI 309, 310, 19 mm 이상	870	2
C–Mo강(모든 판두께)			이종재료 없음		
C 0.2% 미만	590~680	2	Cr–Mo강+탄소강	730~760	3
C 0.20~0.35%	680~760	3~2	AISI 410, 430+기타 강종	730~760	3
Cr–Mo 0.5%(모든 판두께)			Cr–Ni 스테인리스강+ 기타 강종	기타 강종만 응력 제거	
C 0.2%, Mo 0.5%	720~750	2			
Cr 0.35%, Mo 1%, C 9%	730~760	3			

- 300°C 이상의 온도에서 가열 또는 냉각 속도 : R [°C/hr]

$$R \leq 200x(25/t) \ [°C/hr]$$

- 가열 중 노내의 물품 온도차는 50°C 이내로 규정

표 9.7 노내 및 국부 풀림 시의 유지 온도와 시간

기호	강재	종	화학성분					유지온도 *	유지시간
			C	Mn	Si	Cr	Mo		
SB	보일러용 압연강재		0.15~0.03	0.09 이하	0.15~0.30			625±25℃	두께 25 mm에 대하여 1h
SM	용접 구조용 연강재		0.15~0.30	2.5℃ 이상	0.15~0.30			625±25℃	두께 25 mm에 대하여 1h
SS	일반 구조용 연강재		0.15~0.30	2.5℃ 이상	0.15~0.30			625±25℃	두께 25 mm에 대하여 1h
SM 50C	기계 구조용 연강재		0.05~0.60	0.30~0.60	0.15~0.30			625±25℃	두께 25 mm에 대하여 1h
SC	탄소강 주강품		0.05~0.60	0.30~0.60	0.15~0.30			625±25℃	두께 25 mm에 대하여 1h
SF	탄소강 단강품		0.05~0.60	0.30~0.60	0.15~0.30			625±25℃	두께 25 mm에 대하여 1h
STB	보일러용 강판	1~5종 6, 7, 8종	0.80~0.20	0.25~0.80	0.10~0.50 0.10~0.50	0.80~2.50	0~0.65 0.20~1.10	1~5종 625±25℃	두께 25 mm에 대하여 1h
								6, 7, 8종 625±25℃	두께 25 mm에 대하여 2h

⑥ 저온응력 완화법(low-temperature stress relief)

- 용접선의 양측을 정속도로 이동하는 가스 불꽃으로 폭 약 150 mm, 온도 150~250°C 정도로 가열한 후 즉시 수냉하는 방법
- 특히 용접선 방향의 인장 잔류 응력을 제거하는 방법
- 판두께 25 mm 이상에서는 판의 앞뒤 양면을 동시에 가열한다.
- 용접부의 연화, 연성, 인성의 증가 등 야금학적 효과가 크다.
- 일반적으로 18-8 Cr−Ni 스테인리스강의 응력 부식을 예방하기 위한 잔류 응력 완화에 유효

9.3 용접 응력의 측정

9.3.1 응력 이완법에 의한 측정

2차원적인 측정 방법으로 거너트(Gunnert)법이 많이 이용되는데, 이는 그림 9.21과 같이 지름 9 mm 원주상에 4개의 작은 구멍을 수직으로 뚫고, 다시 그 주위를 9~16 mm 원주상의 면적을 수직으로 절단하여 잔류 응력을 해방시킨 다음, 제거 전후의 작은 구멍 사이의 거리를 거너트 변형도계로 측정하여 응력을 알아내는 측정법이다. 또는 스트레인 게이지(strain gauge)를 이용해서 전기적으로 시험편에 부착시켜 응력이 생기면 게이지에 전기 저항이 생겨 그 값을 측정하는 방법 등이 있다. 이와 같이 잔류 응력을 X-선법을 제외하고는 기계 가공으로 응력을 해방하고, 이때 생기는 탄성 변형을 전기적 또는 기계적 변형도계를 이용하여 측정한다.

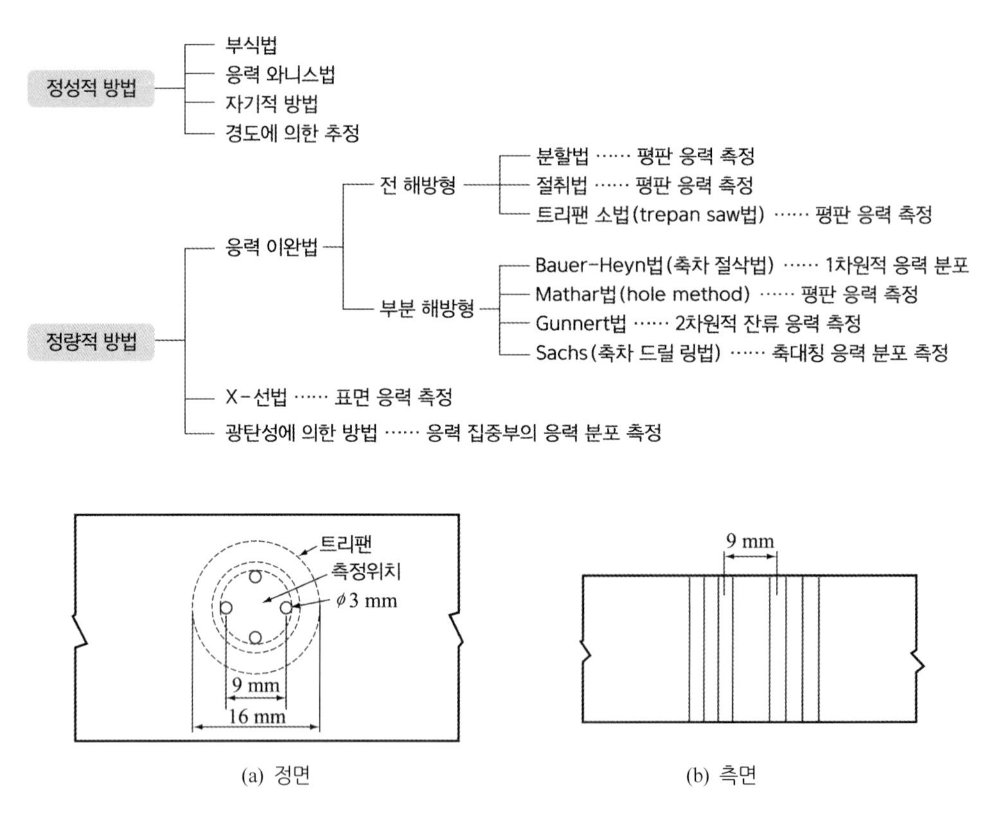

그림 9.21 거너트법

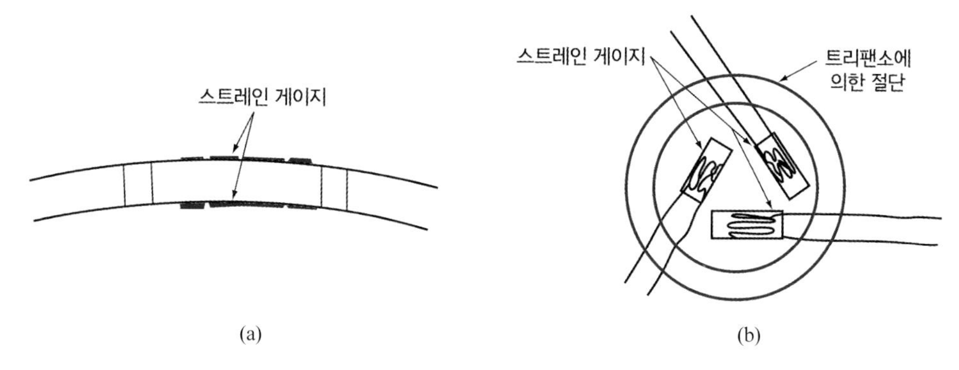

그림 9.22 스트레인 게이지법

9.3.2 국부 이완법에 의한 측정

응력이 잔류하는 물체의 일부에 작은 구멍을 뚫어 잔류 응력을 부분적으로 해방시키면 주위 부분이 다소 변형된다. 변형 게이지를 120° 간격으로 배치하여 구멍뚫기 전후에 있어서 응력값을 가지고 탄성 이론식을 이용해 계산한다.

9.4 용접 입열

금속을 용접한 경우 용접부는 **용접 금속**(weld metal)과 **열영향부**(heat affected zone, HAZ)가 생긴다.

용접 금속은 용융점 이상으로 가열되어 녹고 나서 다시 응고한 부분이며, 주조 조직과 같은 수지상 조직을 나타낸다. 용융 용접에서는 대기 중의 가스와 용가재에 의한 영향을 많이 받고, 용가재(filler metal)가 용착된 것이므로 이 부분을 **용착 금속**(deposited metal)이라고도 한다. 열영향부는 결정립의 조대화가 생기고 열영향부와 용접 금속 경계를 **용접 본드**(weld bond)라 하는데, 이 영역은 **천이 영역**(transition region)으로 기계적 성질에 큰 영향을 미친다.

용접부 외부에서 주어진 열량을 **용접 입열**(welding heat input)이라 한다. 아크 용접에서 아크가 용접의 단위 길이당 발생하는 전기적 열에너지 H는

$$H = \frac{60EI}{v}\ [\mathrm{J/cm}]$$

로 주어진다. 여기서 E는 아크 전압[V], I는 아크 전류[A], v는 용접 속도[cm/min]이다. 또 전기적 에너지 외에 플럭스의 화학적 에너지에 의한 발열도 있으며, 전기적 에너지에 비하여 작으므로 고려하지 않는 것이 보통이다. 또 아크열은 통상 용접봉이 녹은 용적슬래그 또는 아크플라스마라 하는 고온 가스류를 매체로 하여 모재에 운반되지만, 그중 어떤 것은 대기 중에 복사열이나 대류 등으로도 잃는다. 따라서 실제로 용접에 주어지는 열량은 그중의 일부이며, 이것을 **열효율**(heat efficiency)이라 한다. 지금 열효율을 η라 하면, 위의 용접 입열 H는 엄밀하게는 $H = EIt\eta$로 표시된다.

한편 저항 용접에서의 용접 입열 H는

$$H = I^2 Rtk$$

로 주어진다. 여기서 R은 용접 재료 간의 접촉 저항, I는 전류[A]이며, t는 통전 시간, k는 손실 계수이다.

9.5 용접부의 온도 분포

아크 용접에서 순간적으로 큰 열원이 주어지면 그 열원을 중심으로 시간의 경과와 함께 모재에 **온도 구배**(temperature gradient)가 생기게 된다.

그림 9.23은 모재 위에 용접 비드(weld bead)를 놓은 경우의 온도 분포를 표시한 것이며, 이 그림은 열원의 위치에서 본 경우의 온도 분포 상태를 표시하고 있다. 즉, 등온선으로 나타낸 최고 온도 궤적이 용접 열원 근처에서 경사도가 심해짐을 알 수 있다.

그림의 오른쪽은 비교적 두꺼운 판의 온도 분포이며, 같은 용접 조건에서도 판두께 방향으로 열류가 보다 더 빨리 전해지고 있다. 그림에서 용접 조건이 같은 경우는 후판보다 박판쪽에 생긴 열영향부의 폭이 매우 넓어지는 것을 알 수 있다.

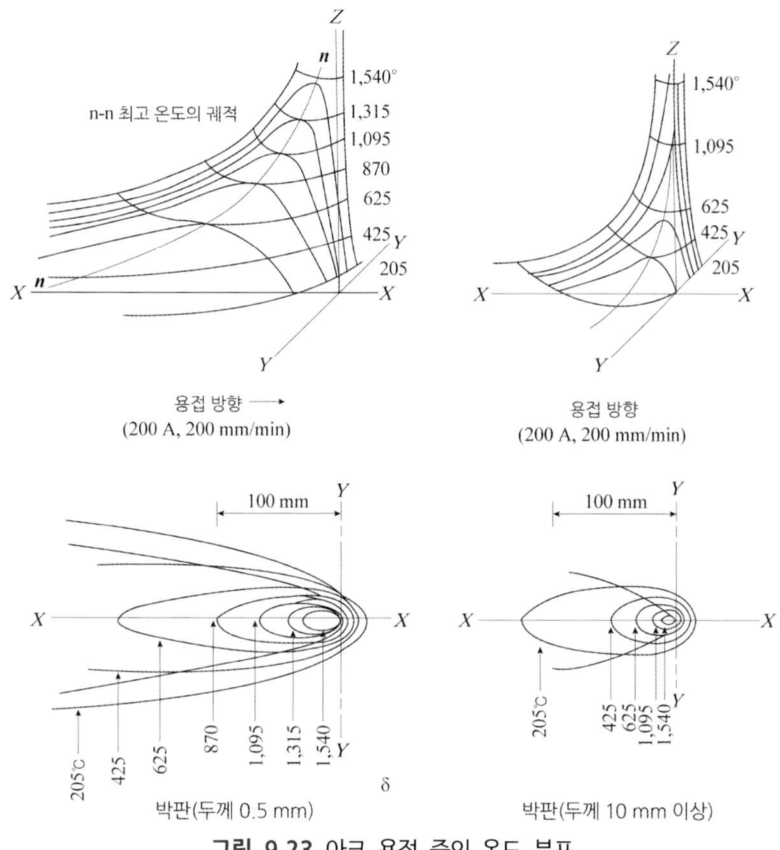

그림 9.23 아크 용접 중의 온도 분포

아크 용접에서 용접 모재에 축적된 열에너지는 일부는 대류나 복사로 대기 중에서 잃게 되지만, 대부분은 이와 같이 넓고 차가운 모재의 좌우 및 판두께의 방향으로 열류로 되어 전도한다. 따라서 그림 9.23과 같은 온도 분포는 보통의 열전도와 같은 이론 계산으로 구할 수 있다.

마찬가지로 열사이클이나 냉각 속도도 구할 수 있다. 그러나 용접의 경우는 현상이 복잡하며, 매우 짧은 시간 내에 국부적 변화가 생기기 때문에 실제의 계산에서는 여러 가지 가정을 둔다. 예컨대, 대부분의 경우 열원과 점열원으로 하고 있지만, 실제의 열원은 어떤 크기를 가지고 있으므로 열원에서 어느 정도 떨어진 곳의 온도 분포가 아니면 잘 맞지 않는다.

또 용접 비드의 시작이나 끝 등의 이른바 비정상(등온선이 형을 바꾸지 않고 일정한 상태로 이동하는 상태를 준정상, 그렇지 않은 경우를 비정상이라 한다)의 부분도 계산이 곤란하다. 또 이론 계산에서 가장 중요한 열전도나 비열, 밀도 등의 정수는 온도에 따라서 매우 변화하지만, 이들을 온도의 함수로 풀기 어려워지므로 편의상 어떤 온도 범위의 평균값을 취하여 계산하고 있다.

9.6 용접 열영향부의 열사이클

열영향부의 열사이클(weld thermal cycle)에 중요한 인자는 1) 가열 속도, 2) 최고 가열 온도, 3) 최고 온도에서의 유지 시간, 4) 냉각 속도 등이며, 이들은 계산으로도 구할 수 있지만 직접 실측하는 경우도 있다.

아크 용접에서 열사이클은 보통 4～5초 동안 짧은 시간에 급열되어 냉각되기 때문에 용접의 야금적 현상이 복잡하게 된다. 그림 9.24는 판두께 20 mm의 저탄소강 모재에 지름 4 mm 연강피복봉으로 비드 용접했을 때 열영향부의 열사이클 곡선을 나타낸다.

시간은 온도 계측 위치의 바로 위를, 아크가 통과하는 순간을 $t=0$으로 한다. 본드부에서는 수초 사이에 **융점**(melting point)에 도달하여 2～3초 사이에 용융 상태에 있으며, 그 후 수십 초 사이에 500℃까지 냉각되어 약 1분 후에는 200℃ 정도까지 냉각한다. 대부분의 금속은 급랭되면 열영향부가 경화되고, 이음 성능에 나쁜 영향을 주게 된다. 온도 구배의 대소는 용접 이음의 모양과 재료에 따라 다르며, 냉각 속도(cooling rate)도 다르게 된다. 냉각 속도는 같은 열량을 주었다고 하더라도 확산되는 방향이 많을수록 냉각하는 속도는 커진다. 얇은 판보다 두꺼운 판의 냉각 속도가 커지며, 평판 이음보다 모서리 이음이나 T형, +자형 이음 때가 냉각 속도가 커지게 된다. 냉각 속도가 커지므로 응력이나 변형이 커지게 된다. 냉각 속도를 완만하게 하고, 급랭을 방지하는 방법으로 예열을 들 수가 있다. 일반적으로 열이 전달되는 정도를 표시하는 것을 **열전도율**(heat conductivity)이라 하는데, 전도율이 클수록 냉각 속도가 크게 된다.

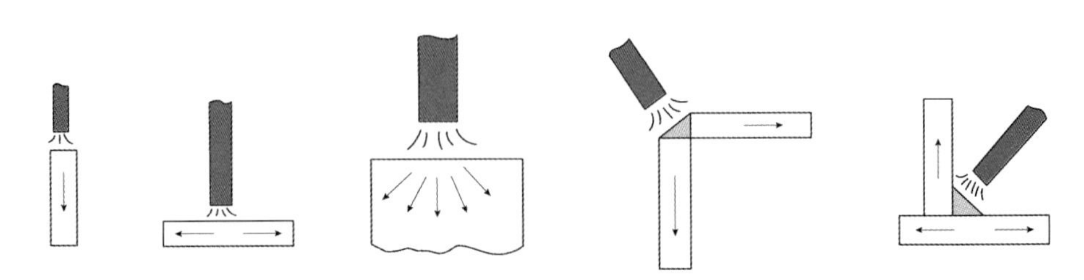

그림 9.24 용접 이음부 형상과 열전도 방향

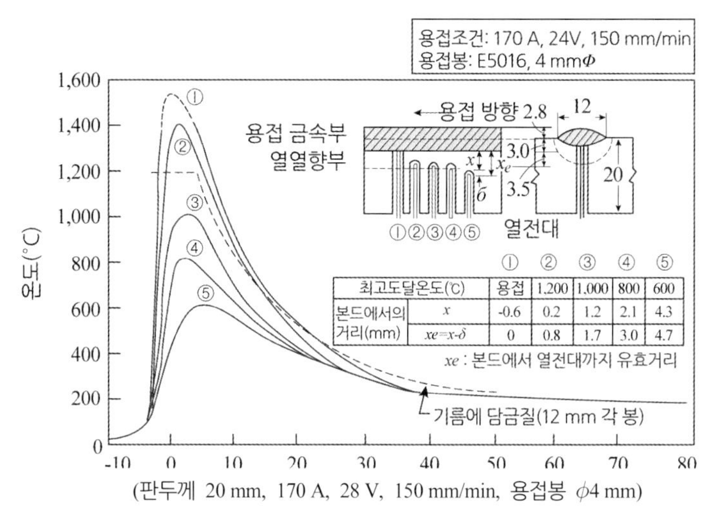

그림 9.25 강 용접에서 위치에 따른 열사이클

9.7 열영향부의 냉각 속도

탄소강이나 저합금강 등에서 열영향부 중 가장 가열 온도가 높은 영역(약 1,200℃ 이상)은 조립화나 경화되기 쉽고, 용접 균열이나 기계적 성질이 저하할 염려가 있는 것으로 알려져 있다. 또 스테인리스강이나 A1 합금, Ni 합금 등 많은 비철 합금에서 고온 가열 영역은 조립화와 냉각 조건에 따라서 석출에 의한 취성화 등이 생긴다. 따라서 용접에서는 고온 가열 영역에서의 냉각 속도가 열영향부의 재질 저하에 어떻게 영향을 미치는가를 알고, 용접 결함과의 관련성을 표시하기 위하여 여러 가지로 실측되고 있다.

열영향부의 냉각 속도는 같은 재료에 대해서도 열영향부에서의 측정 위치와 용접 입열, 판두께, 이음 형상, 용접 개시 직전의 모재의 온도 등에 따라 현저하게 다르다. 충분히 긴 용접 비드의 중앙부는 열적으로는 준정상이며, 어느 부분을 취하여도 그 열사이클은 변하지 않지만, 용접 비드의 시작과 끝 또는 극단으로 짧은 비드는 비정상이며, 복잡하기 때문에 일반적으로는 측정되기 어렵다.

또 냉각 속도를 표시하는 경우 편의상 어떤 일정한 온도에서 열사이클 곡선의 구배로 표시하고 있다. 철강의 용접에서는 보통 700℃, 540℃ 및 300℃를 통과하는 냉각 속도의 값(℃/s)을 취하고 있다. 이 중 540℃는 철강의 변태조직량이나 경도 등이 이

범위의 값으로 대략 결정되므로 가장 많이 사용되고 있다. 300℃에서의 값은 영국의 Cottrell 등에 따라 많이 사용되고 있는 값이며, 특히 저온 균열과의 관련을 중시하는 경우에 유효하다고 한다. γ계 스테인리스강이나 Ni기 합금 등의 내열합금에서는 700℃ 정도의 비교적 높은 값이 중요하며, 많은 비철 합금에서는 재결정 온도 부근에서의 값을 대신하고 있다.

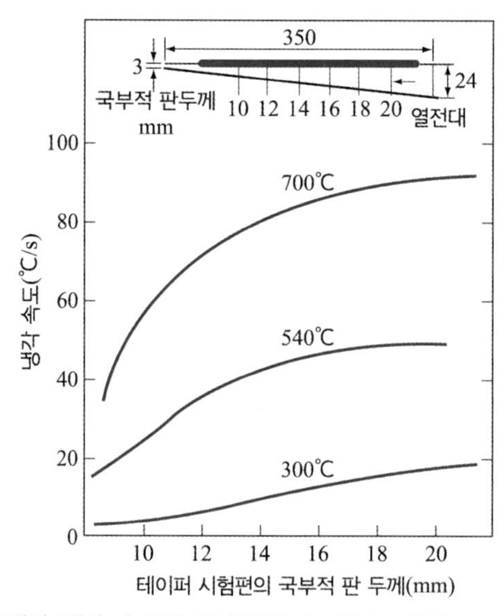

그림 9.26 판두께와 냉각 속도의 관계(170 A, 28 V, 270 mm/min, ϕ4 mm)

9.7.1 모재 치수 및 판두께의 영향

재질과 모재의 크기가 다르면 냉각 속도도 다르며, 같은 조건에서 용접 비드를 놓아도 열영향부의 냉각 조건이 다르게 된다. 예컨대, 탄소강이나 저합금강 등 열전도도가 작은 재료에서는 판두께 20 mm 정도의 경우에 100 mm 이하 길이의 용접 비드를 놓는 한, 540℃에서의 냉각 속도는 최저 75 × 200 mm 정도 크기의 시험판으로 측정하면 이것을 그대로 실제적으로 적용할 수 있다. 단 300℃ 정도 이하에서의 냉각 상황이나 용접 입열의 대소 또는 예열의 유무 등에 따라서 150 × 300 mm 정도 큰 것이 사용되고 있다.

시험판의 크기가 일정한 경우 냉각 속도는 판두께에 따라 영향을 받고, 판두께와 함께 냉각 속도는 증가한다. 그러나 판두께가 25 mm 이상으로 되면 그 이상 판두께가 증가하여도 냉각 속도는 그다지 변하지 않는다. 판두께에 따라서 냉각 속도가 변화하는 것을 이용하여 그림과 같이 용접선 방향으로 두께를 경사시킨 테이퍼 시험편이 고안되어, 열영향부의 경도 측정이 행해지고 있다. 이 시험편을 사용하면 용접 입열 등을 여러 가지로 바꾸어도 같은 변화를 1개의 용접 비드에서 간단하게 구할 수 있다.

9.7.2 모재 온도의 영향

모재 초기 온도가 높을수록 열사이클은 완만하게 되고 냉각 속도는 감소한다. 그림 9.27과 같이 예열은 600℃ 정도 이하의 비교적 낮은 온도 범위에서 냉각 속도를 매우 작게 하는 효과가 있다. 용접 직전에 모재를 미리 가열하는 것은, 특히 경화하여 균열 등의 결함이 생기기 쉬운 재료, 예컨대 고탄소강이나 저합금강 등의 냉각 속도를 경감하는 수단으로서 매우 중요하다.

또한 일반적으로 용접성이 좋다고 생각되는 연강도 두께 약 25 mm 이상의 두꺼운 판이 되면 급랭되기 때문에, 또 합금 성분을 포함한 강 등은 경화성이 크기 때문에 열영향부가 경화하여 비드 밑 균열(under bead cracking) 등을 일으키기 쉽다. 이러한 경우에는 재질에 따라 50～350℃ 정도로 홈(groove)을 예열하고, 냉각 속도를 느리게 하여 용접할 필요가 있다.

연강이라도 기온이 0℃ 이하로 떨어지면 저온 균열을 일으키기 쉬우므로 용접 이음의 양쪽 약 100 mm 나비를 약 40～70℃로 예열하는 것이 좋다. 또 주철과 고급 내열 합금(Ni기 또는 Co기)에서도 용접 균열을 방지하기 위하여 예열을 시켜야 한다.

예열에는 일반적으로 산소－아세틸렌, 산소－프로판 또는 도시가스 등의 토치를 이용하여 가열하며, 용접 제품이 작을 때에는 전기로 또는 가스로 안에 넣어서 예열하는 수도 있다.

예열 온도의 측정에는 표면 온도 측정용 열전대(thermocouple)로 온도를 측정하는 수도 있으나, 측온 초크(chalk)를 이용하여 측정하는 방법이 현장에서는 많이 이용된다.

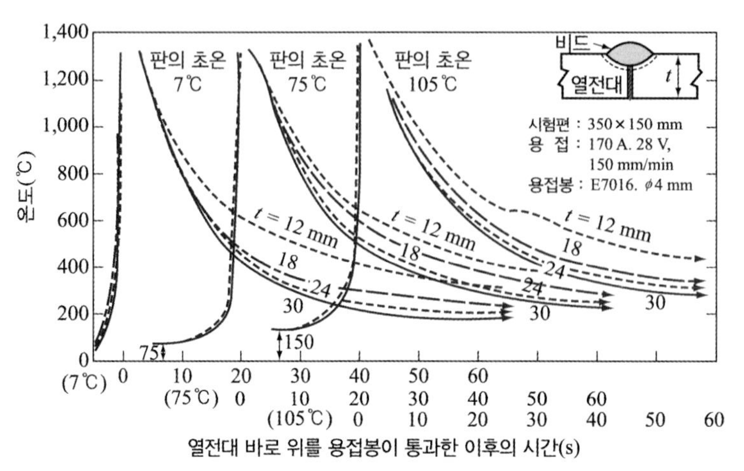

그림 9.27 판두께와 예열 온도에 대한 열사이클

9.7.3 용접 입열의 영향

열영향부의 냉각 속도에 영향을 미치는 용접 조건에는 용접 전류, 아크 전압 및 용접 속도 등을 들 수 있다. 이 중 다른 조건이 같은 경우에는 용접 전류가 낮을수록, 용접 속도가 클수록 냉각 속도는 증가한다. 용접 조건의 영향은 용접 입열에 따라 다른데, 같은 용접 입열의 경우에는 처음 층의 냉각 속도가 최종 층보다 빠르며, 평판보다 필릿인 경우 냉각 속도가 빠르게 된다.

용접법에 따라서도 달라지는데, 가스 용접에서는 아크 용접에 비해 열의 집중이 적으므로 용접부 전체의 가열 온도 범위가 넓어지고, 냉각 속도는 아크 용접보다 훨씬 작아진다.

일렉트로 슬래그 용접과 같은 용접 입열이 큰 용접에서는 냉각 속도가 더 작아진다. 저항용접에서는 반대로 냉각 속도가 커진다. 저항 용접에서는 판두께가 작은 쪽이 냉각 속도가 빨라지는데, 이는 열이 전극에서 전도되어 잃어버리기 때문이다.

강의 대표적 용접법에 있어서 열영향부가 임계 온도(약 700～800℃) 부근까지 냉각하는 속도는

가스 용접 ·············· 30～110℃/min(0.5～2℃/sec)

아크 용접 ·············· 110～5600℃/min(2～100℃/sec)

점 용접 ·············· 2800～44800℃/min(50～800℃/sec)

정도이다.

9.8 용접 균열의 종류

용접 균열(weld cracking)은 용접부에 발생한 응력이 커서 그 부분의 소성 변형능이 그것을 극복하지 못한 경우에 생기는 것이다. 따라서 응고나 냉각 시에 석출이나 변태 등에 의해서 용접부의 연성이 현저하게 저하하는 경우 과대한 응력이 생기는 조건에서는 용접 균열이 생긴다. 이와 같은 용접 균열은 용접에 따르는 재질의 변화, 즉 야금적 원인과 응력의 발생 등 역학적 요인에 관련하여 생기기 때문에 균열 현상의 규명에는 야금, 역학의 상호 지식을 필요로 한다.

용접 균열은 발생하는 부위에 따라 **용접 금속 균열**(weld metal cracking)과 열영향부 균열 또는 **모재 균열**(HAZ or base metal cracking)로 대별된다. 보통은 그 발생 장소 외에 형상이나 원인별로 분류된다.

용접 금속 균열은 주로 응고 시 수축 응력에 기인하는 것이며, 비드의 가로방향 수축 응력에 원인하는 **세로 균열**(longitudinal cracking), 세로 응력에서 생기는 **가로 균열**(transverse cracking), 양자를 혼합한 **반달모양 균열**(arched cracking)이 있다. 크레이터 균열은 크레이터(crater)의 급랭과 특이한 형상에 원인하는 것이며, 세로, 가로 및 **별모양 균열**(star cracking)이 있다.

열영향부 균열의 대부분은 열영향부의 조립화와 급랭에 의한 경화에 원인하므로, 고장력강이나 저합금강 등의 경화하기 쉬운 것에 많다. 자경성이 현저한 저합금강에서는 **비드 밑 균열**(bead under cracking)이나 **토우 균열**(toe cracking)이 생기기 쉽다. 또 내열합금에서는 조립계의 노치에 원인하는 **노치 균열**(notch extension cracking)이 잘 나타난다.

이상의 균열은 육안(eye check) 또는 염료 침투 시험이나 **자기 탐상**(magnetic inspection) 등으로 검출되며, 이런 것을 일반적으로 **매크로 균열**(macro cracking)이라 한다. 이것에 대하여 현미경으로 검출되는 균열을 **마이크로 균열**이라 한다. 저탄소강의 용접 금속 중에 생기는 마이크로 균열(micro fissure)이나 Al 합금에 많이 나타나는 공정용해 균열 등이 그 예이다. 이 외에 S의 편석이 많은 강재의 용접부에 나타나는 **유황 균열**(sulfur cracking) 등이 있다.

용접 균열은 그 발생 시기에 따라 **고온 균열**(hot cracking)과 **저온 균열**(cold cracking)로 구분된다. 고온 균열은 용접부가 고온으로 있을 때 발생한 균열이며, 주로 결정 입계에 생기고, 표면에 산화가 심하다. 이것에 대하여 저온 균열은 결정입내, 입계의 구별이 생기고, 표면에 산화가 적다. 예컨대, 크레이터 균열은 고온 균열이며, 비드 밑 균열은 전형적인 저온 균열이다. 그러나 그 발생 온도 범위에 대해서는 매우 애매하며, 엄밀하게는 이런 구별은 하기 어렵다. 경험적으로 저온 균열은 강의 마르텐사이트 변태에 관련하므로 탄소강이나 저합금강에서 많이 생기고, γ계 스테인리스강이나 Al 합금 등에 생기는 균열은 대부분 고온 균열이다.

고온 균열은 고상선 온도 이상에서 생긴다 하여 응고 균열이라 하며, 고상선 부근 온도에서 결정입계의 잔류 응력으로 생긴다.

고상선 온도 이하에서는 변형시효 균열로 냉각 중이나 용접 후 열처리 등에서 발생한다.

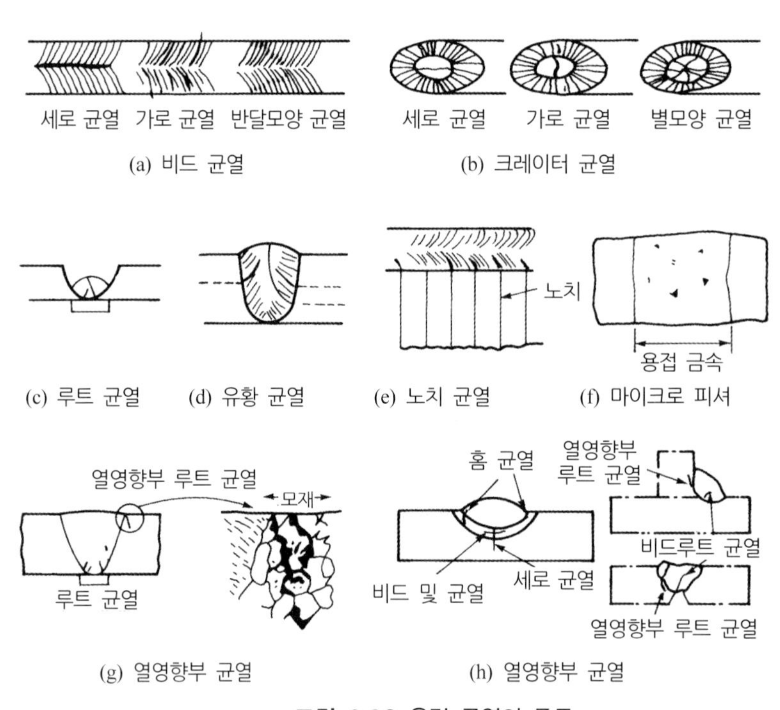

그림 9.28 용접 균열의 종류

9.8.1 용접 균열의 종류와 발생 원인

(1) 용접 균열의 종류

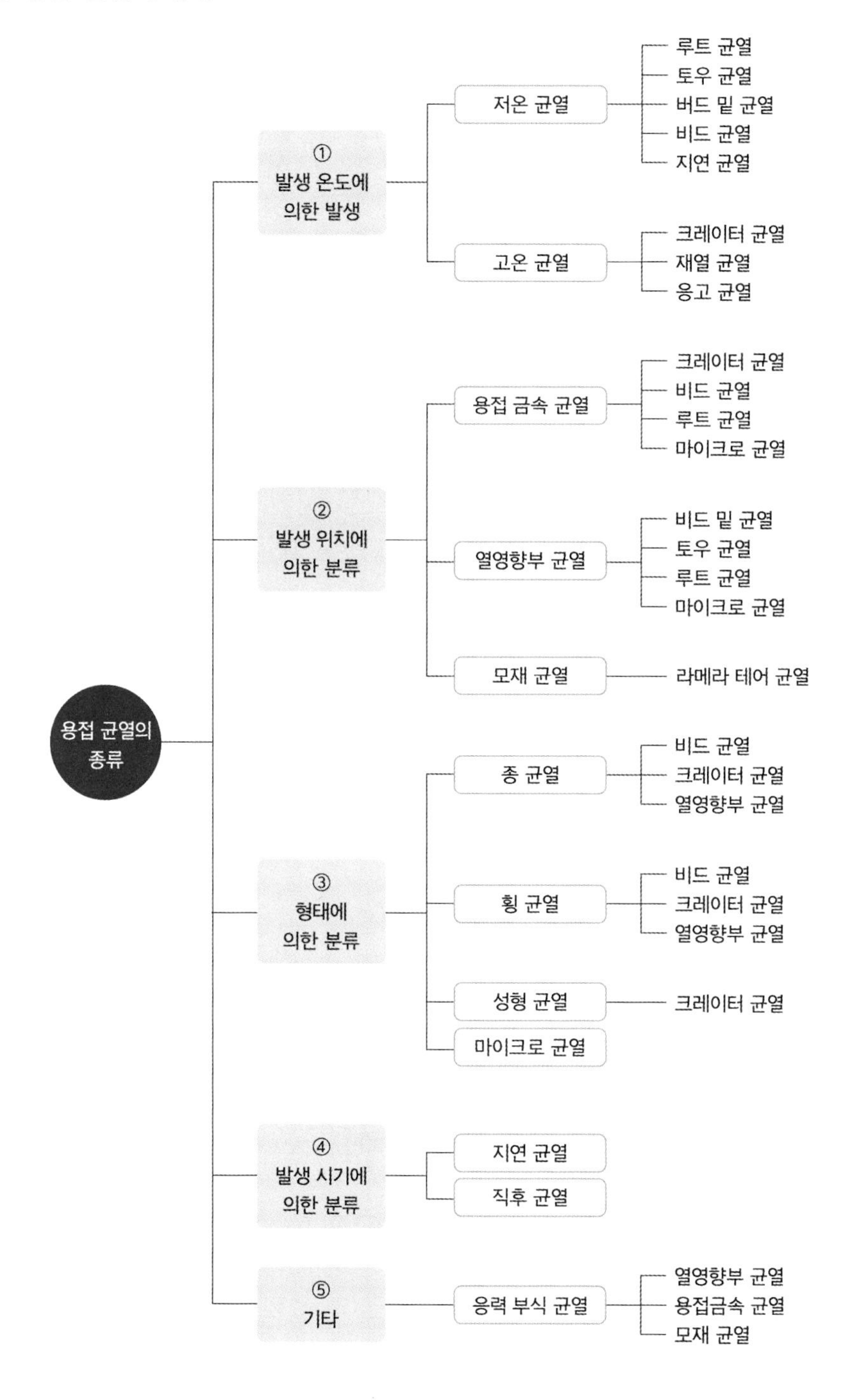

(2) 용접 균열을 그림으로 표시하면

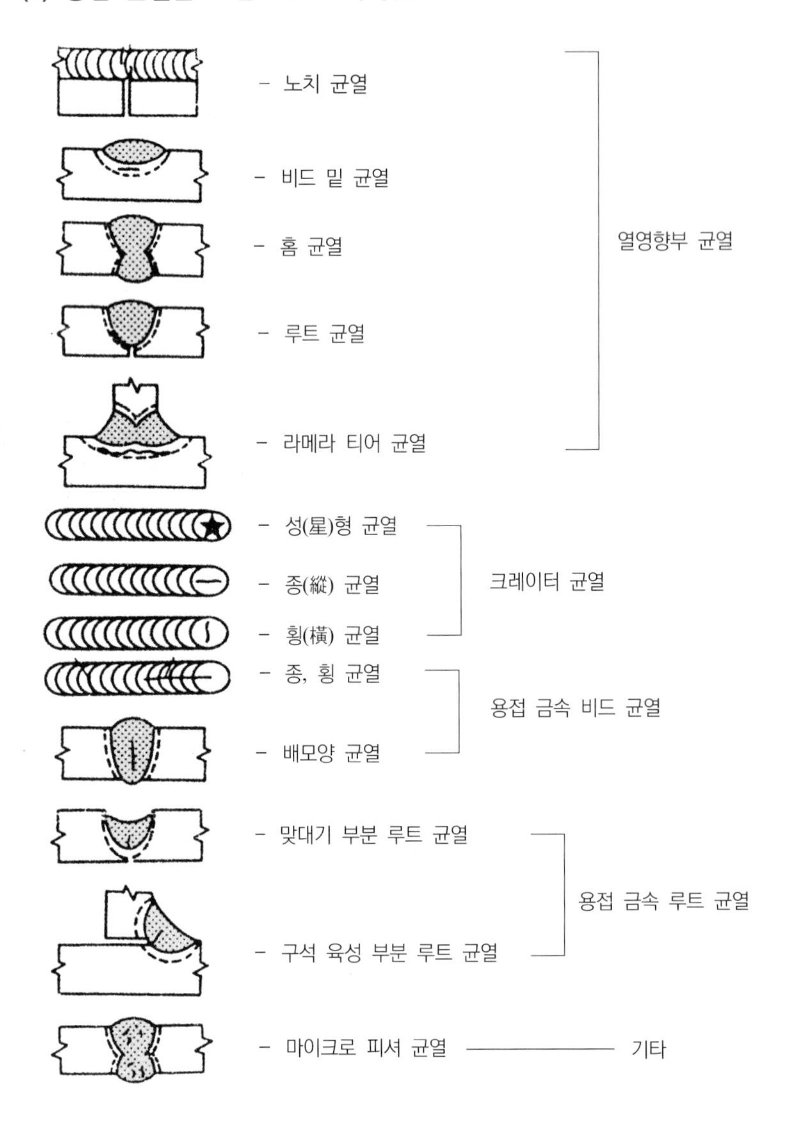

9.9 용접 균열의 발생 요인

용접 결함 중 균열은 발생 시기, 발생 위치, 발생 방향, 발생 형태, 발생 원인 등에 의하여 그 유형을 달리하며, 균열은 용접 금속의 응고 직후에 발생하는 고온 균열과 약 300℃ 이하로 냉각된 후에 발생하는 저온 균열이 있다.

또한 부재 내부의 잔류 응력과 외부의 구속력에 의한 균열, 재질의 성분과 개재물에 의한 균열 등이 있는데, 가장 대표적인 발생 요인으로는 수소(H_2)를 들 수 있다. 근본적으로 균열(crack)은 용접부에 발생하는 응력이 용접부의 강도보다 커질 때 발생되며, 재료의 불량, 뒤틀림, 피로, 노치, 외부의 구속력 등에 의하여 한층 심화된다.

이러한 균열은 용접부에 발생하는 결함 중 가장 치명적인 것으로, 아무리 작은 균열이라도 점점 성장하여 마침내는 용접 구조물의 파괴 원인이 된다.

9장 연습문제 용접결합

01 변형 방지용 지그의 종류 중 아래 그림과 같이 사용된 지그는?

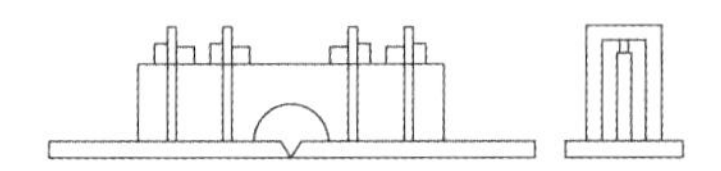

가. 바이스 지그
나. 판넬용 탄성 역변형 지그
다. 스트롱백
라. 탄성 역변형 지그

02 예열을 하는 목적에 대한 설명으로 맞는 것은?

가. 용접부와 인접된 모재의 수축 응력을 감소시키기 위해
나. 냉각 속도를 빠르게 하기 위해
다. 수소의 함량을 높이기 위해
라. 오버랩 생성을 크게 하기 위해

03 아크 용접에서 피닝을 하는 목적으로 가장 알맞은 것은?

가. 용접부의 잔류 응력을 완화시킨다.
나. 모재의 재질을 검사하는 수단이다.
다. 응력을 강하게 하고 변형을 유발시킨다.
라. 모재표면의 이물질을 제거한다.

04 용접 금속에 수소가 침입하여 발생하는 것이 아닌 것은?

가. 은점
나. 언더컷
다. 헤어 크랙
라. 비드 밑 균열

05 응력제거 풀림처리 시 발생하는 효과는?

가. 잔류 응력을 제거한다.
나. 응력 부식에 대한 저항력이 증가한다.
다. 충격 저항과 크리프 저항이 감소한다.
라. 온도가 높고 시간이 길수록 수소 함량은 낮아진다.

06 용접 후처리에서 변형을 교정할 때 가열하지 않고, 외력만으로 소성 변형을 일으켜 교정하는 방법은?

가. 형재(形材)에 대한 직선 수척법
나. 가열한 후 해머로 두드리는 법
다. 변형 교정 롤러에 의한 방법
라. 박판에 대한 점 수축법

07 용접 수축량에 미치는 용접 시공 조건의 영향을 설명한 것으로 틀린 것은?

가. 루트 간격이 클수록 수축이 크다.
나. V형 이음은 X형 이음보다 수축이 크다.
다. 같은 두께를 용접할 경우 용접봉 직경이 큰 쪽이 수축이 크다.
라. 위빙을 하는 쪽이 수축이 작다.

08 구속 용접 시 발생하는 일반적인 응력은?

가. 잔류 응력　　나. 연성력
다. 굽힘력　　라. 스프링백

09 용접부의 응력 집중을 피하는 방법이 아닌 것은?

가. 부채꼴 오목부를 설계한다.
나. 강도상 중요한 용접 이음 설계 시 맞대기 용접부는 가능한 피하고 필릿 용접부를 많이 하도록 한다.
다. 모서리의 응력 집중을 피하기 위해 평탄부에 용접부를 설치한다.
라. 판두께가 다른 경우 라운딩(rounding)이나 경사를 주어 용접한다.

10 설계 단계에서의 일반적인 용접 변형 방지법으로 틀린 것은?

가. 용접 길이가 감소될 수 있는 설계를 한다.
나. 용착 금속을 증가시킬 수 있는 설계를 한다.
다. 보강재 등 구속이 커지도록 구조 설계를 한다.
라. 변형이 적어질 수 있는 이음 형상으로 배치한다.

11 용접부에 발생하는 잔류 응력 완화법이 아닌 것은?

가. 응력 제거 풀림법　　나. 피닝법
다. 스퍼터링법　　라. 기계적 응력 완화법

12 용접부를 기계적으로 타격을 주어 잔류 응력을 경감시키는 것은?

가. 저온 응력 완화법　　나. 취성 경감법
다. 역변형법　　라. 피닝법

13 다음 그림과 같이 균열이 발생했을 때 그 양단에 정지구멍을 뚫어 균열진행을 방지하는 것은?

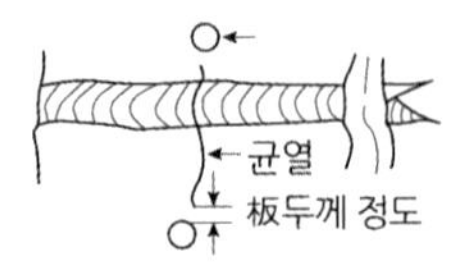

가. 브로우 홀　　나. 핀 홀
다. 스톱 홀　　라. 웜 홀

14 다음 그림과 같이 일시적인 보조판을 붙이든지 변형을 방지할 목적으로 시공되는 용접 변형 방지법은?

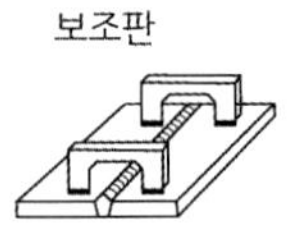

가. 억제법　　나. 피닝법
다. 역변형법　　라. 냉각법

15 용접부에 형성된 잔류 응력을 제거하기 위한 가장 적합한 열처리 방법은?

가. 담금질을 한다.　　나. 뜨임을 한다.
다. 불림을 한다.　　라. 풀림을 한다.

16 다음 중 똑같은 용접 조건으로 용접을 실시하였을 때 용접 변형이 가장 크게 되는 재료는 어떤 것인가?

가. 연강　　나. 800 MPa급 고장력강
다. 9% Ni강　　라. 오스테나이트계 스테인리스강

17 용착 금속부에 응력을 완화할 목적으로 끝이 구면인 특수 해머로서 용접부를 연속적으로 타격하여 소성변형을 주는 방법은?

가. 기계해머법　　나. 소결법
다. 피닝법　　라. 국부풀림법

18 용접 후 용접 강재의 연화와 내부응력 제거를 주목적으로 하는 열처리 방법은?

가. 불림　　나. 담금질
다. 풀림　　라. 뜨임

19 용접 변형 방지법 중 용접부의 뒷면에서 물을 뿌려주는 방법은?

가. 살수법　　　　나. 수냉 동판 사용법
다. 석면포 사용법　　　　라. 피닝법

20 용접 길이 1 m당 종수축은 약 얼마인가?

가. 1 mm　　　　나. 5 mm
다. 7 mm　　　　라. 10 mm

21 잔류 응력 완화법이 아닌 것은?

가. 기계적 응력 완화법　　　　나. 도열법
다. 저온 응력 완화법　　　　라. 응력 제거 풀림법

22 본 용접하기 전에 적당한 예열을 함으로써 얻어지는 효과가 아닌 것은?

가. 예열을 하게 되면 기계적 성질이 향상 된다.
나. 용접부의 냉각 속도를 느리게 하면 균열 발생이 적게 된다.
다. 용접부 변형과 잔류 응력을 경감시킨다.
라. 용접부의 냉각 속도가 빨라지고 높은 온도에서 큰 영향을 받는다.

23 용접 잔류 응력을 경감하는 방법이 아닌 것은?

가. 피닝을 한다.
나. 용착 금속량을 많게 한다.
다. 비석법을 사용한다.
라. 수축량이 큰 이음을 먼저 용접하도록 용접순서를 정한다.

24 용접 변형을 최소화하기 위한 대책 중 잘못된 것은?

가. 용착 금속량을 가능한 작게 할 것
나. 용접 부위 냉각 속도를 느리게 하면 온도에서 큰 영향을 받는다.
다. 용접부 변형과 잔류 응력을 경감시킨다.
라. 용접부의 냉각 속도가 빨라지고 높은 온도에서 큰 영향을 받는다.

25 용접부의 풀림 처리의 효과는?

가. 잔류 응력의 감소를 가져온다.
나. 잔류 응력이 증가된다.
다. 조직이 조대화된다.
라. 취성화가 증대된다.

26 일반 구조용 압연강재의 응력 제거 방법 중 노내의 국부 풀림(annealing) 유지 온도는? (단, 유지 시간은 판두께 25 mm에 대하여 1[h]이다.)

가. 350±25℃ 나. 550±25℃
다. 625±25℃ 라. 725±25℃

27 맞대기 이음 용접부의 굽힘 변형 방지법 중 부적당한 것은?

가. 스트롱백(Strong back)에 의한 구속
나. 주변 고착
다. 이음부에 역각도를 주는 방법
라. 수냉각법

28 용접 변형 교정법의 종류가 아닌 것은?

가. 형재에 대한 직선 수축법
나. 얇은 판에 대한 곡선 수축법
다. 가열 후 해머질하는 법
라. 롤러에 의한 법

29 용접 비드 부근이 특히 부식이 잘되는 이유는 무엇인가?

가. 과다한 탄소함량 때문에
나. 담금질 효과의 발생 때문에
다. 소려 효과의 발생 때문에
라. 잔류 응력의 증가 때문에

30 가공에 의한 잔류 응력을 제거하거나 연화시키기 위한 열처리 방법은?

가. 불림 나. 풀림
다. 담금질 라. 뜨임

31 용접에서 사용되는 피닝이란 어떤 작업인가 ?

가. 다듬질 작업이다.
나. 잔류 응력을 제거하는 작업이다.
다. 슬래그를 제거하는 작업이다.
라. 모양을 수정하는 작업이다.

32 용접의 시작 부분에 비하여 끝나는 부분쪽의 잔류 응력은 어떻게 다른가?

가. 크다. 나. 작다.
다. 양쪽이 같다. 라. 생기지 않는다.

33 선박과 같이 큰 구조물의 용접 잔류 응력 경감에 가장 많이 사용되는 방법은?

가. 노(爐) 내 응력 제거 어닐링(annealing)　　나. 저온 응력 완화법
다. 점수축법　　라. 도열법

34 강판을 가스 절단하면 국부적인 급열 급냉을 받기 때문에 절단 끝이 팽창, 수축에 의하여 변형이 생긴다. 이 변형의 방지법 중 부적당한 것은?

가. 피절단재를 고정하는 방법　　나. 수냉에 의하여 열을 제거하는 방법
다. 열응력이 대칭이 되도록 예열하는 방법　　라. 절단부에 역각도를 주는 방법

35 수축 변형에 영향을 주는 요소 중 그 영향이 제일 적은 것은?

가. 용접 입열　　나. 판의 예열 온도
다. 용접봉의 재질　　라. 판두께와 이음 형상

36 용접 잔류 응력의 완화법인 응력 제거풀림(annealing)에서 적정 온도는 625±25℃(탄소강)를 유지한다. 이때 유지 시간은 판두께 25 mm에 대하여 약 몇 시간이 알맞는가?

가. 30분　　나. 1시간
다. 2시간 30분　　라. 3시간

37 용접부를 해머로 두드리는 피닝 작업의 목적은?

가. 불순물 제거　　나. 용접부의 응력 완화
다. 변형 교정　　라. 용접부의 결함부분 제거

38 맞대기 용접에서 용접 금속 및 모재의 수축에 대하여 용접 전(前)에 반대방향으로 굽혀 놓고 작업하는 용접 교정 방법은?

가. 억제법　　나. 도열법
다. 피닝법　　라. 역변형법

39 용접 후 변형을 교정하는 방법으로 적당하지 않은 것은?

가. 얇은 판에 대한 점 수축법　　나. 피닝(peening)법
다. 형재에 대한 직선 수축법　　라. 역변형후 억압법

40 용접 전 변형량을 대략 예측할 수 있을 때 사용할 수 있는 변형 방지법은?

가. 역변형법　　나. 피닝법
다. 냉각법　　라. 국부긴장법

41 용접 후처리에서 변형을 교정할 때 가열방법에 대한 설명으로 적당하지 않은 것은?

가. 형재에 대한 직선 가열법
나. 가열한 후 해머로 두드리는 법
다. 두꺼운 판에 대한 점가열법
라. 형강에 대한 쐐기 가열법

42 용접의 시작 부분에 비하여 끝나는 부분쪽의 잔류 응력은 어떻게 다른가?

가. 크다.
나. 작다.
다. 양쪽이 같다.
라. 생기지 않는다.

43 용접 변형의 경감 및 교정 방법에서 용접부에 구리로 된 덮개판을 두든지 뒷면에서 용접부를 수냉 또는 용접부 근처에 물끼 있는 석면, 천 등을 두고 모재에 용접 입열을 막음으로써 변형을 방지하는 방법은?

가. 롤링법
나. 피닝법
다. 도열법
라. 억제법

44 피닝(peening)법의 설명으로 옳은 것은?

가. 잔류 응력이 있는 제품의 용접부에 탄성 변형을 일으킨 다음 하중을 제거하는 방법
나. 특수 해머로 용접부를 두드려 평면상에 소성 변형을 주는 방법
다. 용접선의 양측을 가스 불꽃에 의해 가열한 다음 곧 수냉하는 방법
라. 용접부 근방만을 국부 풀림하는 방법

45 응력 측정 방법에 대한 설명으로 옳은 것은?

가. 초음파 탐상 실험장치로 응력 측정을 한다.
나. 와류(Eddy current) 실험장치로 응력 측정을 한다.
다. 만능 인장시험 장치로 응력 측정을 한다.
라. 저항선 스트레인 게이지로 응력 측정을 한다.

46 용접 균열에서 저온 균열은 일반적으로 몇 ℃ 이하에서 발생하는 균열을 말하는가?

가. 200 ~ 300℃ 이하
나. 300 ~ 400℃ 이하
다. 400 ~ 500℃ 이하
라. 500 ~ 600℃ 이하

47 다음 그림 중에서 용접 열량의 냉각 속도가 가장 큰 것은?

가.
다.

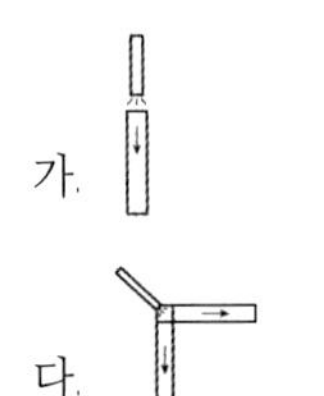

나.
라.

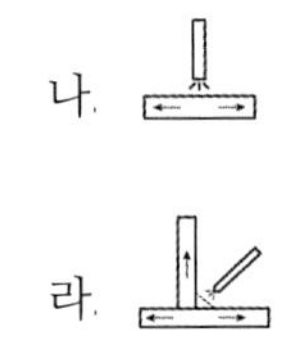

48 탄소강이 황(S)을 많이 함유하게 되면 고온에서 메짐이 나타나는 현상을 무엇이라 하는가?

가. 적열 메짐　　나. 청열 메짐
다. 저온 메짐　　라. 충격 메짐

49 맞대기 용접, 필릿 용접 등의 비드 표면과 모재와의 경계부에서 발생되는 균열이며, 구속 응력이 클 때 용접부의 가장자리에서 발생하여 성장하는 용접균열은?

가. 루트 균열　　나. 크레이터 균열
다. 토우 균열　　라. 설퍼 균열

50 용접부 부근의 모재는 용접할 때 아크열에 의해 조직이 변하여 재질이 달라진다. 열 영향부의 기계적 성질과 조직변화의 직접적인 요인으로 관계가 없는 것은?

가. 용접기의 용량　　나. 모재의 화학성분
다. 냉각 속도　　라. 예열과 후열

51 용접부의 노내 응력 제거 방법에서 가열부를 노에 넣을 때 및 꺼낼 때의 노내 온도는 몇 ℃ 이하로 하는가?

가. 300℃　　나. 400℃
다. 500℃　　라. 600℃

52 똑같은 두께의 재료를 용접할 때 냉각 속도가 가장 빠른 이음은?

가. 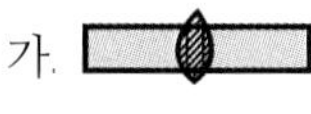　　나. 
다.　　라.

53 다음 금속 중 냉각 속도가 가장 큰 금속은?

가. 연강　　나. 알루미늄
다. 구리　　라. 스테인리스강

54 고장력강의 용접부 중에서 경도값이 가장 높게 나타나는 부분은?

가. 원질부　　나. 본드부
다. 모재부　　라. 용착 금속부

55 용접할 재료의 예열에 관한 설명으로 옳은 것은?

가. 예열은 수축 정도를 늘려준다.

나. 용접 후 일정 시간 동안 예열을 유지시켜도 효과는 떨어진다.

다. 예열은 냉각 속도를 느리게 하여 수소의 확산을 촉진시킨다.

라. 예열은 용접 금속과 열영향 모재의 냉각 속도를 높여 용접균열에 저항성이 떨어진다.

56 용접 입열이 일정한 경우 용접부의 냉각 속도는 열전도율 및 열의 확산하는 방향에 따라 달라질 때, 냉각 속도가 가장 빠른 것은?

가. 두꺼운 연강판의 맞대기 이음

나. 두꺼운 구리판의 T형 이음

다. 얇은 연강판의 모서리 이음

라. 얇은 구리판의 맞대기 이음

57 용접 금속 근방의 모재에 용접열에 의해 급열, 급랭되는 부위가 발생하는데 이 부위를 무엇이라 하는가?

가. 본드(bond)부

나. 열영향부

다. 세립부

라. 용착 금속부

58 강의 내부에 모재 표면과 평행하게 층상으로 발생하는 균열로서 주로 T 이음, 모서리 이음에 잘 생기는 것은?

가. 라멜라티어 균열

나. 크레이터 균열

다. 설퍼 균열

라. 토우 균열

59 루트 균열의 직접적인 원인이 되는 원소는?

가. 황

나. 인

다. 망간

라. 수소

60 용착 금속의 변형 시효에 큰 영향을 미치는 것은?

가. H_2

나. O_2

다. CO_2

라. CH_4

61 두께와 폭, 길이가 같은 판을 용접 시 냉각 속도가 가장 빠른 경우는?

가. 1개의 평판 위에 비드를 놓는 경우

나. T형이음 필릿 용접의 경우

다. 맞대기 용접하는 경우

라. 모서리 이음 용접의 경우

62 모재의 두께 및 탄소당량이 같은 재료를 용접할 때 일미나이트계 용접봉을 사용할 때보다 예열온도가 낮아도 되는 용접봉은?

가. 고산화티탄계　　나. 저수소계
다. 라임티타니아계　　라. 고셀룰로스계

63 강의 청렬취성의 온도 범위는?

가. 200~300℃　　나. 400~600℃
다. 500~700℃　　라. 800~1000℃

64 용접부의 냉각 속도에 관한 설명 중 맞지 않는 것은?

가. 예열은 냉각 속도를 완만하게 한다.
나. 동일 입열에서 판두께가 두꺼울수록 냉각 속도가 느리다.
다. 동일 입열에서 열전도율이 클수록 냉각 속도가 빠르다.
라. 맞대기 이음보다 T형 이음 용접이 냉각 속도가 빠르다.

65 탄화물의 입계 석출로 인하여 입계 부식을 가장 잘 일으키는 스테인리스강은?

가. 펄라이트계　　나. 페라이트계
다. 마텐자이트계　　라. 오스테나이트계

66 용접부에 수소가 미치는 영향에 대하여 설명한 것 중 틀린 것은?

가. 저온 균열 원인
나. 언더 비드 크랙(Under-bead crack)발생
다. 은점 발생
라. 슬래그 발생

67 강의 충격 시험 시의 천이 온도에 대해 가장 올바르게 설명한 것은?

가. 재료가 연성 파괴에서 취성 파괴로 변화하는 온도 범위를 말한다.
나. 충격 시험한 시편의 평균 온도를 말한다.
다. 시험 시편 중 충격치가 가장 크게 나타난 시편의 온도를 말한다.
라. 재료의 저온 사용한계 온도이나 각 기계장치 및 재료 규격 집에서는 이 온도의 적용을 불허하고 있다.

68 용접 열영향부의 경도 증가에 가장 큰 영향을 미치는 원소는?

가. 탄소　　나. 규소
다. 망간　　라. 인

69 스테인리스강은 900~1100℃의 고온에서 급냉할 때의 현미경 조직에 따라서 3종류로 크게 나눌 수가 있는데, 다음 중 해당 되지 않는 것은?

가. 마텐자이트계 스테인리스강
나. 페라이트계 스테인리스강
다. 오스테나이트계 스테인리스강
라. 트루스타이트계 스테인리스강

70 다음 강의 조직 중 오스테나이트 상태에서 냉각 속도가 가장 빠를 때 나타나는 조직은?

가. 펄라이트(pearlite)
나. 마텐사이트(martensite)
다. 솔바이트(sorbite)
라. 트루스타이트(troostite)

71 강의 결정립을 미세화하기 위한 열처리는?

가. 어닐링(annealing)
나. 노멀라이징(normalizing)
다. 담금질(quenching)
라. 뜨임(tempering)

72 일반 연강(C=0.15%)의 아크 용접부에서 경도가 가장 높은 부분은 어느 부위인가?

가. 용착 비드 중앙부
나. 용접 열영향부의 결정립 조대화 부분
다. 용접 열영향부의 결정립 미세화 부분
라. 용접 열영향부의 입상 펄라이트 부분

73 열처리 고장력강의 후열처리 온도에 관한 설명 중 옳은 것은?

가. 후열처리는 강도나 인성의 저하를 방지하기 위하여 주로 뜨임(tempering) 온도 이하에서 행한다.
나. 후열처리는 강도를 증가시키기 위하여 주로 뜨임(tempering) 온도 이상에서 행한다.
다. 후열처리는 인성을 증가시키기 위하여 주로 뜨임(tempering) 온도 이상에서 행한다.
라. 후열처리는 온도와 무관하다.

74 열처리에서 T. T. T곡선과 관계가 있는 곡선은?

가. 인장 곡선
나. 항온변태 곡선
다. Fe_3-C 곡선
라. 탄성 곡선

75 용접부의 저온 균열이 아닌 것은?

가. 루트 균열　　나. 토 균열
다. 언더비드 균열　　라. 크레이터 균열

76 금속 재료의 냉간 가공에 따른 성질 변화 중 옳지 않은 것은?

가. 인장 강도 증가　　나. 경도 증가
다. 연신율 감소　　라. 인성 증가

77 용접에서 사용되는 피닝이란 어떤 작업인가?

가. 다듬질 작업이다.
나. 잔류 응력을 제거하는 작업이다.
다. 슬래그를 제거하는 작업이다.
라. 모양을 수정하는 작업이다.

78 강판을 가스 절단하면 국부적인 급열 · 급냉을 받기 때문에 절단 끝이 팽창, 수축에 의하여 변형이 생긴다. 이 변형의 방지법 중 부적당한 것은?

가. 피절단재를 고정하는 방법
나. 수냉에 의하여 열을 제거하는 방법
다. 열응력이 대칭이 되도록 예열하는 방법
라. 절단부에 역각도를 주는 방법

79 모재의 열영향부가 경화할 때, 비드 가장자리(끝단)에 일어나기 쉬운 균열은?

가. 유황 균열　　나. 토우 균열
다. 비드밑 균열　　라. 은점

80 용접 결함의 일종인 은점은 용착 금속의 인장 또는 굴곡파 단면에 생긴다. 이 결합부의 발생 원인으로 옳은 것은?

가. 유황 취화 현상　　나. 수소 취화 현상
다. 인 취화 현상　　라. 산소 취화 현상

81 구조용 강재의 용접 균열의 발생 형태를 발생 위치에 의하여 구분할 때 여기에 속하지 않는 것은?

가. 용접 금속　　나. 열영향부
다. 모재의 원질부　　라. 용접 변형부

82 용접 시공 시 라멜라 테어의 발생과 가장 관계가 깊은 것은 무엇인가?

가. 모재 판두께 방향의 인장 강도
나. 모재 판두께 방향의 단면 수축률
다. 모재의 충격치
라. 용접 금속의 인장 강도

83 다음은 용접부 냉각 속도에 대한 설명이다. 옳지 못한 것은?

가. 후판이 박판보다 냉각 속도가 빠르다.
나. 맞대기 이음보다 T형 이음 용접의 경우가 냉각 속도가 빠르다.
다. 맞대기 이음보다 T형 이음 용접의 경우가 냉각 속도가 늦다.
라. 두꺼운 판을 용접할 때 열은 여러 방향으로 방열되어 냉각 속도가 빠르다.

84 다음 금속의 용접 중 열전도율이 가장 큰 것은?

가. 연강
나. 18−8 스테인리스강
다. 알루미늄
라. 구리

85 금속의 용접에서 열확산도가 다음중 가장 큰 것은?

가. W
나. Cu
다. Fe
라. Mo

86 다음은 용접부 열유동에 대한 설명이다. 옳지 않은 것은?

가. 용접부의 재질 변화를 알기 위하여 최고 도달 온도를 알아야 한다.
나. 재질 변화를 알기 위하여 냉각 속도도 알 필요가 있다.
다. 용접부의 재질 변화에 예열 온도가 영향을 미친다.
라. 용접 입열의 크기는 재질 변화에 영향이 없다.

87 다음은 용접 시의 판상의 온도 분포에 대한 설명으로 잘못된 것은?

가. 용접 열원 부근의 온도는 대단히 높다.
나. 열원에서 멀어질수록 온도는 낮아지고 있다.
다. 열원 후방 부근에서는 온도구배가 완만하다.
라. 열원 전방 부근에서는 온도구배가 완만하다.

88 용접부 고온 균열 원인으로 가장 적합한 것은?

가. 낮은 탄소 함유량
나. 응고 조직의 미세화
다. 모재에 유황성분이 과다 함유
라. 결정 입내의 금속간 화합물

89 용접부의 응력부식균열(SCC)을 최소화할 수 있는 방법 중 가장 거리가 먼 것은?

가. 후판재의 다층용접에서 냉각 속도의 지연을 위해 입열량은 가능한 크게 한다.

나. 오스테나이트 스테인리스강의 경우 페라이트 조직과 공존하는 조직을 가지면 효과가 있다.

다. 응력제거 열처리를 한다.

라. 인장 강도가 낮은 모재를 선정한다.

90 천이 온도는 재료가 연성 파괴에서 무슨 파괴로 변화하는 온도 범위를 말하는가?

가. 취성 파괴　　나. 탄성 파괴

다. 인성 파괴　　라. 피로 파괴

91 연강이라도 기온이 0℃ 이하로 떨어지면 저온 균열을 일으키기 쉬우므로 용접 이음의 양폭 약 100 mm 폭을 가열하는데 다음 중 약 몇 ℃로 가열하는 것이 좋은가?

가. 약 10～45℃　　나. 약 50～75℃

다. 약 100～130℃　　라. 약 130～170℃

연습문제 정답

1	2	3	4	5	6	7	8	9	10	11	12	13	14	15
다	가	가	나	다	다	다	가	나	나	다	라	다	가	라
16	17	18	19	20	21	22	23	24	25	26	27	28	29	30
라	다	다	가	가	나	라	나	나	가	다	라	나	라	나
31	32	33	34	35	36	37	38	39	40	41	42	43	44	45
나	가	나	라	다	나	나	라	라	가	나	가	다	나	라
46	47	48	49	50	51	52	53	54	55	56	57	58	59	60
가	라	가	다	가	가	다	다	나	다	나	나	가	라	나
61	62	63	64	65	66	67	68	69	70	71	72	73	74	75
나	나	가	나	라	라	가	가	라	나	나	나	가	나	라
76	77	78	79	80	81	82	83	84	85	86	87	88	89	90
라	나	라	나	나	라	나	다	라	나	라	다	라	가	가
91														
나														

10

용접검사

10.1 용접부 검사의 의의

용접은 설계자의 설계와 시방서에 의하여 실시함으로써 완성된 가공물이 목적과 부합되도록 구조 및 성능을 발휘해야 한다. 그러나 용접의 내 · 외부적 요인으로 불량 또는 결함있는 제품이 생산될 수 있다. 그러므로 용접부에 대한 건전성(soundness)과 신뢰성(reliability)의 확보가 요구된다. 이를 확보하기 위해서는 사전 결함 예방에 대한 지식, 시험 검사가 필요하다. **작업 검사**(procedure inspection)란 양호한 용접을 하기 위하여 용접 전, 용접 중 또는 용접 후에 있어서 용접공의 기능, 용접 재료, 용접 설비, 용접 시공 상황, 용접 후 열처리 등의 적부를 검사하는 것을 말한다. 완성 검사란 용접 후에 제품이 요구대로 완성되고 있는가의 여부를 검사하는 것을 말한다. 완성된 제품에 대한 **완성 검사**(acceptance inspection)는 **파괴 시험**(destructive testing)과 **비파괴 시험**(nondestructive testing)으로 나눌 수 있다.

파괴 시험은 피검사물을 절단, 굽힘, 인장, 기타 소성 변형을 주어 시험하는 방법이고, 비파괴 시험은 피검사물을 손상하지 않고 시험하는 방법을 말한다. 이러한 검사의 응용은 검사자(inspector)가 재질, 용접부의 형상, 목적에 따라 선택 또는 조합하여 결함을 검출한다.

10.2 용접 결함

(1) 치수상의 결함

① 응력에 의한 변형

횡 수축, 종 수축, 각 변형, 회전 변형 등에 의하여 치수상의 결함이 생긴다.

② 형상 결함

재료의 평면상 맞대임할 곳의 규격 차이, 필릿의 각도나 기타 실제 용접의 설계와 시공이 달라 결함이 생긴다.

(2) 구조상의 결함

① 비드 형상의 결함

언더컷, 오버랩, 너무 높은 보강 용접, 목 두께 부족, 다리 길이 부족 등과 같은 구조상의 결함이 생긴다.

② 기공(blow hole)

공기 중에 있는 수소나 탄소와 화합해서 기포가 생기거나 유황(S)이 많은 강이면 수소(H_2)와 화합해서 유화수소(H_2S)가 생겨 기포가 남게 된다.

③ 슬래그 혼입(slag inclusion)

앞 층의 잔류 슬래그가 원인이 되어 용접부의 층 아래 또는 내부에 남는 것을 말한다.

④ 융합 부족(lack of fusion)

용접 금속이 모재 또는 앞 층에 충분히 용융되지 않을 경우에 생기는 것으로, 용접 전류가 불충분할 때, 아크가 한쪽으로 편향되었을 때 발생한다. 또한 이 결함은 간극이 넓게 벌어져 있을 경우와 밀착은 돼 있으나 접착이 되지 않았을 때 생긴다.

⑤ 용입 부족(lack of penetration)

깊은 용접을 할 때 용착 부족 때문에 그루브, 루트가 용입되지 않고 남는 것 또는 한편 용접 때 전류 부족으로 용입되지 않는 경우의 결함이다. 이는 응력 집중도가 높아 균열 발생의 원인이 된다.

⑥ 균열(crack)

고온 균열과 저온 균열이 있다. 비드 밑 터짐이나 토 균열, 루트 균열, 열처리 균열, 응력 부식 균열 등이 있다.

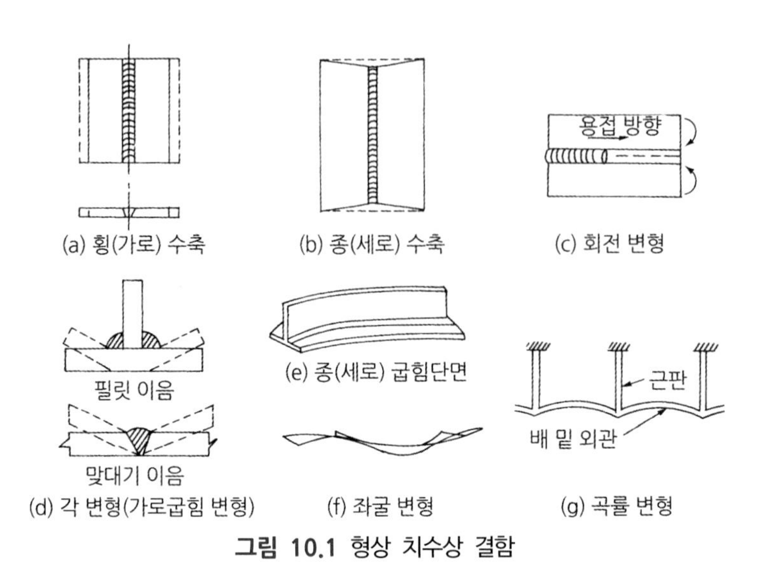

그림 10.1 형상 치수상 결함

표 10.1 각종 결함과 시험

용접 결함	결함 종류	시험과 검사
치수상 결함	변 형	적당한 게이지를 사용하여 외관 육안 검사
	용접부의 크기가 부적당	용착 금속 측정용 게이지를 사용하여 육안 검사
	용접부의 형상이 부적당	용착 금속 측정용 게이지를 사용하여 육안 검사
구조상 결함	구조상 불연속 기공 결함	방사선 검사, 자기 검사, 와류 검사, 초음파 검사, 파단 검사, 현미경 검사, 마이크로 조직검사
	슬래그 섞임	〃
	융합 불량	〃
	용입 불량	외관 육안 검사, 방사선 검사, 굽힘 시험
	언더컷	외관 육안 검사, 방사선 검사, 초음파 검사, 현미경 검사
	용접 균열	마이크로 조직검사, 자기 검사, 침투 검사, 형광 검사, 굽힘 시험
	표면 결함	외관 검사
성질상 결함	인장 강도 부족	기계적 시험
	항복 강도 부족	〃
	연성 부족	〃
	경도 부족	〃
	피로 강도 부족	〃
	충격 파괴 강도	〃
	화학성분 부적당	화학분석 시험
	내식성 불량	부식 시험

(3) 성질상의 결함

용접부는 국부적인 가열에 의하여 융합하는 이음 형식이기 때문에 모재와 같은 성질이 되기 어렵다.

용접 구조물은 어느 것이나 사용 목적에 따라서 용접부의 성질은 기계적, 물리적, 화학적인 성질에 대하여 정해진 요구 조건이 있는데, 이것을 만족시키지 못하는 것을 **성질상 결함**이라 한다.

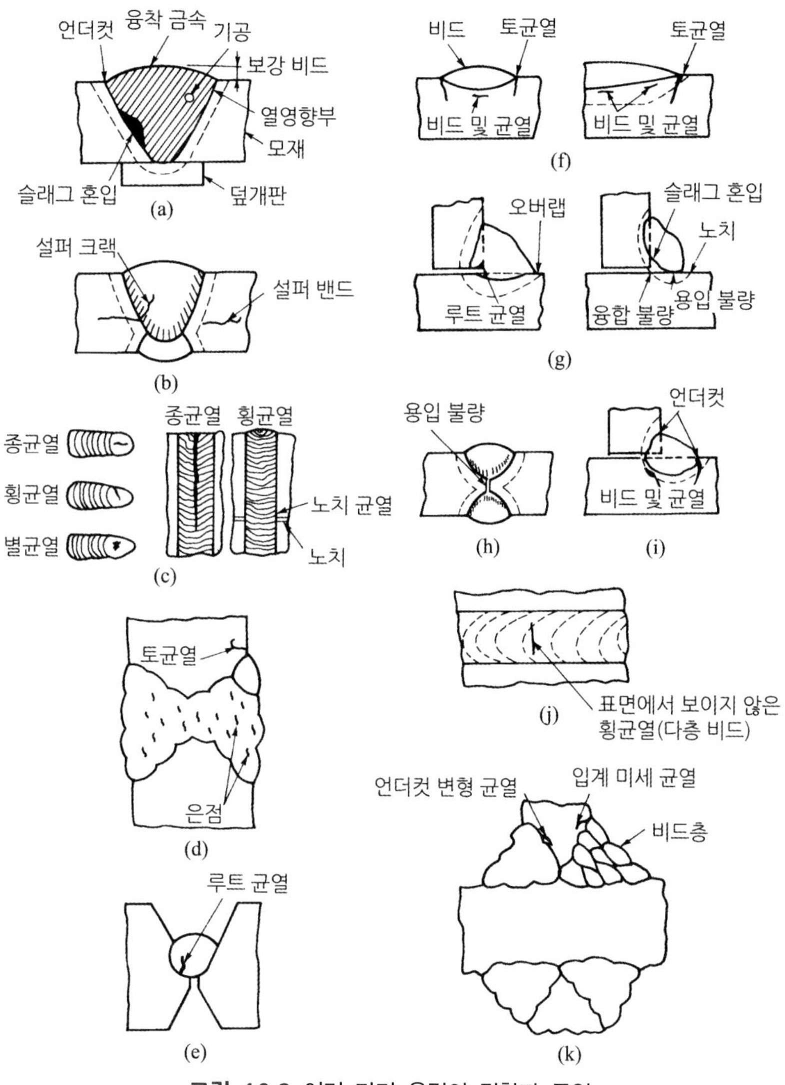

그림 10.2 여러 가지 용접의 결함과 균열

표 10.2 용접부의 시험 종류

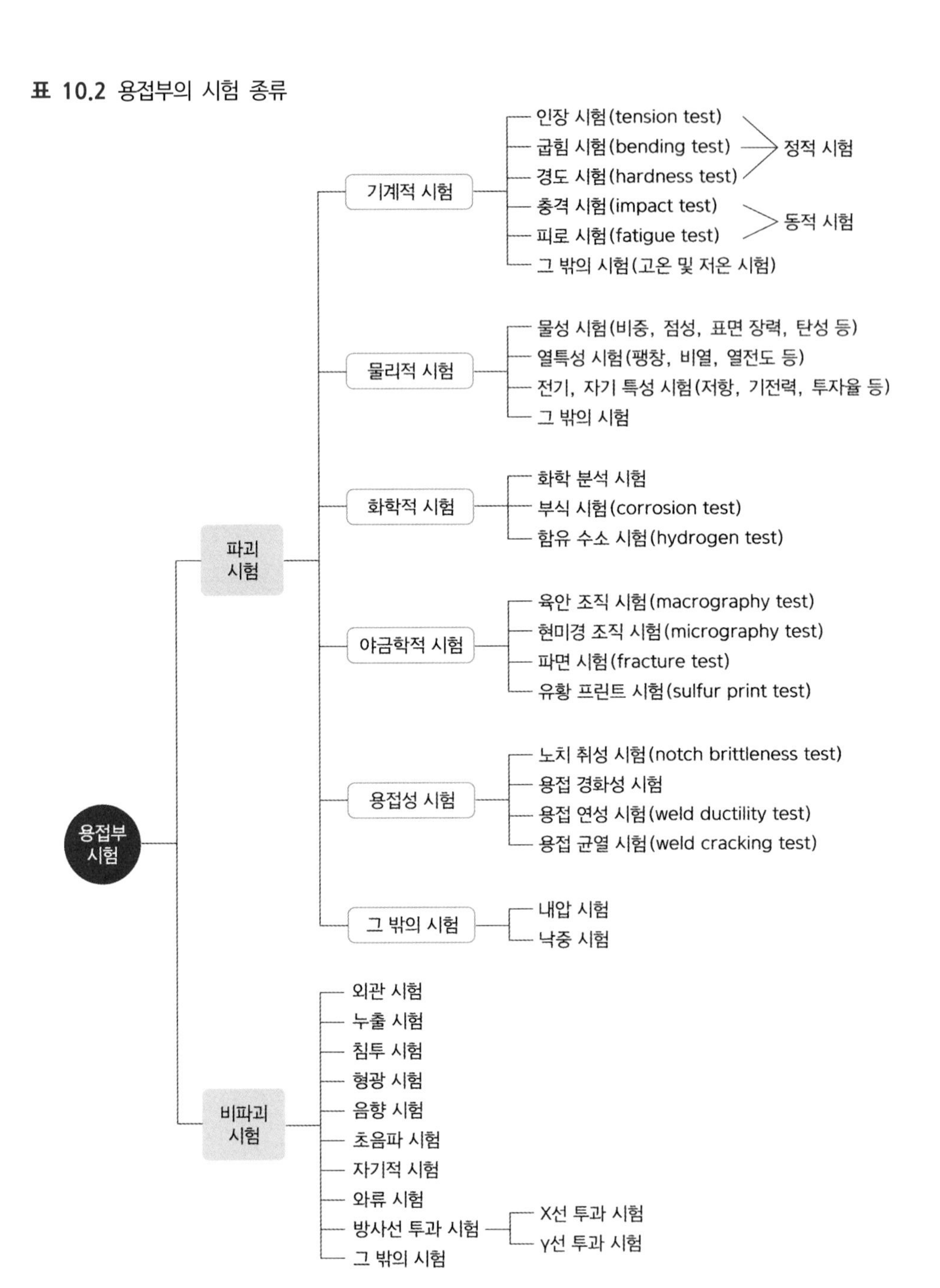

10.3 파괴 검사

파괴 검사는 검사부를 절단, 굽힘, 인장, 충격 등으로 파괴하여 검사하는 것을 말하며, 대량 생산품의 샘플(sample) 검사에 적합하다.

10.3.1 파괴 검사의 종류 및 검사 방법

(1) 인장 시험

인장 시험(tension test)에서 하중을 $P(N)$, 시편의 최소 단면적을 $A\,(\mathrm{mm}^2)$라고 하면 응력(stress) σ는 다음과 같다.

$$\sigma = \frac{P}{A}\,(\mathrm{N/mm^2})$$

그리고 시험편 파단 후의 거리를 $l\,(\mathrm{mm})$, 최초의 길이를 l_0 라 하면 변형률(strain) ϵ는

$$\epsilon = \frac{l - l_0}{l_0} \times 100$$

와 같이 되고, 파단 후 시험편의 단면적을 $A'(\mathrm{mm}^2)$, 최초의 원단면적을 $A\,(\mathrm{mm}^2)$라 하면 단면 수축률 ϕ는 다음과 같다.

$$\phi = \frac{A - A'}{A} \times 100$$

그림 10.3은 응력과 변형도의 선도이며 C점에 해당하는 응력은 하중은 증가하지 않고 변형만 하는데, 이때 최대 하중(N)을 원단면적(mm^2)으로 나눈 값을 항복 응력($\mathrm{N/mm^2}$)이라 한다. 그러나 스테인리스강, 황동과 같이 항복점(yielding point)이 나타나지 않는 재료는 항복점에 대응되는 내력을 측정한다. 즉, 보통 많이 사용되고 있는 0.2% 내력은 곡선 2에 표시된 바와 같이 변형률 축상 0.2% 변형인 점에서 직선 부분에 평행선을 그어 하중-변율 곡선과 만나는 G점의 하중을 원단면적으로 나눈 값을 말하는데, 이것을 **영구 변형**(permanent strain)의 0.2%에 대한 응력으로 0.2% 항복 응력 혹은 **내력**(yield stress)이라 하며, 이런 방법을 **오프셋**(offset)**법**이라 한다.

또한 파단할 때의 최대 하중을 원단면적으로 나눈 값을 인장 강도(tensile strength) 혹은 항장력(E점)이라 한다. 그림 10.3에서 A점을 비례 한도(proportional limit)라 하

고, 하중을 제거해서 재료가 영구 변형을 남기지 않고 원래대로 되는 최대 응력을 탄성 한도(elastic limit)라 한다.

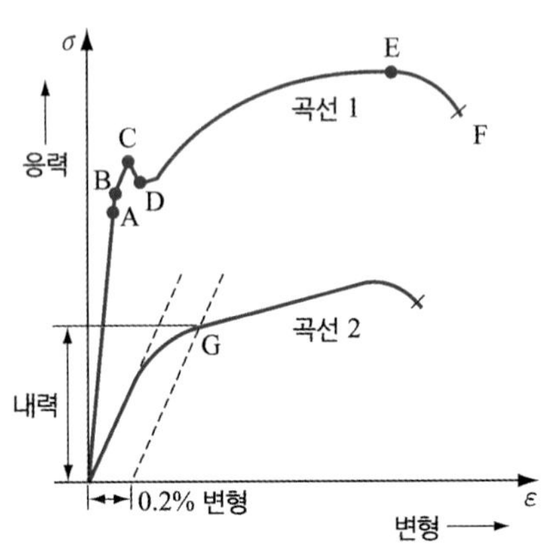

그림 10.3 응력과 변형률 선도

(2) 용착 금속의 인장 시험

용착 금속(deposited metal)의 인장 시험은 용착 금속 내에서 원형으로 채취한다.

시험편은 원칙적으로 아크 용접일 때 A 1호 시험편, 가스 용접일 때 A 2호 시험편으로 하지만, 이 시험편의 채취가 곤란할 때 A 2호와 A 3호의 시험편을 사용하기도 한다.

$$\text{용접 이음 효율(joint efficiency)} = \frac{\text{시험편의 인장 강도}}{\text{모재의 인장 강도}} \times 100(\%)$$

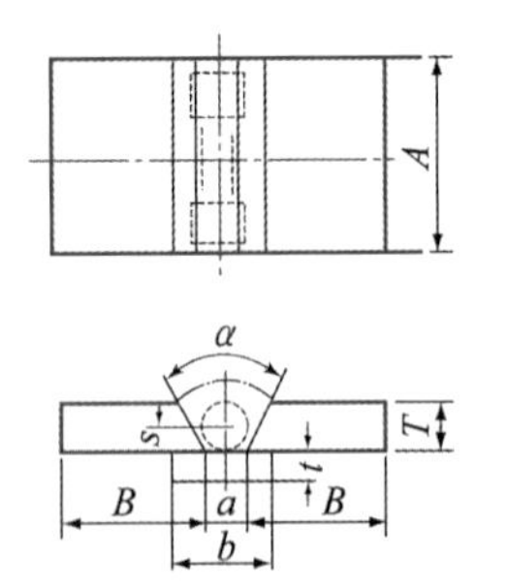

그림 10.4 인장 시험재의 채취 형상

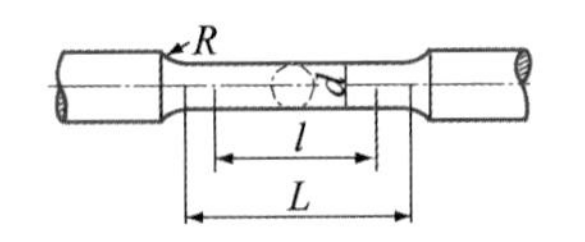

표점 거리 l= 50 mm, 지름 d= 14mm
평행부 거리 L= 약 60 mm
모서리 반지름 R= 15mm 이상

그림 10.5 인장 시험편 형상

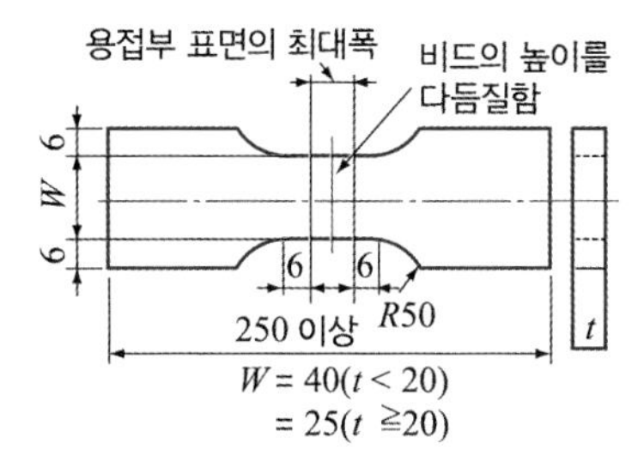

그림 10.6 맞대기 용접 이음의 인장 시험 형상

(3) 굽힘 시험(bending test)

용접부의 연성을 조사하기 위하여 사용되는 시험법으로, 굽힘 방법에는 자유 굽힘(free bend), 롤러 굽힘(roller bend)과 형틀 굽힘(guide bend)이 있으며, 보통 180°까지 굽힌다. 또 시험하는 표면의 상태에 따라서 **표면 굽힘 시험**(surface bend test), **이면 굽힘 시험**(root bend test), **측면 굽힘 시험**(side bend test) 3가지 방법이 있다.

보통 형틀 굽힘 시험을 많이 하며, 그림 10.7과 10.8은 시험용 지그(jig)와 시험편의 형상이다.

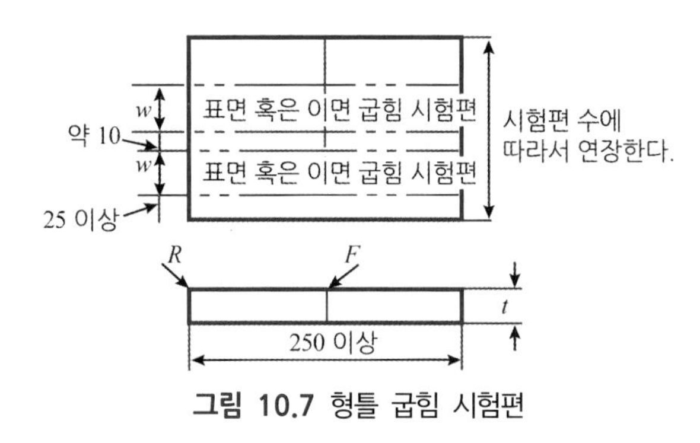

그림 10.7 형틀 굽힘 시험편

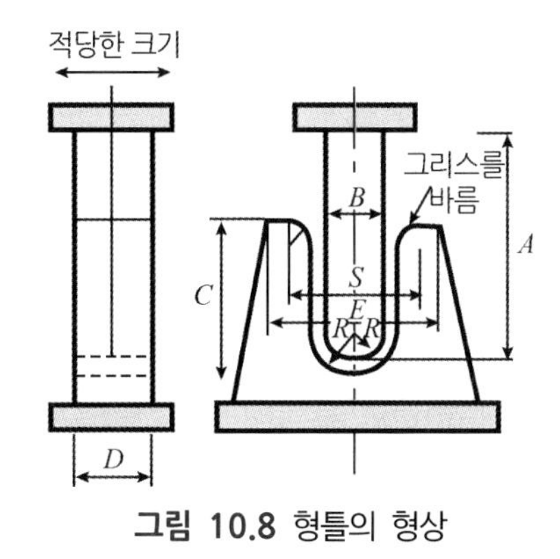

그림 10.8 형틀의 형상

(4) 경도 시험(hardness test)

브리넬(Brinell) 경도, 로크웰(Rockwell) 경도, 비커스(Vickers) 경도 시험기는 압입 자국으로 경도를 표시한다. 압입체인 다이아몬드 또는 강구로 눌렀을 때, 재료에 생기는 소성 변형에 대한 자국으로 경도를 계산하고 있다. 쇼어(shore) 경도 시험은 낙하-반발 형식으로 재료의 탄성 변형에 대한 저항으로써 경도를 표시한다.

표 10.3 각종 경도계의 비교

<table>
<tr><th>종 류</th><th>형 식</th><th>입자 또는 해머의 재질 형상</th><th>하 중</th><th colspan="3">비 고(표 시 예)</th></tr>
<tr><td rowspan="7">브리넬</td><td rowspan="7">압입식</td><td rowspan="7">담금질한 강구
$H_B = \frac{P}{\pi d h}$
지름 10 mm
5 mm
2.5 mm</td><td rowspan="7">3,000 kg
1,000 kg
750 kg
500 kg</td><td colspan="3">강구의 지름과 하중은 재질과 경도에 따라 다음과 같이 조합한다.</td></tr>
<tr><td>강구의 지름(mm)</td><td>하중 (kg)</td><td>기 호</td></tr>
<tr><td>5</td><td>750</td><td>HB(5/750)</td></tr>
<tr><td>10</td><td>500</td><td>HB(10/500)</td></tr>
<tr><td>10</td><td>1,000</td><td>HB(10/1,000)</td></tr>
<tr><td>10</td><td>3,000</td><td>HB(10/3,000)</td></tr>
<tr><td colspan="3">경도 표시 예 : HB(10/500)92
HB(10/500/30)92</td></tr>
<tr><td rowspan="2">로크웰</td><td rowspan="2">압입식</td><td>$H_R B = 130 - 500h$
h : 압입 깊이의 차
"B" 스케일 담금질한 강구
지름 1/16″</td><td>100 kg</td><td colspan="3">HRB30(또는 RB30)</td></tr>
<tr><td>$H_R B = 100 - 500h$
h : 압입 깊이의 차
"C"스케일 다이아몬드콘 정각 120°
$H_V = \frac{1.8544P}{d^2}$
d : 자국의 대각선 길이</td><td>150 kg</td><td colspan="3">HRC59(또는 RC59)</td></tr>
<tr><td>비커스</td><td>압입식</td><td>다이아몬드 4각추 정각 136°</td><td>1~120 kg</td><td colspan="3">HV(30)250</td></tr>
<tr><td>쇼어</td><td>반발식</td><td>$H_s = \frac{10000}{65} \times \frac{h}{h_o}$
h_o : 낙하 높이
h : 반발 높이
끝을 둥글게 한 다이아몬드를 붙인 해머, 해머 중량 2.6 g</td><td>낙하 높이 25 cm</td><td colspan="3">$H_S 51$
$H_S 25.5$</td></tr>
</table>

(5) 충격 시험

시험편에 노치(notch)을 만들어 진자로 타격을 주어 재료가 파괴될 때 재료의 성질인 인성(toughness)과 취성(brittleness)을 시험하는 것을 **충격 시험**(impact test)이라 한다. 이 시험에는 샤르피(Charpy) 충격 시험기와 아이조드(Izod) 충격 시험기가 많이 사용되며, 전자는 시험편을 수평으로, 후자는 수직으로 두고 충격을 가한다. 용착 금속의 충격 시험은 흡수 에너지와 충격치를 구하여 표시한다.

충격치는 충격 온도에 큰 영향을 주며 다음과 같이 구한다. 시험편에 흡수된 에너지 E는

$$E = WR(\cos\beta - \cos\alpha)\,(\text{kg·m})$$

충격치 U는 흡수 에너지를 시험편의 단면적으로 나눈 값이다.

$$U = \frac{E}{A} = \frac{WR(\cos\beta - \cos\alpha)}{A}\,(\text{kg·m/cm}^2)$$

W : 펜듈럼 해머의 중량(kg)
R : 회전축의 중심에서 해머의 중심까지의 거리
β : 해머의 처음 높이 h_1에 대한 각도
α : 해머의 2차 높이 h_2에 대한 각도

시험편의 파단에 필요한 흡수 에너지가 크면 클수록 인성이 큰 재료가 되며, 작으면 작을수록 취성이 큰 재료가 된다.

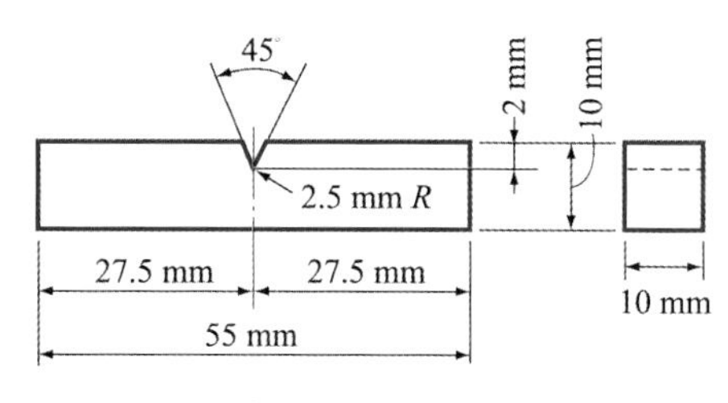

그림 10.9 충격 시험편

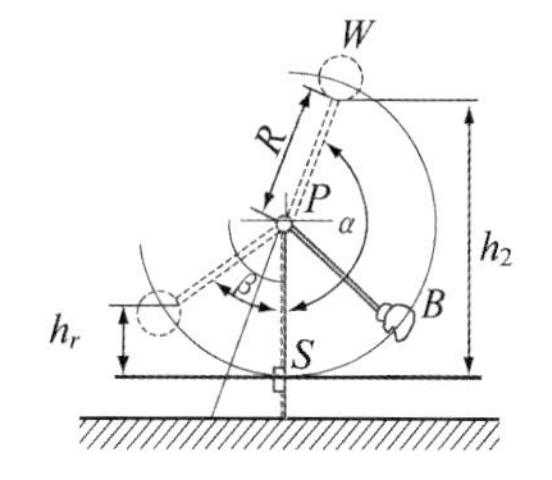

그림 10.10 샤르피 펜듈럼 충격 시험기

(6) 피로 시험(fatigue test)

동적 시험의 한 가지 방법으로 시험편에 반복 하중을 두어서 견디는 최고 하중을 구하는 방법인데, 재료가 반복 응력을 받았을 때에는 인장 강도 또는 항복점에 도달하지 않는 힘에서도 파괴된다. 이것을 **피로 파괴**(fatigue destruction)라 한다.

반복 하중의 응력이 클수록 파단되기까지의 수명이 짧다. 즉, 피로 시험은 재료의 피로 한도 혹은 내구 한도로 시험하며, 시간 강도(어떤 횟수의 반복 하중에 견디는 응력의 극한치)를 구하는 방법이다.

반복 횟수($\log N$)에 관계없이 응력($\log S$)이 일정하게 되는 그 이하의 응력에서는 무한대로 횟수를 증가하여도 파괴되지 않는 응력이 있는데, 이를 **피로 한도**(fatigue limit)라 한다. 보통 반복 횟수는 10^7회까지 시험하면 피로 한도가 구해진다.

또한 피로 한도가 10^5회 기준으로 그 이상에서 파괴되면 고싸이클 피로, 이하에서 파괴되면 저싸이클 피로라고 한다.

10.4 비파괴 검사

재료 또는 제품의 재질이나 형상 치수에 변화를 주지 않고 재료의 건전성을 시험하는 방법을 **비파괴 검사**(nondestructive testing or inspection, NDT or NDI)라 하고 용접물, 구조물, 압연재 등에 이용되고 있다.

① Non Destructive Testing or Inspection

② 표면결함 검출 : 외관 검사, 침투 탐상시험, 자분 탐상시험, 전자유도시험

③ 내부 결함 검출 : 방사선투과시험, 초음파탐상시험

④ 기타 비파괴 검사 : 음향 탐상시험, 응력측정시험, 내압시험, 누설시험 등

10.4.1 표면 결함 비파괴 검사법

(1) 외관(육안) 검사(Visual test : VT)

① 장점

- 모든 용접부의 제작 전, 제작 중, 제작 후에 검사를 할 수 있다.
- 대부분 큰 불연속만을 검출하나 기타 다른 방법에 의해 검출되어야 할 불연속부도 예측할 수 있다.
- 용접이 끝난 즉시 보수해야 할 불연속부를 검출, 제거할 수 있다.
- 다른 비파괴 검사 방법보다 비용이 적게 된다.

- 간단, 신속, 저렴한 비용

② 단점

- 검사원의 경험과 지식에 따라 크게 좌우된다.
- 일반적으로 용접부의 표면에 있는 불연속 검출에만 제한된다.
- 용접 작업 순서에 따라 육안 검사를 늦게 하면 이음부를 확인하기 곤란하다.

(2) 침투 탐상 검사(Penetrant test : PT)

① 검사가 간단하고, 비용이 저렴하다.

② 특히 자기탐상 시험으로 검출되지 않는 금속재료에 주로 사용한다.

③ 검사 방법

- 용접부 표면 세척(전처리)
- 침투성이 강한 액체를 표면에 뿌려 침투액이 결함이 있는 곳으로 스며들게 한다.
- 건조 후, 표면의 침투액을 닦아낸 후
- 현상제(MgO, $BacO_3$ emd 용제) 분사
- 결함(균열 등) 중에 침투된 침투액이 소재의 표면으로 나타남

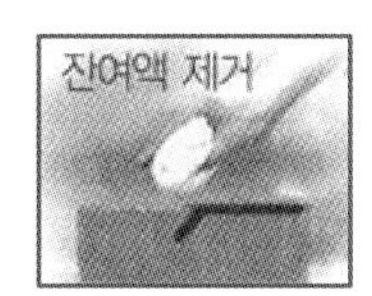

그림 10.11 침투 탐상 검사법의 원리

① 장점

- 시험 방법이 간단하며, 고도의 숙련이 요구되지 않는다.
- 제품의 크기, 형상 등에 크게 구애를 받지 않는다.
- 국부적 시험과 미세한 균열도 탐상이 가능하며, 판독이 쉽다.
- 비교적 가격이 저렴하다.
- 철, 비철, 플라스틱, 세라믹 등 거의 모든 제품에 적용이 용이하다.

② 단점

- 표면의 결함(균열, 피트 등) 검출만 가능하다.
- 시험 표면이 너무 거칠거나 기공이 많으면 허위 지시 모양을 만든다.
- 시험 표면이 침투제 등과 반응하여 손상을 입는 제품은 검사할 수 없다.
- 주변 환경 특히 온도에 민감하여 제약을 받는다.
- 후처리가 요구되며, 침투제가 오염되기 쉽다.

③ 침투 탐상 검사법의 종류

- 형광 침투 탐상 검사법
  - 유기 고분자 유용성 형광 물질을 점도가 낮은 기름에 녹인 것으로 표면 장력이 매우 좋아 매우 작은 균열이나 표면의 흠집 관찰이 쉬우며, 자외선(블랙 라이트)으로 비추면 쉽게 판별할 수 있다.
  - 검사 순서는
    전처리(세척) – 침투 – 잔여 액 제거 – 현상제 살포 – 건조 – 검사 순
- 염료 침투 탐상 검사법
  - 염료 침투는 형광 침투액 대신에 적색 염료를 주체로 한 침투액과 백색의 현상제를 사용하는 방법으로, 형광 침투법과 동일하나 보통의 전등 또는 햇빛 아래서도 검사할 수 있는 것이 특징이다.

(3) 자분 탐상 검사(Magnetic test : MT)

① 강자성체인 철강 등의 표면검사에 사용

② 검사 방법

- 시험체를 자화하여 자속이 발생되었을 때
- 도자성이 높은 미세한 자성체 분말을 검사체 표면에 산포하면
- 결함이 있는 부위의 흐트러진 누설자속을 사용하여 결함을 감지
  - 자화 방법 : 축통전법, 관통법, 직각 통전법, 코일법, 극간법, 프로드법
  - 검출 가능한 결함의 깊이는 표면과 표면 바로 밑 5 mm 정도
  - 자화에 따른 사용 전류 : 표면결함 검출 – 교류, 내부 결함의 검출 – 직류

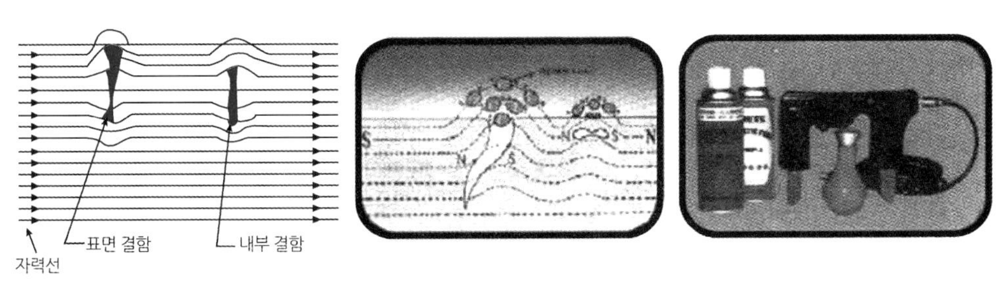

그림 10.12 지분 탐상법의 원리

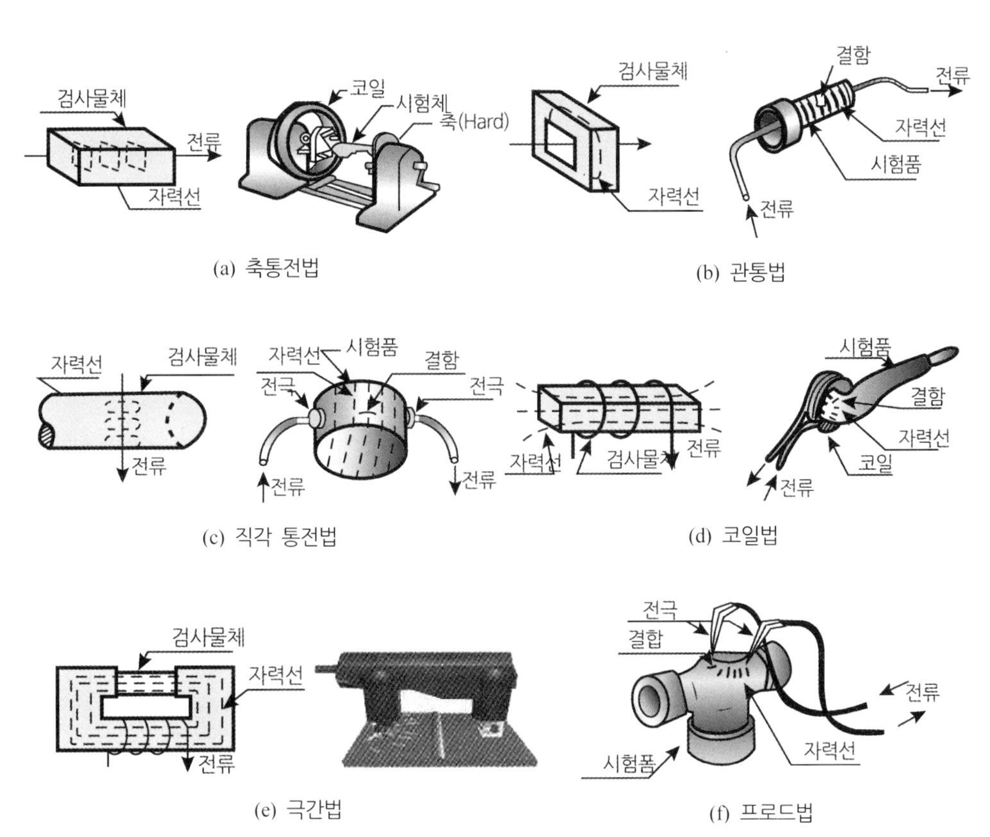

그림 10.13 지분 탐상의 자화 방법

⑥ 장점

- 표면 균열 검사에 가장 적합하며, 시험편의 크기, 형상 등에 구애를 받지 않는다.
- 검사법 습득이 쉽고, 검사가 신속, 간단하다.
- 결함 모양이 표면에 직접 나타나 육안으로 관찰할 수 있다.
- 검사자가 쉽게 검사 방법을 배울 수 있다.

- 자동화가 가능하며 비용이 저렴하다.
- 정밀한 전처리가 요구되지 않는다.

⑦ 단점

- 강자성체 재료에 한하며, 내부 결함의 검사가 불가능하다.
- 불연속부의 위치가 자속 방향에 수직이어야 한다.
- 탈자(자기 제거)등 후처리가 필요하다.

(4) 와류 탐상(맴돌이) 검사(Eddy current test : ET)

검사 방법은 다음과 같다.

교류가 흐르는 코일을 금속 등의 도체에 가까이 가져가면 도체의 내부에는 **와전류** (Eddy current)라는 맴돌이 전류가 발생하고, 시험편의 표면 또는 부근 내부에 불연속 결함이나 불균일부가 있으면 와류의 크기나 방향이 변화하는 것을 이용하여 균열 등의 결함을 감지된다.

① 장점

- 응용분야가 넓고, 결과를 기록하여 보존할 수 있다.
- 파이프, 환봉, 선 등에 대하여 고속 자동화가 가능하여 능률이 좋은 On-line 생산의 전수 검사가 가능하다.
- 표면 결함의 검출 감도가 우수하며, 지시의 크기도 결함의 크기를 추정할 수 있어 결함평가에 유용하다.
- 고온 상태에서 측정, 얇은 시험체, 가는 선, 구멍의 내부 등 다른 비파괴 검사법으로 검사하기 곤란한 대상물에도 적용할 수 있다.
- 비접촉법으로 프로브(Probe)를 접근시켜 검사뿐만 아니라 원격 조작으로 좁은 영역이나 홈이 깊은 곳의 검사가 가능하다.

② 단점

- 강자성체 금속에 적용이 어렵고, 검사의 숙련도가 요구된다.
- 직접 결함의 종류, 형상 등을 판별하기 어렵다.
- 검사 대상 이외의 재료 영향으로 잡음이 검사에 방해될 수 있다.
- 표면 아래의 깊은 곳의 결함 검출은 곤란하다.

- 관통형 코일의 경우 관의 원주상 어느 위치에 결함이 있는지를 알 수 없다.

③ 와류 탐상 검사의 적용 범위

- 용접부 표면 또는 표면에 가까운 균열, 기공, 게재물, 피트, 언더컷, 오버랩, 용입 불량, 융합불량 등을 검출할 수 있다.
- 전기 전도성, 결정립의 대소, 열처리 상태, 경도 및 물리적 성질 등 재료의 조직 변화와 금속의 화학성분, 그리고 기계적, 열적 이력을 측정하거나 확인할 수 있다.
- 이종 재질을 구별하고, 그 조성 및 현미경 조직 등의 차이를 확인할 수 있다.
- 도체 위에 입힌 페인트와 같은 비도체 도포물의 두께를 측정할 수 있다.

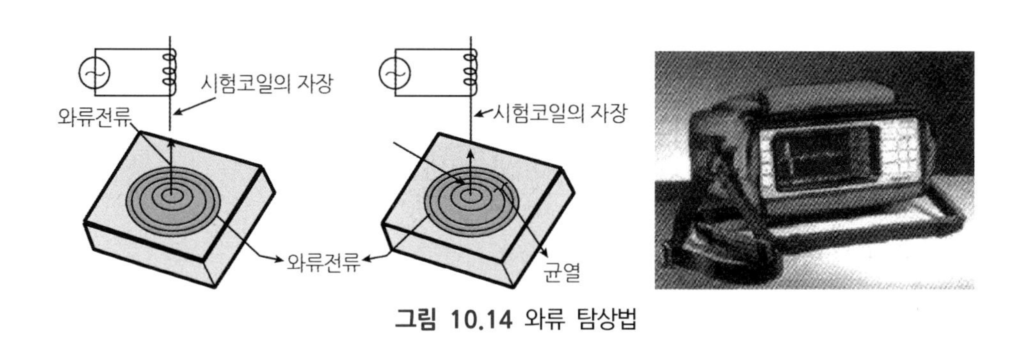

그림 10.14 와류 탐상법

10.4.2 내부 결함 비파괴 검사법

(1) 방사선 투과 검사(Radiographic test : RT)

방사선(X-선, γ-선)이 피 검사물을 통과할 때 결함이 있는 장소와 없는 장소에서 방사선의 감쇠량이 다른 것을 이용한 검사법으로, 주로 주조품이나 용접부 시험에 적용하고, 비파괴 검사법 중 가장 신뢰성이 있어 널리 사용된다. 또한 자성의 유무, 두께의 대소, 형상, 표면 상태의 양부에 관계 없이 어떤 것이나 이용할 수 있으며, 투과하는 두께의 1~2%의 결함까지도 정확하게 검출할 수 있다.

일반적으로 X-선 투과 검사법이 많이 이용되지만, 판두께가 두꺼워지면 X-선 보다 파장이 짧고 강한 γ-선 투과 검사법을 이용한다.

① 장점

- 모든 재질의 내부 결함 검사에 적용할 수 있다.
- 검사 결과를 필름에 영구적으로 기록할 수 있다.
- 주변 재질과 비교하여 1% 이상의 흡수차를 나타내는 경우도 검출 될 수 있다.

② 단점

- 미세한 표면 균열이나 라미네이션은 검출되지 않는다.
- 방사선의 입사방향에 따라 15° 이상 기울러져 있는 결함, 즉 면상 결함은 검출되지 않는다.
- 현상이나 필름을 판독해야 한다.
- 미세 기공, 미세 균열 등은 검출되지 않는 경우도 있다.
- 다른 비파괴 검사 방법에 비하여 안전 관리에 특히 주의해야 한다.

③ 투과도계와 계조계

- 투과도계
  - 철심형 투과도계(DIN형)가 많이 사용
  - 방사선 투과사진의 상질을 나타내는 척도로서 촬영한 사진의 대조와 선명도를 표시하는 기준
- 계조계
  - 투과 두께 20 mm 이하인 평판의 맞대기 용접부에 대하여 촬영조건을 결정할 경우에 사용
  - 동일한 조건으로 촬영할 경우 연속 10회 이하의 촬영을 1군으로 해서 1군에 대하여 계조계를 1회 이상 사용하는 것을 원칙으로 한다.

그림 10.15 X선 검사 장치

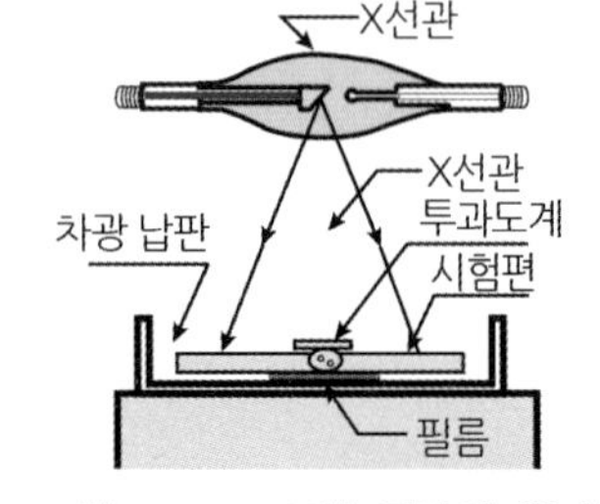

그림 10.16 X선 검사의 원리

④ 촬영 결과

- KS B 0845 규정의 결함의 분류 및 등급 분류
  - 제1종 결함 : 기공 및 이와 유사한 둥근 결함
  - 제2종 결함 : 슬래그 섞임 및 이와 유사한 결함
  - 제3종 결함 : 터짐 및 이와 유사한 결함

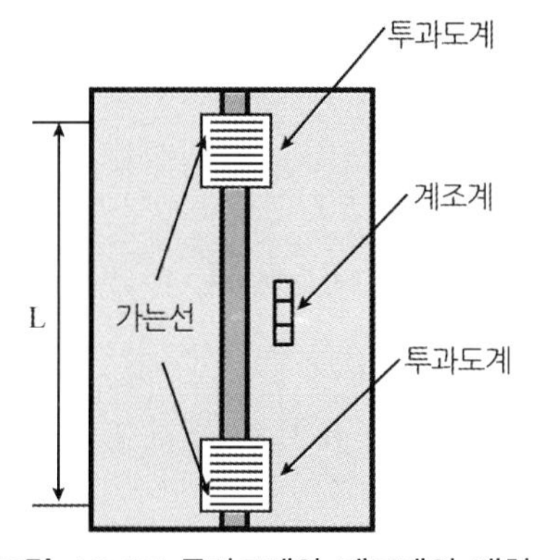

그림 10.17 투과도계와 계조계의 배치

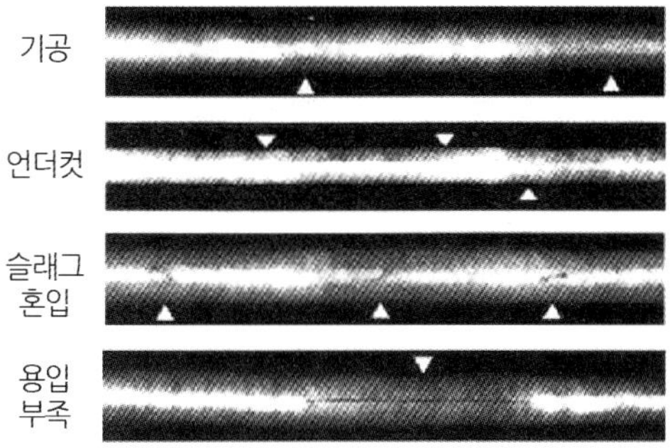

기공
언더컷
슬래그 혼입
용입 부족

그림 10.18 X선 필름(용접 결합)

(2) 초음파 검사(Ultrasonic test : UT)

초음파는 사람이 들을 수 없는 5~15 [MHz]의 짧은 음파이다. 금속 물체 속을 쉽게 전파하고 서로 다른 물질과의 경계면에서는 반사하는 특성이 있다.

초음파 속도는

① 공기 중 : 약 330[m/sec]

② 물 속 : 약 1500[m/sec]

③ 강(steel) 중 : 약 6000[m/sec]

공기와 강(steel) 사이에서 초음파는 반사되므로 탐촉자와 물체 사이가 충분히 밀착되도록 검사체의 표면에 물, 기름, 글리세린 등을 바른 후 검사한다. 0.1[mm] 정도 크기의 결함, 위치, 방향성 등을 검출할 수 있어 적용범위가 넓으므로 두께 및 길이가 큰 물체에 적용할 수 있으나, 탐상면이 거칠면 음파의 산란으로 잘못된 지시값에 의해 오독할 염려가 있고 스크린상의 도형 판독에 많은 훈련과 경험이 필요한 단점도 있다.

그림 10.19 초음파 탐상기의 형상

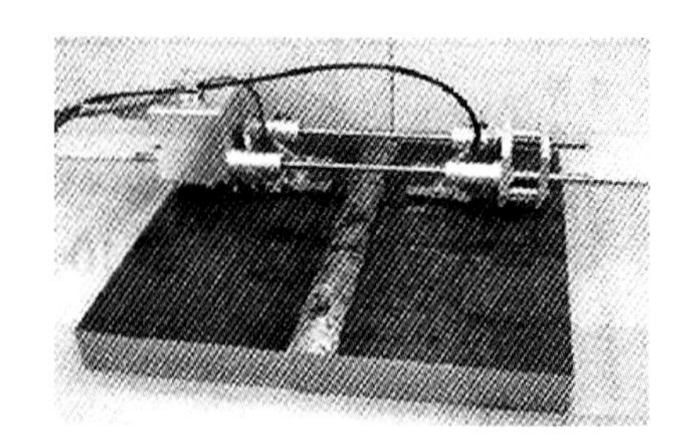

그림 10.20 소형 스캐너를 이용한 결함 검사

① 장점

- 감도가 높아 미세한 결함을 검출할 수 있다.
- 탐상 결과를 즉시 알 수 있으며, 자동 탐상이 가능하다.
- 결함의 위치와 크기를 비교적 정확히 알 수 있다.
- 초음파의 투과 능력이 크므로 수 미터 정도의 두꺼운 부분도 검사가 가능하다.
- 검사 시험체의 한 면에서도 검사가 가능하다.

② 단점

- 검사 시험체의 표면이나 형상이 탐상을 할 수 없는 조건에서는 탐상이 불가능한 경우가 있다.
- 검사 시험체 내부조직의 구조 및 결정 입자가 조대하거나 전체가 다공성일 경우는 정량적인 평가가 어렵다.

③ 초음파 탐상법의 종류

- 투과법
- 펄스 반사법 : 가장 많이 사용하는 방법
- 공진법

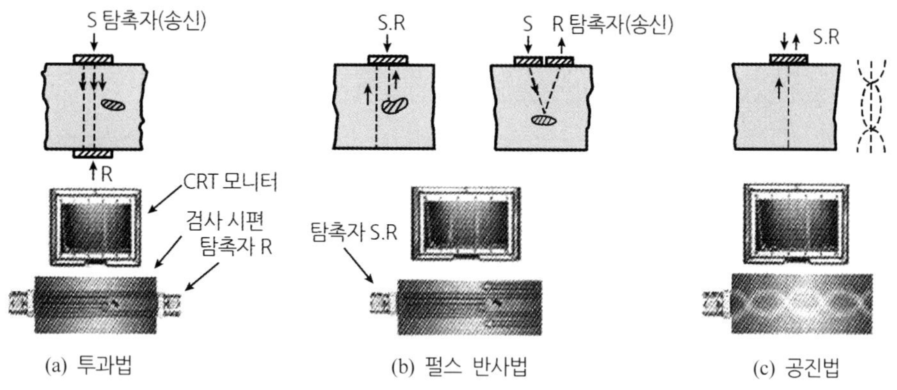

(a) 투과법 (b) 펄스 반사법 (c) 공진법

그림 10.21 초음파 검사법의 종류

④ 초음파 탐상법의 종류

- 접촉방법에 따른 분류
  - 수침법(immersion method)
  - 직접 접촉법(contact method)
- 현장에서의 분류(직접 접촉법)
  - 수직 탐상법
  - 사각 탐상법

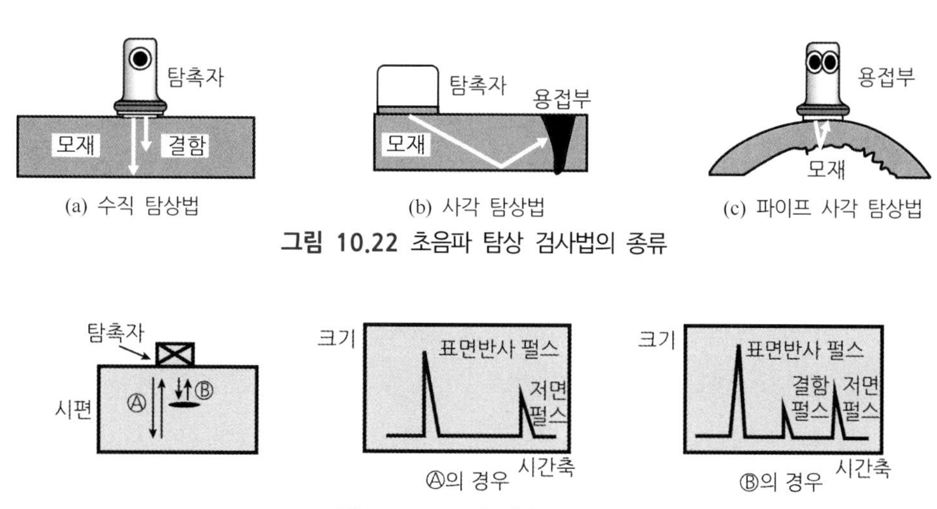

(a) 수직 탐상법 (b) 사각 탐상법 (c) 파이프 사각 탐상법

그림 10.22 초음파 탐상 검사법의 종류

그림 10.23 수직 탐상법의 원리

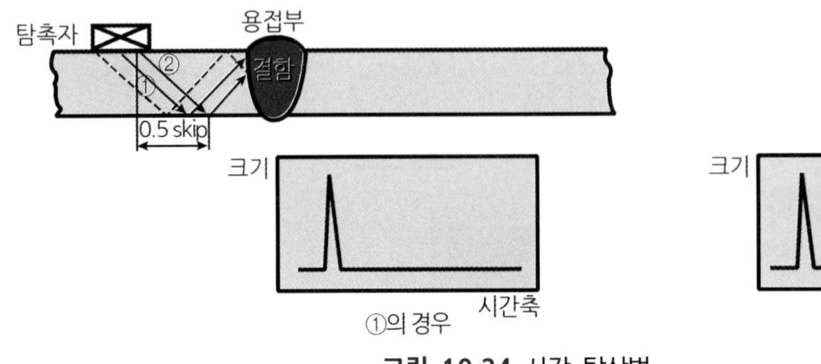

그림 10.24 사각 탐상법

10.4.3 기타 비파괴 검사법

(1) 누설 검사(Leak test : LT)

① 가압법과 진공법

- 가압법 : 시험체 내의 압력을 가압하여 대기압 보다 높게하여 누설시험을 하는 방법
- 진공법 : 시험체 내의 압력을 감압하여 대기압보다 낮게하여 누설시험을 하는 방법

② 누설 감지법

- 비눗물에 의한 방법
- 시험체 내의 압력 변화에 의한 방법
- 추적 가스를 시험체 내에 주입시켜 누설된 미량의 추적가스를 검출기로 검출하는 방법

(2) 수압 검사(Water Pressure test : WPT)

용접 용기나 탱크에 물을 넣고 소정의 압력을 주어 물이 누설될 때까지의 압력을 측정하여 내압검사를 하며, 누설 여부를 검사하여 용접 결함을 판정하는 시험이다.

(3) 음향 검사(Accoustic emission test : AE)

① 장점

- 실시간으로 결함의 진원지와 결함의 상태를 추적할 수 있다.

- 국부적인 결함의 검출 이외에 전체 구조물의 상태를 모니터링할 수 있다.

② 단점

- 안정화된 결함, 즉 진행이 멈춘 균열 등은 검출할 수 없다.
- 센서의 감도에 따라 결함의 검출 결과가 좌우된다.
- 음향 방출이 구조물의 여러 구조 상태를 따라 전달 될 때 결함의 정확한 위치를 찾기는 어렵다.
- 초음파 탐상법과 같은 국부적인 결함 검출법을 병행해야 한다.

(4) 응력 측정(Stress measurement test : SM)

응력과 변형량이 비례함을 이용하여 구조물의 변형량을 측정하여 응력을 구하고 안전성을 평가하는 검사법이다.

표 10.4 각종 비파괴 검사법의 개요

시험 종류	시험 방법	필요 장비	적용 범위	장점	단점
외관 검사	대상물 표면을 육안으로 관찰	육안 또는 저배율 현미경, 전용 게이지	용접부 표면 결함과 모든 재료에 적용 가능	경제적이고, 다른 방법에 비해 숙련도와 장비가 적게 요구됨	용접부 표면에 한정됨
방사선 검사 (감마선, X선)	대상물에 감마선, 또는 X선을 투과시켜 필름에 나타나는 상으로 결함을 판별	감마선원, X선원, 감마선 카메라 프로젝터, 필름 홀더, 필름, 리드 스크린, 필름 처리장치, 노출장비, 조사모니터링 장비	용입 불량, 미용융, 슬래그, 기공, 두께 및 갭 측정 등이며, 통상적으로 두꺼운 금속제에 주로 사용됨. 적용 대상으로 주조물이나 대형 구조물을 들 수 있으며, 특히 X-선 검사법을 적용하기 곤란한 형상에 적용	기록보존이 반영구적이며 오랜 기간 후에도 검토가능, 감마선은 파이프 등의 내부에도 적응가능, 감마선 발생에 전원이 요구되지 않음. X선은 감마선에 비해 양질의 방사능을 가짐.	방사능 노출에 대한 특별한 주의가 요구됨. 균열이 조사선에 평형해야 함. 선원 제어가 곤란, 시간에 따라 감소됨. X-선 장비가 비싸며 방사능 노출 시 위험도가 감마선보다 커서 소정의 자격을 갖춘 작업자에 의하여 감사를 실시해야 함.
초음파 탐상	20 KHz 이상의 주파수를 가지는 음파를 대상물의 표면에 적용하여 결함에서의 반사파를 탐측	탐측자, 초음파 탐상기, 접촉 매질, 대비 시험편, 표준 시험편	용접 균열, 슬래그, 용입 불량, 미용융, 두께측정	평면 형상의 결함 측정에 적당. 측정 결과가 바로 나옴. 장비 이동이 용이	표면을 접촉 매질로 도포하여 작은 용접부나 얇은 판의 탐상이 어려움. 표준시편 및 대비시편이 준비되야 하고, 다소의 숙련이 요구됨.

(계속)

시험 종류	시험 방법	필요 장비	적용 범위	장점	단점
자분 탐상	시험체에 적절한 자장과 자분을 가해 결함부에 생기는 자분의 모양으로 결함존재를 확인	자화 장치, 자외선 조사장치, 자분, 자속계, 전원	표면 혹은 표면직하에 노출된 용접기공, 균열 등	경제적이고, 검사 설비의 이동이 용이함.	검사 대상품이 강자성체이며, 표면이 깨끗하고 평탄해야 함. 균열길이가 0.5 mm 이상만 검출 가능하며, 결함깊이는 알 수 없다.
침투 탐상	검사 대상의 표면에 침투액을 도포한 후 세정하고, 현상액을 도포하여 결함을 검출하는 방법	침투액, 세정제, 현상액, 자외선 램프	표면에 노출된 용접 기공, 균열 등	다공질 재료가 아닌 모든 재료에 적용가능. 이동이 용이, 상대적으로 비용이 싸다. 결과를 쉽게 판독할 수 있음. 전원이 불필요.	코팅이나 산화막이 있으면 결함검출이 곤란. 검사 전후 세정을 해주어야 함. 결함깊이를 알 수 없음
와류 탐상	유도 코일을 이용해 시험체 표면에 와전류를 형성시키고, 결함으로 변화하는 와전류를 관찰함.	유도전자 자기장 발생 장치, 와전류 측정센서, 표준 시편	용접부 표면 결함(균열, 기공, 미용융)과 표면직하의 있는 결함. 합금성분, 열처리 정도, 판두께 측정 가능	상대적으로 편리하고 비용이 적게 듬. 자동화 용이하며 비접촉식	전기도체이어야 검출이 가능하고, 표층결함 탐상용. 탐상가능 균열깊이는 0.1 ~ 0.2 mm 이상
음향 방출	재료의 파단 시 발생하는 탄성파를 검출하여 결함발생 여부 및 위치를 파악	검출센서, 증폭기, 신호처리장치, 신호, 평가 및 출력 장치	용접 후 냉각 시의 용접 내부균열 발생 및 전파속도 측정	금속, 비금속, 복합재료 등에 적용. 연속적인 결함발생 과정을 모니터링할 수 있음. 내부 및 표면 결함 관찰용이	신호 전달 매체를 시편에 연결해야 하고, 대상물이 사용 중 또는 응력을 받고 있어야 함. 판독에 전문성이 요구됨

10장 연습문제 용접검사

01 용접부의 시험 및 검사의 분류에서 충격 시험은 무슨 시험에 속하는가?

가. 기계적 시험　　나. 낙하 시험

다. 화학적 시험　　라. 압력 시험

02 용접봉의 습기가 원인이 되어 발생하는 결함으로 가장 적절한 것은?

가. 선상조직　　나. 기공

다. 용입 불량　　라. 슬래그 섞임

03 용접부의 결함 검사법에서 초음파 탐상법의 종류에 해당되지 않는 것은?

가. 스테레오법　　나. 투과법

다. 펄스 반사법　　라. 공진법

04 모재 및 용접부에 대한 연성과 결함의 유무를 조사하기 위하여 시행하는 시험법은?

가. 경도 시험　　나. 피로 시험

다. 굽힘 시험　　라. 충격 시험

05 용접결함 종류 중 성질상 결함에 해당되지 않는 것은?

가. 인장 강도 부족　　나. 표면 결함

다. 항복 강도 부족　　라. 내식성의 불량

06 금속 재료 시험법과 시험목적을 설명한 것으로 틀린 것은?

가. 인장 시험 : 인장 강도, 항복점, 연신율 계산

나. 경도 시험 : 외력에 대한 저항의 크기 측정

다. 굽힘 시험 : 피로 한도값 측정

라. 충격 시험 : 인성과 취성의 정도 조사

07 용접 결함에서 치수상 결함에 속하는 것은?

가. 기공　　나. 슬래그 섞임

다. 변형　　라. 용접 균열

08 인장 시험의 인장 시험편에서 규제 요건에 해당되지 않는 것은?

가. 시험편의 무게 나. 시험편의 지름
다. 평행부의 길이 라. 표점 거리

09 용접의 변 끝을 따라 모재가 파여지고 용착 금속이 채워지지 않고 홈으로 남아있는 부분을 무엇이라고 하는가?

가. 언더컷 나. 피트
다. 슬래그 라. 오버랩

10 침투 탐상법의 장점으로 틀린 것은?

가. 국부적 시험이 가능하다.
나. 미세한 균열도 탐상이 가능하다.
다. 주변 환경, 특히 온도에 둔감해 제약을 받지 않는다.
라. 철, 비철, 플라스틱, 세라믹 등 거의 모든 제품에 적용이 용이하다.

11 피복 아크 용접 결함의 종류에 따른 원인과 대책이 바르게 묶인 것은?

가. 기공 : 용착부가 급냉되었을 때 – 예열 및 후열을 한다.
나. 슬래그 섞임 : 운동 속도가 빠를 때 – 운봉에 주의한다.
다. 용입 불량 : 용접 전류가 높을 때 – 전류를 약하게 한다.
라. 언더컷 : 용접 전류가 낮을 때 – 전류를 높게 한다.

12 용접부의 시험법 중 기계적 시험법이 아닌 것은?

가. 굽힘 시험 나. 경도 시험
다. 인장 시험 라. 부식 시험

13 연강용접에서 용착 금속의 샤르피(Charpy)충격치가 가장 높은 것은?

가. 산화철계 나. 티탄계
다. 저수소계 라. 셀룰로스계

14 용접부 취성을 측정하는데 가장 적당한 시험 방법은?

가. 굽힘 시험 나. 충격 시험
다. 인장 시험 라. 부식 시험

15 용접부의 구조상 결함인 기공(Blow Hole)을 검사하는 가장 좋은 방법은?

가. 초음파 검사 나. 육안 검사
다. 수압 검사 라. 침투 검사

16 질기고 강하며 충격 파괴를 일으키기 어려운 성질은?

가. 연성　　나. 취성
다. 굽힘성　　라. 인성

17 일반적으로 금속의 크리프 곡선은 어떠한 관계를 나타낸 것인가??

가. 응력과 시간의 관계　　나. 변위와 연신율의 관계
다. 변형량과 시간의 관계　　라. 응력과 변형률의 관계

18 용접부에 대한 침투 검사법의 종류에 해당하는 것은?

가. 자기 침투 검사, 와류 침투 검사　　나. 초음파 침투 검사, 펄스 침투 검사
다. 염색 침투 검사, 형광 침투 검사　　라. 수직 침투 검사, 사각 침투 검사

19 연강 및 고장력강용 플럭스 코어 아크 용접 와이어의 종류 중 하나인 Y F W - C 50 2 X에서 2가 뜻하는 것은?

가. 플럭스 타입　　나. 실드 가스
다. 용착 금속의 최소 인장 강도 수준　　라. 용착 금속의 충격 시험 온도와 흡수 에너지

20 용접부의 시험과 검사 중 파괴 시험에 해당되는 것은?

가. 방사선 투과 시험　　나. 초음파 탐사 시험
다. 현미경 조직 시험　　라. 음향 시험

21 탄산가스(CO_2) 아크 용접부의 기공 발생에 대한 방지 대책으로 틀린 것은?

가. 가스 유량을 적정하게 한다.
나. 노즐 높이를 적정하게 한다.
다. 용접 부위의 기름, 녹, 수분 등을 제거한다.
라. 용접 전류를 높이고 운봉을 빠르게 한다.

22 인장 시험에서 구할 수 없는 것은?

가. 인장 응력　　나. 굽힘 응력
다. 변형률　　라. 단면 수축률

23 용접 결함의 종류 중 구조상 결함에 포함되지 않는 것은?

가. 용접 균열　　나. 융합 불량
다. 언더컷　　라. 변형

24 용착 금속부 내부에 발생된 기공 결함 검출에 가장 좋은 검사법은?

가. 누설 검사　　나. 방사선 투과 검사
다. 침투 탐상 검사　　라. 자분 탐상 검사

25 용접부 검사에서 파괴 시험에 해당되는 것은?

가. 음향 시험　　나. 누설 시험
다. 형광 침투 시험　　라. 함유 수소 시험

26 초음파 경사각 탐상 기호는?

가. UT－A　　나. UT
다. UT－N　　라. UT－S

27 용착 금속 내부에 균열이 발생되었을 때 방사선 투과 검사에 나타나는 것은?

가. 검은 반점　　나. 날카로운 검은 선
다. 흰색　　라. 검출이 안 됨

28 용접부 잔류 응력 측정 방법 중에서 응력 이완법에 대한 설명으로 옳은 것은?

가. 초음파 탐상 실험 장치로 응력 측정을 한다.
나. 와류 실험 장치로 응력 측정을 한다.
다. 만능 인장 시험 장치로 응력 측정을 한다.
라. 저항선 스트레인 게이지로 응력 측정을 한다.

29 용접부의 시험 및 검사법의 분류에서 전기, 자기 특성시험은 무슨 시험에 속하는가?

가. 기계적 시험　　나. 물리적 시험
다. 야금학적 시험　　라. 용접성 시험

30 용접부의 검사법 중 비파괴 검사(시험)법에 해당되지 않는 것은?

가. 외관 검사　　나. 침투 검사
다. 화학 시험　　라. 방사선 투과 시험

31 금속의 파단면을 현미경으로 보면 작은 알갱이의 집합으로 보이는 데 이것은 무엇인가?

가. 단위포　　나. 결정립
다. 결정 격자　　라. 금속 원자

32 용접 결함인 용입 불량을 검사하고자 할 때 일반적으로 쓰이는 대표적인 시험과 검사 방법이 아닌 것은?

가. 부식 시험　　나. 외관 육안 검사
다. 방사선 검사　　라. 굽힘 시험

33 열적 구속도 시험이라고도 하며 열의 흐름을 두 방향이나 세 방향으로 하여 비드에 발생하는 균열을 검사하는 시험법은?

가. CTS 균열 시험　　나. Murex 고온 균열 시험
다. Fisco 균열 시험　　라. Lehigh 균열 시험

34 용접 시편의 시험에 있어 시편표면에 나타난 결함(균열등)의 길이를 측정하는 시험법은?

가. 압력 시험법　　나. 굴곡 시험법
다. 피로 시험법　　라. 초음파 시험법

35 비파괴 검사 중 자기 검사법(MT)에서 피검사물의 자화방법이 아닌 것은?

가. 코일법　　나. 극간법
다. 직각 통전법　　라. 펄스 반사법

36 다음 검사법 중 시험편의 내부 결함을 전혀 검사할 수 없는 검사 방법은?

가. 자기 검사　　나. 침투 탐상 검사
다. 초음파 검사　　라. 방사선 검사

37 용접 결함인 접합 불량을 검사하고자 할 때 일반적으로 쓰이는 검사 방법이 아닌 것은?

가. 부식 시험　　나. 외관 육안 검사
다. 방사선 검사　　라. 굽힘 시험

38 용접 결함의 종류 중 구조상 결함에 속하지 않는 것은?

가. 슬랙 섞임　　나. 기공
다. 융합 불량　　라. 변형

39 선상조직(ice-flower structure)이란?

가. 은점(fish-eye)의 일종이다.
나. 맞대기 용접 파면에 나타나는 서리 조직으로 그 원인은 산소이다.
다. 필렛 용접 파면에 나타나는 서리조직으로 그 원인은 수소이다.
라. 기공(porosity)의 별명이다.

40 용접 결함 중 내부 결함이 아닌 것은?

가. 크레이터 처리 불량　　나. 슬래그 혼입
다. 선상조직　　라. 기공

41 용접부의 연성 결함을 검사하는 시험법은?

가. 인장 시험　　나. 굽힘 시험
다. 피로 시험　　라. 충격 시험

42 비파괴 검사 중 자기 검사법을 적용할 수 없는 것은?

가. 오스테나이트계 스테인리스강　　나. 연강
다. 고속도강　　라. 주철

43 용접부의 내부 결함 중 용착 금속의 파단면에 고기눈 모양의 은백색 파단면을 나타내는 것은?

가. 피트(pit)　　나. 은점(fish eye)
다. 슬랙섞임(slag inclusion)　　라. 선상조직(ice flower structure)

44 방사선 검사로 발견할 수 없는 결함은?

가. 불로우 호울　　나. 슬래그 혼입
다. 균열　　라. 라미네이숀 변질층

45 꼭지각 136℃의 다이아몬드 사각추를 1－120 Kg의 하중으로 압입하는 시험법은?

가. 크로웰 시험　　나. 쇼어 경도 시험
다. 브리넬 경도 시험　　라. 비커어즈 경도 시험

연습문제 정답															
	1	2	3	4	5	6	7	8	9	10	11	12	13	14	15
	가	나	가	다	나	다	다	가	가	가	다	라	다	나	가
	16	17	18	19	20	21	22	23	24	25	26	27	28	29	30
	라	다	다	라	다	라	나	라	나	라	가	나	라	나	다
	31	32	33	34	35	36	37	38	39	40	41	42	43	44	45
	나	가	가	나	라	나	가	라	다	가	나	가	나	라	라

11

용접야금

11.1 금속의 구조

11.1.1 금속 결정의 격자 구조

모든 물질은 여러 가지 성질이 모든 방향에 대하여 같은, 즉 무향성인 **등방질**(isotropic substance)과 어떤 성질은 무향성이지만 다른 성질은 유향성인 부등방질 또는 **이방질**(anisotropic substance)로 크게 분류할 수 있다. 자연 상태에 있는 기체 및 액체는 모두 등방질이지만, 고체에는 아스팔트나 유리 등과 같은 등방질과 금속이나 수정 등과 같은 부등방질이 있다. 비정질은 등방질이며, 모든 결정은 부등방질이다.

철과 같은 금속은 **체심 입방 격자**(body centered cubic lattice, bcc)로 그림 11.1(a)와 같고, 스테인리스강이나 알루미늄 등은 **면심 입방 격자**(face centered cubic lattice, fcc)로 그림 11.1(b)와 같이 나타낸다. 그림 11.1(c)는 **조밀 육방 격자**(hexagonal close packed lattice, hcp)로 Be, Mg, Ca, Zn, Ti 등이 여기에 속한다.

체심 정방 격자(body centered tetragonal lattice, bct)는 밑면은 정방형으로 In, Sn 등이 이러한 구조를 가지고 있다.

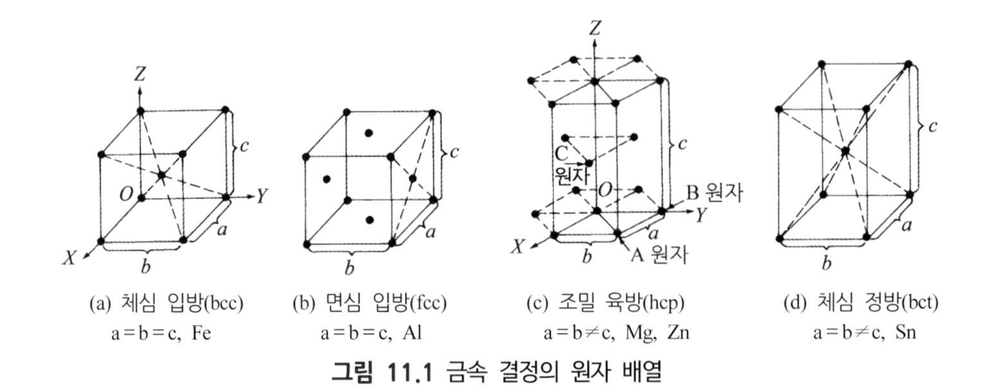

(a) 체심 입방(bcc) a = b = c, Fe
(b) 면심 입방(fcc) a = b = c, Al
(c) 조밀 육방(hcp) a = b ≠ c, Mg, Zn
(d) 체심 정방(bct) a = b ≠ c, Sn

그림 11.1 금속 결정의 원자 배열

11.1.2 평형 상태도

평형 상태도(equilibrium diagram)는 액상, 고상 등의 각 상이 온도에 대하여 변화하는 모양을 표시한 것이며, 야금학의 기초로서 대단히 중요한 것이다. 특히 용접 야금학을 배우는데에는 용접 현상이 비평형(non-equilibrium)에서 생기므로 그 현상을 해명하기 위하여 반드시 평형 상태도를 이해해야 한다.

물질의 집합 상태에는 기상, 액상, 고상이 있다. 대부분의 금속에서는 고체 상태이며, 보통으로 변태(transformation)가 생겨서 다른 상으로 변화한다. 변태점의 위와 아래에서는 결정의 구조나 성질이 다르다. 고체 상태의 합금(alloy)에 나타나는 상의 종류는 순금속, 고용체(solid solution) 및 금속 간 화합물(inter-metallic compound) 3가지가 있다. 상의 조성(composition)을 나타내는 물질을 **성분**(component)이라 한다. 순금속에서의 성분은 금속 자신이다. 합금의 경우에는 일반적으로 그 합금을 구성하는 금속 원소를 성분으로 생각한다. 다만 특수한 경우에는 안정한 금속 간 화합물을 하나의 성분으로 생각하는 경우도 있다. 성분의 수가 1, 2, 3, … 되는 물질계를 각각 1성분계, 2성분계, 3성분계, … 라고 한다.

성분의 수와 상의 수의 관계는 상률(phase rule)로써 정한다. 상률은 열역학의 일반적인 법칙으로서 중요하다.

(1) 2원계(2성분계) 상태도

2성분계(secondary system)의 평형 상태도는 횡축에 조성을 취하고, 종축에 온도를 취하여 작성한다. 조성의 표시법은 횡축의 왼쪽 끝을 A금속, 오른쪽을 B금속으로 하고, 왼쪽에서 오른쪽으로 향하여 B금속의 양(weight percentage[wt %])을 취한다. 즉, 상태도에서의 온도 T에서 2가지 상 α(또는 금속 A)와 β(또는 금속 B)가 평형으로 있는 경우 그 두 가지 상의 혼합물인 조성 x의 합금 α상(A)과 β상(B)과의 양비는 다음 식으로 표현된다.

$$\frac{\alpha\text{ 상(A)의 양}}{\beta\text{상(B)의 양}} = \frac{\overline{x\beta}}{\overline{x\alpha}} \text{ 또는 } \frac{\overline{xB}}{\overline{xA}}$$

이것은 온도 T에서 x점을 기준으로 천칭(balance)에 놓인 것과 같이 평형이 된다고 하여 **천칭의 법칙**(lever relation)이라고도 한다.

2성분계의 평형 상태도의 형식에는 다음과 같은 것이 있다.

① 전율 고용형

이것은 액체, 고체 어떤 상태에서도 2성분이 완전히 녹아서 합쳐지는 경우이다. 그림 11.2에서 2개의 곡선 중 온도가 높은 쪽을 액상선이라 하고, 고체가 정출하기 시작하는 온도를 표시한다. 온도가 낮은 쪽은 고상선이며, 완전히 고체가 되는 온도를 표시하고 있다. 고용체로 있는 것은 고체의 상태로 금속 A원자와 B원자가 서로 녹아서 합쳐지는 것을 표시하고 있다. Ag－Au, Ag－Pd, Cu－Ni, Au－Pt, Ir－Pd, Cr－Fe 등은 이 계에 속하는 대표적인 합금이다.

② 공정형

이 형식에는 2가지가 있다. 하나는 그림 11.3(a)와 같이 액체 상태에서는 완전히 녹지만, 고체 상태에서는 전혀 녹지 않는 경우 또는 그림 11.3(b)와 같이 용해도(solubility)에 제한이 있는 α고용체와 β고용체의 공정(eutectic reaction)을 하는 경우이다. 두 형식 모두 E점을 **공정점**(eutectic point)이라 하고, 그 온도를 **공정 온도**(eutectic temperature)라 한다. 또한 여기서 생기는 조직을 공정 조직(eutectic structure)이라 한다.

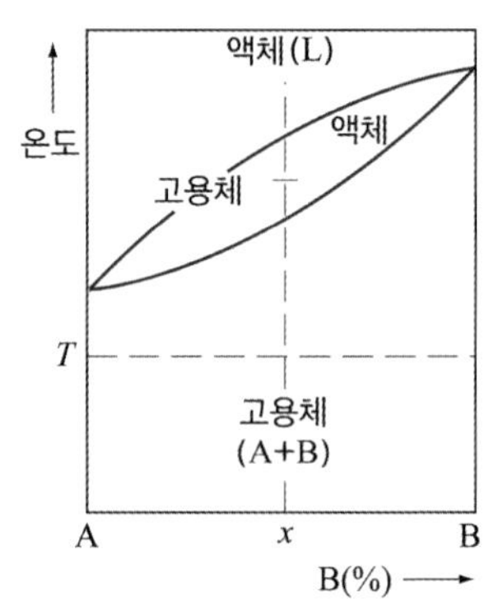

그림 11.2 전율 고용형 상태도

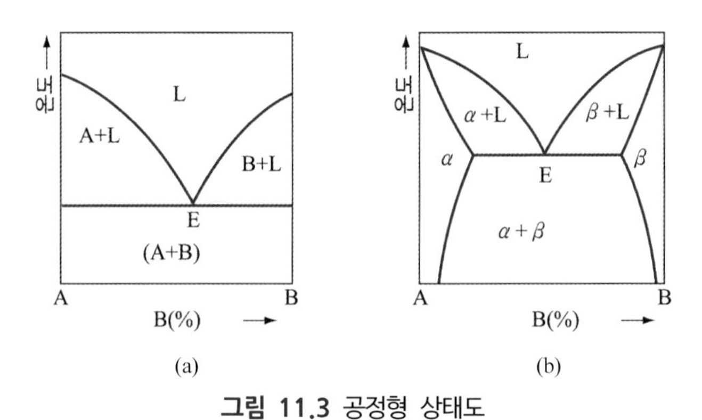

그림 11.3 공정형 상태도

공정점의 조성을 가진 합금을 **공정 합금**(eutectic alloy)이라 하고, 공정 조직만으로 된다. 공정 합금은 일반적으로 그 합금계 중에서 가장 낮은 융점을 나타낸다.

공정 온도에서는 A와 B(또는 α와 β고용체)가 동시에 정출하기 때문에 조직은 Al－Sn, Sn－Zn과 같이 조밀하게 융합되어 서로 얇은 층이 되거나 흰 바탕에 검은 점이 있는 것으로, Cd－Zn, Bi－Zn, Pb－Sn, Cr－Ni 합금 등이 여기에 속한다.

③ 포정형

액체 상태로 완전히 녹고, 고체 상태에서 일부분이 녹는 형으로서 그림 11.4(a)와 같은 **포정 반응**(peritectic reaction)을 포함하는 경우이다. 이것은 온도에서 액체 C＋β고용체 F ⇆ α 고 용체 D되는 반응을 하는 것이며, 초정의 β고용체가 액체 C와 접촉하고 있는 면에서 생기기 시작하므로, 그림 11.4(b)와 같은 β고용체의 외측에서 α고용체가 둘러싸는 것 같이 되므로, 이 반응을 포정 반응이라 한다. D점은 **포정점**(peritectic point)이다.

포정 반응만을 포함한 2성분계 합금의 상태도는 존재하지 않지만, 복잡한 상태도의 일부분에 포정을 포함하는 것은 매우 많다. Fe－C, Au－Fe, Cd－Hg 합금 등은 그 대표적인 것이다.

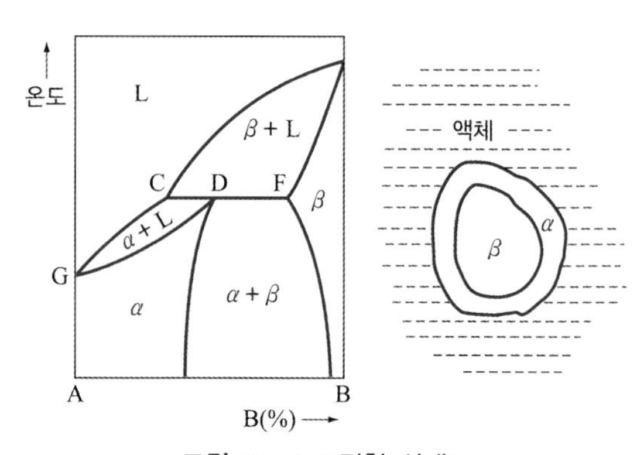

그림 11.4 포정형 상태도

④ 편정형

액체, 고체의 어느 상태에서도 일부분밖에 녹지 않는 경우의 상태도는 그림 11.5와 같이 된다. 그림에서 DF 사이 조성의 합금은 액체 M ⇆ β, 고용체 F＋액체 D 되는 반응을 일으킨다. 이것은 공정 반응과 비슷하지만, 한쪽이 결정(고체)이므로

편정 반응(mono-tection reaction)이라 하고, M점을 **편정점**(monotection point)이라 한다. 또 DM 사이의 조성의 합금은 **편정 온도**(monotectic temperature) 이상이며, DGM의 액상선에 의하여 액체가 L_1과 L_2의 2상으로 나뉜다.

예컨대, 조성 x의 합금은 a점의 온도에서 농도 α되는 액체 L_1과 b되는 농도의 액체 L_2가 공존한다. 이와 같은 a와 b의 액체를 **공액 용액**(conjugate solution)이라 한다. Ag－Ni, Bi－Zn 합금 등은 이형의 상태도를 나타낸다.

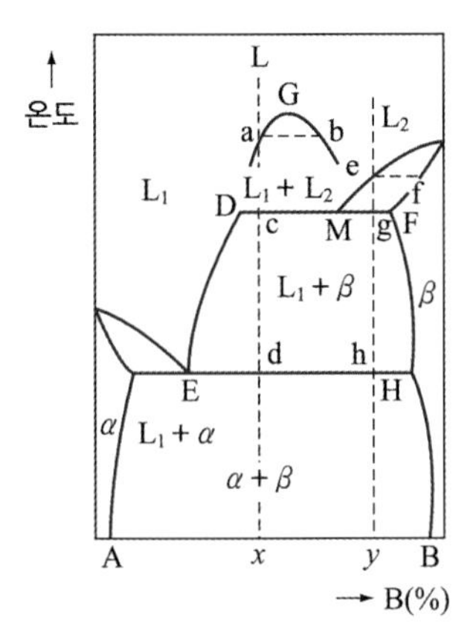

그림 11.5 편정형 상태도

⑤ 기 타

Pb－Zn, Pb－Si와 같이 액체 상태에서 일부분이 녹고, 고체 상태에서 전혀 녹지 않거나 또는 고체, 액체 어느 상태에서도 녹지 않는 형태도 있다.

이상과 같은 평형 상태도는 기본형으로 이것들이 복합적으로 나타나게 되며, 용접에서는 급열, 급랭으로 인해 비평형 상태에서 이루어진다.

(2) 다원계(다성분계) 상태도

3성분(ternary), **4성분계**(tetragonaly) 등 **다성분계**(polygonaly system)는 실용적으로는 중요하지만, 상태도가 복잡하게 되어 2차원적인 지면 위에 표현하는 것이 곤란하다. 그래서 일반적으로 특정한 온도에서 단면의 양상을 표시한 등온 상태도 또는 1성분의 조성을 고정한 **절단면 상태도**(sectional diagram)가 실용적으로 많이 사용된다.

3성분계의 조성은 정삼각형 내의 1점으로 표시된다. 즉, 그림 11.6(a)의 p점에서 각 변에 평행한 선을 긋고, 그 교점을 d, e, f 라 하면, pd + pe + pf 는 항상 1변의 길이와 같다. 따라서 p점으로서 A, B, C의 조성을 표시할 수 있고, A : B : C = pd : pe : pf 로 된다. 또 p점을 통하여 변 BC에 평행한 직선상에서는 상대하는 성분 A의 조성은 일정하며, B와 C의 비율만 변화한다. 절단면 상태도는 이 직선 위에 온도축을 취한 것이며, 3성분계 상태도를 실험적으로 구할 때에는 이와 같은 단면을 수없이 많이 만들어서 이들을 종합하는 방법을 취한다.

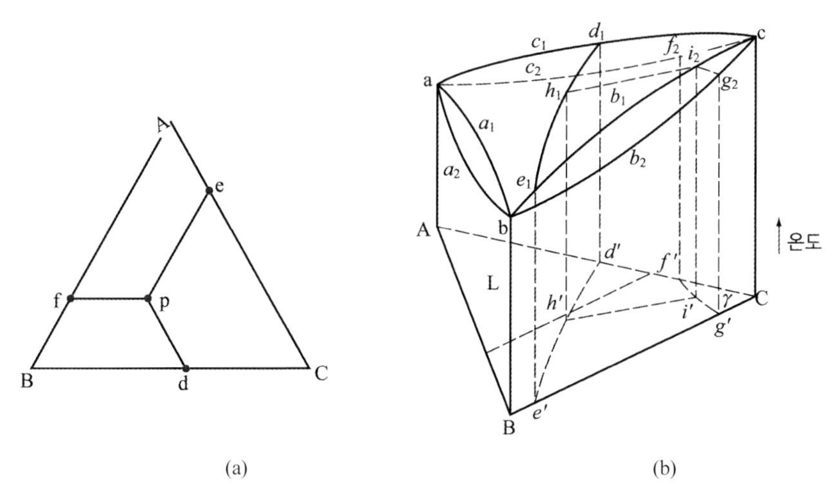

그림 11.6 3성분계의 평형 상태도

그림 11.6(b)에서 성분 A에 어느 농도를 주면 이것은 3각형의 한 면 BC에 평행한 선으로 표시되고, 선 $d'e'$과 만나는 점 h'이 결정되어 h'과 평행으로 있는 고용체 γ의 조성(i')도 구해진다.

(3) 고용체

합금과 같이 이종 원자가 첨가되어 고용체가 만들어질 때, 이 첨가 원자(용질 원자, solute)와 모체 원자와의 원자 반지름 등의 유사성 여하에 따라서 모체 결정 격자 중에 들어가는 위치가 달라지게 된다. 예를 들어, 철에 소량의 Ni을 가한 경우 철의 원자 반지름은 1.23 Å, Ni은 1.22 Å이라는 대략 같은 값이므로 원자가 철의 원자가 있던 위치에 그대로 교대한 형상으로 들어가는 데 그다지 곤란하지 않다. 이와 같이 용체 원자가 바뀌는 것을 **치환형 고용체**(substitutional solid solution)라 한다.

이것에 비하여 탄소나 질소 등과 같이 원자의 반지름이 작은 원자는 철의 원자와 치환하지 않고, 그림 11.7(b)와 같이 철의 원자가 배열하고 있는 틈에 들어간다. 이것을 **침입형 고용체**(interstitial solid solution)라고 한다.

어떠한 경우에도 용질 원자의 분포는 불규칙적이나 통계적으로 균일하게 되어 있을 뿐이다. 침입형 고용체는 용질 원자가 모체 원자와 비하여 특히 작은 것, 즉 H, C, N, O, B 등을 금속에 소량 가했을 때 생긴다. 이 경우 탄소나 질소와 같이 원자의 반지름이 비교적 큰 원자가 침입하면 모체 금속의 원자 배열에 변형이 생겨서 경화 현상이 나타난다. 그러나 수소와 같이 원자의 반지름이 작은 것에서는 그 작용은 적고, 수소 원자는 모체 금속의 격자 사이를 비교적 자유롭게 이동할 수 있으므로 확산도 활발하다.

침입형, 치환형의 어느 것의 고용체에 있어서도 그 결정 구조는 모체 금속과 같다. 이와 같은 고용체를 **1차 고용체**(primary solid solution)라고 한다. 성분의 금속이 어느 것이나 다른 결정 구조를 가진 고용체가 생기는 경우도 있으며, 이와 같은 것을 **중간 고용체**(intermediate solid solution)라고 한다. 성분의 금속 원자가 서로 화학적 흡수력에 의해서 대략 화학식으로 표시되는 성분 비율로 새로운 화합물을 만들 수가 있다. 이것을 **금속 간 화합물**(intermetallic compound)이라 한다.

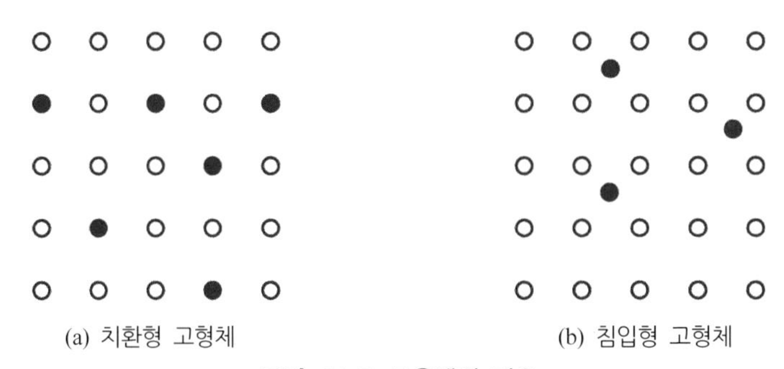

그림 11.7 고용체의 경우

(4) 금속 조직

금속은 일반적으로 많은 결정립이 집합한 것이므로 조직으로서 관찰할 수 있다. 조직의 관찰은 결정 구조와 함께 금속의 성질과 밀접한 관계가 있기 때문에 금속 재료의 시험 연구상 가장 중요한 일이다.

금속 조직에는 2종류가 있다. 육안 또는 작은 배율의 확대경으로 식별할 수 있는 **매크로 조직**(육안 조직, macrostructure)과 현미경으로 식별되는 마이크로 조직(현미경 조직, microstructure)이 있다. 이 경우 광학 현미경에 의한 것을 photo-microstructure라 하고, 일반적으로 50~2000배의 배율로 관찰한다. 그 이상의 배율로 조직을 조사하려면 전자 현미경을 사용한다. 이 경우의 조직을 전자 현미경 조직(electron-microstructure)이라 하고, 보통으로는 레플리카법(replica method)에 의한다. 그러나 최근에는 수천 Å 두께의 박막 시료에 전자선을 직접 투과하여 관찰하는 **투과 전자 현미경 조직**(transmission electron-microstructure, TEM)이 있다.

11.2 철강 재료

11.2.1 철의 변태

철에는 체심 입방 격자의 α철(또는 δ철)과 면심 입방 격자의 γ철의 2가지 동소체가 있다. 따라서 철은 다음과 같이 변태한다.

$$\alpha\text{철}(\mathrm{bcc}) \leftrightarrows \gamma(\mathrm{fcc}) \leftrightarrows \delta\text{철}(\mathrm{bcc})$$
$$A_3\,910\,℃ \quad A_4\,1390\,℃$$

α철 $\leftrightarrows$ γ철의 변태를 A_3 변태, γ철 $\leftrightarrows$ δ철의 변태를 A_4 변태라 한다. 이들의 변태는 결정 구조의 변화를 일으키므로, 변태할 때 급격히 팽창 또는 수축을 한다. 즉, α철 → γ철에서는 크게 수축하고, γ철 → δ철에서는 팽창한다. γ철 → α철, δ철→γ철에서는 이것과 반대의 변화가 일어난다.

A_3 변태점 및 A_4 변태점을 여기에서는 910℃ 및 1390℃로 표시하며, 이 온도는 평형 상태를 고려한 경우의 것이다. 보통으로 철을 가열 또는 냉각하는 경우는 무한히 느린 속도로 가열 또는 냉각할 수 없으므로, 그 변태는 가열 시에는 상기보다 약간 높은 온도에서 일어나고, 냉각 시에는 낮은 온도에서 일어난다. 이와 같은 경우, 가열 시의 A_3 변태를 Ac_3 변태(chauffage), 냉각 시의 그것을 Ar_3 변태(reproidissement)라고 하여 구별한다. 또 평형 상태의 A_3 변태를 Ae_3 변태(equilibrium)라고도 한다.

또 실온에서 철은 강자성이지만, 그 자성은 온도와 함께 점점 저하하여 770℃ 부근에서 급격히 줄어든다. 이 급격한 변화를 **자기 변태**(magnetic transformation) 또는 A_2 변태라 하고, 변태 온도 770℃를 **퀴리점**(Curie point)이라 한다. A_2 변태는 결정 구조의 변화가 따르지 않는 변태이므로, A_3 변태, A_4 변태와는 성질이 다르다.

11.2.2 Fe-C계 평형 상태도

Fe-C계에는 여러 가지 상이 있지만, 기본적인 상은 페라이트(ferrite), 오스테나이트(austenite), 시멘타이트(cementite) 3상이 있다.

페라이트는 α철에 탄소를 고용한 것이며, 그 최대 탄소의 고용량은 약 0.02%(723℃)이고, bcc에 α상(α-phase)이라 하기도 한다.

오스테나이트는 γ철에 탄소를 고용한 것이며, 최대 탄소 고용량은 약 2.06%(1147℃)이다. 이것은 fcc이며, γ상(γ-phase)이라고도 한다.

시멘타이트는 Fe과 C가 일정한 비율로 결합한 금속 간 화합물(intermetallic compound)이다. 화학식은 Fe_3C이며 C를 6.68%까지 포함한다. 평형 상태도에서 페라이트 ⇆ 오스테나이트의 변태는 그림의 GS~GP 사이에서 생긴다. 이 변태를 α철 ⇆ γ철의 변태와 같이 A_3 변태라 한다. 단 Fe-C계에서의 A_3 변태는 철의 경우와 달라서 어떤 온도 범위에 걸쳐서 진행한다. 냉각시를 생각하면 GS선에서 이 A_3 변태가 시작하여 GP선에서 끝나는 것이다. 보통 GS를 A_3선이라 한다.

C양이 S점 이상인 경우는 그림 11.8의 ES~KS선 사이에서 오스테나이트 ⇆ 시멘타이트의 변태가 일어난다. 냉각 시를 생각하면 ES선에서 오스테나이트에서 시멘타이트가 석출하기 시작한다. 보통 ES선을 Acm선이라 하고, 이 변태를 Acm 변태라고도 한다.

그림 11.8의 PK선에서 **공석 변태**(eutectoid transformation)의 상변화가 일어나며, 이 공석 변태는 A_3 변태나 Acm 변태와는 다른 오스테나이트가 페라이트와 시멘타이트의 혼합 조직인 공석 조직으로 변하는 변태이다. 공석 조직을 펄라이트(pearlite)라 하고, 전형적으로는 페라이트와 시멘타이트가 층상으로 나란한 조직이다. 공석 변태는 PK선으로 표시되는 일정 온도 723℃에서 일어나고, A_3 변태 온도 구간은 가지지 않는다.

PK선을 A_1선이라 하고 그 온도를 A_1점이라 한다.

공석 조직은 항상 일정하며 0.8% C(S)이다.

그림 11.9를 이용하여 0.2% C강의 변태를 살펴보면 온도 a_1까지 냉각하여 A_3 선에서 만나므로 그 점에서 오스테나이트에서 페라이트로 변태가 시작한다. 이 변태는 a_3에 도달할 때까지 계속된다. 탄소의 농도는 GS선으로 표시되며 r_1, r_2로 변한다. 이 변태가 끝나는 a_3 온도에서는 0.8% C(S)가 되며 석출한 페라이트는 GP선에 따라 변한다.

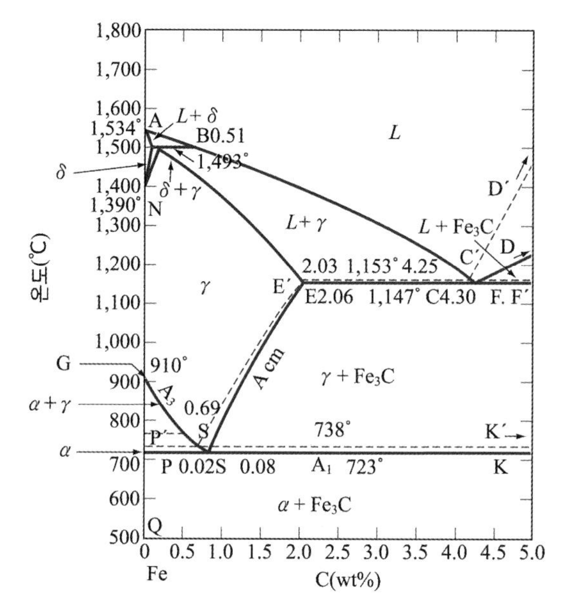

그림 11.8 고FE-C계 평형 상태도

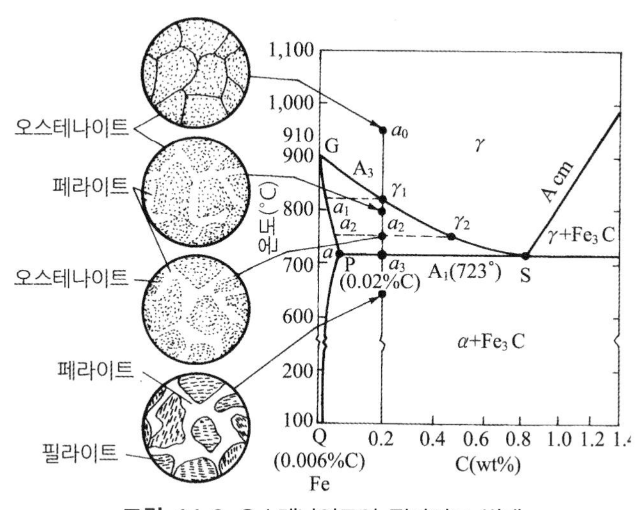

그림 11.9 오스테나이트의 펄라이트 변태

온도 a_2에서 오스테나이트와 페라이트의 비는 $\overline{a_1 r_1} : \overline{a_2 r_2}$로 표시된다. 즉, 오스테나이트 약 45%에 대하여 페라이트는 약 55%이다. 마찬가지로 a_3에서도 $\overline{pa_3} : \overline{a_3 s} =$ 25 : 75로 오스테나이트와 페라이트의 양을 나타낼 수 있다.

결국 0.2% 탄소강을 온도 a_0에서 서서히 냉각하면 온도 a_3까지의 사이에 75%만 페라이트로 변태하고, 나머지 25%가 오스테나이트의 상태 그대로 남는다. 이 나머지

오스테나이트의 조성은 위와 같이 S, 즉 0.8% C이다. 다시 말해 온도 a_3는 공석 변태점이므로 나머지 25%의 오스테나이트는 이 온도에서 공석 변태가 생겨서 전부 펄라이트로 된다. 공석 변태점 이하에서는 변태를 일으키지 않으므로 그대로 냉각되어 결국 0.2% 탄소강의 상온에서의 최종 조직은 75%의 초석 페라이트와 25%의 펄라이트로 되는 조직으로 된다.

11.2.3 강의 항온 변태

강을 오스테나이트의 상태에서 급랭하면 A_3 변태나 A_1 변태는 모두 저지되어서, 저온에서 마르텐사이트 변태만이 생긴다. 그러나 강을 γ상 영역에서 급랭하여 마르텐사이트 변태가 생기는 것보다 높은 온도로 그대로 유지하면 지금까지와 다른 상태의 변태가 생긴다. 이런 변태를 과냉 오스테나이트의 **항온 변태**(isothermal transformation)라고 한다.

이 변태는 유지하는 온도에 따라서 그 모양이 변한다. 이것을 표시한 것이 **항온 변태도**(isothermal transformation diagram)이다. 보통으로는 세로축에 유지 온도를 취하고, 가로축에 유지 시간을 취하여 각 온도에서의 변태 개시 및 종료 시간을 표시한다. 따라서 항온 변태도를 **TTT도**(time-temperature transformation diagram)라고 한다.

공석강을 γ상 영역에서 급랭하여, 550℃로 항온으로 유지하면 약 1초에서 변태하기 시작한다. 유지 시간의 경과와 함께 오스테나이트는 점점 변태하여 약 10초 후에 변태를 완료한다.

그림 11.10에서 곡선 Ps－Bs를 변태개시 곡선, Pf－Bf 곡선을 변태완료 곡선이라 한다.

그림 11.10에 나타난 바와 같이 공석강에서는 550℃ 부근에서 가장 빨리 변태가 생기고, 그보다 고온에서나 저온에서는 늦어진다. 변태가 가장 빨리 생기는 부분, 즉 그림에서의 돌출부를 보통 코(nose)라고 한다. 공석강의 항온 변태에서 코보다 고온에서는 오스테나이트는 펄라이트로 변태한다. 펄라이트는 고온에서 생길수록 조대(粗大)하며, 페라이트와 시멘타이트의 조직 간격이 넓고, 저온으로 됨에 따라서 펄라이트는 미세하게 되어 페라이트와 시멘타이트의 조직 간격이 좁아진다.

코(nose)보다 저온에서 항온 유지한 경우는 베이나이트(bainite) 조직이 된다.

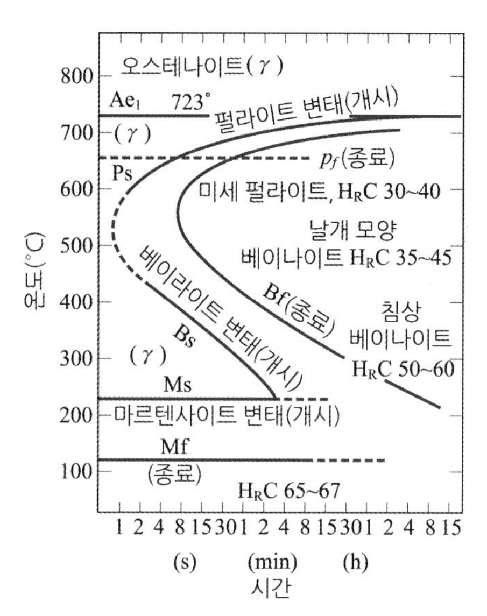

그림 11.10 공석강의 항온 변태도(0.8 C, 0.70% Mn강, 오스테나이트화 온도 900℃, 오스테나이트 입도 No.6)

표 11.1 펄라이트 변태와 베이나이트 변태

	펄라이트의 변태	베이나이트의 변태
생성 기구	시멘타이트를 핵으로 하고 핵발생 및 성장으로 생성	페라이트를 핵으로 하고, 확산으로서 지배되는 일종의 미끄럼 변태
모상과의 결정학적 관련성	오스테나이트에 대하여 있다.	오스테나이트에 대하여 없다.
변태에 따르는 용질 원자의 분배	변태에 따르고, C원자, 합금 원자가 함께 이동하여 분포를 바꾼다.	C원자만이 이동하고, 합금 원소 원자는 모상 그대로 받는다.
조직 내에 포함된 탄화물	변태 초기에는 반드시 시멘타이트가 나타나지만, 후기에는 조성에 의한 특수 탄화물 등으로 변한다.	변태 온도역의 고온부에서는 시멘타이트, 저온부에서는 천이 탄화물의 존재
변태에 대한 오스테나이트 입도의 영향	입도가 곱게 되면 변태는 촉진	비교적 무관계
변태에 대한 탄화물 형성 원소의 영향	변태를 심하게 억제한다.	펄라이트 변태에 대할수록 저지 효과는 크지 못하다.
변태에 대한 고용 원소의 영향	변태를 억제한다.	펄라이트 변태와 같은 정도

항온 변태 곡선은 강에 가하는 합금 원소의 종류에 따라서도 변한다. 이 경우 변화의 타입을 합금 원소의 종류와 양에 따라서 크게 구분하면 다음의 3가지로 된다.

① 강 중에서 탄화물을 형성하지 않는 원소, 예컨대 Ni, Si, Cu 등이 첨가된 경우 : 그림 11.11에서 3.4%의 Ni강의 항온 변태도를 표시하며, 같은 C량의 탄

소강에 비하여 변태 개시 곡선 및 종료 곡선은 긴 시간 쪽에 이행하지만 곡선의 형상은 변하지 않는다.

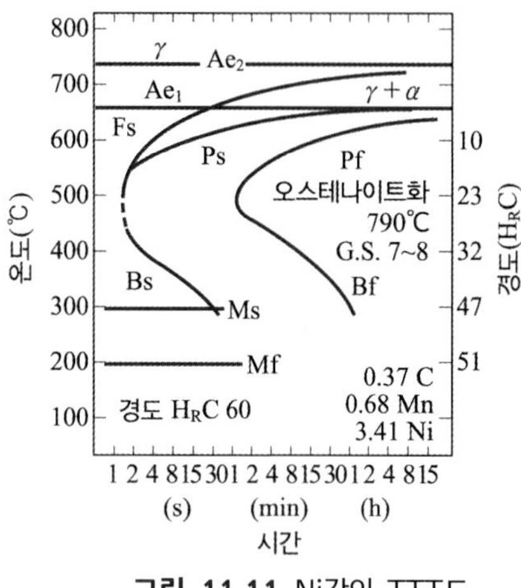

그림 11.11 Ni강의 TTT도

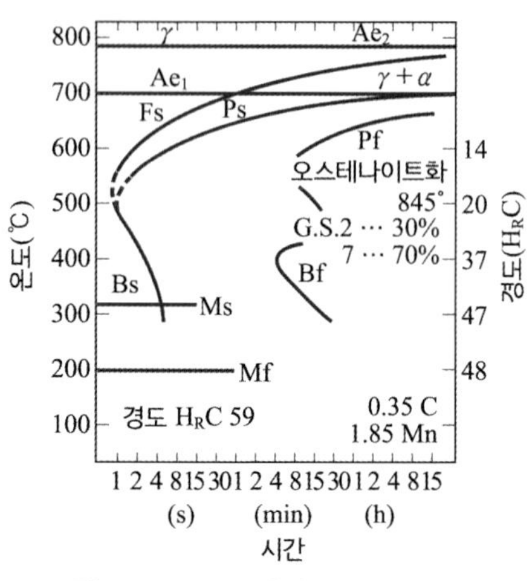

그림 11.12 Mn강의 TTT도

② 탄화물 형성력이 약한 원소를 포함한 경우 또는 탄화물 형성력이 중 정도이며, 그 양이 소량에서는 효과가 적은 원소를 포함하는 경우 : Mn 또는 소량의 Cr을 포함한 경우가 그렇다. 그림 11.12에서 1.85% Mn강의 항온 변태도를 나타내었다. 이 경우는 변태 개시 곡선 및 종료 곡선이 긴 시간 쪽으로 처지는 동시에, 변태 종료 곡선이 2단으로 나뉜다. 이 곡선 중 고온 쪽은 펄라이트 변태 종료 곡선, 저온 쪽은 베이나이트 변태 종료 곡선이다.

③ 탄화물 형성력이 큰 원소를 첨가한 경우 또는 탄화물 형성력이 중 정도의 원소를 다량으로 첨가한 경우 : Mo, W, V 등 또는 다량의 Cr을 첨가한 강에서는 변태 개시 곡선 및 종료 곡선이 어느 것이나 2단으로 나누어지고, 펄라이트 변태가 심하게 늦어진다. 베이나이트 변태는 그림 11.13 및 그림 11.14에 표시한 바와 같이 심하게 늦어지는 경우와 그렇지 않은 경우가 있다.

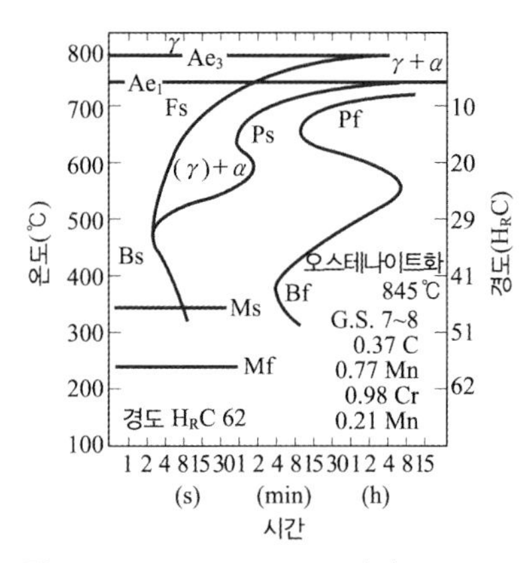

그림 11.13 Mn-Cr-Mo강의 TTT도

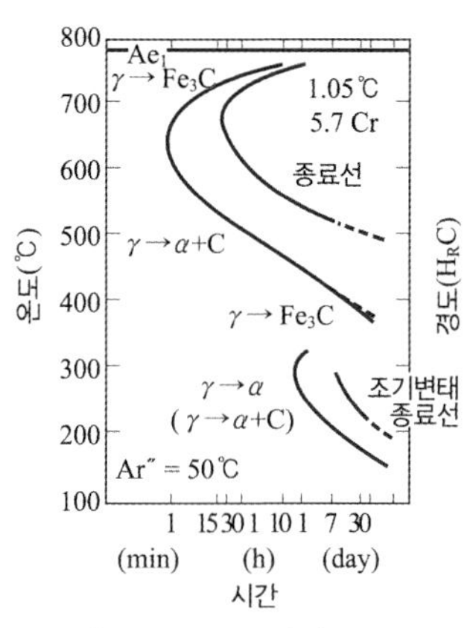

그림 11.14 Cr강의 TTT도

11.2.4 연속 냉각 변태

항온 변태와 같은 일정한 온도가 아니고, 냉각 도중에서 변태의 진행 상황은 **연속 냉각 변태도**(continuous cooling transformation diagram : CCT도)로서 알 수 있다. 강의 CCT도는 γ상 영역에서 여러 가지 속도로 냉각한 경우의 변태 개시 및 종료점, 변태에 따르는 조직의 종류나 변태량 등을 종합적으로 표시한 것이며, 통상 열분석 열팽창 시험, 자기 분석법 등과 조직 검사로서 작성된다.

그림 11.15는 공석강의 CCT도를 표시한 것이며, Ps-C, Pf-C의 기호로 표시한 굵은 선이 CCT 곡선이다. Ps-C는 냉각 과정에서 펄라이트 변태의 개시를, Pf-C는 펄라이트 변태가 끝나는 것을 표시하는 선이다. 또 CCT 곡선은 그림 중에 표시한 TTT 곡선 Ps-I, Pf-I와 비교하여 알 수 있는 바와 같이 TTT 곡선보다 약간 오른쪽 아래, 즉 저온 긴 시간쪽으로 이행한다. 물론 마르텐사이트 변태의 온도는 변하지 않는다.

공석강을 r상 영역에서 200℃/s 이상의 속도로 냉각하는 경우 Ps-C선과 만나지 않으므로 펄라이트 변태는 생기지 않고, 230℃ 부근에서 마르텐사이트 변태만이 생긴다. 200℃/s의 냉각 속도를 한계 냉각 속도라 하여 **임계 냉각 속도**(critical cooling rate)라 한다. 임계 냉각 속도는 강의 담금질성에 크게 영향을 미친다. 냉각 속도가 50℃/s보다 늦으면 냉각 도중에서 Ps-C, Pf-C 곡선을 횡단하므로 오스테나이트가 모두 펄라이트로 변태한다. 따라서 펄라이트 중의 페라이트의 시멘타이트 분포 상태는 냉각 속도에 따라서 변하고, 냉각 속도가 느리고 보다 고온이며, Ps-C선을 가로지르는 경우일수록 조립(組粒) 펄라이트로 되고, 냉각 속도가 크고, 보다 저온에서 Ps-C선을 횡단할 경우에는 미세 펄라이트로 된다. 냉각 속도가 50~200℃/s의 경우는 다음과 같이 변태한다.

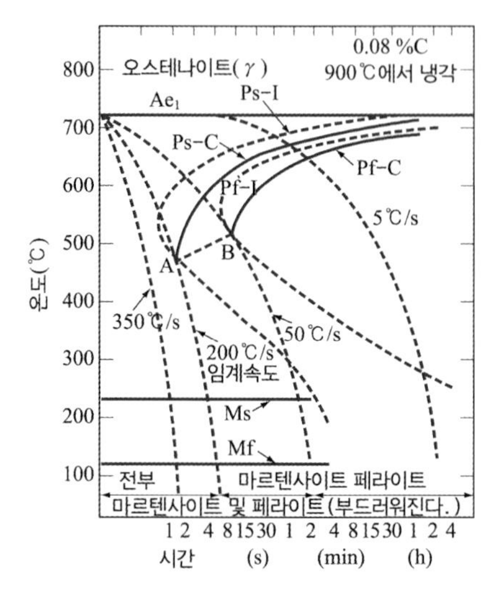

그림 11.15 공석강의 CCT도(900℃에서 냉각, 그림 중의 냉각 속도는 700℃를 통과할 때의 속도)

오스테나이트는 Ps－C선을 가로지르는 온도이며, 펄라이트로 변태하기 시작하지만, AB선을 가로지르는 온도까지 냉각되면 그 점에서 펄라이트에의 변태가 중단되고, 더 냉각하면 미변태 그대로의 오스테나이트가 230℃ 부근까지 강하하여 마르텐사이트로 변태한다.

그림 11.16은 Cr－Mo강의 CCT도이다. 여기서도 마찬가지로 냉각 속도에 따른 각각의 상변태량을 표시하고 있다. 용접 금속 또는 용접 열영향부의 냉각 속도에서 CCT도를 이용하면 어떤 조직으로 변태하는지를 추정할 수 있다.

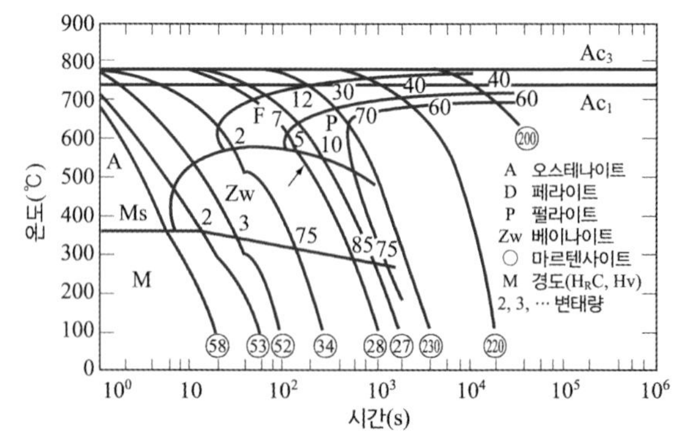

그림 11.16 Cr－Mo강의 CCT도(오스테나이트화 온도 850℃)

11.3 용접 금속과 가스

11.3.1 수 소

수소가 용융강 중에 용해할 때는 분자 상태가 아니고, 해리하여 원자 상태(H) 또는 프로톤(proton, H^+)으로 되고, 그 용해도는 수소 분압의 평방근에 비례한다.

용해도가 고상, 액상 다 함께 온도의 상승에 따라서 증가하는 것은 용해가 흡열 반응 때문이며, 수소와 수소 화합물을 만드는 금속, 예를 들어 Ti, Zr 등에서는 온도의 상승과 동시에 수소의 용해도는 반대로 감소한다. 또 변태점에서도 불연속이며, fcc의 γ철은 bcc의 α철이나 δ철보다 다량의 수소를 용해한다. 이 용해도는 철 중에 포함하는 성분, 즉 강의 종류에 따라서 여러 가지로 다르고, 냉간 가공 등에서 생기는 격자 결함에 따라서도 용해도는 변화한다.

수소 원자는 Fe 원자에 비하여 매우 작기 때문에 상당히 자유롭게 결정 격자 사이를 확산할 수 있다. 강 중에서 수소의 확산 속도는 강 중의 C가 증가할수록, 또 가공도가 클수록 감소한다. 이것은 결정 격자 사이에 침입 고용하고 있는 C원자나 기공 때문에 생기는 격자 결함이 수소의 확산을 방해하기 때문이다. 수소의 확산 속도는 조직이나 온도에 따라서도 변화한다. 예컨대, 600℃에 대하여서는 α강 중에서의 확산 속도는 같은 온도에서 γ강 중의 그것보다 수십 배나 빠르다. 이것은 오스테나이트가 fcc이며, 원자 간격이 bcc의 페라이트보다 작고, 수소의 이동이 곤란하기 때문이다.

이와 같이 강 중에서 수소의 용해도 및 확산 속도는 강의 응고나 변태에 따라서 여러 가지로 변화하므로, 용접에서 수소는 여러 가지 특이 현상을 초래하는 원인으로 된다.

(1) 용접 금속 중의 수소

수소의 강에 대한 용해도는 응고 직후에 용융 상태의 약 1/4로 감소한다. 이 때문에 일단 용해한 수소는 용접 금속의 응고와 동시에 확산하여 외부로 빠져나간다. 그러나 용접부의 냉각 속도가 빠른 경우는, 예를 들어 아크 용접부에서는 1000℃ 정도까지 냉각된다면 걸리는 시간은 수초이고, 이 온도에서 강은 오스테나이트이기 때문에 수소의 확산이 어렵다. 따라서 이 온도에서 수소의 방출량은 매우 적다.

온도의 저하와 함께 강은 오스테나이트 → 페라이트의 변태를 한다. 변태하여 페라이트로 되면 수소의 용해도는 약 50% 감소하고, 동시에 수소의 확산 속도는 매우 증대하므로 상당한 수소가 용접 금속에서 방출되기 시작한다. 이 수소의 방출 속도는 냉각 속도에 영향을 받는다. 예컨대, 응고 시에 30 cc/100 g의 수소량이 있는 용접 금속의 냉각 과정에서 각 온도에서의 수소량과 수소의 표시하는 내부 압력을 나타내면 그림 11.17과 같다. 그림에서 400℃ 이하에서는 냉각 속도의 상위에 의한 수소량 및 수소 내부 압력의 차가 크다. 이런 상황에서 수소의 방출량은 400℃ 이하에서의 냉각 속도에 따라서 영향을 받는 것을 알 수 있다. 냉각이 빠르면 수소는 냉각 중에 약 1/6밖에 방출되지 않고, 내부 압력도 높아지는 데 반하여, 냉각이 늦어지면 대부분의 수소

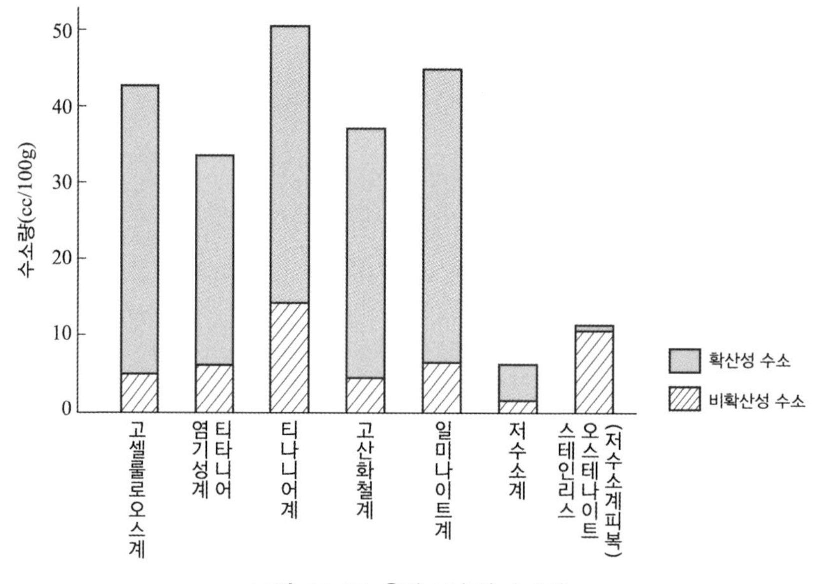

그림 11.17 용접 금속의 수소량

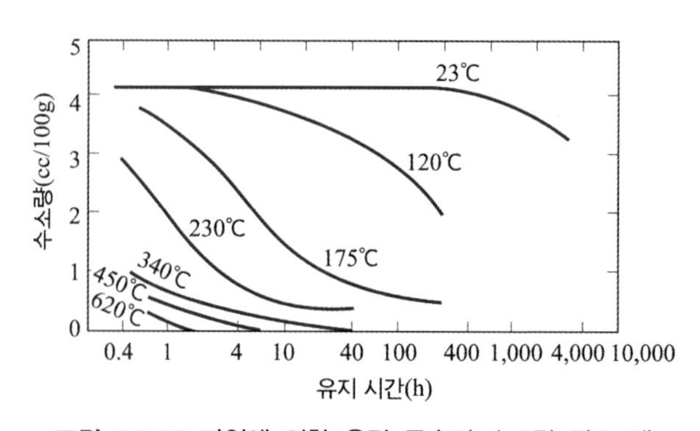

그림 11.18 가열에 의한 용접 금속의 수소량 감소 예

가 외부에 방출되어 내부 압력도 낮아진다.

그림 11.18은 냉각 속도가 같으며, 응고하였을 때 수소량이 다른 경우의 일례이다. 수소량이 낮은 경우 냉각 후에 생기는 수소의 내부 압력은 매우 낮다. 즉, 수소의 내부 압력을 작게 하려면 용접 금속 중의 수소량을 적게 하고, 냉각을 늦게 하면 된다.

한편 γ계 용접 금속은 변태하지 않으므로 저온에서도 수소가 확산하지 않기 때문에 실온까지 잔류하는 수소가 상당히 많아진다.

강의 결정 격자 내에 용입한 원자 상태의 수소가 확산 도중에서 강 안의 공공(孔空)이나 미소한 균열 또는 비금속성 개재물의 주변 등 비교적 큰 빈틈에 달하면, 여기서 결합하여 분자 상태(H_2)로 된다. 수소는 이 상태로 되면 벌써 Fe 원자의 간극을 통하여 확산하는 것이 곤란하게 된다. 또 원자 상태 그대로 있어도 결정의 전위 등의 격자 결함 중에 구속되어 실온에서 확산할 수 없는 것도 있다. 이들을 **비확산성 수소**(non-diffusible hydrogen)라 한다.

이것에 대하여 결정 격자 내를 자유로이 확산할 수 있는 원자 상태 또는 이온 상태의 수소를 **확산성 수소**(diffusible hydrogen)라 한다. 확산성 수소는 용접 후 실온에서 장시간 방치하면 거의 전부가 외부로 방출된다.

한 번 비확산성 수소로 된 것도 실온에서 장시간 방치하거나 또는 가열하여 적당한 시간을 유지하면, 분자 상태의 수소가 지벨트의 법칙에 따라서 다시 격자 내에 용해하여 확산성 수소로 되어 점점 외부로 방출된다.

용접 금속이 냉각할 때 확산성 수소는 외부로 방출되지만, 그 일부는 모재에도 확산된다. 이것이 비드 밑 균열의 원인이 되는 수소이다. γ계 용접 금속에서는 수소의 용해도가 크므로 외부로의 확산 방출을 거의 하지 않는 동시에, 열영향부에도 수소는 잘 확산되지 않으므로(fcc에서는 수소의 확산 속도가 작다) 비드 밑 균열이 생기는 일은 없다.

(2) 수소의 영향

수소는 저온 균열의 주원인 중 하나이지만, 용접 금속 내에 침입한 수소는 그 밖에도 용접부에 여러 가지 결함을 초래한다.

① 비드 밑 균열

비드 밑 균열(bead under cracking)은 용접 비드 바로 아래의 열영향부에 나타나는 균열이다. 이것은 용접 금속에서 열영향부에 확산된 수소가 중요한 원인이며, 급랭 상태에서 수소는 외부에 방출되지 못하고, 용접 금속 중에 다량으로 잔류하고, 모재쪽에 있어서는 본드(bond)에 근접하고 있는 부분까지만 확산되므로, 이 부분에 수소가 집중하여 거기서 **수소 취성화**(hydrogen embrittleness)가 생겨서 내부 응력과의 상호작용에 의해 균열이 발생하는 것이다.

통상 비드 밑 균열은 열영향부가 경화하고 있는 경우(마르텐사이트의 형성 등에 의한 전위나 공공(孔空) 등의 격자 결함이 많은 곳에 수소는 집중하기 쉽다)에 발생하기 쉽다. 또한 이 균열은 용접부의 냉각 조건에 따라서 영향을 받고, 보통으로는 CCT도에서 Ms점 부근(약 300℃ 부근)에서의 냉각 속도에 따라서 좌우된다.

② 은점

은점(fish eye)은 용접 금속부를 파단하였을 때 그 파단면에 나타나는 물고기 눈 모양의 점이며, 수소가 존재하는 경우에만 생긴다. 수소가 용접 금속 내의 공공이나 비금속성 개재물 주위에 집중하면 여기서 취성화가 생기고, 시험편을 파단하면 국부적인 취성화 파면으로서 관찰되는 것이다.

용접 직후는 수소의 집중이 아직 생기지 않으므로 용접부를 파단하여 은점의 발생은 별로 보이지 않지만, 일정 시간 경과 뒤 파단하면 수소의 집중이 생기기 때문에 은점은 증가한다. 또 시간이 경과하면 수소는 다시 용해하며, 용접부 표면에서 외부에 달아나려고 하므로 은점도 감소하여 전혀 발생하지 않게 된다. 또 은점은 용접부에 어느 정도 이상의 변형이 가해져 나타나기도 한다.

③ 수소취화

강은 수소를 포함하면 취성화되며, 취성화의 정도는 수소량과 함께 증가하는 것이 보통이다. 보통 실온에서 취성을 나타내는 시험편을 매우 낮은 온도, 예컨대 액체 질소(약 −183℃)의 온도로 냉각한 경우, 수소가 존재하고 있는 데에도 불구하고 이 시편은 취성을 나타내지 않는다. 그러나 이 시편을 실온으로 되돌리면 다시 취성을 나타내게 된다. 또 온도를 올리면 수소는 확산하여 외부로 방출되기 때문에 취성이 나타나지 않게 된다.

수소를 포함한 시험편에 하중을 가하는 경우 하중 속도가 매우 빠를 때는 취성이 나타나지 않지만, 통상의 인장 시험 정도의 하중 속도(변형 속도)에서는 취성을 나타낸다.

이와 같은 현상은 현재로서는 일단 수소 확산의 지연(delay)으로 설명되고 있다. 즉, 옛날부터 설명되고 있는 압력설에서는 결함에 집중한 분자 상태의 수소가 매우 높은 압력을 나타내게 되고, 이것에 의한 내부 응력이 취성의 원인이 된다고 한다. 인장 시험 등에서 강은 소성 변형을 나타내어 그 도중 수소가 집중하고 있는 결함은 점점 크기가 증가하고, 수소의 압력은 감소하지만, 그곳을 향하여 다른 데서 수소의 새로운 확산이 생기므로 수소에 의한 높은 압력이 생기게 되어서 수소취성을 나타낸다. 따라서 온도가 매우 낮을 때 또는 변형 속도가 빠를 때에는 이와 같은 확산이 잘 생기지 않기 때문에, 즉 수소 압력이 저하하므로 취성은 생기지 않게 된다.

전위론에서 이 현상을 설명하면 다음과 같이 된다. 통상 원자 상태의 수소는 전위나 공공 등 격자 결함의 주위에 모이기 쉽다. 그리고 소성 변형 등이 생긴 경우에는 그 도중에서 전위 등이 이동함에 따라서 수소도 이동하고, 공공에 유입하여 국부적으로 또는 일시적으로 과포화 상태로 되어 수소의 압력이 증가하기 때문에, 공공의 주위에 취성화가 생기거나 또는 냉간 가공 등에 따라서 균열을 발생시키게 한다. 이것에 비하여 극히 저온의 경우나 변형 속도가 빠른 경우에는 수소의 이동이 전위의 이동에 뒤따르지 못하기 때문에 이와 같은 취성을 나타내지 않는다.

④ 미세 균열

수소를 많이 포함하는 용접 금속 내에는 0.01 ~ 0.1 mm 정도의 미세 균열이 다수 발생하여 용접 금속의 굽힘 연성을 감소시킨다. 이 미세 균열은 비금속성 개재물의 주변이나 결정입계의 열간 미소 균열 등에 수소가 집적한 결과 생기는 것이며, 합금 성분이나 냉각 조건 등에도 영향을 받지만, 일반적으로는 수소가 많을수록 미세 균열은 많이 발생한다.

⑤ 선상 조직

용접 금속의 파면에 매우 미세한 주상정이 서릿발 모양으로 서 있고, 그 사이에 광학 현미경으로 보이는 정도의 비금속성 개재물이나 기공을 포함한 조직이 나타나는 일이 있다. 이것을 선상조직이라 하고, 수소의 존재가 원인으로 되어 있다.

선상조직이 생기기 위해서는 미세한 주상정이 발달하게 하는 냉각 조건 및 강보다도 고융점의 비금속성 개재물이 존재하는 것이 필요하다. 물론 수소의 존재는 불가결의 조건이며, 냉각 과정에서 수소가 융해도의 변화로서 확산하여 개재물의 주위에 모여서 미세한 기공을 만들고, 주상정의 사이에 틀어박혀진 것이 선상조직의 생성 원인으로 된다.

(3) 산소와 질소의 영향

① 담금질 시효(석출 경화)

강을 저온에서 뜨임하면 시간의 경과와 동시에 경도가 증가하는 경우가 있다. 이것은 담금질할 때 과포화로 고용한 질소나 탄소가 각각 질화물이나 탄화물로 되어 석출하고, 이른바 석출 경화를 일으키기 때문이다. 산소는 고체의 철에는 거의 고용하지 않으므로 응고 후의 석출 현상은 일어나지 않지만, 산소는 질소의 확산을 도와서 질화물의 생성을 쉽게 함으로써 석출 경화를 조장하는 경우가 있다.

② 변형 시효

냉간 가공한 강을 저온으로 뜨임하면 경화, 즉 **변형 시효**(strain aging)를 일으키는 경우가 있다. 이 변형 시효에는 질소가 크게 영향을 미친다.

그림 11.19는 10% 상온 가공을 한 후 시효시킨 경우 강의 충격치에 미치는 질소 및 탄소의 영향을 표시한 것이다. 질소의 증가와 함께 충격치의 저하율은 증가하고, 같은 질소량에서는 탄소량의 증가에 따라서 저하율은 감소한다. 산소도 변형 시효를 조장시키지만, 그 영향은 질소보다 적다.

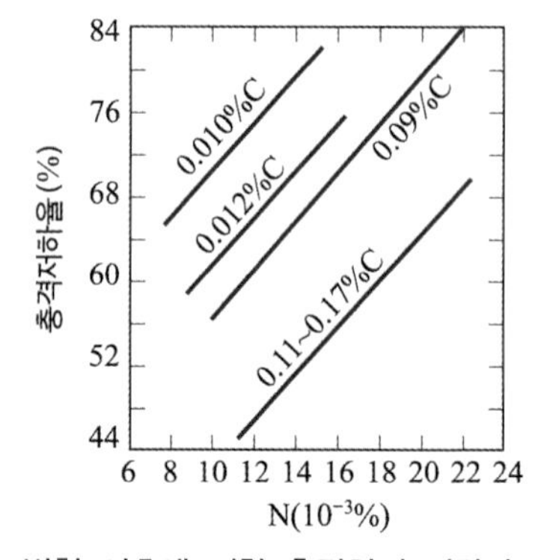

그림 11.19 변형 시효에 의한 충격치의 저하와 질소량의 관계

용접 금속은 급랭되므로 응고 금속의 수축 때문에 상당한 내부 응력이 남아 있으므로 질소, 산소량이 많은 것과 상응하여 용접 금속은 변형 시효를 일으키는 경우가 많다.

강을 냉간 가공하면 전위 기타의 격자 결함이 증가한다. 질소가 많이 고용되어 있으면 가공에 따라서 점점 그것이 전위의 이동을 방해하기 때문에, 시간의 경과와 동시에 강의 경도가 증가한다. 이것이 이른바 변형 시효이다. 그러나 Al이나 Ti 등이 첨가된 강에서는 질소는 이런 질화물로 고정되기 때문에 질소에 의한 시효 현상은 잘 생기지 않는다.

③ 청열 취성

저탄소강을 저온에서 인장 시험을 하면 200～300℃의 온도 범위에서 인장 강도는 매우 증가하고, 연성의 저하를 나타내는 경우가 있다. 이 현상을 **청열 취성**(blue shortness)이라 한다. 이것은 변형 시효와 같은 이유에 의해서 일어난다고 생각해도 된다.

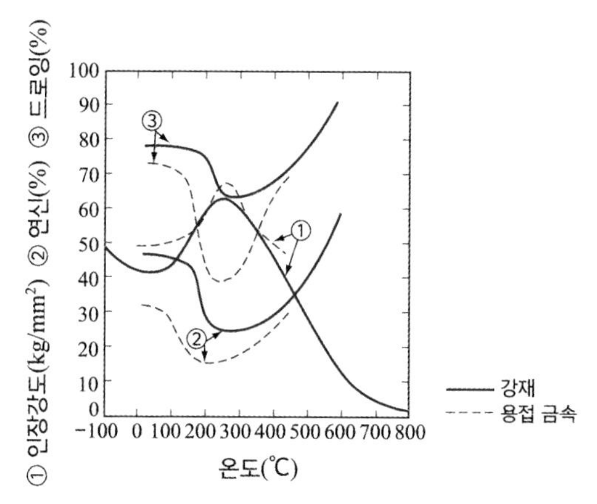

그림 11.20 저탄소강의 기계적 성질과 온도의 관계

그림 11.20에 저탄소강의 인장 강도와 시험 온도의 관계를 표시하였지만, 용접 금속과 같이 가스 성분을 포함한 것은 현저한 청열 취성을 나타내고 있다.

청열 취성의 원인은 질소이며, 산소는 그것을 조장하는 작용이 있다. 탄소도 다소 영향을 미친다. Al, Ti 등 질화물 형성 원소를 첨가하면 취성은 나타나지 않는다. Mn, Si 등도 취성의 방지에 약간은 도움이 된다. 취성을 나타내기 시작하는 온도는 질소량과 함께 저하하고, 질소량의 증가에 따라서 취성화의 정도가 커진다. 보통 용접 금속은 모재보다 취성화 정도는 크다.

④ 저온 취성

금속의 충격 시험 등에서는 시험 온도의 저하와 함께 충격치 등이 급격히 저하하는 온도, 즉 천이 온도가 존재하고, 이것이 실용 온도 부근에 있으면 여러 가지 해를 초래한다. 강에서는 특히 그 경향이 있다. 이와 같이 저온에서 나타내는 재질의 열화, 즉 취성화를 **저온 취성**이라 한다. 따라서 저온 취성의 정도는 천이 온도의 고저에 따라서 평가할 수 있다.

저온 취성에 산소나 질소가 현저하게 영향을 미치는 것은 옛날부터 알려져 있고, 강에서는 탈산이 불충분한 림드강은 천이 온도가 일반적으로 높고, 킬드강은 림드강에 비하여 낮다. Al, Ti 등으로 강력하게 탈산 및 탈질을 행한 강은 천이 온도가 매우 낮아진다.

천이 온도는 결정 입도에도 영향을 받고, 결정 입도가 커지면 천이 온도는 상승한다. 강력하게 탈산, 탈질한 강에서는 산화물이나 질화물에 따라서 결정핵도 증가하고, 이런 미세 화합물은 결정입내, 입계에 산재하여 조립화를 방지하기 때문에 이와 같은 강의 천이 온도는 일반적으로 낮다.

⑤ 풀림 취성

강을 900℃ 전후로 풀림하면 충격치가 매우 저하하는 경우가 있다. 이 현상을 **풀림 취성**이라 한다.

풀림 취성의 원인은 결정립의 성장과 결정입계에 석출하는 시멘타이트(cementite)에 의한 것이다. 산소, 질소가 많으면 결정립은 성장하기 쉽고, 탄소가 많으면 시멘타이트의 석출이 매우 심하게 되므로, 풀림 취성을 방지하려면 이런 원소의 함유를 가능한 적게 해야 한다. 또 풀림 중의 질화물의 석출도 취성화에 관계하고 있다.

⑥ 적열 취성

일반적으로 강은 가열하면 연화하므로 가공이 쉽게 되지만, 불순물이 많은 강은 열간 가공 중 900～1200℃의 온도 범위에서 갈라지는 경우가 있다. 이것을 **적열 취성**(hot-shortness)이라 한다. 적열 취성의 주원인은 유황(S), 즉 저융점의 FeS의 형성에 의한 것으로 되어 있지만, 산소가 존재하면 강에 대한 FeS의 용해도가 감소하므로 산소도 취성화의 한 가지 원인이라 할 수 있다.

Mn의 첨가는 MnS이나 MnO을 형성하여 이것들의 융점은 비교적 높으므로 이와 같은 취성화를 방지하는 작용이 있다.

⑦ 결정 입도

일반적으로 금속 결정립의 크기는 응고 시에 결정핵이 발생하기 쉬운 것과 그 성장 속도에 지배된다. 이 핵발생에 대하여 질화물, 탄화물, 산화물 등의 비금속성 개재물은 그 종류, 크기, 형상, 수 등이 크게 영향을 미친다. 핵의 성장 속도에 대해서는 이와 같은 물질보다도 오히려 합금 원소의 영향이 크다.

일반적으로 산소의 존재는 결정립을 크게 하는 동시에 가열에 의한 결정립의 성장을 촉진한다. 질소도 일반적으로는 결정립을 크게 하는 것이라고 할 수 있지만, 미세한 질화물로 되어 분포하고 있는 경우에는 이것이 결정립의 성장을 방해하므로, 반대로 결정을 미세화하는 작용이 있다.

11.4 용접부의 조직

가열 속도가 크면 용접 금속은 물론, 용접 열영향부도 크게 영향을 받게 된다. 용접열에 대한 조직 변화를 강을 예로써 설명하기로 한다. 강의 용접 열영향부를 조직별로 나누면 표 11.2와 같다. 또한 강의 상태도와 용접 열사이클을 모형적으로 나타내면 그림 11.21과 같다.

표 11.2 강의 용접 열영향부의 조직

명 칭	가열온도 범위	적 요
(1) 용접 금속	용융 온도 (1500℃) 이상	용융 응고한 범위, 덴드라이트 조직을 나타낸다.
(2) 조립역	> 1250℃	조대화한 부분, 경화하기 쉽고 균열 등이 생긴다.
(3) 혼립역 (중간 입자역)	1250~1100℃	조립 및 세립의 중간이며, 성질도 그 중간 정도
(4) 세립역	1100~900℃	재결정으로 미세화, 인성 등 기계적 성질 양호
(5) 일부 용해역	900~750℃	펄라이트만이 용해, 구상화, 가끔 고탄소 마르텐사이트가 생기고, 인성은 저하
(6) 취화역	750~200℃	열응력 때문에 취성화를 나타내는 경우가 있다. 현미경적으로 변화가 없다.
(7) 모재원질역	200℃~실온	열영향을 받지 않는 모재 부분

그림 11.21에서 x 라고 표시되는 탄소를 함유한 강이 용접 중에 가열되는 경우 A_3점 이상 부분은 어떤 순간 오스테나이트 조직으로 변화한다. 단 그 가열 온도의 고저에서 결정립 성장의 정도가 현저하게 다르고, x_1 으로 표시하는 용융 온도 부근으로 가열된 곳에서는 결정립이 이상하게 성장하여 조대화하기 때문에 얻어지는 조직은 **조립역**(coarse grained region)에 해당한다.

A_3점 바로 위의 x_3 의 온도 범위로 가열된 곳은 결정립의 성장이 적고, **세립역**(fine grained region)을 형성한다. 가열 온도가 이것들의 중간에 해당하는 x_2 부근에서는 결정립도 그 중간 정도 또는 거친 입자와 가는 입자가 혼합한 조직을 나타내므로 혼합 입자 또는 **중간 입자역**(medium grained region)에 해당한다.

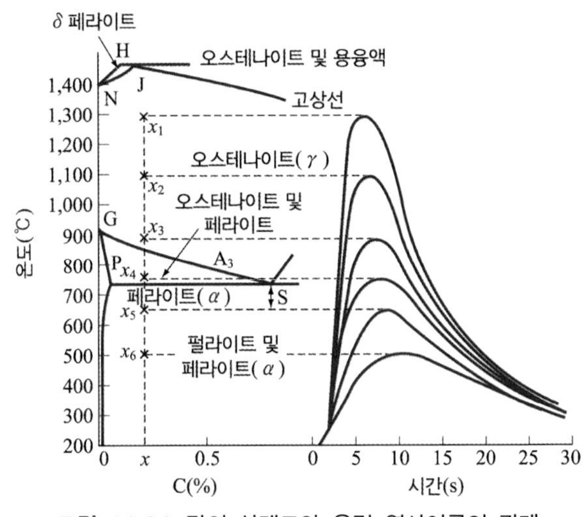

그림 11.21 강의 상태도와 용접 열사이클의 관계

A_3점과 A_1점 사이의 온도 영역, 예컨대 x_4 에서는 오스테나이트화하지 않는 페라이트와 펄라이트만이 오스테나이트화한 부분의 혼합 조직에서 냉각된 **일부 고용역**(partially resolved region)에 해당하고, 특이한 조직을 나타낸다. 보통으로는 펄라이트의 구상화(spherodize)가 잘 관찰되므로, 구상화역이라 한다.

A_1점에 달하지 않는 부분은 변태가 생기지 않으므로 조직의 변화는 거의 나타나지 않는다. 그러나 이 부분도 엄밀하게는 열영향을 받고 있으며, 저탄소강 등에서는 석출이나 열변형 등의 눈에 보이지 않는 변태가 생기기 때문에 약 200℃에서 A_1 변태점에 달하기까지의 낮은 가열 범위를 특히 **취화역**(embrittled zone)이라 하여 모재원질부와

구별한다.

강의 용접 열영향부의 조립역은 결정 입도가 조대화하는 외에 가열 온도에서의 냉각 조건에 따라서 조직은 현저하게 달라진다. 냉각 속도가 매우 작은 경우는 비교적 고운 페라이트와 펄라이트의 혼합 조직이며, 냉각 속도가 커짐에 따라서 고운 페라이트는 치밀하게 되고, 거친 베이나이트, 마르텐사이트라는 모양으로 점점 단단한 조직으로 된다.

저탄소강에서는 보통 조대한 망상 페라이트 또는 침상으로 발달한 페라이트 및 펄라이트 조직을 나타내지만, 현저하게 급랭된 경우에는 마르텐사이트가 생기는 경우가 있다. 고탄소강이나 저합금강 등 경화성이 큰 강에서는 마르텐사이트나 베이나이트가 생기는 경향이 크다. 용접 열영향부에 마르텐사이트 등의 단단한 조직이 생기면 균열 등의 결함이 생기기 쉬우므로 이런 것들을 가능한 적게 해야 한다.

11.4.1 CCT도에 의한 조직의 예측

용접 열영향부의 조직은 주로 강의 성분과 냉각 조건에 따라서 결정되기 때문에 CCT도에서 강의 조직을 예측할 수 있다.

예컨대, 그림 11.22는 50 N/m^{2}급 고장력강의 CCT도이다. 그림에서 냉각 곡선(R1)은 가장 서냉한 경우이며, 최초로 곡선과 만나는 730℃ 부근에서 페라이트가 67% 생기고, 이어서 605℃ 부근에서 나머지 오스테나이트는 전부 펄라이트(33%)로 변하고, 비교적 부드러운 조직(Hv 176)으로 되는 것을 표시하고 있다. 이것보다 약간 빠른 냉각 곡선(R_3)에서는 페라이트, 펄라이트가 생긴 다음 490℃ 부근에서 중간 단계 조직(Zw 또는 베이나이트)이 생기고, 경도는 Hv 223으로 된다. 더 빠른 냉각 곡선(R6)에서는 오스테나이트에서 페라이트가 석출되지 않고, 직접 중간 단계 조직(19%)이 400℃ 부근에서 생기고, 나머지 오스테나이트는 약 380℃에서 전부가 마르텐사이트(81℃)로 변한다. 이 경우 경도는 Hv 409로 된다. 가장 급랭된 경우(냉각 곡선 R8)는 이미 중간 단계 조직도 생기지 않고, 과냉 오스테나이트는 직접 380℃에서 100℃ 마르텐사이트로 변태하여 경도도 Hv 469로 된다.

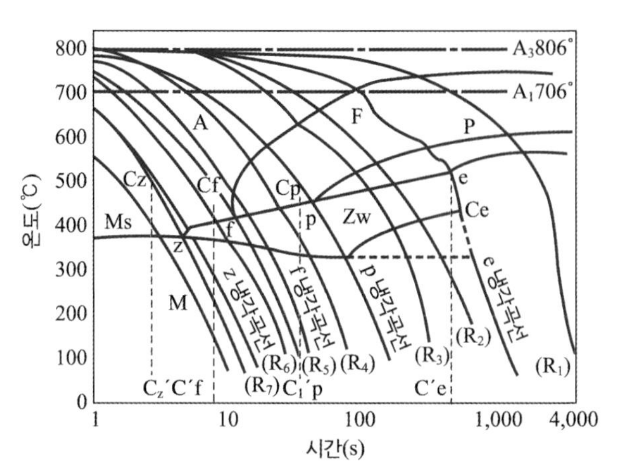

그림 11.22 50 kg/mm²급 고장력강의 CCT도, 최고 가열 온도 1,300℃

그림 11.22에서 e, p, f, z의 각 냉각 곡선은 **임계 냉각 곡선**(critical cooling curve)이다. 즉, e 냉각 곡선보다 느린 냉각 조건에서 조직은 페라이트와 펄라이트만으로 되어 있다. 이것과 p 냉각 곡선의 사이에서는 페라이트와 펄라이트 외에 베이나이트가 생긴다. p 냉각 곡선보다 빠른 냉각 조건에서는 펄라이트가 생성하지 않는다. f 냉각 곡선보다 빠른 냉각 조건에서는 마르텐사이트만이 생긴다.

이런 곡선에서 f 냉각 곡선과 500℃에 만나는 점 cf의 시간 눈금 $c'f$는 초석 페라이트가 나타나는 한계의 냉각 시간(800℃에서 500℃)을 나타내므로, 이것을 페라이트 생성 임계 냉각 시간이라 한다. 마찬가지로 C_z', C_p'을 각각 베이나이트 및 펄라이트 생성 임계 냉각 시간이라 한다. 또 연속 냉각 곡선은 가열 온도에 따라서 현저하게 영향을 받는다. 통상 가열 온도가 높을수록 곡선은 장시간 쪽으로 이행하므로, 완만한 냉각 조건에서도 마르텐사이트가 생기기 쉽고 단단해지는 경향이 있다.

11.4.2 용접 열영향부의 경도

강의 용접 열영향부는 여러 가지 조직을 나타내므로 경도도 여러 가지로 변한다. 그림 11.23은 강의 용접 열영향부 단면의 경도 분포이다. 용접 금속에 근접한 조립역에서 경도는 최고의 값을 나타내고, 멀어짐에 따라서 점점 모재의 값에 가까워진다. 저탄소강에서는 냉각 속도가 상당히 빨라도 마르텐사이트의 생성이 적으므로 그다지 단단하지 않지만, 고장력강이나 고탄소강에서는 경도의 증가가 현저하다.

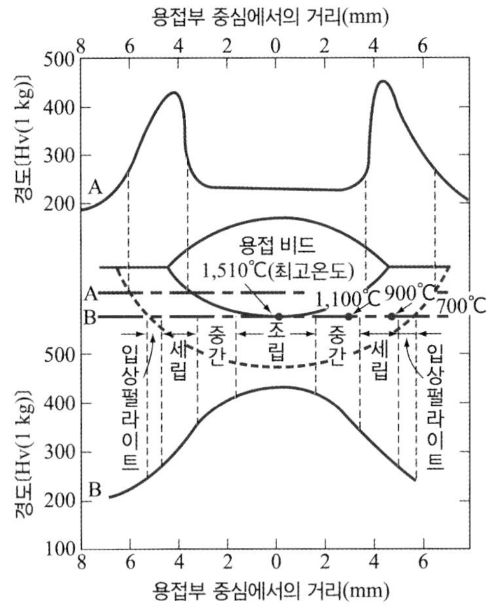

그림 11.23 고장력강의 용접 열영향부의 경도 분포

그림 11.23의 본드 부근의 최곳값을 용접 열영향부의 최고 경도(H_{max})라 하고, 강의 용접성을 판정하는 중요한 값으로 한다. 이 H_{max}이 높은 것은 마르텐사이트가 많은 것을 표시하므로, 이 값에서 균열이나 연성 저하를 예측할 수 있다. 물론 경도만으로 강의 용접성의 가부를 결정할 수는 없지만, 어느 것이나 H_{max}을 낮게 하는 것은 용접 열영향부의 성질을 개선하기 위해서는 바람직한 일이다.

11.4.3 열영향부의 취화

용접 열영향부는 여러 가지 열사이클을 받으므로 용접 재료의 종류에 따라서는 연성, 인성 또는 내식성 등이 현저하게 저하하는 경우가 있다. 이런 재질의 저하는 용접 열영향부의 **취성화**(embrittlement)로 알려져 있고, 이것에는 경화나 조립 취성화, 석출 취성화 외에 강에서는 수소 취성화나 흑연화 등이 있다.

일반적으로 저탄소강의 용접부 중심에서부터 충격치 변화는 그림 11.24와 같으며, 본드에 접근한 부분과 비교적 저온의 열영향을 받은 부분의 천이 온도가 상승한다.

본드에 접근한 영역을 조립역의 취성화라 하고, 열영향부를 취성화 영역이라고 한다.

조립역은 본드에 근접한 용접부 끝의 기하학적 불연속 부분에 해당하므로 야금적 취성화와 역학적 취성화가 중첩하고 있다고 할 수 있다. 이 영역은 주로 담금질 경화와 조립화로서 인성이 모재에 비하여 저하한다.

탄소강이나 저합금강 등에서는 냉각 속도가 증가할수록 마르텐사이트 양이 많아지고 현저하게 경화한다. 그러나 같은 마르텐사이트는 Ms점이 비교적 높으므로, 용접 열사이클 냉각과정에서 그 Ms점 이하의 온도에서 뜨임되어 인성이 개선되는 것이다. 이 현상을 **Q템퍼**(Q tempering)라 한다. 따라서 C량이 낮은 저합금강 등에서는 냉각 속도가 증가하여 마르텐사이트 양이 증가하여도 노치 인성의 저하는 그다지 나타나지 않는다. 보통의 마르텐사이트, 즉 고탄소 마르텐사이트는 Ms점이 낮고, 일반적으로 냉각 중에 뜨임되지 않으므로 고탄소계의 강재에서는 마르텐사이트 양의 증가에 비례하여 용접 열영향부의 취성화는 현저하게 된다.

한편 취성화 영역에서 인성의 저하는 저탄소강에 대하여 잘 알려져 있으며, 이 부분은 A1점 이하로 가열된 곳이므로 광학 현미경으로는 어떤 조직 변화도 나타나지 않는다. 이 취성화의 원인은 석출 경화와 변형 시효의 중첩 효과에 의한 것이며, 강 중의 C, O, N가 영향을 미치고 있다.

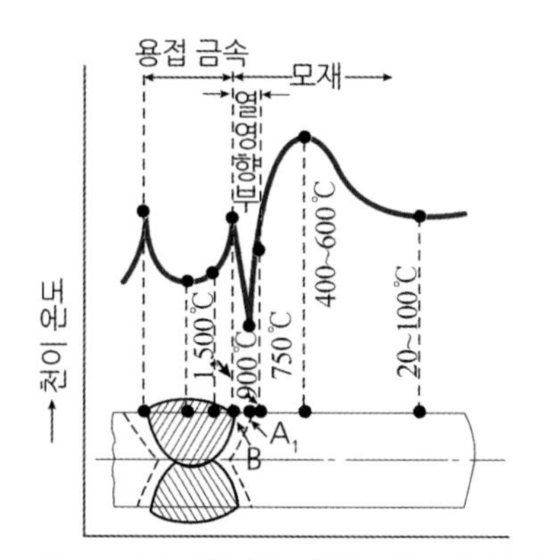

그림 11.24 용접부의 천이 온도의 분포

11장 연습문제　　용접야금

01 탄소 공구강 및 일반 공구 재료의 구비 조건 중 틀린 것은?

가. 상온 및 고온 경도가 클 것
나. 내마모성이 클 것
다. 강인성 및 내충격성이 작을 것
라. 가공 및 열처리성이 양호할 것

02 두랄루민(duralumin)의 성분 재료로 맞는 것은?

가. Al, Cu, Mg, Mn
나. Al, Cu, Fe, Si
다. Al, Fe, Si, Mg
라. Al, Cu, Mn, Pb

03 기본 열처리 방법의 목적을 설명한 것으로 틀린 것은?

가. 담금질 – 급냉시켜 재질을 경화시킨다.
나. 풀림 – 재질을 연하고 균일화하게 한다.
다. 뜨임 – 담금질된 것에 취성을 부여한다.
라. 불림 – 소재를 일정온도에서 가열 후, 공냉시켜 표준화한다.

04 구리와 구리 합금이 다른 금속에 비하여 우수한 점이 아닌 것은?

가. 전기 및 열전도율이 높다.
나. 연하고 전연성이 좋아 가공하기 쉽다.
다. 철강보다 비중이 낮아 가볍다.
라. 철강에 비해 내식성이 좋다.

05 주강의 특성을 설명한 것으로 틀린 것은?

가. 유동성이 나쁘다.
나. 주조 시의 수축이 적다.
다. 고온 인장 강도가 낮다.
라. 표피 및 그 인접 부분의 품질이 양호하다.

06 마그네슘 합금의 성질 및 특징을 나타낸 것으로 적당하지 않은 것은?

가. 비강도가 크고, 냉간 가공이 거의 불가능하다.
나. 인장 강도, 연신율, 충격값이 두랄루민보다 적다.
다. 피절삭성이 좋으며, 부품의 무게 경감에 큰 효과가 있다.
라. 바닷물에 접촉하여도 침식되지 않는다.

07 냉간 가공의 특징을 설명한 것으로 틀린 것은?

가. 제품의 표면이 미려하다.
나. 제품의 치수 정도가 좋다.
다. 가공 경화에 의한 강도가 낮아진다.
라. 가공 공수가 적어 가공비가 적게 든다.

08 산소 – 아세틸렌 가스를 사용하여 담금질성이 있는 강제의 표면만을 경화시키는 방법은?

가. 화염 경화법
나. 질화법
다. 고주파 경화법
라. 가스 침탄법

09 주로 전자기 재료로 사용되는 Ni – Fe 합금이 아닌 것은?

가. 인바
나. 슈퍼인바
다. 콘스탄탄
라. 플라티나이트

10 오스테나이트계 스테인리스강 용접 시 유의해야 할 사항이 아닌 것은?

가. 아크를 중단하기 전에 크레이터 처리를 한다.
나. 아크 길이를 길게 유지한다.
다. 낮은 전류로 용접하여 용접 입열을 억제한다.
라. 용접봉은 가급적 모재의 재질과 동일한 것을 사용한다.

11 가단주철은 주조성이 우수한 백선주물을 만들고 열처리함으로써 강인한 조직과 단조를 가능케 한 주철인데 그 종류가 아닌 것은?

가. 백심 가단주철
나. 펄라이트 가단주철
다. 특수 가단주철
라. 오스테나이트 가단주철

12 담금질한 강에 뜨임을 하는 가장 주된 목적은?

가. 재질에 인성을 갖게 하려고
나. 조대화된 조직을 정상화 하려고
다. 재질을 더욱 더 단단하게 하려고
라. 재질의 화학성분을 보충하기 위해서

13 보통 주강에 3% 이하의 Cr을 첨가하여 강도와 내마멸성을 증가시켜 분쇄기계, 석유화학 공업용 기계부품 등에 사용되는 합금 주강은?

가. Ni 주강
나. Cr 주강
다. Mn 주강
라. Ni – Cr 주강

14 다음 순금속 중 열전도율이 가장 높은 것은?

가. 은(Ag)
나. 금(Au)
다. 알루미늄(Al)
라. 주석(Sn)

15 베어링에 사용되는 대표적인 구리합금으로 70% Cu – 30% Pb 합금은?

가. 켈밋(Kelmet)
나. 배빗메탈(babbit metal)
다. 다우메탈(dow metal)
라. 톰백(tombac)

16 다음 중 고온 경도가 가장 좋은 것은?

가. WC – TiC – Co계 초경합금
나. 고속도강
다. 탄소 공구강
라. 합금 공구강

17 고급 주철의 바탕은 어떤 조직으로 이루어졌는가?

가. 펄라이트
나. 시멘타이트
다. 페라이트
라. 오스테나이트

18 게이지용 강이 구비해야 할 특성에 대한 설명으로 틀린 것은?

가. 담금질에 의한 변형 및 균열이 적어야 한다.
나. 장시간 경과해도 치수의 변화가 적어야 한다.
다. 내마모성이 크고 내식성이 우수해야 한다.
라. 담금질 응력 및 열팽창 계수가 커야 한다.

19 황동에 생기는 자연균열의 방지법으로 가장 적합한 것은?

가. 도료나 아연 도금을 실시한다.
나. 황동판에 전기를 흐르게 한다.
다. 황동에 약간의 철을 합금시킨다.
라. 수증기를 제거한다.

20 오스테나이트계 스테인리스강의 용접 시 유의해야 할 사항으로 틀린 것은?

가. 층간 온도가 320℃ 이상을 넘어서지 않도록 한다.
나. 낮은 전류값으로 용접하여 용접 입열을 억제한다.
다. 아크를 중단하기 전에 크레이터 처리를 한다.
라. 아크 길이를 길게 유지한다.

21 표면 경화 처리에서 침탄법의 설명으로 맞는 것은?

가. 고체 침탄법, 액체 침탄법, 기체 침탄법이 있다.
나. 침탄 후 열처리가 필요하다.
다. 침탄 후 수정이 불가능하다.
라. 표면 경화 시간이 길다.

22 인장 강도 70 kgf/mm^2 이상 용착 금속에서는 다층 용접하면 용접한 층이 다음 층에 의하여 뜨임이 된다. 이때 어떤 변화가 생기는가?

가. 뜨임 취화 나. 뜨임 연화
다. 뜨임 조밀화 라. 뜨임 연성

23 순철의 동소체가 아닌 것은?

가. α 철 나. β 철
다. γ 철 라. δ 철

24 실용 금속 중 밀도가 유연하며, 윤활성이 좋고 내식성이 우수하며, 방사선 투과도가 낮은 것이 특징인 금속은?

가. 니켈(Ni) 나. 아연(Zn)
다. 구리(Cu) 라. 납(Pb)

25 화염 경화법의 장점이 아닌 것은?

가. 국부적인 담금질이 가능하다. 나. 일반 담금질법에 비해 담금질 변형이 적다.
다. 부품의 크기나 형상에 제한이 없다. 라. 가열 온도의 조절이 쉽다.

26 탄소강에 함유된 구리(Cu)의 영향으로 틀린 것은?

가. Ar, 변태점을 저하시킨다.
나. 강도, 경도, 탄성 한도를 증가시킨다.
다. 내식성을 저하시킨다.
라. 다량 함유하면 감재압연 시 균열의 원인이 되기도 한다.

27 스테인리스강의 내식성 향상을 위해 첨가하는 가장 효과적인 원소는?

가. Zn 나. Sn
다. Cr 라. Mg

28 구리, 마그네슘, 망간, 알루미늄으로 조성된 고강도 알루미늄 합금은?

가. 실루민 나. Y합금
다. 두랄루민 라. 포금

29 강괴를 용강의 탈산 정도에 따라 분류할 때 해당되지 않는 것은?

가. 킬드강 나. 세미킬드강
다. 정련강 라. 림드강

30 주철 조직 중 흑연의 형상이 아닌 것은?

가. 공정상 흑연 나. 편상 흑연
다. 침상 흑연 라. 괴상 흑연

31 구리의 일반적이 성질 설명으로 틀린 것은?

가. 체심 입방정(BCC) 구조로서 성형성과 단조성이 나쁘다.
나. 화학적 저항력이 커서 부식되지 않는다.
다. 내산화성, 내수성, 내염수성의 특성이 있다.
라. 전기 및 열의 전도성이 우수하다.

32 용접용 고장력강에 해당되지 않는 것은?

가. 망간(실리콘)강 나. 몰리브덴 함유강
다. 인 함유강 라. 주강

33 비금속 개재물이 탄소강 내부에 존재할 때 야기되는 특성이 아닌 것은?

가. 인성을 해치므로 메지고 약해진다.
나. 열처리할 때 균열을 일으킨다.
다. 알루미나, 산화철 등은 고온 메짐을 일으킨다.
라. 인장 강도와 압축 강도가 증가한다.

34 마그네슘(Mg)의 특성을 설명한 것 중 틀린 것은?

가. 비중이 1.74 정도로 실용 금속 중 가장 가볍다.
나. 비강도가 Al 합금보다 떨어진다.
다. 항공기, 자동차부품, 전기기기, 선박, 광학기계, 인쇄제판 등에 이용된다.
라. 구상흑연 주철의 첨가제로 사용된다.

35 탄소강에 망간(Mn)의 영향을 설명한 것으로 틀린 것은?

가. 고온에서 결정립 성장을 증가시킨다.
나. 주조성을 좋게 하며 S의 해를 감소시킨다.
다. 강의 담금질 효과를 증대시켜 경화능이 커진다.
라. 강의 점성을 증가시킨다.

36 스테인리스강을 금속 조직학적으로 분류할 때 종류가 아닌 것은?

가. 마텐자이트계 나. 퍼멀라이트계
다. 페라이트계 라. 오스테나이트계

37 내열용 알루미늄 합금이 아닌 것은?

가. 하이드로날륨 합금　　나. 로엑스(Lo-Ex) 합금
다. 코비탈륨 합금　　라. Y 합금

38 다음 중 구리의 성질로 틀린 것은?

가. 전기 및 열의 전도성이 우수하다.
나. 전연성이 좋아 가공이 용이하다.
다. 상자성체로 전기 전도율이 적다.
라. 아름다운 광택과 귀금속적 성질이 우수하다.

39 풀림처리 시 조대한 결정립이 형성되는 원인이 아닌 것은?

가. 풀림 온도가 너무 높을 경우　　나. 풀림 시간이 너무 긴 경우
다. 냉간 가공도가 너무 작은 경우　　라. 용질 원소의 분포가 양호한 경우

40 금속 침투법의 종류와 침투 원소의 연결이 틀린 것은?

가. 세라다이징 – Zn　　나. 크로마이징 – Cr
다. 칼로라이징 – Ca　　라. 보로나이징 – B

41 탄소강의 기본 열처리 방법 중 소재를 일정 온도에서 가열 후 공냉시켜 표준화하는 것은?

가. 불림　　나. 뜨임
다. 담금질　　라. 침탄

42 강제품의 표면 경화법에 속하지 않은 것은?

가. 초음파 침투법　　나. 질화법
다. 침탄법　　라. 방전 경화법

43 정련된 용강을 노 내에서 Fe-Mn, Fe-Si, Al 등으로 완전 탈산시킨 강은?

가. 킬드강　　나. 세미킬드강
다. 림드강　　라. 캡드강

44 온도 변화에 따라 열팽창계수, 탄성계수 등이 변하지 않는 불변강의 종류가 아닌 것은?

가. 인바(invar)　　나. 텅갈로이(tungalloy)
다. 엘린바(elinvar)　　라. 플라티나이트(platinite)

45 연강재 표면에 스텔라이트(stellite)나 경합금을 용착시켜 표면 경화시키는 방법은?

가. 브레이징(brazing)
나. 숏 피닝(shot peening)
다. 하드 페이싱(hard facing)
라. 질화법(nitriding)

46 고탄소강의 탄소 함유량으로 가장 적당한 것은?

가. 0.35~0.45%C
나. 0.25~0.35%C
다. 0.45~1.7%C
라. 1.7~2.5%C

47 온도의 상승에도 강도를 잃지 않는 재료로서 복잡한 모양의 성형가공도 용이하므로 항공기, 미사일 등의 기계부품으로 사용되어지는 PH형 스테인리스강은?

가. 페라이트계 스테인리스강
나. 마텐자이트계 스테인리스강
다. 오스테나이트계 스테인리스강
라. 석출 경화형 스테인리스강

48 아연을 약 40% 첨가한 황동으로 고온가공 하여 상온에서 완성하며, 열교환기, 열간 단조품, 탄피 등에 사용되고 탈아연 부식을 일으키기 쉬운 것은?

가. 알브락
나. 니켈황동
다. 문츠메탈
라. 애드미럴티황동

49 스프링강을 830~860℃에서 담금질 하고 450~570℃에서 뜨임처리하였다. 이때 얻어지는 조직은?

가. 마테자이트
나. 트루스타이트
다. 소르바이트
라. 시멘타이트

50 오스테나이트계 스테인리스강의 입계부식 방지방법이 아닌 것은?

가. 탄소를 감소시켜 Cr_4 C 탄화물의 발생을 저지시킨다.
나. Ti, Nb 등의 안정화 원소를 첨가한다.
다. 고온으로 가열한 후 Cr 탄화물을 오스테아니트조직 중에 용체화하여 급냉시킨다.
라. 풀림 처리와 같은 열처리를 한다.

51 Al-Mg 합금으로 내해수성, 내식성, 연신율이 우수하여 선박용 부품, 조리용기구, 화학용 부품에 사용되는 Al 합금은?

가. Y합금
나. 두랄루민
다. 라우탈
라. 하이드로날륨

52 금속의 변태에서 자기 변태(magnetic transformation)에 대한 설명으로 틀린 것은?

가. 철의 자기 변태점은 910℃이다.
나. 격자의 배열 변화는 없고 자성 변화만을 가져오는 변태이다.
다. 자기 변태가 일어나는 온도를 자기 변태점이라 하고 이온도를 퀴리점이라 한다.
라. 강자성 금속을 가열하면 어느 온도에서 자성의 성질이 급감한다.

53 가단주철(malleable cast iron)의 종류가 아닌 것은?

가. 백심 가단주철
나. 흑심 가단주철
다. 레데뷰라이트 가단주철
라. 펄라이트 가단주철

54 열팽창 계수가 높으며 케이블의 피복, 활자 합금용, 방사선 물질의 보호재로 사용되는 것은?

가. 금
나. 크롬
다. 구리
라. 납

55 습기 제거를 위한 용접봉의 건조 시 건조 온도가 가장 높은 것은?

가. 일미나이트계
나. 저수소계
다. 고산화티탄계
라. 라임티탄계

56 연화를 목적으로 적당한 온도까지 가열한 다음 그 온도에서 유지하고 나서 서랭하는 열처리법은?

가. 불림
나. 뜨임
다. 풀림
라. 담금질

57 순철에서는 A_2 변태점에서 일어나며 원자 배열의 변화 없이 자기의 강도만 변화되는 자기 변태의 온도는?

가. 723℃
나. 768℃
다. 910℃
라. 1401℃

58 합금을 함으로써 얻어지는 성질이 아닌 것은?

가. 주조성이 양호하다.
나. 내열성이 증가한다.
다. 내식, 내마모성이 증가한다.
라. 전연성이 증가되며, 융점 또한 높아진다.

59 실용 주철의 특성에 대한 설명으로 틀린 것은?

가. 비중은 C와 Si 등이 많을수록 작아진다.
나. 용융점은 C와 Si 등이 많을수록 낮아진다.
다. 흑연편이 클수록 자기 감응도가 나빠진다.
라. 내식성 주철은 염산, 질산 등의 산에는 강하나 알칼리에는 약하다.

60 Fe_3C에서 Fe의 원자비는?

가. 75%
나. 50%
다. 25%
라. 10%

61 금속 강화 방법으로 금속을 구부리거나 두드려서 변형을 가하여 금속을 단단하게 하는 방법은?

가. 가공 경화
나. 시효 경화
다. 고용 경화
라. 이상 경화

62 두 종류의 금속이 간단한 원자의 정수비로 결합하여 고용체를 만드는 물질은?

가. 층간 화합물
나. 금속 간 화합물
다. 합금 화합물
라. 치환 화합물

63 용접용 고장력강의 인성(toughness)을 향상시키기 위해 첨가하는 원소가 아닌 것은?

가. P
나. Al
다. Ti
라. Mn

64 스테인리스강의 종류가 아닌 것은?

가. 마텐자이트계 스테인리스강
나. 페라이트계 스테인리스강
다. 오스테나이트계 스테인리스강
라. 트루스타이트계 스테인리스강

65 탄소량이 약 0.80%인 공석강의 조직으로 옳은 것은?

가. 페라이트
나. 펄라이트
다. 시멘타이트
라. 레데뷰라이트

66 Fe-C 평형 상태도에서 감마철($\gamma-Fe$)의 결정 구조는?

가. 면심 입방 격자　　나. 체심 입방 격자
다. 조밀 입방 격자　　라. 사방 입방 격자

67 알루미늄판을 가스 용접할 때 사용되는 용제로 적합한 것은?

가. 중탄산소다 + 탄산소다
나. 염화나트륨, 염화칼륨, 염화리튬
다. 염화칼륨, 탄산소다, 붕사
라. 붕사, 영화리튬

68 금속의 일반적인 특성 중 틀린 것은?

가. 금속 고유의 광택을 가진다.
나. 전기 및 열의 양도체 이다.
다. 전성 및 연성이 좋다.
라. 액체 상태에서 결정 구조를 가진다.

69 용접 시 적열 취성의 원인이 되는 원소는?

가. 산소　　나. 황
다. 인　　라. 수소

70 탄소강의 용접에서 탄소 함유량이 많아지면 낮아지는 성질은?

가. 인장 강도　　나. 취성
다. 연신율　　라. 압축 강도

71 냉간 가공만으로 경화되고 열처리로는 경화되지 않으며, 비자성이나 냉간 가공에서는 약간의 자성을 갖고 있는 강은?

가. 마텐자이트계 스테인리스강
나. 페라이트계 스테인리스강
다. 오스테나이트계 스테인리스강
라. PH계 스테인리스강

72 6.67%의 C와 Fe의 화합물로서 Fe_3C로서 표기되는 것은?

가. 펄라이트　　나. 페라이트
다. 시멘타이트　　라. 오스테나이트

73 탄소강 중에 인(P)의 영향으로 틀린 것은?

가. 연신율과 충격값을 증대
나. 강도와 경도를 증대
다. 결정립을 조대화
라. 상온취성의 원인

74 다음 금속 중 면심 입방 격자(FCC)에 속하는 것은?

가. 니켈, 알루미늄
나. 크롬, 구리
다. 텅스텐, 바나듐
라. 몰리브덴, 리튬

75 금속의 결정계와 결정 격자 중 입방정계애 해당하지 않는 결정 격자의 종류는?

가. 단순 입방 격자
나. 체심 입방 격자
다. 조밀 입방 격자
라. 체심 입방 격자

76 탄소강의 가공성을 탄소의 함유량에 따라 분류할 때 옳지 않은 것은?

가. 내마모성과 경도를 동시에 요구하는 경우 : 0.65~1.2%C
나. 강인성과 내마모성을 동시에 요구하는 경우 : 0.45~0.65%C
다. 가공성과 강인성을 동시에 요구하는 경우 : 0.03~0.05%C
라. 가공성을 요구하는 경우 : 0.05~0.3%C

77 체심 입방 격자를 갖는 금속이 아닌 것은?

가. W
나. Mo
다. Al
라. V

78 용접 금속의 가스 흡수에 대한 설명 중 틀린 것은?

가. 용융 금속 중의 가스 용해량은 가스 압력의 평방근에 반비례한다.
나. 용접 금속은 고온이므로 극히 단시간 내에 다량의 가스를 흡수한다.
다. 흡수된 가스는 온도 강하에 수반하여 용해도가 감소한다.
라. 과포화된 가스는 기공, 균열, 취화의 원인이 된다.

79 용도에 따른 탄성률의 변화가 거의 없어 시계나 압력계 등에 널리 이용되고 있는 합금은?

가. 플래티나이트
나. 니칼로이
다. 인바
라. 엘린바

80 다음 (　　) 안에 알맞은 것은?

> 철강은 체심 입방 격자를 유지한다. 910~1400℃에서
> 면심 입방 격자의 (　) 철로 변태한다.

가. 알파(α)　　나. 감마(γ)
다. 델타(δ)　　라. 베타(β)

81 일반 탄소강에서 탄소 함량의 증가가 기계적 성질에 미치는 영향이 아닌 것은?

가. 경도를 높인다.　　나. 인장 강도를 높인다.
다. 인성을 낮춘다.　　라. 용접성을 향상시킨다.

82 물질을 구성하고 있는 원자가 규칙적으로 배열을 이루고 있는 것을 무엇이라 하는가?

가. 결정　　나. 공간 배열
다. 면심 입방체　　라. 체심 입방체

83 공석강의 항온 변태 중 723℃ 이상에서의 조직은?

가. 오스테나이트　　나. 페라이트
다. 세미킬드강　　라. 베이나이트

84 다음 스테인레스강 중 비자성(非磁性)인 것은?

가. 페라이트형 스테인레스강
나. 마텐자이트형 스테인레스강
다. 오스테나이트형 스테인레스강
라. 석출경화형 스테인레스강

85 다음 강 중 내식성이 가장 우수한 강은?

가. 스테인리스강　　나. 일반 구조용 압연강
다. 기계 구조용 압연강　　라. 탄소강

86 금속 침투법 중 아연(Zn)을 침투시키는 것은?

가. 칼로라이징(Caloriging)
나. 실리코나이징(Siliconiging)
다. 세라다이징(Sheradizing)
라. 크로마이징(Chromizing)

87 금속의 결정 격자는 규칙적으로 배열되어 있는 것이 정상적이지만 불완전한 것 또는 결함이 있을 때 외력이 작용하면 불완전한 곳 및 결함이 있는 곳에서부터 이동이 생기는 현상은?

가. 쌍정　　나. 전위
다. 슬립　　라. 가공

88 주철이 연강에 비해 다른 점이다. 틀린 것은?

가. 비중이 작다.　　나. 융점이 낮다.
다. 열전도도가 나쁘다.　　라. 팽창 계수가 크다.

89 강괴의 중앙 상부에 큰 수축공이 만들어지게 되는 강은?

가. 킬드강　　나. 세미킬드강
다. 림드강　　라. 쾌삭강

90 금속 재료의 냉간 가공에 따른 성질 변화 중 옳지 않은 것은?

가. 인장 강도 증가　　나. 경도 증가
다. 연신율 감소　　라. 인성 증가

연습문제 정답

1	2	3	4	5	6	7	8	9	10	11	12	13	14	15
다	가	다	다	나	라	다	가	다	나	라	가	나	가	가
16	17	18	19	20	21	22	23	24	25	26	27	28	29	30
가	가	라	가	라	나	가	나	라	라	다	다	다	다	다
31	32	33	34	35	36	37	38	39	40	41	42	43	44	45
가	라	라	나	가	나	가	다	라	다	가	가	가	나	다
46	47	48	49	50	51	52	53	54	55	56	57	58	59	60
다	라	다	다	라	라	가	다	라	나	다	나	라	라	가
61	62	63	64	65	66	67	68	69	70	71	72	73	74	75
가	나	가	라	나	가	나	라	나	다	다	다	가	가	다
76	77	78	79	80	81	82	83	84	85	86	87	88	89	90
다	다	가	라	나	라	가	가	다	가	다	나	라	가	라

12

용접시공

12.1 용접 시공관리

용접 시공(weld procedure)은 설계서 및 사양서에 따라 요구하는 이음의 품질을 고능률 구조물로 제작하는 방법으로, 각종 용접 방법을 유용하게 이용하여 구조물 및 그 부재에 고유의 기능과 목적에 알맞는 특성을 갖도록 제작될 수 있어야 한다. 따라서 용접 시공은 기술관리, 품질관리, 공정관리, 능률관리, 안전관리, 원가관리 등의 용접에 관련된 각종 관리를 총괄적으로 고찰하여 결정하여야 하므로, 설계자는 시공에 관한 충분한 지식을 가져야 하며, 최신 용접 기술 및 시공기술을 습득해야 한다.

12.1.1 시공관리의 정의

용접 구조물의 설계도에 따라 조립 순서, 용접 공사량, 설비 능력, 소요 인원 등의 전체 공정을 계획하여 상세한 용접 시공계획을 세울 때는, 다음과 같은 특성을 충분히 고려해야 할 필요가 있다.

① 용접 구조물의 품질을 지배하는 것은 구조 설계 및 재료 선택을 포함하는 용접 시공이므로 용접 시공의 중요성이 대단히 크다.

② 사람, 기계, 재료, 작업 방법이라고 하는 4 M의 요소가 각각 완전하게 관리됨으로써 정상적인 생산관리가 된다. 용접 시공의 계획 및 관리에 있어서도 4 M의 요소가 완전히 균형이 이루어져야 한다.

③ 제품의 용접 품질에 미치는 인자가 많을 뿐만 아니라 복잡하기 때문에 용접 시공법을 결정하는 기준의 설정이 어려우므로, 용접기술자의 경험과 지식에 맡겨야 하는 것도 많다.

또한 관리가 잘 되어 있다고 하는 상태는 우선 ① 정확한 계획, ② 계획의 실시, ③ 실시된 결과를 확인, ④ 확인된 결과가 나쁘면 수정, ⑤ 이상의 동작을 최초의 계획과 비교하여 수정을 요하는 부분이 있으면 계획을 변경하고 재차 그 계획을 실시한다.

12.1.2 설계 품질과 제조 품질

품질은 설계 품질과 제품 품질로 구별된다. 설계 품질이란 고객이 요구하는 제품을 만들어 내는 제조자의 목표라고 할 수 있다.

설계 품질이 구비해야 할 조건은 그 제품의 기능이 매수자의 요구에 맞춰져야 하기 때문에 설계자는 공장의 공정 능력(현장의 공작정도 능력, 작업 속도, 용접사의 기량 등)을 충분히 파악한 다음 설계해야 한다. 용접 구조물을 제작하기 위한 설계 품질에는 다음과 같은 것들이 있다.

① 용접 이음의 강도, 연신율, 인성, 경도, 피로 강도 등의 기계적 성질

② 화학 조성, 결정립의 크기

③ 내식성, 내후성

④ 용접 이음의 형상 및 치수

⑤ 용접 이음의 내부 결함 및 허용 범위

⑥ 용접 시공의 비용

⑦ 용접 시공의 공기

등이 있으며, 용접 시공 과정에서 공해의 발생을 예방할 수 있어야 하며, 사용자의 안전과 위생에 대한 문제도 있어야 한다.

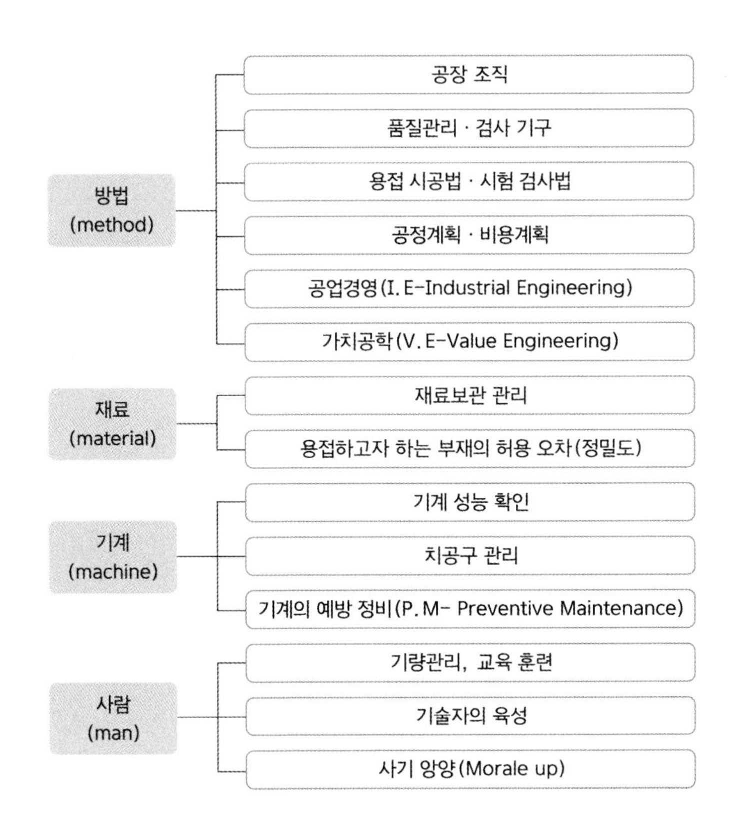

품질관리(QC)라고 하는 것은 제조 품질을 허용된 범위 내에서 얼마나 좋게 만들었나 하는 것을 관리하는 것이다. 즉, 고객의 요구에 맞는 품질의 제품을 경제적으로 만들어내는 방법의 체계라 할 수 있다.

일반적으로 방법의 체계는 제조상 여러 요소에 관련되는 것으로 다음과 같이 볼 수 있다.

12.1.3 용접관리 체계

용접은 제품의 수준에서 납품에 이르는 생산 공정의 하나로 그림 12.1과 같은 관리 체계 중에서는 생산관리의 한 분야이다. 일반적으로 용접관리는 생산관리와 연구개발관리를 포함하고 있으며, 생산관리와 연구개발관리는 경영관리를 구성하는 하나의 요소이다. 그러므로 용접관리를 실시하기 위해서는 경영관리에 관한 이해도 필요하다.

실제의 생산공장에서의 용접관리 체계는 경영 방침과 목표가 제시되어 각 부문에 목표가 세분되어 용접에 관한 목표도 설정된다.

이 경우 목표는 생산성과 품질에 대한 것을 나타내고 있다. 따라서 생산성과 품질상의 목표를 달성하기 위해서는 관리 대상이 되는 공정, 시공, 재료, 비용, 설비, 기능자의 기량, 기술 등에 대하여 계획을 세워 명령, 실시, 정보수집, 분석 등의 관리활동을 해야 한다. 이와 같은 각각의 관리대상에 대한 활동을 개별관리라고도 본다.

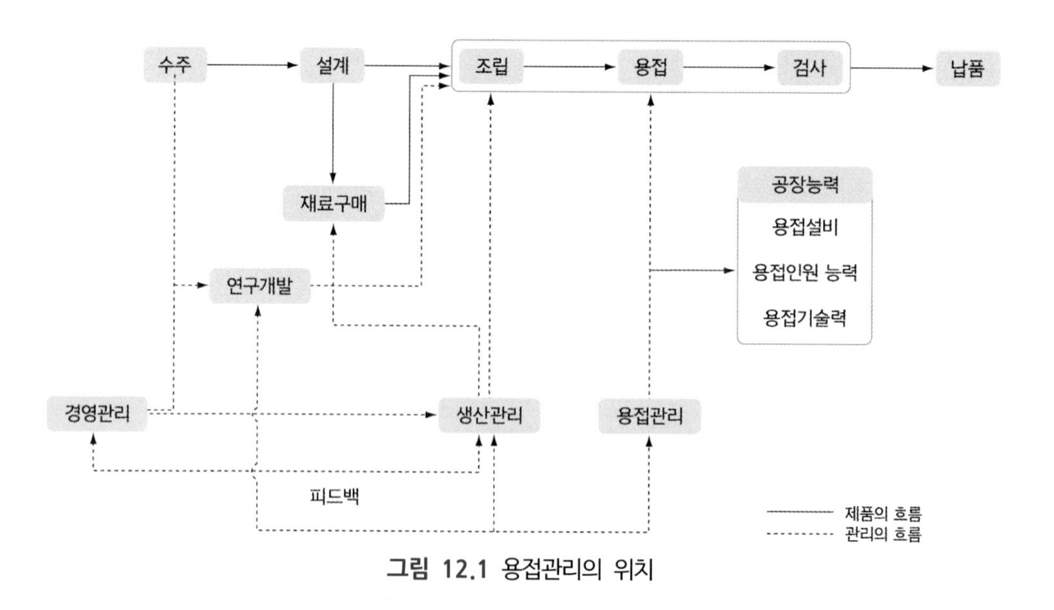

그림 12.1 용접관리의 위치

12.2 용접 시공계획

용접 설계나 사양서가 부적당하면 용접 시공이 매우 곤란하게 되어 그 성공을 기대하기 힘들다. 따라서 용접 설계자는 시공에 관하여 충분히 이해함과 동시에 최선의 용접 기술과 시공 방법을 항상 익혀두어야 한다. 용접 구조물의 제작은 다음과 같은 과정으로 이루어진다. 단 ( ) 내는 생략될 수도 있다.

계획 → 설계 → 제작도 → 재료 조정, 시험(교정) → 현도 작업 → 마킹 → 재료 절단 → (변형 교정) → 홈가공 → 조립 → 가접 → (예열) → 용접 → (열처리) → (변형 교정) → 다듬질 → 검사 → (가조립) → (도장) → 수송 → 현장 설치 → 현장 용접 → 검사 → (도장) → 준공 → 검사

용접 공사를 능률적으로 하여 양호한 제품을 얻기 위해서는 공정, 설비, 자재, 시공 순서, 준비, 사후 처리, 작업관리 등에 알맞는 시공 계획을 세워야 한다.

12.2.1 작업 공정 설정

일반적으로 용접의 공사량과 설비 능력을 기본으로 하여 전체의 공정이 결정되고 상세한 용접의 공정계획이 세워지게 된다. 즉, ① 공정표, 산적표를 만들고, ② 공작법을 결정하고, ③ 인원 배치표 및 가공표를 만든다.

공정표에는 완성예정일, 재료 및 주요 부품의 구매 시기를 표시하고, 작업 구분별로 공정표를 모아서 용접 소요공수의 산적표를 만들어, 가능한 산적이 평탄하게 되도록 공사량의 평균화를 도모한다. 다음에 각 구조의 설계도에 따라 상세한 공작법을 세운다.

여기에는 가스 절단의 조건과 용접홈 및 용접 조건의 결정, 용접법의 선택, 용접 순서의 결정, 변형제거 방법의 선정 및 열처리 방법의 결정이 필요하다.

최후에 각 구조물의 블록별 인원 배정표를 만든다. 이것은 설비 능력을 고려하고 공사 중 필요 인원의 변동이 적도록 조립 관계자와 상호 협의할 필요가 있다. 그림 12.2에 용접 품질보증을 위한 특성 요인을 나타냈는데, 그림에서와 같이 종합적인 관리가 필요하다.

12.2.2 설비계획

구조물을 용접으로 조립 생산할 때는 공장설비를 용접 시공에 적절하게 시설해야 한다.

대량생산은 물론이고 최소 한도의 경우에도 가능한 자동화시킬 필요가 있다. 흐름작업(flow process)이 비교적 곤란한 조선소에서는 부분 조립(소조립)과 대조립의 흐름 공정을 가진다.

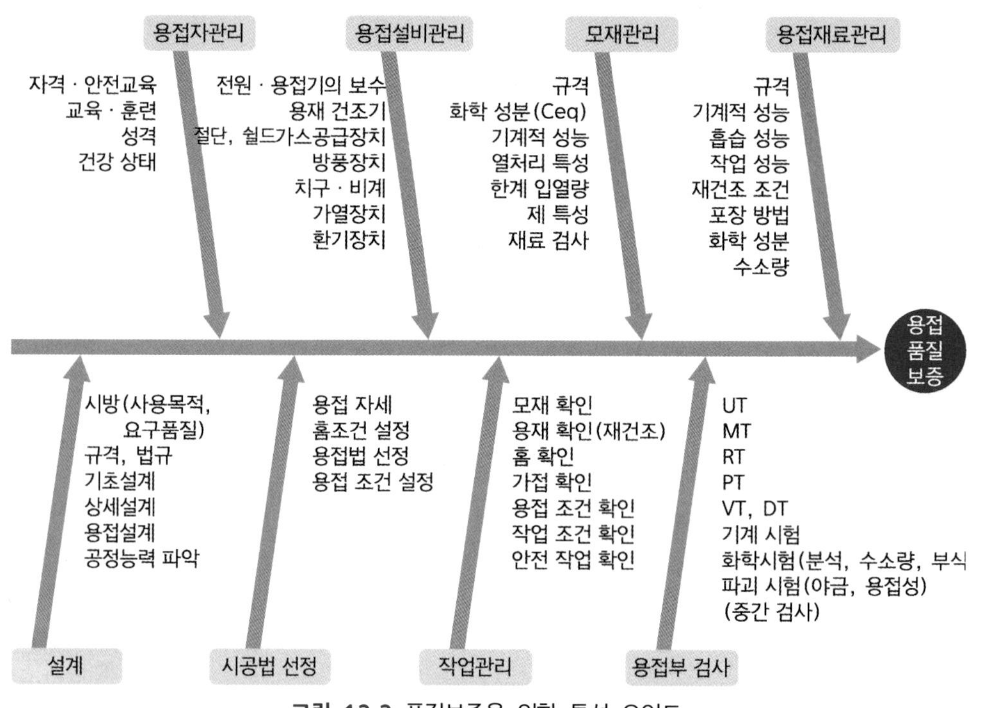

그림 12.2 품질보증을 위한 특성 요인도

설비로서 중요한 것은 용접 구조물의 구성 부재의 반입과 용접 후 제품의 반출이 가능한 운반 설비, 수평 정도가 좋은 정반, 용접장치, 절단장치, 그라인더 등의 설비와 치공구류가 용접공장에 필요하다. 설비계획에서 중요한 것은 다음과 같다.

① 과밀되지 않는 적당한 넓이의 공장

② 일련의 공정(부재반입 → 조립 → 용접 → 검사 → 교정 → 도장 → 반출)을 무리없이 수행할 수 있는 컨베이어 설비 또는 작업 공정별의 작업원 배치

③ 공장 내의 환경위생면에서의 배려가 필요(자연환기 또는 강제환기 등에 의하

여 흄(fume)의 농도 5 mg/m^3 이하로 한다. 탄산가스, 아르곤 가스를 보호 가스로 이용하여 용접할 경우 산소가 부족하지 않도록 해야 한다).

④ 정반은 충분한 단면적을 갖도록 해야 하며, 전기적으로는 도체로 하여 용접기의 어스측에 결선할 수 있도록 한다.

⑤ 용접용 2차 케이블 또는 가스 호스 등이 잘 정돈되어 발에 걸리지 않게 한다.

⑥ 각종 가스 파이프는 가스 종류에 따라 정해진 색으로 정리하고, 가스 흐름의 방향을 표시해 놓으며, 가스밸브의 위치를 쉽게 찾을 수 있게 한다.

12.2.3 품질보증계획

(1) 제품 책임 product liability

제조자는 주문자와 협의하여 사양서를 결정함과 동시에 물품 금액, 납입 조건 등을 계약하여 그 계약 범위 내에 품질을 보증하지 않으면 안 된다.

품질보증(quality assurance)을 하기 위해서는 부품 공정 및 최종 제품에 이르기까지 누가 어떻게 관리하여 책임질 수 있을까 하는 품질보증의 체계가 필요하다.

용접의 경우는 용접기술자 능력 및 개성이 명백하여 쉽게 한계를 정할 수가 없지만, 다음과 같은 항목에 대한 책임 또는 관리점을 정하는 것이 좋다.

① 모재 재질의 선정과 구매

② 개선 형상의 선정과 가공

③ 용접 재료의 선정 및 검사 방법

④ 용접 재료의 보관관리 및 사용관리에 대한 책임

⑤ 용접작업자의 기량관리, 실제 공사에서 작업자의 기록 유무, 품질의 기록, 책임의 판정

⑥ 용접 시공에 대한 기준 선정의 책임

⑦ 용접기의 정비 및 보관 등에 대한 책임

⑧ 공사관리 감독에 대한 책임

⑨ 시험 및 검사에 대한 책임

(2) 품질보증

① 강을 종류별로 색으로 표시

② 가공자, 가접자 및 용접자를 제품에 기명한다.

③ 작업자의 작업 능력 및 기량의 정도를 안전모 또는 완장 등으로 표시

④ 중요 이음부에 대한 용접자의 기록과 보관

⑤ 비파괴 검사 성적을 개인별로 그래프 또는 표로 나타내고 항상 확인하여 기록한다.

⑥ 표면 및 이면에 대한 굴곡 시험의 실시 및 책임자 기명

⑦ 균열, 용입 불량만을 검사하는 초음파 탐상기의 사용

12.3 용접 준비

12.3.1 일반적 준비

용접 제품이 잘 되고 못 되고 하는 것은 용접 전의 준비가 잘 되고 못 되는 데 따라서 크게 영향을 받는다. 준비 사항으로는 재료, 용접봉, 용접사, 지그, 조립 및 가조립, 용접홈의 가공과 청소 작업 등이 있으며, 준비가 완전하면 용접은 90% 성공한 것으로 볼 수 있다.

(1) 용접 재료

용접은 극히 짧은 시간에 행해지는 야금학적 조작이므로 모재 및 용접봉의 선택이 매우 중요한 문제이다. 따라서 모재의 화학 성분 및 이력을 조사하여 여기에 적당한 용접봉을 사용해야 한다. 만약 모재의 재질을 사전에 제조이력서(mill sheet : 강재 제조번호, 해당 규격, 재료 치수, 화학 성분, 기계적 성질, 열처리 조건 등을 기재) 등으로 확인할 수 없을 경우는 가능한 사전에 화학 분석 및 기계 시험을 하는 것이 바람직하다. 그리고 각종 용접성 확인 시험과 시공법 시험을 해야 한다. 화학 분석을 할 수 없을 때는 간단한 불꽃 검사로서 강의 탄소량을 추정하는 방법도 있다.

(2) 용접사

용접사의 기능과 성격은 용접 결과에 중요한 영향을 미친다. 용접사는 구조물의 중요도에 따라 소정의 검사로 등급을 정해 놓는 것이 좋다.

(3) 용접봉의 선택

용접봉의 선택 기준은 모재의 재질, 제품의 모양, 용접 자세 등 사용 목적에 다음과 같은 점을 고려하여 선택한다.

① 용접성(용접한 부분의 기계적 성질)

② 작업성(사용하기 쉬운가의 여부)

③ 경제성(경비)

연강의 용접에서는 용접성은 큰 문제가 되지 않으므로 작업성과 경제성을 고려하는 것이 좋으며, 특수강의 용접에서는 용접성을 가장 먼저 생각하고 작업성과 경제성을 고려하는 것이 좋다.

저수소계 용접봉은 피복제 중의 보호 가스 발생 성분에 유기물을 사용하지 않는 대신 탄산석회($CaCO_3$)를 사용하고 있다. 이것은 아크 분위기에서 CO 가스를 발생한다. 또한 유기물이 거의 없고 수소 가스가 적어 혼입된 수소의 분압을 낮추어 주므로 그림 12.3과 같이 다른 용접봉에 비하여 용착 금속 중의 수소량은 극히 적다. 그리고 그림

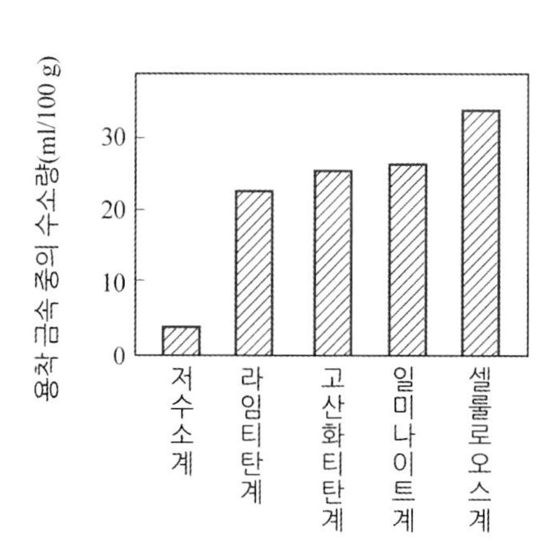

그림 12.3 용착 금속 중의 수소량 비교

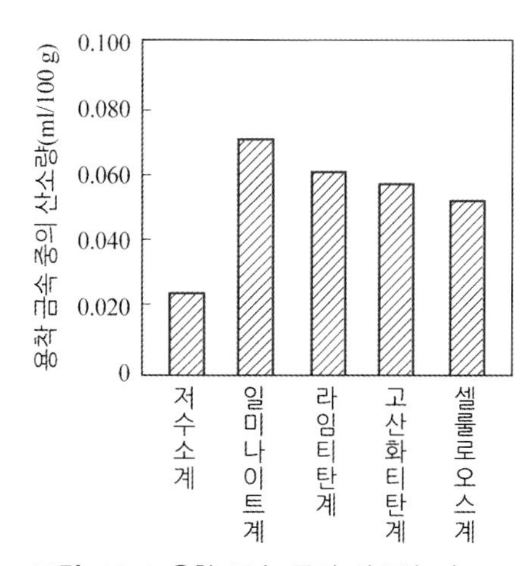

그림 12.4 용착 금속 중의 산소량 비교

12.4와 같이 용접 금속 중 산소량도 적고 염기성이 높은 피복 성분이므로 내균열성이 우수하며, 충격치가 양호하다.

따라서 내균열성과 높은 노치인성을 필요로 하는 이음에서 반드시 사용해야 할 용접봉이지만, 용접봉이 습기가 차면 용착 금속 중의 수소량이 증가하여 수소에 의한 기공, 은점 등의 용접 결함이 생기기 쉽다. 저수소계뿐만 아니라 다른 용접봉도 일반적으로 습기에 민감하므로 보관하는 장소는 지면보다 높고 건조한 장소를 택하고, 진동이나 하중이 가해지지 않게 해야 한다. 건전한 용접부를 얻기 위해서는 용접봉의 적정한 보관 및 재건조가 중요하나, 용접봉은 제조할 때부터 사용할 때까지 상당 기간 방치하는 경우가 많으므로 흡습되기 쉽다. 일반적으로 용접봉의 종류에 따라 흡습 상태가 다르다.

12.3.2 용접장비의 준비

용접을 시작하기 전에 사양서, 도면을 숙지하여 용접하고자 하는 물체의 모양 및 구조 등을 충분히 이해하고 난 다음, 용접에 필요한 공구 및 기기를 준비한다. 또한 용접기의 정비도 확인한다. 용접용 공구에는 치핑 해머, 와이어 브러시, 정(chisel), 플라이어 등이 있으며, 측정 공구로서는 용접 게이지, 틈새 게이지, 자(scale), 전류계 등이 있다.

공구의 준비가 부족하거나 용접기의 기능이 불량하면 용접불량 및 작업능률이 저하되므로 항상 공구 및 용접기의 정비를 해야 한다. 용접기의 정비에는 전류조정 핸들의 기능 상태, 1차 및 2차 케이블의 접속단자 조임 상태 및 절연 등을 항상 점검해야 하며, 용접봉 홀더의 용접봉 물림 상태도 점검하는 것이 좋다.

(1) 용접용 케이블

용접기에 사용되는 전선(cable)에는 전원(교류)에서 용접기까지 연결해 주는 1차측 케이블과 용접기에서 모재나 홀더까지 연결하는 2차측 케이블이 있다.

1차측 케이블은 용접기의 용량이 200, 300 및 400 A일 때는 각각 5.5 mm, 8 mm, 14 mm가 적당하며, 2차측 케이블은 각각의 단면이 50 mm^2, 60 mm^2 및 80 mm^2가 적당하다.

또한 2차 케이블 대신 철판, 스크랩, 파이프, 앵글 등으로 이어나가면 전력의 손실을 초래할 뿐만 아니라, 작업 중 아크가 불안정하게 되어 용접부의 용입이 불량하고 기타 용접결함이 생기기 쉽다.

그러므로 정규의 접지선을 설치하고 정지판으로 견고하게 피용접물에 조여 놓는 것이 필요하며, 정리정돈을 잘하여 전선에 걸려 넘어지지 않도록 해야 한다.

(2) 정반

고정 정반은 부재의 정밀도 유지 및 변형 방지를 위한 구속을 주목적으로 한다. 소형 구조물에서는 그림 12.5와 같이 판상에 구멍을 뚫고 봉 및 볼트 너트 등으로 고정하는 것이고, 대형 구조물에서는 형강이나 평강을 평행하게 콘크리트 바닥에 고정시킨 조재 정반이나 격자상으로 조립한 격자 정반을 이용한다.

이와 같은 것들은 수평면을 기준으로 하는 수평 정반이지만, 곡면을 기준으로 하는 구조물용으로는 수평 정반상에 다수의 지주를 세운 곡면 정반이 있다. 곡면 정반에서 구조물의 변형 방지 구속법은 부재 위에 중량물을 올려 놓는 방법과 부재를 턴버클(turn buckle) 등으로 인장시켜 기준정반에 고정시키는 방법이 있다.

(3) 용접용 포지셔너

용접은 위보기, 수평 및 수직 자세의 용접보다 아래보기 자세로 용접하는 것이 능률이 향상되고 품질이 양호하게 된다. 이와 같은 목적에 이용되는 것이 **용접 포지셔너**(welding positioner)이다. 가공물을 회전 테이블에 고정 또는 구속시켜 변형을 적게 하는 방법도 있다. 회전 테이블은 회전할 뿐만 아니라 경사도 어느 정도 가능하므로 용접하기 가장 쉬운 자세에서 용접할 수 있다. 그림 12.6(a)는 포지셔너를 나타냈고,

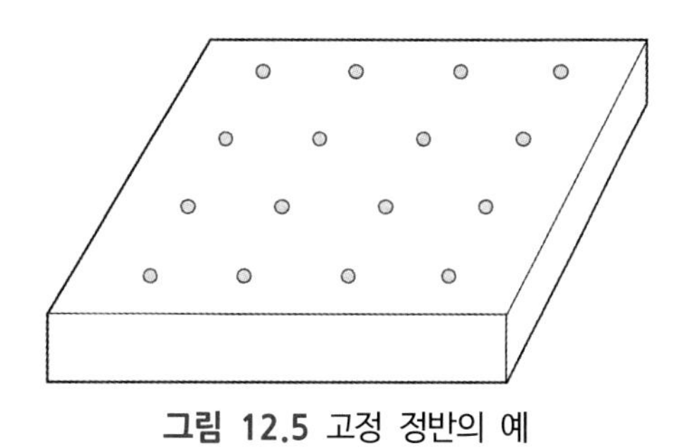

그림 12.5 고정 정반의 예

그림 12.6(b)는 회전 지그를 나타내었다.

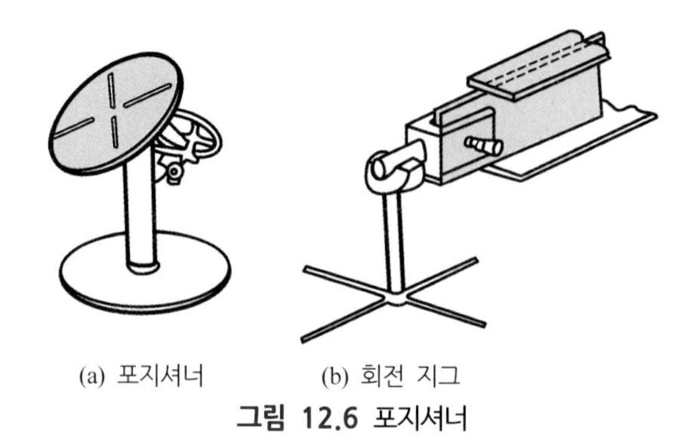

(a) 포지셔너 (b) 회전 지그

그림 12.6 포지셔너

(4) 터닝롤러

터닝롤러(turning roller)도 아래보기 자세의 용접에 의한 능률과 품질의 향상을 위한 목적으로 사용되는데, 대표적 사용에는 그림 15.7(b)와 같이 강관용이 많다. 이것은 터닝롤러에 의한 파이프의 원주 속도와 용접 속도를 같게 조정하여 관의 맞대기 용접 이음부의 내외면 용접을 자동 용접으로 시공할 수 있다.

또한 그림 15.7(a)와 같이 I형 또는 +형의 철골을 원형 지그에 고정하여 터닝롤러에 올려 놓고 아래보기 자세의 용접이 가능하게 한 것도 있다.

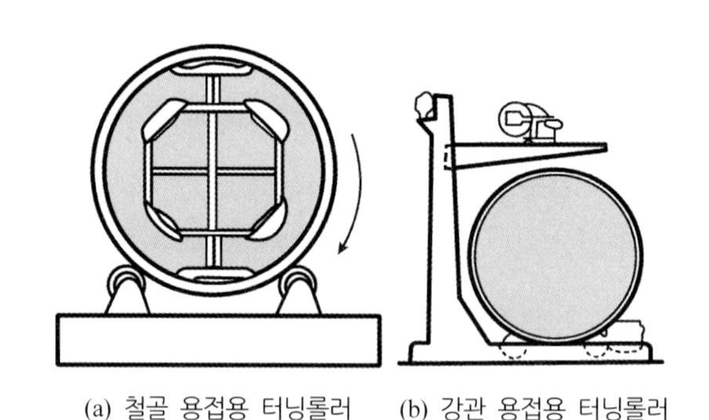

(a) 철골 용접용 터닝롤러 (b) 강관 용접용 터닝롤러

그림 12.7 터닝롤러

(5) 용접 매니퓰레이터

용접 능률을 향상시키는 것에는 용접에 의하여 능률을 향상시키는 방법과 용접장치에 의하여 향상시키는 방법이 있다. **용접 매니퓰레이터**(welding manipulator)는 후자에

속한다. 이것을 포지셔너나 터닝롤러와 조합시켜 용접을 아래보기 자세화하여 품질의 향상을 얻고자 하는 경우도 있다.

용접 매니퓰레이터는 용접기의 토치를 매니퓰레이터의 빔(beam) 끝에 고정시켜 놓고 직선 용접을 자동 용접으로 시공할 수 있게 한 것이다.

형식에는 파이프의 내면 심(seam)을 용접할 수 있게 만든 프레임형(flame type)과 외면을 용접할 수 있는 아암(arm)형으로 대별된다. 최근에는 양자의 기능을 겸비하거나 컴퓨터에 의한 프로그램으로 용접할 수 있는 고급 매니퓰레이터도 있다.

(6) 지그의 설계

용접 지그(welding jig)는 일반 지그와 같이 장착과 이탈이 간편해야 하고, 대량 생산에서 정밀도가 틀리지 않아야 할 뿐만 아니라, 용접 변형이나 과도한 구속이 생기지 않게 해야 한다. 즉, 용접 후의 수축 여유를 미리 치수에 고려함과 동시에 용접 변형도 지장이 없는 방향으로 하고, 어느 부분에는 미끄럼 운동이 허용되는 조임 방식을 취하도록 하여 조임이 너무 심해 균열이 발생하는 일이 없도록 주의해야 한다.

용접 지그는 작업의 성질에 따라 가접 지그와 본 용접 지그로 구분하여 사용하는 것이 좋다. 전자는 치수의 정확성을 주목적으로 하며, 후자는 모든 용접을 아래보기 자세의 용접을 할 수 있도록 회전 지그로 하든가 또는 단지 포지셔너를 지그 겸용으로 하든가 한다. 그리고 용접 지그는 용접 구조물을 정확한 치수로 항상 아래보기 자세로 용접, 조립, 가접 및 본 용접을 할 수 있게 고정 또는 구속하는 데 사용하는 기구를 말한다. 일반적으로 지그를 선택하는 기준은 다음과 같다.

① 용접할 물체를 튼튼하게 고정시켜 줄 크기와 힘이 있어야 한다.
② 용접 위치를 유리한 용접 자세로 할 수 있어야 한다.
③ 변형을 막아 줄 수 있게 견고하게 잡을 수 있어야 한다.
④ 용접 물체와의 고정과 분해가 용이해야 한다.
⑤ 용접할 간극을 적당하게 받쳐 주어야 한다.
⑥ 청소에 편리해야 한다.

① 가접용 지그

가접용 지그는 부재와 부재를 소정의 위치에 고정시켜 가접(tack weld)하기 위한 것으로, 지그만으로 고정하여 가접없이 직접 본 용접을 하는 것도 있다.

그림 12.8에 가접용 지그의 사용 예를 나타내었다. 그림 12.8(a)는 맞대기 용접 이음용 가접 지그로서, 양 모재를 고정하고 쐐기를 뒷면 받침과 양 모재를 밀착시키게 한 것이다.

그림 12.8(b)는 겹치기 용접 이음용 가접 지그로서, 양 모재를 쐐기로 밀착시켜 가접한다. 그림 12.8(c)는 T 이음에서 사용하는 가접 지그를 나타낸 것으로, 앵글을 이용하여 T 이음의 수직판과 수평판을 직각으로 고정하여 가접하는 것이다.

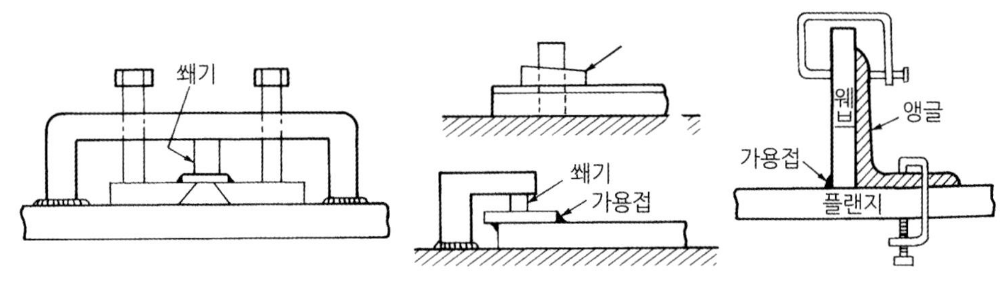

(a) 맞대기 용접 이음용 가접 지그 (b) 겹치기 용접 이음용 가접 지그 (c) T 이음용 가접 지그

그림 12.8 가접용 지그의 사용 예

② 변형용 지그

용접은 가공물에 다량의 열을 받게 하므로 팽창과 수축에 의하여 열변형이 발생한다. 이와 같은 변형은 용접 순서, 용접법 및 소성 역변형 등으로 방지하는 방법이 있다. 또한 용접물을 구속시켜 주어 변형을 억제하는 방법(탄성 역변형)도 있는데, 여기에 사용되는 지그를 역변형 지그라 한다.

③ 특수용접 지그

상기 이외의 용접용 지그로서는 편면(한 면) 용접용 뒷받침 지그가 있다. 그림 12.9(a)는 편면 자동용접용 지그로서 영구자석을 이용하여 소모식 뒷댐판재를 이음의 뒷면에 밀착시켜 주는 것을 나타냈으며, 그림 12.9(b)는 고정식 편면 자동용접용 이면장치로서, 이면에서 확실하고 간단하게 밀착시켜 주는 지그이다.

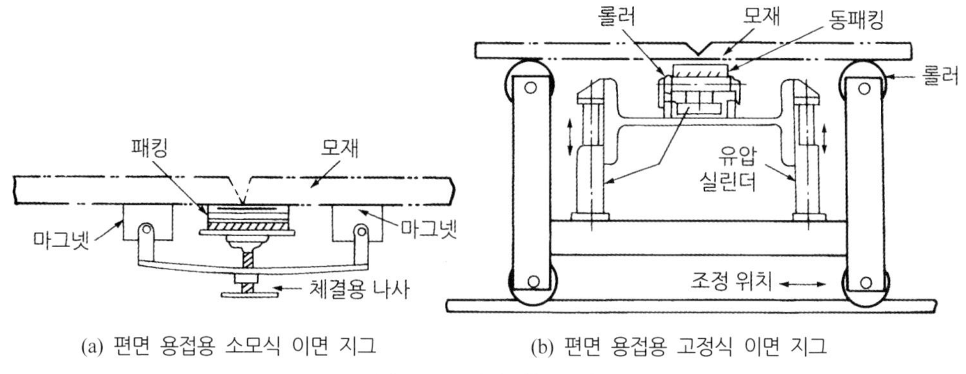

(a) 편면 용접용 소모식 이면 지그 (b) 편면 용접용 고정식 이면 지그

그림 12.9 특수 용도 지그

(7) 장비보수 및 유지관리

용접기를 장시간 사용할 때 그 기능을 유지하기 위해서는 평상시의 보수점검이 필요하다.

용접기로서 구비해야 할 조건은 다음과 같은 것이 있다.

① 전류 조정이 용이하고, 용접 중 일정한 전류가 흘러야 한다.

② 아크 발생이 쉬울 정도의 무부하 전압이 유지되어야 한다.

(교류 70～80 V, 직류 50～60 V)

③ 단락되었을 때 흐르는 전류가 너무 높지 않아야 한다.

④ 사용 중에 온도 상승이 적어야 하며, 아크가 안정되어야 한다.

⑤ 역률(power factor)과 효율(efficiency)이 좋아야 한다.

⑥ 가격이 저렴하고, 취급이 쉬워야 하며, 유지비가 적게 들어야 한다.

일반적으로 용접기의 점검 및 보수 시에는 다음과 같은 사항을 지켜야 한다.

① 습기나 먼지 등이 많은 장소에 용접기 설치를 피하고 환기가 잘 되는 곳을 선택한다.

② 정격사용률 이상으로 사용하면 과열되어 소손이 생긴다.

③ 탭 전환은 반드시 아크 발생을 중지한 다음 시행한다.

④ 2차측 단자의 한쪽과 용접기 케이스는 반드시 접지(earth)한다.

⑤ 2차측 케이블이 길어지면 전압이 강하되므로 가능한 지름이 큰 케이블을 사용한다.

⑥ 가동 부분, 냉각 팬(fan)을 정기적으로 점검하고 주유한다(회전부, 베어링, 축 등).

⑦ 탭 전환부의 전기적 접촉부는 샌드 페이퍼(sand paper) 등으로 자주 닦아 준다.

⑧ 용접 케이블 등의 파손된 부분은 절연 테이프로 감아 준다.

⑨ 1차측 탭은 1차측의 전류, 전압을 조절하는 것이므로 2차측의 무부하 전압을 높이거나 용접 전류를 높이는 데 사용해서는 안 된다.

이상의 주의사항 이외에 다음과 같은 장소에 용접기를 설치해서는 안 된다.

① 옥외에서 비바람이 치는 장소

② 수증기 또는 습도가 높은 장소

③ 휘발성 기름이나 가스가 있는 장소

④ 먼지가 많이 나는 장소

⑤ 유해한 부식성 가스가 존재하는 장소

⑥ 폭발성 가스가 존재하는 장소

⑦ 진동이나 충격을 받는 장소

⑧ 주위 온도가 －10℃ 정도 이하로 낮은 장소

12.3.3 개선 준비

(1) 개선부의 확인 및 보수

용접하기 전 용접 이음부의 상태가 올바른 것인가를 사전에 확인하는 것은 용접사 또는 검사원이 하는 중요한 작업이다.

용접 이음부의 루트 간격, 루트 면, 홈 각도에는 수동 용접과 자동 용접에 따라 허용 한계가 있다.

일반적으로 수동 용접에서는 정밀도가 조금 낮아도 되지만, 자동 용접인 서브머지드 아크 용접에서는 용락을 방지하기 위하여 그림 12.10에서와 같이 제한한다.

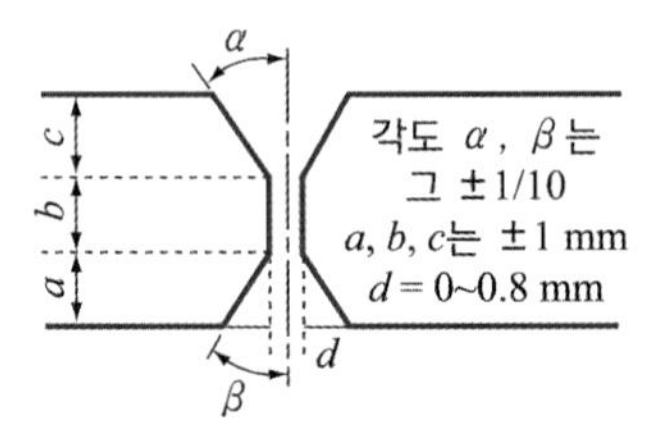

그림 12.10 서브머지드 아크 용접홈의 정밀도

이음홈의 엇갈림(stagger)이 과대하게 되면 용접 결함이 생기기 쉽고, 이음부에 굽힘 응력이 생기므로 허용한도 내로 교정해야 한다. 특히 이음부의 루트 간격이 너무 클 때 맞대기 용접 이음의 경우에는 그림 12.11과 같이 (a) 간격 6 mm, (b) 간격 6 ~ 15 mm, (c) 간격 15 mm 이상으로 나누어 (a)의 경우는 한쪽 또는 양측에 덧붙여 용접한 다음 깍아내어 정규홈으로 만든 다음 용접한다. (b)의 경우는 판 두께 6 mm 정도의 뒷댐판을 대고 용접한다. 이 경우 뒷댐판을 떼어내고 뒷면 용접을 해도 되나, 그대로 남겨 두어도 된다. (c)의 경우에는 판을 전부 또는 일부(약 300 mm 길이)를 교환한다.

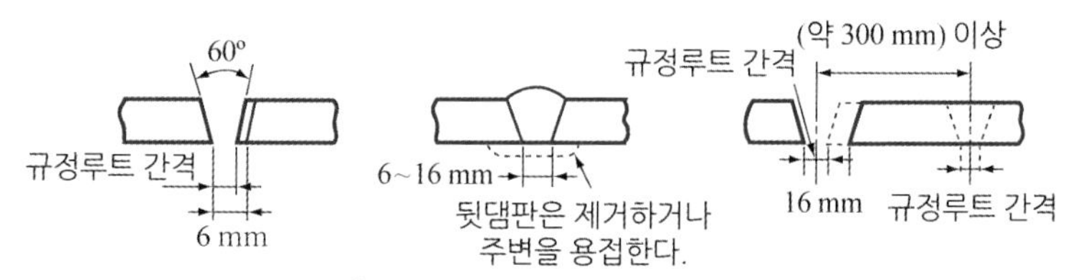

그림 12.11 맞대기 이음부의 보수

필릿 용접 이음의 경우 그림 12.12와 같이 간격이 커지면 다음과 같이 보수한다. 즉, (a) 간격이 1.5 mm 이하이면 그대로 규정된 다리 길이로 용접한다. (b) 간격 1.5 ~ 4.5 mm의 경우에는 그대로 용접해도 되나 벌어진 만큼 다리 길이를 증가시킬 필요가 있다. (c) 간격이 4.5 mm 이상일 때는 라이너(liner)를 넣거나 부족된 판을 300 mm 이상 잘라내어 교환한 후 용접한다.

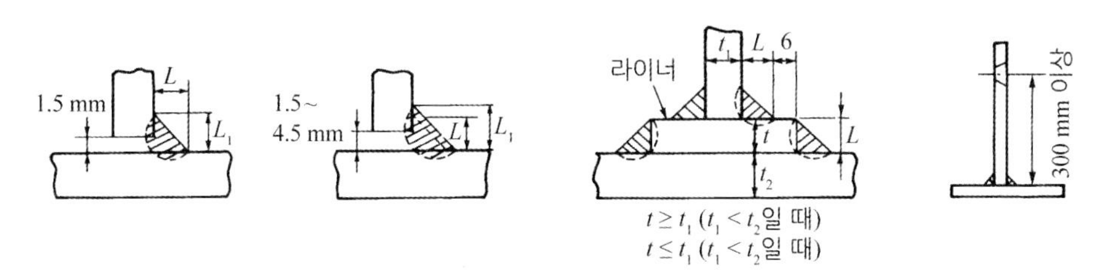

그림 12.12 필릿 용접 이음부의 보수

이상과 같은 보수 방법 대신에 그림 12.13과 같이 금속조각을 채워 넣는 속임수를 써서는 안 된다. 이와 같이 하면 반드시 결함이 생겨 이음 강도가 부족하게 된다.

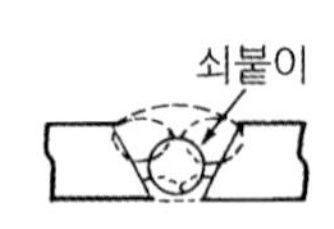

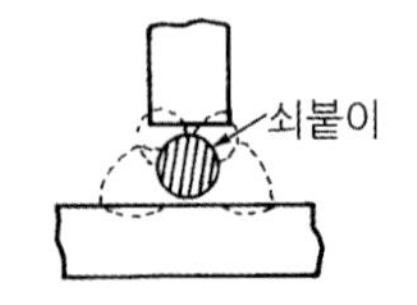

(a) 무리하게 걸치게 하여 용접한다. (b) 쇠붙이로 메우고 용접한다, (c) 쇠붙이로 메우고 용접한다,

그림 12.13 해서는 안 될 불량보수의 예

(2) 홈의 청소

이상과 같이 하여 용접 이음부에 대한 홈의 확인 및 보수가 끝나면 다음 이음 부분을 깨끗하게 청소한다. 용접 이음 부분에 부착되어 있는 수분과 녹, 스케일, 페인트, 기름, 그리스, 먼지, 슬래그 등이 있으면 용접 결함(기공, 균열, 슬래그 혼입 등)의 원인이 된다.

이와 같은 것을 제거하고자 할 때에는 와이어 브러시(wire brush), 연삭기, 쇼트 블라스트(short blast) 등을 사용하거나 화학약품을 사용하면 편리하다. 특히 다층 용접시 매 패스마다 용접하기 전에 전층의 슬래그를 제거해야 한다.

자동 용접으로 시공할 때에는 큰 전류로서 고속 용접을 하기 때문에 유해물의 영향이 크다.

용접하기 전에 가스 불꽃으로서 용접홈의 면을 80℃ 정도 가열하여 수분이나 기름 등을 제거하는 방법도 있다. 이 방법은 비교적 간단하고 유효하므로 수동 용접 때도 이용한다.

12.3.4 조립 및 가접

조립(assembly)과 **가접**(tack welding)은 용접공사에 있어 중요한 공정 중의 하나로, 그 양부는 용접품질에 직접적인 영향을 미친다. 조립 순서는 용접 순서 및 용접 작업의 특성을 고려하여 계획하고, 용접 불능의 개소가 없도록 해야 하며, 불필요한 변형 또는 잔류 응력이 남지 않도록 미리 검토한 다음 조립 순서를 결정한다.

(1) 조립 순서

일반적으로 용접 구조물은 다음과 같은 사항을 고려하여 조립 순서를 결정한다.

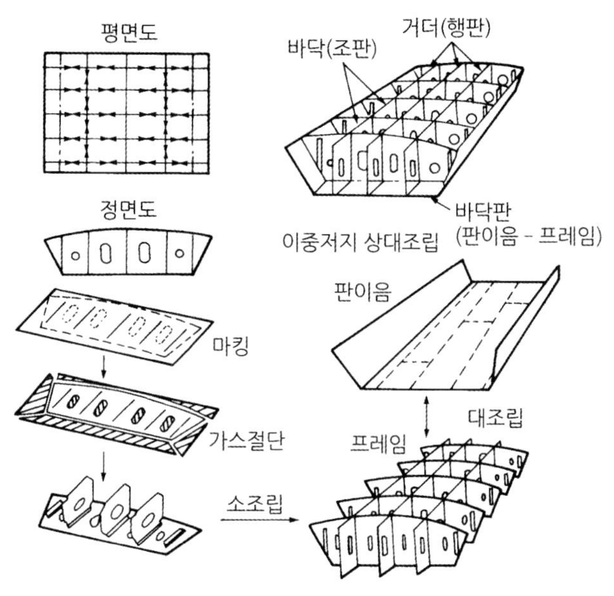

그림 12.14 화물선 2중바닥의 조립 순서 예

① 구조물의 형상을 유지할 수 있어야 한다.

② 용접 변형 및 잔류 응력을 경감시킬 수 있어야 한다.

③ 큰 구속 용접은 피해야 한다.

④ 적용 용접법, 이음 형상을 고려한다.

⑤ 변형 제거가 쉬워야 한다.

⑥ 작업 환경의 개선 및 용접 자세 등을 고려한다.

⑦ 장비의 취급과 지그의 활용을 고려한다.

⑧ 경제적이고 고품질을 얻을 수 있는 조건을 설정한다.

(2) 가접

가접은 본 용접을 하기 전에 이음부 좌우의 홈 부분을 잠정적으로 고정하기 위한 짧은 용접이나 균열, 기공, 슬래그 섞임 등의 용접 결함을 수반하기 쉬우므로, 원칙적으로 본 용접을 하는 용접홈 내에 가접하는 것은 좋지 않다. 만약 부득이 한 경우에는 본 용접 전에 깎아내도록 해야 한다. 가접 시 주의해야 할 사항은 다음과 같다.

① 본 용접과 같은 온도에서 예열한다.

② 본 용접자와 동등한 기량을 갖는 용접자로 하여금 가접하게 한다.

③ 용접봉은 본 용접 작업 시에 사용하는 것보다 약간 가는 것을 사용하며, 간격은 판 두께의 15～30배 정도로 하는 것이 좋다.

④ 가접의 위치는 부품의 끝, 모서리, 각 등과 같이 단면이 급변하여 응력이 집중되는 곳은 가능한 피한다.

⑤ 가접비드의 길이는 판 두께에 따라 변화시키는데, ⓐ $t \leq 3.2\,\mathrm{mm}$ 에서는 30 mm 정도, ⓑ $3.2 < t \leq 25\,\mathrm{mm}$ 에서는 40 mm, ⓒ $25\,\mathrm{mm} \leq t$ 에서는 50 mm 정도로 한다.

⑥ 큰 구조물에서는 가접 길이가 너무 작으면 용접부가 급랭 경화해서 용접 균열이 발생하기 쉬우므로 주의해야 한다.

⑦ 가접은 길이가 짧기 때문에 비드의 시발점과 크레이터가 연속된 상태가 되기 쉽고, 용접 조건이 나빠질 염려가 있으므로 주의해야 한다.

또한 조립 도면에 표시된 치수를 정확히 지키려면 가접에 의한 수축을 생각해서 그림 12.15에서와 같이 끼움쇠를 이용하는 것이 좋다. 또 뒤틀림 교정용 지그를 사용하면 편리하다. 그리고 이음면의 어긋남(편심)에 주의해야 하는데, 그림에서와 같은 치수를 엄수해야 한다.

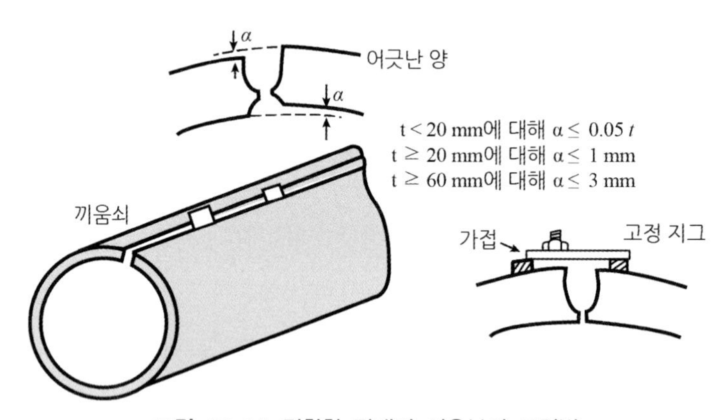

그림 12.15 정확한 맞대기 이음부의 고정법

그림 12.16은 가접의 위치 선정을 나타낸 것으로, 부재의 가장자리, 모서리, 중요강도 부위 등 응력이 집중할 곳은 피해야 한다.

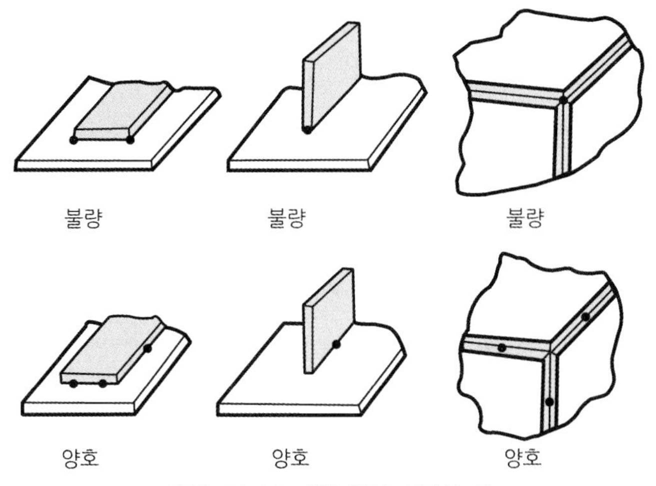

그림 12.16 가접 위치 선정의 예

12.4 본 용접

본 용접을 할 때에는 용접 순서, 용착법, 운봉법, 용접봉의 선택, 용접 조건 등을 조사하여 용접부에 결함이 남지 않게 하는 동시에 용접 변형이 적고 능률이 좋은 상태가 될 수 있도록 노력해야 한다. 용접 작업을 무사히 성공시켜 기대하는 용접 이음부를 얻을 수 있을까 하는 것은 미리 설정된 용접 조건을 정확하게 실행하는 것에 달렸다.

12.4.1 용접 시공 기준

(1) 용착법과 용접 순서

1) 용착법

하나의 용접선을 용접할 경우 모재의 구속 상태, 판 두께, 온도 또는 변형에 대한 허용 오차 등을 고려하여 적당한 용착법(welding sequence)을 선택해야 한다. 용접 이음에 이용되는 용착법을 크게 나누면 다음 3가지로 분류된다.

① 용접 순서에 의한 분류

ⓐ **전진법** : 한끝에서 다른 쪽 끝을 향해 연속적으로 진행하는 방법으로서, 용접 이음이 짧은 경우나 변형, 잔류 응력 등이 크게 문제되지 않을 때 이용된다.

ⓑ **대칭법** : 중앙으로부터 양끝을 향해 대칭적으로 용접해 나가는 방법으로서, 이음의 수축에 의한 변형의 비대칭 상태를 원하지 않을 때 이용된다.

ⓒ **비석법**(skip method) : 짧은 용접 길이로 나누어 용접하는 방법으로서, 다른 용착법보다 잔류 응력이 적게 되는 방법이다.

② 용접 방향과의 관계에 의한 분류

ⓐ **전진법**(progressive method) : 용접 방향과 용착 방향이 일치하는 방법으로서 잔류 응력이나 변형은 일반적으로 커진다. 짧은 이음, 1층 용접 및 자동용접의 경우에 많이 이용되는 것으로 고능률로 용접할 수가 있다.

ⓑ **후퇴법**(후진법 : backstep method) : 용접 진행 방향과 용착 방향이 반대가 되는 방법으로, 잔류 응력이 약간 작아지고 능률이 떨어진다.

③ 다층 용접에서 층을 쌓는 방법에 의한 분류

ⓐ **덧붙이법**(덧살올림법 : build – up method) : 각 층마다 전체의 길이를 용접하면서 쌓아 올리는 방법으로서 가장 일반적인 방법이다.

ⓑ **블록법**(block method) : 하나의 용접봉으로 비드를 만들 만큼 길이로 구분해서 한 부분씩 홈을 여러 층으로 완전히 쌓아 올린 다음, 다른 부분으로 진행하는 방법이다.

ⓒ **캐스케이드법**(단계법 : cascade method) : 한 부분의 몇 층을 용접하다가 이것을 다음 부분의 층으로 연속시켜, 전체가 단계를 이루도록 용착시켜 나가는 방법이다.

블록법이나 캐스케이드법은 변형 및 잔류 응력을 줄이기 위해 부분적으로 용접해 나가면서 점차적으로 연속시킴으로써 전체의 용접을 마무리짓는 방법들이다. 그림 12.17에 여러 가지 용착법의 예를 나타내었다.

2) 용접 순서

용접 순서를 결정하는 기준은 가능한 용접 변형이나 잔류 응력이 적게 되도록 해야 한다. 그러나 변형을 방지하는 것과 구속에 의한 균열을 방지하는 것과는 서로 반대되는 경향을 갖고 있기 때문에 용도나 목적 등에 따라 균형있게 정해야 한다.

일반적으로 용접 순서를 결정할 때는 다음과 같은 사항을 주의하면서 정하면 된다.

① 조립에 따라 용접해 가는 경우 순서가 틀리면 용접이 어렵거나 불가능하게

되어 공수가 많이 들게 되므로 조립하기 전에 철저한 검토가 필요하다.

② 동일 평면 내에 이음이 많이 있을 경우 수축은 가능한 자유단 끝으로 보낸다. 이것은 구속에 의한 잔류 응력을 작게해 주는 효과와 전체를 가능한 균형있게 수축시켜 변형을 줄이는 효과가 있다.

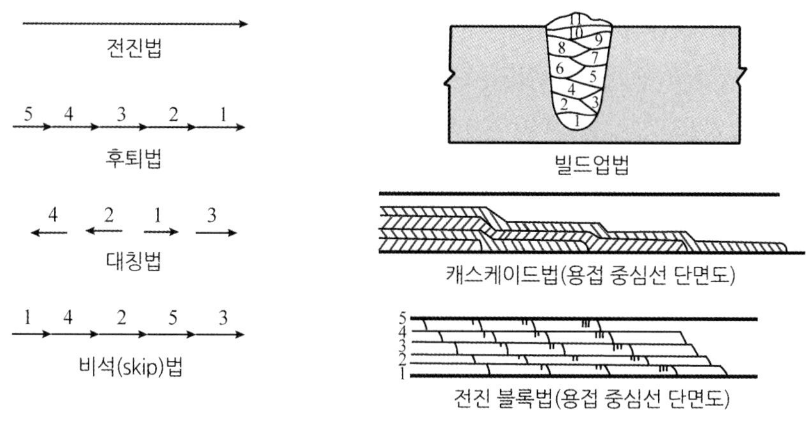

그림 12.17 용착법의 종류

③ 중심선에 대해 대칭을 벗어나면 수축이 발생하여 변형되거나, 굽혀지거나, 뒤틀리는 경우가 있으므로 가능한 물품의 중심에 대하여 항상 대칭적으로 용접을 진행한다.

④ 가능한 수축이 큰 이음을 먼저 용접하고, 수축이 작은 이음은 나중에 한다. 이것은 내적 구속에 의한 잔류 응력을 작게해 주는 효과가 있다(그림 12.18(a) 참조).

⑤ 용접선의 직각 단면 중립축에 대해 용접 수축력의 모멘트가 0(zero)이 되도록 하여 용접 방향에 대한 굽힘을 줄인다.

⑥ 리벳과 용접을 병용하는 경우에는 용접을 먼저 하여 용접열에 의한 리벳의 풀림을 피한다.

이 방법은 선박이나 대형 용접 구조물에 잘 이용된다. 블록과 블록 사이의 용접은 앞에서 논한 기준으로 용접 순서를 정해야 한다. 그림 12.18에 용접 순서를 정하는 예를 나타내었다.

그림 12.18(a)는 외판과 골재의 현장 이음의 용접 순서로서, 외판 A와 골 B 및 외판

A′과 골 B′을 각각 먼저 용접하고, 양 블록을 접합시키는 경우이다. 수축이 커도 1차 강도 부재에 있는 외판의 맞대기 이음 ①을 먼저 하고, 2차 강도 부재에 있는 골재 플랜지부 ②, 다음에 웨브 ③, 최후에 필릿 이음부 ④를 용접한다.

그림 12.18(b)는 구를 제작할 때 용접 순서를 나타낸 것으로, 대칭 용접으로 순서를 정하고 있다. 그림 12.18(c)~(h)는 맞대기 이음부가 교차할 경우의 용접하는 순서를 나타낸 것이다. 어느 것이나 이음의 길이 방향의 수축 변형을 완전히 구속하지 않기 위한 순서 및 용접 방법을 나타내었다. 그림 12.19는 H형강 및 가로, 세로 격판의 용접 순서를 나타내었다.

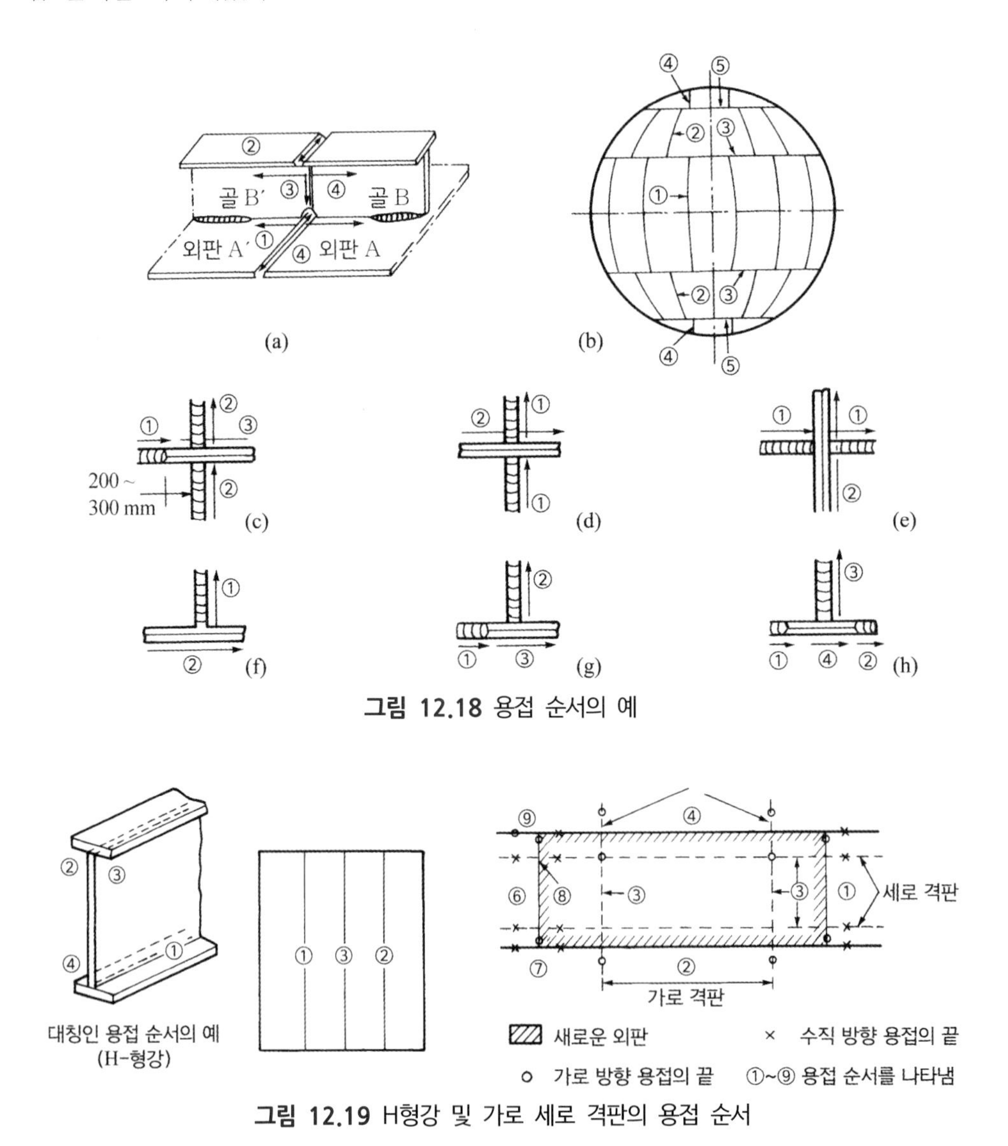

그림 12.18 용접 순서의 예

그림 12.19 H형강 및 가로 세로 격판의 용접 순서

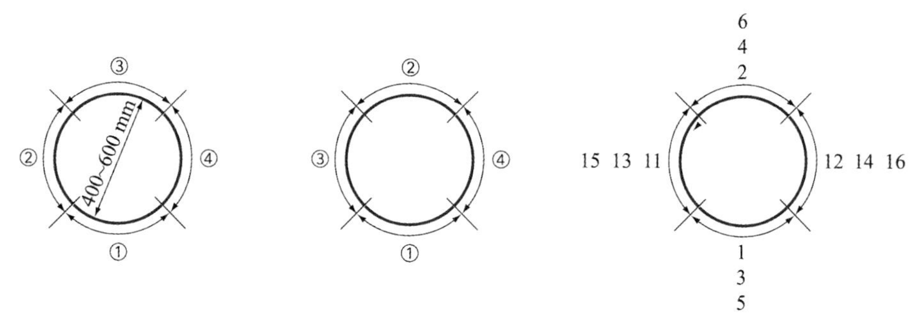

그림 12.20 원형공사의 용접 순서 예

그림 12.20은 대형 파이프(연강) 용접 이음에 대한 용접 순서를 나타낸 것으로, (a)는 블록법으로서 시계 또는 반시계 방향으로 용접하는 것이고, 그림 (b)는 같은 블록법으로 대칭으로 용접한 것이다. 그림 (c)는 각 층마다 대칭으로 용접하는 것으로 이 방법을 이용하면 각 변형이 일어나기 어렵다. 단 고장력강 등의 균열이 쉬운 재료에서는 바람직하지 못하다. 어느 방법이나 균열은 거의 볼 수 없는 용접 순서이다.

(2) 비드의 시단과 종단 처리법

모재가 예열이 되어 있지 않은 것을 아크 발생 후 즉시 용접하면, 모재와 융합하지 않아 용입 부족이나 기공이 발생될 염려가 있다.

특히 저수소계 용접봉은 점도가 높기 때문에 용접 시단부에 기공이 발생하기 쉽다.

용접의 종단에 생기는 크레이터 부분은 결함이 생기기 쉬운 곳이다. 따라서 운봉 기술에 의하여 크레이터 부분을 채워야 한다.

맞대기 용접 이음에서는 시판과 종단부에 적당한 크기의 연장판을 모재에 가접하고 연장판 위에서 시작하여 연장판 위에서 용접이 끝나게 한다. 필릿 용접 이음의 경우에는 돌림 용접에 의하여 양단을 그림 12.21과 같이 하는 것이 좋다.

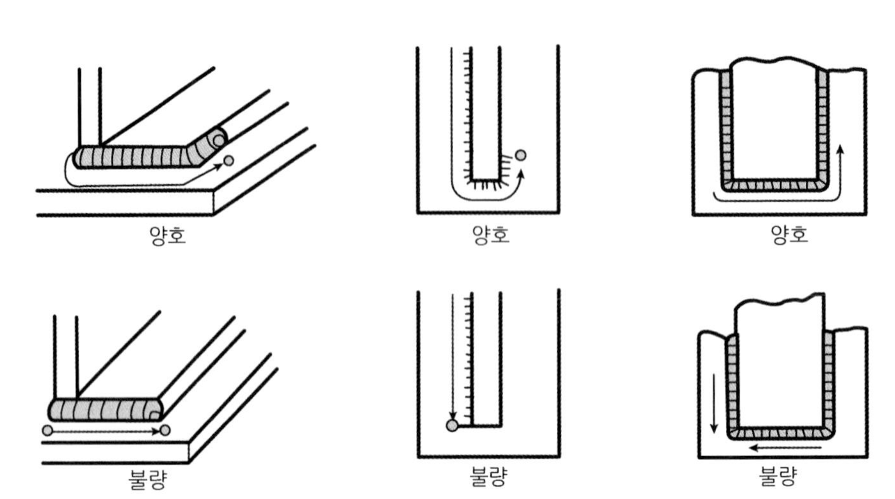

그림 12.21 필릿 용접 이음에서 시단과 종단

(3) 이면 따내기와 이면 용접

일반적으로 맞대기 용접 이음의 제1층 용접은 이면이 완전히 시일드(차폐)가 되지 않고 급랭되므로 각종 결함이 생기기 쉽다. 따라서 이 부분을 완전히 제거하고 이면에서 용접해야 하는 경우가 많다. 이면 따내기는 세이퍼(shaper) 또는 밀링(milling) 등을 이용하는 기계절삭법과 불꽃에 의한 가우징(gouging), 아크 에어 가우징(arc air gouging)법이 있는데, 아크에어 가우징이 가장 널리 이용되고 있다.

이면 따내기는 용접 금속이 완전히 나올 때까지 깎아낼 필요가 있는데, 경우에 따라서는 표면 용접의 부근까지도 깎아낼 경우도 있다.

이면 따내기를 적게 하기 위해서는 루트 면, 루트 간격을 설계 도면에 따라 정확하게 유지한 후 적정한 용접 조건으로 결함이 없는 건전한 제1층 용접을 할 필요가 있다.

(4) 이종재의 용접 시공

용접 구조물을 제작할 경우에는 재질이 다른 재료를 용접할 경우가 많다. 이 경우 그의 시공 조건이 문제가 된다.

일반적으로 이종재의 용접은 다음과 같은 경우에 사용된다.

① 단일 금속 사이의 이음 : 오스테나이트계와 크롬－몰리브덴강과의 접합 등
② 클래드(crad)강 : 연강, Cr－Mo강 위에 스테인리스 및 티탄 클래드 재를 접합시키는 것 등

③ 표면 경화 육성용 : 마모, 부식 및 열저항에 의하여 파손된 모재의 표면을 사용에 알맞는 특수 용도의 합금으로 용착시킨다.

④ 라이닝(lining)재의 접합 : 보통 구조용강 저합금강 등으로 만들어진 용기 등을 부식으로부터 보호하기 위하여 내면에 내식 재료를 전면 또는 부분적으로 접합시키는 것

12.5 용접 자동화

12.5.1 개요

사람은 모든 능력에서 우수하지만 장기적으로 같은 일을 반복하는 작업이나 단순한 일을 하는 작업은 주의력이 떨어져 피로와 권태를 느껴 생산성이 저하된다. 이와 같은 결점을 보안하기 위하여 기계를 이용하여 생산성을 높이게 되는데 이것이 자동화를 하는 이유이다.

자동화는 기계를 이용하여 단순한 작업이나 반복되는 작업, 위험한 작업, 사람이 하기 어려운 작업을 하게 된다.

현대 사회에서 자동화는 일상생활과 모든 산업 분야에 깊숙이 들어와 사람의 일을 대신하고 있고, 지속적인 발전을 하여 단순한 기계적인 장치에서 지능이 있는 기계 장치로 변해 가고 있다.

산업사회에서 다양하게 활용되고 있는 용접 분야에서도 다양한 방법으로 자동화가 지속적으로 이루어지고 있으며 대표적인 것이 로봇 용접기이다.

(1) 필요성

용접 기술은 기계 장치 산업에서 가장 필요한 요소의 하나로 단순 반복 작업에서 고난도의 용접 기술까지 사람이 하기 힘든 일이 많아 자동화가 필요한 부분이 많이 있고, 특히 자동차 산업이나 기계 제작 분야에 많이 활용되고 있다. 그러나 현장 용접은 자동화하기에 기술적으로나 경제적으로 어려움이 많아 활용도가 매우 낮은 편이다.

표 12.1은 용접 자동화 단계를 나타내고 있다.

표 12.1 용접자동화 단계

적용방법 용접요소	수동용접	반자동용접	기계용접	자동화용접	적응제어용접	로봇용접
아크 발생과 유지	인간	기계	기계	기계	기계(센서포함)	기계(로봇)
용접 와이어 송급	인간	기계	기계	기계	기계(센서포함)	기계
아크열 제어	인간	인간	기계	기계	기계(센서포함)	기계(센서를 갖춘 로봇)
토치의 이동	인간	인간	기계	기계	기계(센서포함)	기계(로봇)
용접선 추적	인간	인간	인간	경로 수정후 기계	기계(센서포함)	기계(센서를 갖춘 로봇)
토치 각도 조작	인간	인간	인간	기계	기계(센서포함)	기계(로봇)
용접 변형제어	인간	인간	인간	제어불가능	기계(센서포함)	기계(센서를 갖춘 로봇)

자동 용접은 두꺼운 판이나 용접선이 긴 용접물을 용접하기 위하여 CO_2 가스 아크 용접이나 GTAW, GHAW, Plasma, Laser 용접 등이 개발 보급됨에 따라 반자동, 자동 용접(전용 용접기 사용)의 응용 범위가 중공업뿐만 아니라 산업체 전체로 확산되었다.

수동 용접은 작업자의 기능도에 따라 용접 제품의 질적 양부가 크게 좌우되고 또한 용접 자체가 영악한 조건에서의 작업이므로 인적 자원 확보 등의 어려운 점이 있으나 이는 용접의 자동화로 해결할 수 있다.

따라서 용접의 자동화는 인적 자원의 대체와 생산성 및 용접의 품질을 향상시킬 수 있으며 자동화 라인 생산 공정을 용접과 동시에 실시간으로 모니터링하여 생산과 동시에 품질을 검사할 수 있다.

(2) 자동화의 특징

자동화 용접을 수동 용접과 비교하여 볼 때 자동화 용접은 기계가 용접을 대신하므로 생산성이 증대되고 품질의 향상은 물론 원가 절감 등의 효과가 수동 용접과 비교하여 현저히 증가한다. 자동화 용접은 용접 와이어가 릴로부터 연속적으로 송급되기 때문에 용접봉이 손실이 없으며 아크길이, 속도 및 여러 가지 용접 조건에 따른 공정 수를 줄일 수 있을 뿐만 아니라 아크 길이가 일정하게 되어 일정한 전류 값을 유지할 수 있고 한 번의 제어에 의해 용접비드의 높이, 비드 폭, 용입 등을 정확히 제어할 수 있다.

(3) 용접 자동화 장치

아크 용접의 로봇에는 **GMAW**(Gas Metal Arc Welding : CO_2 , MIG, MAG)와 **GTAW**(Gas Tungsten Arc Welding) 및 **LBW**(Laser Beam Welding)가 주로 이용되고 있다. GTAW는 용접기에서 고주파로 인한 전자파의 발생으로 이용하지 못하였으나 전자파 방지 회로의 개발로 근래부터 로봇에 장착하여 사용하고 있다.

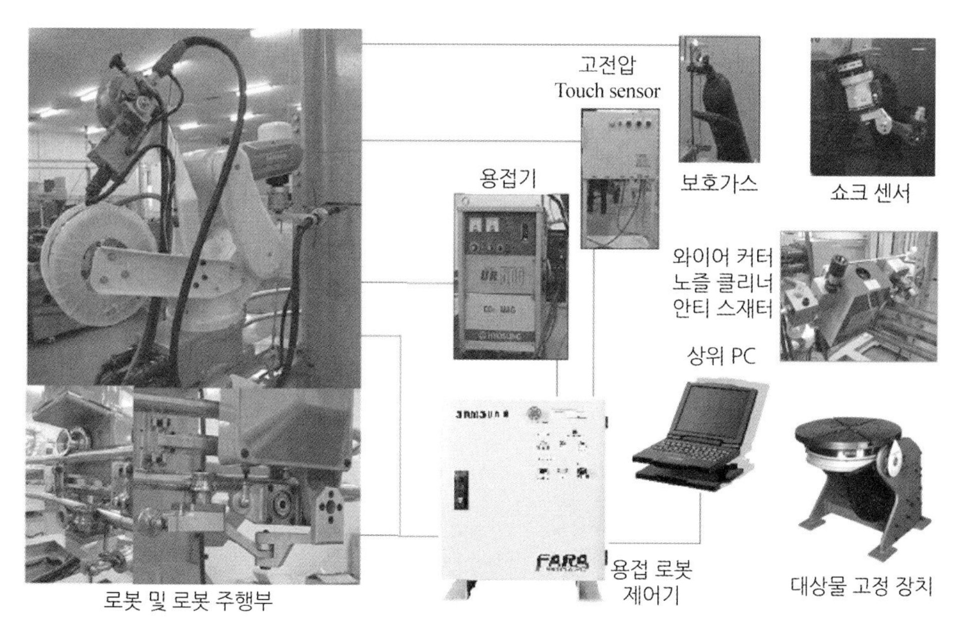

그림 12.22 자동화 용접 장치

또한 아크 용접 로봇 자동화 시스템은 로봇, 제어부, 아크 발생 장치(용접 전원), 용접물 구동 장치인 포지셔너, 적응을 위한 센서, 로봇 이동장치, 작업자를 위한 용접물 고정 장치(Jig Fixture) 등으로 구성 된다.

12.5.2 자동 제어

(1) 자동 제어의 개요

① 제어

제어란 어떤 대상물의 현재 상태를 사람이 원하는 상태로 조절하는 것으로, 즉 어떤 목적의 상태 또는 결과를 얻기 위해 대상에 필요한 조작을 가하는 것을 말한다. 예를 들면, 일상생활에서 많이 사용하고 있는 물통에 물을 채운다면 그림 12.23과 같이 수도꼭지를 수동으로 열고 물통의 수위를 사람의 눈으로 판단하여 수도꼭지의 개폐조작으로 수위를 수동으로 조절하여 채울 수 있고, 그림 12.24와 같이 전동기의 속도로 목표값을 정하여 준 다음 증폭기를 통하여 전압이 전동기를 회전시키고 회전 속도계 센서를 통하여 측정한 다음 오차분에 대하여 피드백으로 전압차를 자동으로 조정하여 전동기의 전압을 조정할 수도 있다. 사람이 직접 대상물을 제어하는 것을 **수동 제어**라 하며, 사람 대신에 기기에 의하여 제어되는 것을 **자동 제어**라 한다. 즉, 인간의 판단과 조작에 의한 것을 수동 제어라 하며, 인간의 힘에 의하지 않고 제어 장치에 의해 자동적으로 이루어지는 것을 자동 제어라 한다. 이때 제어하려는 크기의 물리량 정도를 **제어량**이라 한다.

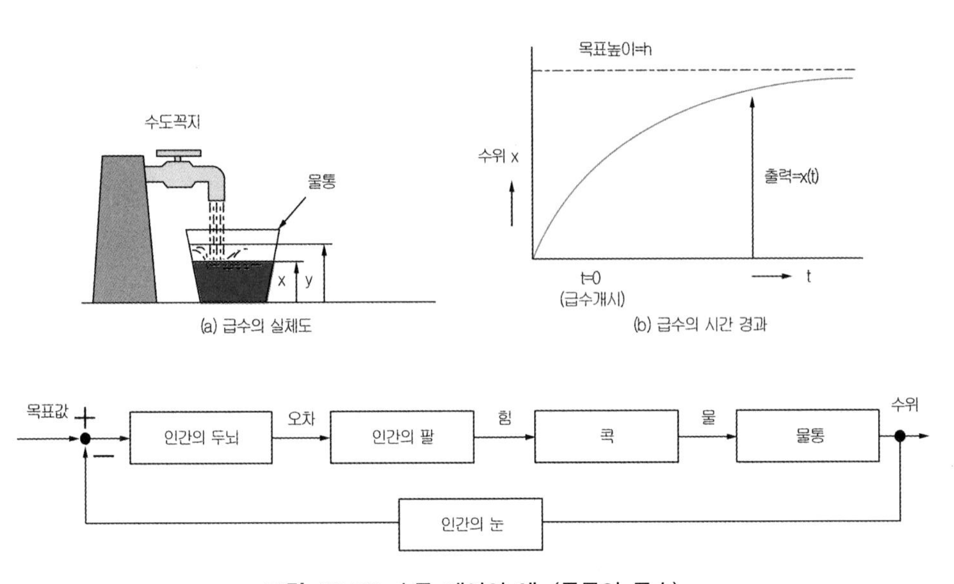

그림 12.23 수동 제어의 예 (물통의 급수)

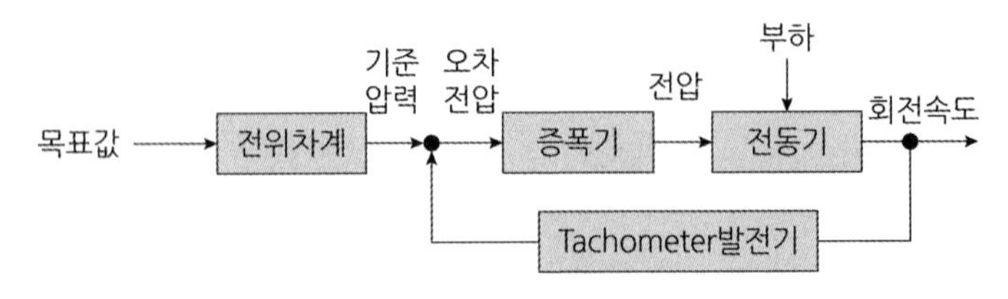

그림 12.24 자동 제어의 예(물통의 급수)

• 신호와 제어

제어 방식, 제어 대상 및 제어 회로의 상태 등을 결정하기 위한 내용, 즉 제어하고 싶은 내용을 정보라 하고, 정보를 전달하는 것을 신호(signal)라 하며, 이때는 전압, 전류, 온도 등의 물리량의 크기 및 상태만을 고려한다.

또한 이때에 제어의 상태에 변화를 주는 신호를 입력 신호(input signal)라 하고, 상태 변화의 결과를 출력 신호(output signal)라 한다.

이렇게 제어량을 원하는 상태로 하기 위한 신호를 제어 명령이라 하고 기동, 정지 등과 같이 외부에서 주어지는 명령을 작업 명령이라 한다. 또 1개 또는 여러 개의 신호로부터 다른 신호를 만드는 것을 신호 처리라 하며, 특히 제어 명령을 만들기 위한 신호 처리를 명령 처리라고 한다.

제어계는 그림 12.25와 같이 전열기의 제어에서 온도가 높거나 낮음, 열량이 많고 적음에 관계없이 전류를 통하게 하거나 끊거나 하는 제어 명령만을 자동적으로 행하는 정성적 제어(qualitative control)와 그림 12.26과 같이 전기로의 제어에서 발열량의 많고 적음이나, 온도가 높고 낮음의 명령만을 자동적으로 행하는 정량적 제어(quantitative control)가 있다.

정성적 제어의 제어 명령은 전류를 통하거나 전류를 끊는 것과 같이 두 가지 상태뿐이므로 이것을 2진 신호(binary signal) 혹은 디지털 신호라 하고, 정량적 제어의 제어 명령은 온도가 적은 값으로부터 큰 값에 이르기까지 여러 형태로 구별된다. 즉, 크기를

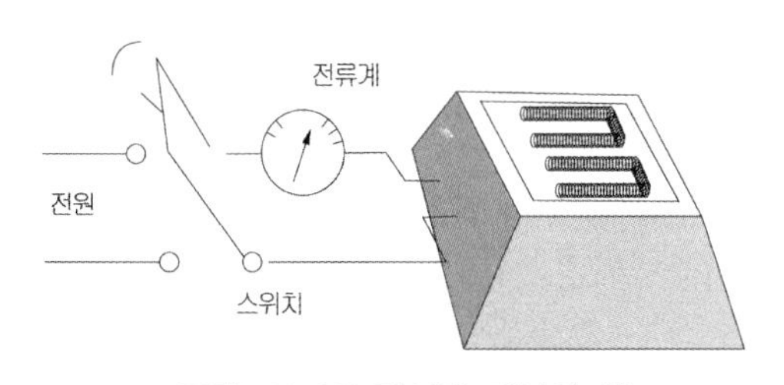

그림 12.25 정성적 제어의 예

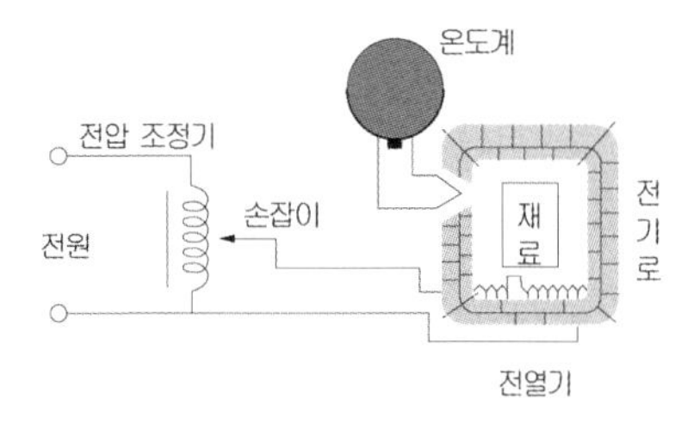

그림 12.26 정량적 제어의 예

연속적으로 나타낼 수 있으므로 이를 아날로그 신호라 한다.

• 자동 제어의 장점

– 제품의 품질이 균일화되어 불량품이 감소된다.

- 적정한 작업을 유지할 수 있어서 원자재, 원료 등이 절약된다.
- 연속 작업이 가능하다.
- 인간에게는 불가능한 고속 작업이 가능하다.
- 인간 능력 이상의 정밀한 작업이 가능하다.
- 인간에게는 부적당한 환경에서 작업이 가능하다(고온, 방사능 위험이 있는 장소 등).
- 위험한 사고의 방지가 가능하다.
- 투자 자본의 절약이 가능하다.
- 노력의 절감이 가능하다.

② 자동 제어의 필요성

일반적으로 사람이 갖고 있는 작업 능력은 매우 우수하다고 할 수 있다. 간단하게 보이는 수작업이라도 그것과 동일하게 기계로 작업을 실행하려면 때로는 매우 높은 수준의 복잡한 장치가 필요하기도 하고 혹은 불가능할 때도 있다. 또한 사람은 어느 정도 돌발적인 사태에 대해서도 그 나름대로 적절한 판단을 내릴 수가 있고, 아주 새로운 작업에 대해서도 비교적 신속히 그것에 익숙해질 수가 있으며, 어떠한 정밀 기계를 이용해도 도저히 흉내낼 수가 없는 고도의 능력을 갖고 있다.

반면에 사람이 기계에 도저히 미치지 못하는 점도 있다. 우선 그 발휘할 수 있는 힘과 연속성에 있어서도 한도가 있고 단조로운 작업을 장시간 연속해서 실행하는 능력, 즉 인내에 있어서는 훨씬 미치지 못한다. 또한 외부에서 불규칙하게 들어오는 외란(disturbance)의 영향을 숙련만으로는 원활히 극복할 수 없으므로 이에 따라 작업을 기계화, 자동화함으로써 기계가 고장이 없는 한 사람이 직접 일을 하는 것보다도 훨씬 더 정확하게 지속적으로 일을 할 수 있다.

결국 사람 대신 자동 제어로 일을 대행시키면 제어의 정확도와 정밀도를 높일 수 있으며, 이것을 생산 공장이나 기계, 장치 등에 이용하면 생산속도를 증가시키고, 제품의 품질 향상 및 균일화로 인한 불량품 감소 효과가 있으며, 수동조작을 위한 작업원이 필요 없으므로 노동력이 줄어 인건비가 절감될 뿐만 아니라 생산설비의 수명 연장과 노동 조건의 향상이 기대된다.

③ 자동 제어의 종류

자동 제어의 종류는 구분하는 방법에 따라 여러 가지 형태로 분류되지만 일반적으로 표 12.2와 같이 분류할 수 있다.

표 12.2 자동 제어의 분류

<table>
<tr><td rowspan="5">자동 제어
(automatic control)</td><td rowspan="3">정성적 제어
(qualitative control)</td><td rowspan="2">시퀀스 제어
(sequence control)</td><td>유접점 시퀀스 제어</td></tr>
<tr><td>무접점 시퀀스 제어</td></tr>
<tr><td>프로그램 제어
(program control)</td><td>PLC 제어</td></tr>
<tr><td rowspan="2">정량적 제어
(quantitative control)</td><td colspan="2">개루프 제어(open Loop control)</td></tr>
<tr><td>페루프 제어
(closed Loop control)</td><td>피드백 제어
(feedback control)</td></tr>
</table>

12.5.2 용접용 로봇

(1) 로봇의 개요

로봇은 자동 제어가 되며 재프로그램이 가능하고 여러 자유 각도를 갖고 있어서 다목적으로 이용되는 공작기계로 정의하고 있으며, 산업용 로봇은 1961년 미국 로봇의 아버지라 불리는 조셉 에프, 엔겔버거(Joseph F. Engelberger)에 의해 'unimate'라는 이름으로 최초로 산업용 로봇으로 생산되어 세계적으로 증가 추세를 보이면서 산업부분에서 생산자동화의 주역이 되었다.

1970년대 선진국의 경우 주로 자동차의 가장 기본이 되는 접합 공정 중에서 가장 비중이 큰 자동차의 차체 점 용접에 사용되었고, 우리나라에서는 1980년대 초에 자동차 업계에서 처음으로 도입 이후 전 산업에서 자동화 설비 투자로 전기, 전자, 일반기계 산업, 우주항공산업 등 거의 모든 산업 부분에서 다양하게 활용되고 있으며, 공장자동화의 주역이라 할 수 있다.

가장 먼저 적용된 용접용 로봇은 현재까지도 지속적으로 많이 사용되고 있는 공정이다. 또한 아크 용접은 용접 토치의 자세 제어, 위치 제어, 용접선 궤도 정밀도 등 높은 정밀도를 요구하고 용접 시 용접의 위빙이나 용접결함 검출 등의 어려움이 많아 실용화가 더디게 진행되었으나, 현재에는 정밀도가 요구되는 용접에도 점차 증가 추세를 보이며 적용되고 있다.

로봇 용접은 GMAW, GTAW, 플라즈마 용접, 레이저빔 용접, 용접 검사 등 다양하게 사용되고 있다.

그림 12.27은 로봇의 발전 과정을 나타낸 것이다.

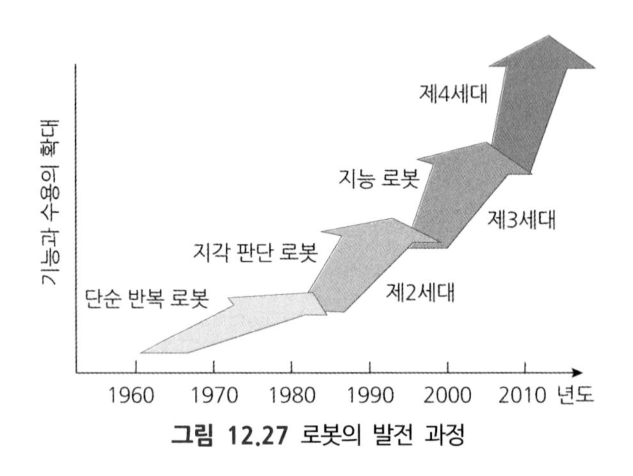

그림 12.27 로봇의 발전 과정

(2) 머니퓰레이터(manipulator)

보통 여러 개의 자유도를 가지고 대상물을 붙잡거나 이동할 목적으로, 서로 상대적인 회전 운동이나 미끄럼 운동을 하는 분절의 연결로 구성된 기계 또는 기구를 말한다.

로봇 움직임의 기본은 인간의 팔 동작을 모방한 것으로 신축 운동, 회전 운동, 선회 운동의 세 가지가 있다. 신축은 좌우, 상하의 직선 운동이고, 회전의 축방향은 변하지 않고 축을 중심으로 한 회전 운동이며, 선회는 축방향을 변화시키면서 움직이는 운동이다.

① 직각 좌표 로봇

동작 기구가 그림 12.28과 같은 직각 좌표계 형식이며 세 개의 팔이 서로 직각으로 교차하여 가로, 세로, 높이의 3차원 내에서 작업을 하는 로봇이다. 이 로봇은 기구가 간단하고 기계적인 강성도 높으며 작업 정밀도가 좋아 주로 전자 부품 조립 작업 등에 사용되고 있으며 자유도는 3이다.

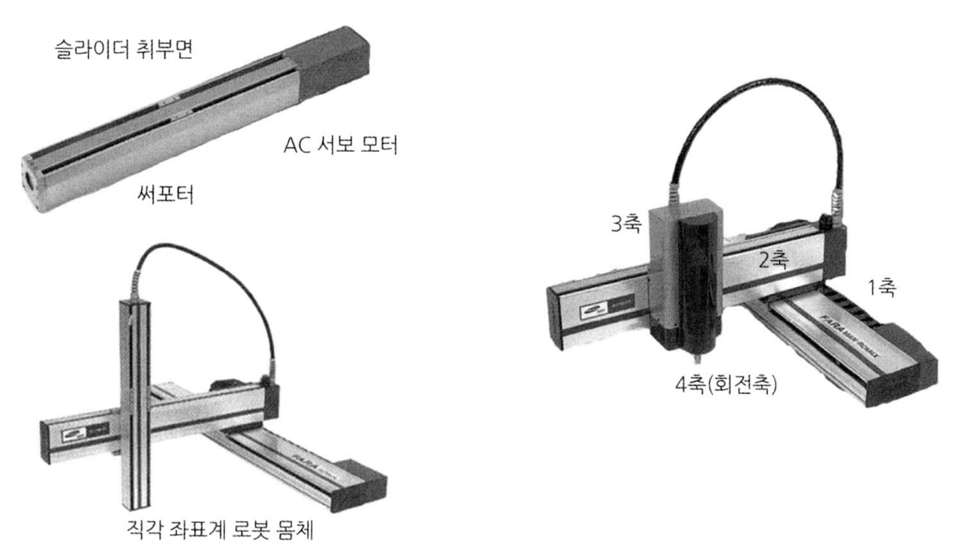

그림 12.28 직각 좌표 로봇

② 극좌표 로봇

극좌표 로봇은 직선축과 회전축으로 되어 있으며, 동작 기구가 그림 12.29와 같은 극좌표계 형식으로 수직면 또는 수평면 내에서 선회한 회전(운동을 하는 팔과 전 후 방향에서 직선적으로 신축하는 팔을 가진 로봇으로 동작) 영역이 넓고 팔이 기울어져 상하로 움직이므로 대상물의 손끝 자세를 맞추기 쉬워 스폿 용접용 로봇으로 많이 사용된다.

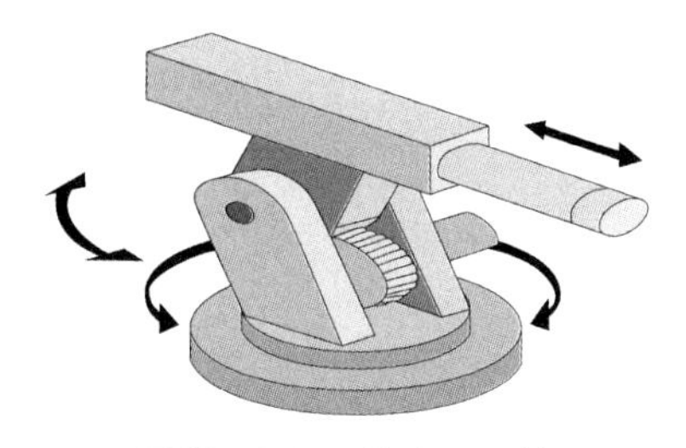

그림 12.29 극좌표 로봇

③ 원통 좌표 로봇

동작 기구가 주로 원통 좌표계 형식으로 두 방향의 직선축과 한 개의 회전 운동을 하지만, 수직면에서의 선회는 되지 않는 로봇이며 주로 공작 기계의 공작물 착탈 작업에 사용된다. 또한 로봇 팔의 기본 동작을 몇 개 조합하였는가를 나타내는 것을 자유도라 하는데, 이 로봇의 자유도는 3이다. 그림 12.30은 원통 좌표 로봇을 나타낸 것이다.

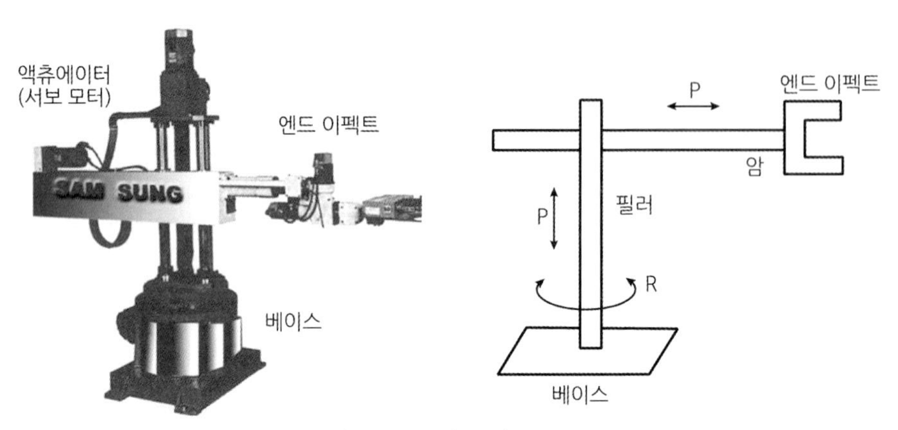

그림 12.30 원통 좌표 로봇

④ 다관절 로봇

동작 기구가 관절형 형식이며 그림 12.31과 같이 사람의 팔꿈치나 손목의 관절에 해당하는 부분의 움직임을 갖는 로봇으로 회전 → 선회 → 선회 운동을 하며 대표적인 것은 아크 용접용 다관절 로봇이다.

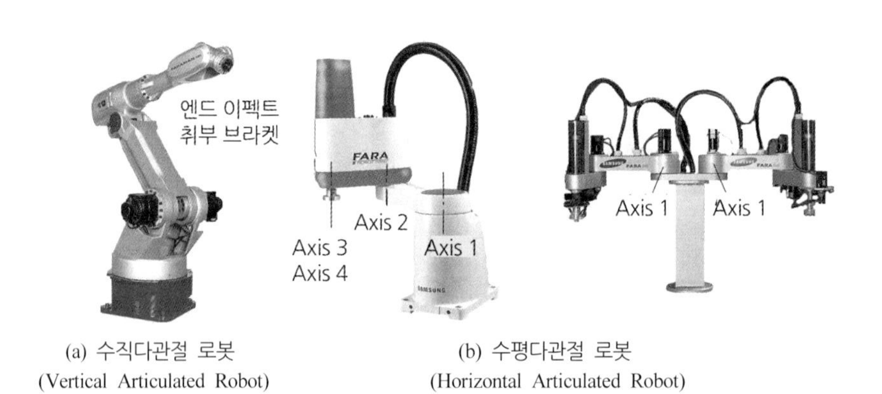

(a) 수직다관절 로봇
(Vertical Articulated Robot)

(b) 수평다관절 로봇
(Horizontal Articulated Robot)

그림 12.31 다관절 로봇

로봇의 동작기능을 나타내는 각 좌표계의 장 · 단점은 표 12.3과 같다.

표 12.3 각 좌표계의 장 · 단점

형상	장점	단점
직각 좌표계	- 3개 선형축(직선 운동) - 시각화가 용이 - 강성 구조 - 오프라인 프로그래밍 용이 - 직선 축에 기계 정지 용이	- 로봇 자체 앞에만 접근 가능 - 큰 성설치공간이 필요 - 밀봉(Seal)이 어려움
원통 좌표계	- 2개의 선형축과 1개 회전축 - 로봇 주위에 접근 가능 - 강성 구조의 2개의 선형축 - 밀봉이 용이한 회전축	- 로봇 자체보다 위에 접근 불가 - 장애물 주위에 접근 불가 - 밀봉이 어려운 2개 선형축
극좌표계	- 1개의 선형축과 2개의 회전축 - 긴 수평 접근	- 장애물 주위에 접근 불가 - 짧은 수직 접근
관절 좌표계	- 3개의 회전축 - 장애물의 상하에 접근 가능 - 작은 설치공간에 큰 작업 영역	- 복잡한 머니퓰레이터 구조

(3) 로봇의 종류

산업용 로봇의 종류에는 일반적 로봇와 제어적인 로봇, 동작기구 형태의 로봇으로 분류하고 그 종류도 다양하다. 표 12.4의 로봇의 종류 참조하기 바란다.

표 12.4 로봇의 종류

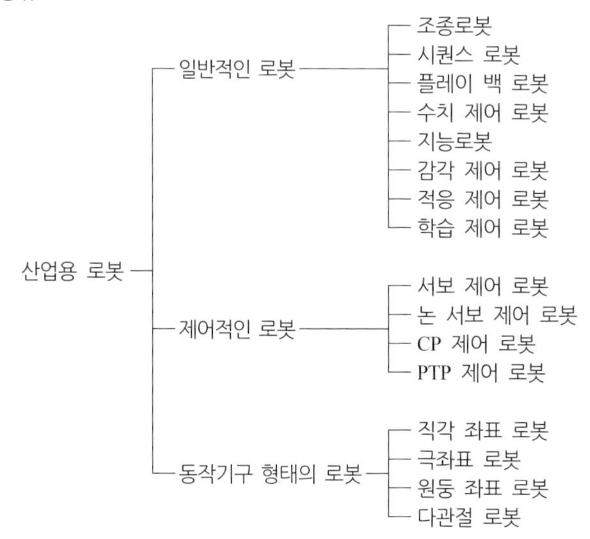

① 일반적인 로봇

- 조종 로봇

조종(operating) 로봇은 로봇에 시킬 작업의 일부 또는 모두를 사람이 직접 조작함으로써 작업이 이루어지는 로봇이다.

- 시퀀스 로봇

시퀀스(sequence) 로봇은 미리 설정된 정보(순서, 조건 및 위치 등)에 따라 동작의 각 단계를 순차적으로 진행해 가는 로봇이다.

- 플레이 백 로봇

플레이 백(play back) 로봇은 사람이 로봇의 가동부분에 대하여 순서, 조건, 위치 및 기타의 정보를 교시하고 그 정보에 따라 작업을 반복할 수 있는 로봇이다.

- 수치 제어 로봇

수치 제어(numerically controlled : NC) 로봇은 로봇을 사람이 직접 작동시키지 않고 순서, 조건, 위치 및 그 밖의 정보를 수치, 언어 등으로 교시하면 그 정보에 따라 작업할 수 있는 로봇이다.

- 지능 로봇

인공 지능(intelligent)에 의하여 행동을 결정할 수 있는 로봇으로, 인공 지능이란 인식 능력, 학습 능력, 추상적 사고 능력, 환경 적응 능력 등을 인공적으로 실현한 것이다.

- 감각 제어 로봇

센서에 의한 감각(sensory) 정보를 사용하여 동작을 제어하는 로봇이다.

- 적응 제어 로봇

적응 제어(adaptive controlled) 기능을 가진 로봇으로, 적응 제어 기능이란 환경의 변화 등에 따라 제어 등의 특성에 필요한 조건을 충족시킬 수 있도록 스스로 변화시키는 제어 기능의 로봇이다.

- 학습 제어 로봇

학습 제어(learning controlled) 기능을 가진 로봇으로, 학습 제어 기능이란 작업 경험 등을 반영시켜서 적절한 작업을 학습해가는 제어 기능을 가진 로봇이다.

② 제어적인 로봇

- 서보 제어 로봇

  서보 제어(servo controlled) 기구에 의해 제어되는 로봇으로, 서보에는 위치 서보, 힘 서보, 소프트웨어 서보 등이 있다.

- 논 서보 제어 로봇

  제어 대상이 되는 장치의 출력을 미리 설정한 값이 되도록 자동적으로 제어하는 서보 기구 이외의 공압이나 유압 등 다른 방식에 의해 제어되는 로봇이다.

- CP 제어 로봇

  CP(continuous path)제어에 의하여 운동 제어되는 로봇으로, CP 제어란 전체 궤도 또는 전체 경로가 지정되어 있는 제어이다.

- PTP 제어 로봇

  PTP(point to point) 제어는 경로상의 통과점들이 뛰엄 뛰엄 지정되어 있어 그 경로를 따라 움직이게 되어있는 로봇으로 점으로 경로를 제어한다.

③ 동작 기구 형태의 로봇

- 직각 좌표 로봇

  동작 기구가 직각 좌표(rectangular coordinate or cartesian coordinate)를 따라 움직이도록 되어 있는 로봇이다.

- 극좌표 로봇

  동작 기구가 극좌표(polar coordinate)를 따라 움직이도록 되어 있는 로봇이다.

- 원통 좌표 로봇

  동작 기구가 원통 좌표(cylindrical coordinate)를 따라 움직이도록 되어 있는 로봇이다.

- 다관절(articulated) 로봇

  동작 기구가 여러 개의 관절로 되어 있어 움직임이 자유로운 로봇이다.

(4) 구동 장치

① 동력원(power supply)

동력 공급 장치의 기능은 로봇이 조작되는데 필요한 에너지를 공급하는 것으로, 기본적인 동력 공급원은 전기, 유압, 공압이 있다.

이 중 전기는 일반적으로 가장 많이 이용되며, 산업용 로봇에 가장 널리 사용된다. 그 다음으로 공압, 유압이 사용된다. 그러나 어떤 로봇의 시스템에서는 3가지의 동력원을 조합하여 사용하기도 한다. 각 동력원의 비교는 표 12.5와 같다.

표 12.5 산업용 로봇을 위한 동력원의 비교

	전기식	유압식	공압식
조작력	작은 것부터 중간 정도의 힘이 생간다. 보통 회전력으로 사용한다.	매우 큰 힘이 생긴다. 회전력으로도 직선운동력으로도 사용할 수 있다.	큰 힘이 생기지 않는다. 보통 직선운동력으로 사용한다.
응답성	중	대	소
	저관성 서보모터의 개발에 의해 좋게 되었고, 중·소 출력의 것으로는 유압에 가깝게 되어 있다.	토크 관성비가 크고 고속응답을 쉽게 얻을 수 있다.	일반적으로 고속응답이 곤란하다. 배관계에서 손실이 적기 때문에, 단순한 동작의 경우 유압보다 빠른 응답도 얻을 수 있다.
크기 중량	프린트 모터 등에 의해 많이 개선되었다. 넓은 범위의 크기가 얻어질 수 있다.	무겁다. 출력/크기가 매우 높다. 그러나 유압 Power Unit이 꽤 큰 공간을 차지한다.	유압에 비하여 작다. 소형, 저출력의 것은 이용가치가 있다.
안전성	과부하에 약하다. 방폭을 고려할 필요가 있다. 기타의 안전성은 높다.	발열이 많이 있다. 과부하에 강하다. 화재의 위험이 있다.	과부하에 최고로 강하다. 발열은 없다. 인체에 위험도 작다.

② 엑추에이터

구동 장치의 총칭으로 전기, 유압, 공압 등을 이용하며 기계를 작동시키는 장치로 전기 모터나 피스톤, 실린더를 작동시켜 기계적인 일을 하는 기기를 말한다.

- 전기식 엑추에이터(electric actuator)

  모든 로봇 시스템들은 주 에너지원으로 전기를 사용한다. 전기는 공압이나 유압을 제공하는 펌프를 회전시킨다. 전기식 엑추에이터를 사용하는 다축 로봇들은 다축을 움직이기 위하여 서보 모터를 사용하지만, 몇 개의 개루프 로봇 시스템은 스태핑 모터를 사용한다.

  서보는 직류와 교류가 있으나 교류 서보 모터가 신뢰성이 높고, 소형화, 고성능으로 인해 많이 사용되고 있으며 엔코더로 구성되어 있다.
- 공압식(pneumatic) 엑추에이터

  적은 하중을 운반할 수 있는 용량으로서 저가의 엑추에이터이다.

  비서보 제어기를 사용할 때 정확한 위치 결정을 위하여 보통 기계식 멈

춤 장치가 필요하며, 이때 공압식 엑추에이터는 단순한 정지–정지 운동이 사용되며, 대표로 선형 단동식 또는 복동식 피스톤 엑추에이터를 사용하며, 회전식 엑추에이터도 사용할 경우가 있다.

- 유압식 엑추에이터

  직선의 피스톤 엑추에이터 또는 회전 베인형 엑추에이터 중 하나이다. 유압식 엑추에이터는 큰 동력을 제공하나 고가이고 정확도가 낮은 단점이 있다. 또한 펌프와 어큐뮬레이터(accumulator)를 포함한 에너지 저장 시스템이 필요하다.

- 전기 기계식 엑추에이터

  전기 기계식 동력 공급 장치의 전형적인 형태는 서보 모터, 스태핑 모터, 펄스 모터, 선형 솔레노이드(solenoid)와 회전형 솔레노이드이며, 여러 동기 모터와 타이밍 벨트 구동 장치이다.

③ 서보 모터

서보 모터(Servo moter)는 로봇이 원활하게 속도와 힘을 제어하기 위해 사용하는 로봇의 핵심 동력원이다.

서보 모터는 직류 모터, 동기형 교류 모터, 유도형 교류 모터, 스태핑 모터 등이 있다. 이 중에서 동기형 교류 모터가 널리 사용되고 있으며, 기존의 직류 모터에 비하여 전기적 스위칭을 하므로 내구성이 좋고 같은 전원에 상대적으로 큰 토크(torque)를 내는 장점이 있다.

(5) 로봇의 구성

로봇의 구성은 다음과 같으며 로봇은 작업 기능, 제어 기능, 계측 인식 기능을 갖는다.

표 12.6 로봇의 구성

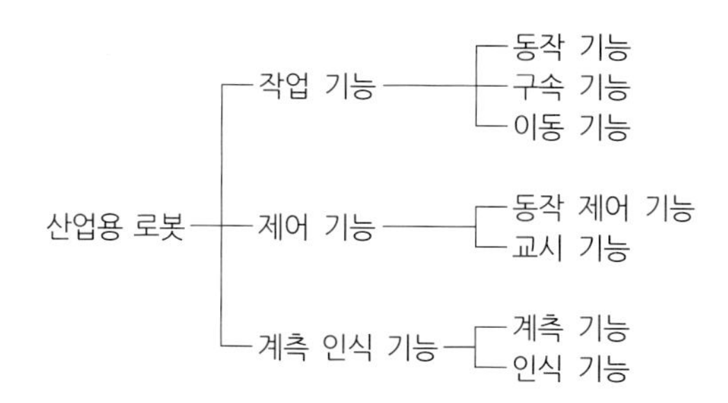

로봇의 작동 부분은 손, 팔 등으로 되어 있고 필요한 동작을 할 수 있는 작업 기능을 갖는데, 이 부분을 구동부라 한다. 또한 동작을 하기 위해 구동부를 움직이게 하는 제어부가 있고, 이 제어부가 제어 기능을 수행하기 위한 계측인식 기능을 하는 검출부가 있다.

한편 구동부와 제어부를 가동시키기 위한 에너지를 동력원이라 하고, 에너지를 기계적인 움직임으로 변환하는 기기를 액추에이터라고 한다. 즉, 로봇은 구동부, 제어부, 검출부, 동력원으로 구성되어 있으며 이들은 전선이나 파이프로 접속되어 있다.

그림 12.32는 로봇 용접기의 구성 장치를 나타낸 것으로 기본적인 구성은 머니퓰레이터, 동력원, 제어기, 말단 장치 등이 있다.

이 외에도 용접 자세를 용이하게 조정하여 주는 포지셔너(또는 턴테이블), 가스 용기, 와이어 송급 장치, 용접 토치, 노즐 크리너 등도 있다.

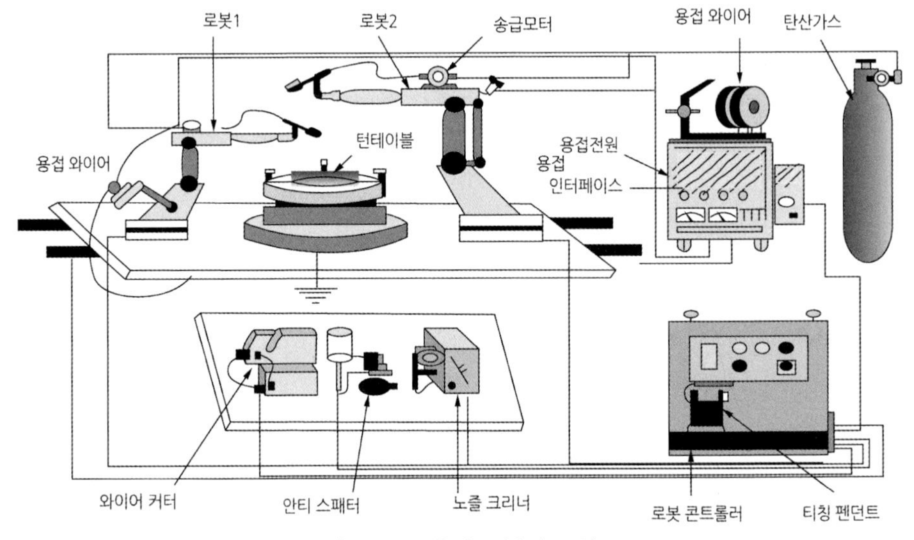

그림 12.32 용접 로봇의 구성도

① 머니퓰레이터

사람의 팔과 유사한 동작을 할 수 있는 기계적인 동작 기능으로 말단 장치(end effecter)에 부착된 공구가 필요한 일을 할 수 있도록 로봇의 동작을 제공하는데, 일반적으로 팔과 몸체(어깨와 팔꿈치)운동과 손목관절 운동의 2가지로 분류할 수 있다. 이러한 동작이 각각의 관절 운동을 주도하는데 각각의 관절의 움직임을 자유도라 하고 각 축은 1개의 자유도를 갖는다.

일반적으로 산업용 로봇은 4~6개의 자유도를 갖는다. 손목관절은 3가지 운동인 피치(pich), 요(yaw), 롤(roll) 운동에 의해 방위를 갖고 공간에 위치한다.

② 동력원

로봇을 동작하게 하기 위한 동력으로는 전기적인 것이 가장 많이 사용되고 있고 공압이나 유압이 있다

③ 제어기(controller)

제어기는 로봇의 운동과 시퀀스를 총괄하는 통신과 정보처리 장치이다. 제어기는 필요한 입력을 받아 로봇의 실제 움직임과 원하는 움직임이 일치하도록 제어 모터 혹은 엑추에이터에 출력 구동 신호를 보낸다. 제어기는 로봇의 기본적인 기능은 물론 복잡한 기능도 작동이 가능하다. 현재 제어기는 컴퓨터가 대부분이고 반도체 메모리이다. 대부분의 로봇 제어기는 컴퓨터와 마이크로프로세서의 네트워크를 포함하고 있으며, 제어 시스템의 입력부와 출력부는 로봇 제어기인 컴퓨터와 피드백 센서, 교시반, 프로그램 저장기기 등 다른 컴퓨터와 통신 인터페이스가 되어야 한다.

로봇은 지능 제어 기능이 필요하며 로봇 스스로가 작업이 제대로 수행되는지 환경의 상태, 작업 조건을 검출할 필요성이 있다. 경우에 따라서는 센서들이 로봇 내부에 설치되기도 하고, 머신 비전(machine vision), 음성인식, 초음파 거리측정, 충격센서처럼 부속물의 형태로 로봇에 부착되어 전체 로봇 시스템에 통합되어 작동하기도 한다.

제어 시스템은 통상 개루프(open loop) 시스템과 폐루프(open loop) 두 가지가 사용되는데 개루프 시스템은 스패핑 모터를 들 수 있다. 폐루프 시스템은 두 가지로 비서보(nonservo)와 서보(servo)로 피드백 신호를 사용한다.

비서보 로봇은 원하는 위치에 도달했는지를 리밋 스위치(limit switch)를 사용하지만, 서보 로봇은 동작 중에 위치를 계속적으로 추적하여 기계적 장치인 리밋 스위치가 필요 없다.

결과적으로 로봇 제어 시스템에 형식에 따라 비서보, 서보, 서보 제어 방식의 3가지로 분류된다.

④ 말단 장치(end effector)

공구를 장착하거나 용접 등의 작업을 하기 위해 고정하는 장치로 공작물을 옮기거나 드릴링을 하거나 용접을 하게 되면 제품을 생산하는 생산기계가 된다. 말단 장치

가 물건을 집거나 놓게 되는 장치를 부착하게 되면 그것을 **그리퍼**(gripper)라 한다. 작업의 형태에 따라서는 재료 가공용 그리퍼, 점용접과 아크 용접을 위한 토치, 드라이버와 같은 전동공구, 깊이 게이지와 같은 측정기계 등 다양하게 사용되고 있다.

공구 중심점(TCP : tool center point)은 말단 장치의 공구를 장착하는 장착판의 중심에 위치하며 좌표계의 원점으로 머니퓰레이터의 모든 이동은 공간상의 이 원점이 기준이 된다.

(6) 로봇의 경로 제어

로봇이 주어진 목적에 따라 동작하도록 제어하는 기능에는 동작 제어 기능과 티칭기능이 있는데, 동작 제어(경로 제어) 기능은 작업 기능을 유효하게 작용하도록 제어하는 기능이고, 티칭 기능은 작업 내용을 미리 로봇에게 가르쳐 주어 이 내용을 로봇이 필요에 따라 동작 제어를 할 수 있도록 하는 기능이다. 그리고 산업용 로봇들은 경로 제어 시스템에 따라서 PTP(point-to-point) 경로 제어, 연속 경로(continuous-path) 제어로 분류될 수 있다.

① PTP(point To Point) 제어

로봇은 어떤 지정된 지점에서 다른 지점으로 움직일 수 있지만, 이전에 지정되지 않는 임의의 지점들에서 멈출 수 없다. 서보 기구에 의해 구동되는 PTP 제어 로봇은 지정된 지점에 로봇의 팔을 멈추기 위해 설정된 전위차계(potentiometer)에 의해 제어된다. PTP 제어 로봇은 작업 공간 내의 어떤 지점에서 다른 지점으로 움직이기 위해 프로그램될 수 있다. 그러므로 이러한 로봇들은 점용접, 조립, 연삭, 검사, 운반과 하역 등의 복잡한 응용뿐만 아니라 간단한 기계의 장 · 탈착의 응용에 사용될 수도 있다.

PTP 제어는 작업 공간 내에 흩어져 있는 작업점들을 미리 정해진 순서에 따라서 이동하면서 통과하게 하는 제어 방식이다.

비록 PTP 제어 로봇은 그 작업 공간 내에서 어떠한 지점으로 이동할 수 있지만, 2개의 지점 사이를 반드시 직선으로 움직이지는 않는다.

PTP 제어 로봇을 프로그램하기 위하여 프로그래머는 교시 펜던트 버튼을 눌러야 한다. 교시 펜던트는 공장에서 오버헤드 크레인을 움직이기 위해 사용되는 제어와 매우 유사하다. 로봇이 베이스를 중심으로 회전하기 위하여, 버튼을 누르고 또한 그때 로봇은 회전한다. 머니퓰레이터를 신장시키기 위하여, 또 다른 버튼을 누르게 된다. 로봇이 요구 지점에 다다랐을 때 프로그래머는 로봇의 메모리에 그 지점을 기록하기 위해 버튼을 누른다. 그때 프로그래머는 적당한 버튼들을 누름으로써 머니퓰레이터가 다음 지점으로 움직인다.

프로그래머가 다음 지점으로 이동하도록 한 경로는 로봇에 의하여 기억되지 않는다. 머니퓰레이터가 마침내 요구 지점에 도달했을 때 지점을 기록하기 위한 버튼은 다시 눌려지고, 두 번째 지점이 로봇의 메모리에 기억된다.

② CP 제어

CP(continuous path) 제어는 작업 공간 내의 작업점들을 통과하는 경로가 직선 또는 곡선으로 지정되어 있어서 그 경로에 따라서 연속적으로 작업을 하도록 하는 제어 방식이다. 연속 경로 운동은 끝점의 위치 결정보다는 경로 이동 제어에 관심이 있다. 운동 경로의 프로그래밍은 조작자가 로봇의 말단 장치를 운동 경로를 따라서 물리적으로 움직임으로써 완료된다. 조작자가 그 운동으로써 로봇을 움직이는 동안, 각 축들의 위치가 일정 시간마다 기록된다. 프로그램들은 자기 테이프 또는 자기 디스크에 일반적으로 기록된다.

티칭 펜던트의 버튼을 눌러서 로봇을 요구 지점에 끌기보다는, 연속 경로 제어 로봇은 로봇팔의 그리퍼에 의하여 프로그램되며, 또한 실제적으로 로봇이 기억해야 하는 경로를 따라서 팔을 실제적으로 이끌어간다. 로봇은 프로그래머가 머니퓰레이터를 움직이는 정확한 경로뿐만 아니라 속도까지도 기억한다. 만약 프로그래머가 팔을 아주 천천이 움직이려면, 속도는 제어 콘솔에서 조절될 수 있다. 속도를 바꾸는 것은 로봇팔의 경로에 영향을 끼치지 않는다. 이 로봇은 스프레이 도장, 아크 용접 또는 로봇 경로를 일정하게 제어할 필요가 있는 다른 작업에도 흔히 사용된다.

연속 경로 제어와 표준 PTP 제어의 주요 차이점은 PTP 제어가 수백 지점들의 메모리로 제한되는 반면에 연속 경로 제어는 수천의 프로그램 지점을 기억하는 제어 능력이다.

③ 교시 방법

교시의 방식으로는 플레이백(play back) 방식 로봇, 지능 로봇 등 다양하게 분류되며 전동식에 의한 플레이백 로봇이 일반적이며, 이는 수행해야 할 작업을 사람이 머니퓰레이터를 움직여 미리 교시(작업의 순서, 위치 및 이외의 정보를 기억시킴)하고 그것을 재생시키면 그 작업을 반복하게 된다.

티칭 펜던트(teaching pendant)에는 축수에 상응하는 축조작 버튼 혹은 조이스틱으로 머니퓰레이터를 움직이고 이를 기록하는 버튼 조작으로 공간상의 일점을 로봇에게 가르치는 것이 가능하게 된다. 그림 12.33은 여러 가지 형태의 티칭 펜던트이다.

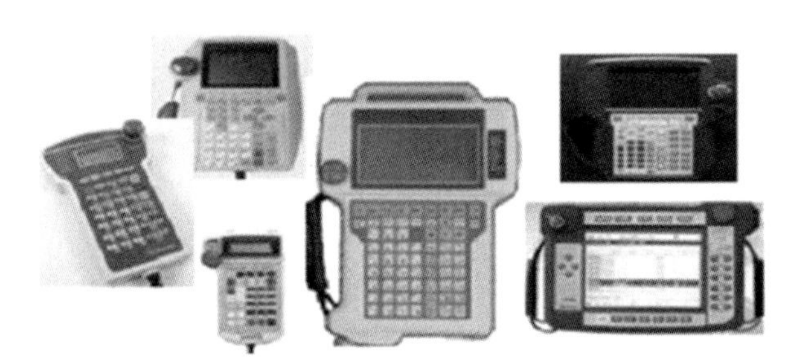

그림 12.33 여러 가지 형태의 티칭 펜던트

이렇게 반복하여 하나하나의 작업을 로봇에 교시 후, 재생 시에는 점에서 점으로 연속적인 움직임으로 작업을 수행하게 되며, 이것을 몇 회라도 반복할 수 있다. 따라서 로봇의 동작은 교시 – 기억 – 재생에 의해 이루어진다.

또한 교시의 방법으로는 로봇을 사람의 손에 의해서 위치 경로를 직접 입력하거나 기억시킨 위치나 경로만을 교시하고 동작속도 및 수행과제를 따로 교시하는 직접교시 방법과 수치, 언어, 음성 등을 입력 할 수 있는 입력 장치를 통하여 교시하는 간접교시 방법이 있다. 그림 12.34는 PTP 모드 방식이며, 그림 12.35는 CP 모드 방식이다.

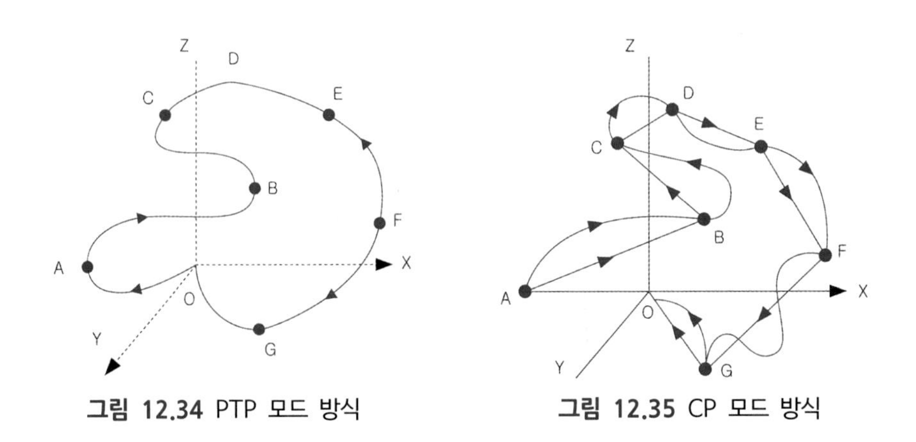

그림 12.34 PTP 모드 방식 **그림 12.35** CP 모드 방식

(7) 로봇 센서(sensor)

센서는 인간의 감각 중에서 시각적인 거리, 온도 등의 기능을 센서가 감지하여 데이터를 인지하게 되는데, 크게는 어떤 외부 자극에 대한 반응을 감지할 수 있는 장치나 시스템이다. 로봇에서의 센서는 일반적으로 제어 대상 시스템으로부터 제어 장치가 원하는 정보를 추출하는 장치이며, 용접에서는 용접 시 고열에 의한 변형이 발생하므로 용접선의 추적이 상당히 어려워 이를 위해서는 센서에 의한 제어 방식이 필수적이다.

① 센서의 종류

아크 용접에 사용되는 센서는 크게 접촉식과 비접촉식 두 가지로 구분된다. 표 12.7은 센서의 종류와 적용 방식을 나타낸 것이다. 또한 Hardware적 센서와

표 12.7 센서의 종류와 적용 방식

형상	장점	단점
접촉식 센서	- 기계식 – 토치와 함께 이동하는 롤러 스프링	용접선 추적용
	- 전자 – 기계식 – 양쪽에 연결된 탐침	
	- 용접선 내부 접촉 탐침 – 전자 · 기계식 용접선 추적용	
	- 복잡한 제어를 갖는 탐침	
	- 물리적 특성과 관계된 비접촉식 센서	
	- 음향(Acoustic) : 아크 길이 제어	
	- 캐피시턴스 : 접근 거리 제어	
	- 와전류 : 용접선 추적	
	- 자기유도 : 용접선 추적	
	- 적외선 복사 : 용입 깊이 제어	
	- 자기(Magnetic) : 전자기장 측정	
	- Through-The-Arc 센서	
	- 아크 길이 제어	
	- 전압 측정하면서 좌우 위빙	
	- 광학, 시각(이미지 포착과 처리)센서	
	- 빛 반사	
	- 용접 아크 상태 검출	
	- 용융지 크기 검출	
	- 아크 발생 전방의 이음 형태 판단	
	- 레이저 음영 기술	
	- 레이저 영역 판별 기술	
	- 기타 시스템	

Software적 센서로 구분되는데 Hardware적 센서는 추적이 정확하나 고가이고 대개의 경우 비접촉식 센서가 여기에 해당된다.

Software적 센서는 추적이 정밀하지 못하고, 장착한 것이 아니고 프로그램으로 되어 있어 저가인 이점이 있다.

- Arc 센서

그림 12.36과 같이 비접촉식 센서로서 위빙 용접을 할 때 용접 변수를 감지한다. 필릿 용접이나 U, V형 조인트와 일정 두께 이상의 겹치기 용접선 추적이 가능하며, 용입량 제어가 필요 없고, 위빙에 적당한 큰 용접물에 사용한다.

이때 토치를 좌우로 흔들어 와이어 끝이 용접 홈의 양단(A,B)의 전류 및 전압을 측정하여 와이어의 돌출 길이와 용접선을 조정하여 원하는 용접선을 찾아가면서 용접한다.

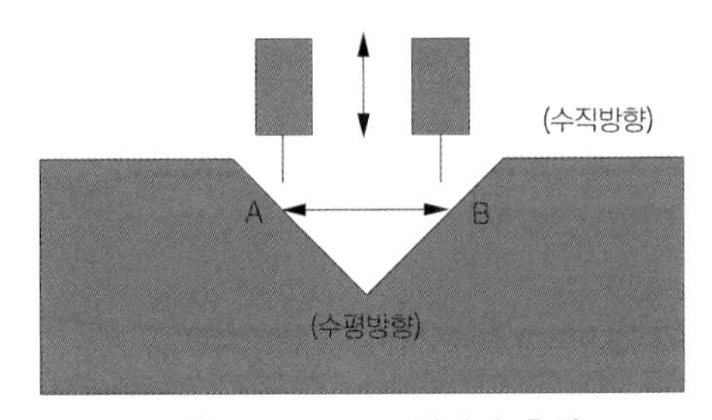

그림 12.36 Arc 센서의 추적

아크 센서로 용접 전류를 구하는 방법에는 용접기에서 로봇 제어기로 보내는 전류를 분석하는 방법과 외부 장치에서 용접 전류를 검출하는 방법이 있다. 이때 아크 센서의 사용 조건은 다음과 같아야 한다.

– 위빙은 반드시 해야 한다.

  적정 크로스 타임(cross time)은 0.1~0.2[Sec]로 그림 12.37에서 A에서 B의 횡단 시간을 말하며, 적정 드웰 타임(dwell time)은 0.00~0.07[Sec]로 A, B, C, D에서 머무는 시간이다. 여기서 적정 위빙폭은 E~B 거리로 와이어 지름의 3배 이상이 되어야 한다.

– 용접 토치 부근에 특별한 센서 장치가 없어 좁은 비드 용접이 가능하다.

– 용접 중 모재의 열변형이 있어도 추종이 가능하다.
– I형 맞대기 용접이나 얇은 판의 겹치기 이음에는 적용이 어렵다.
– 위빙을 하지 않으면 위빙 폭을 판별할 수 없기 때문에 고속 용접에서 추종이 어렵다.

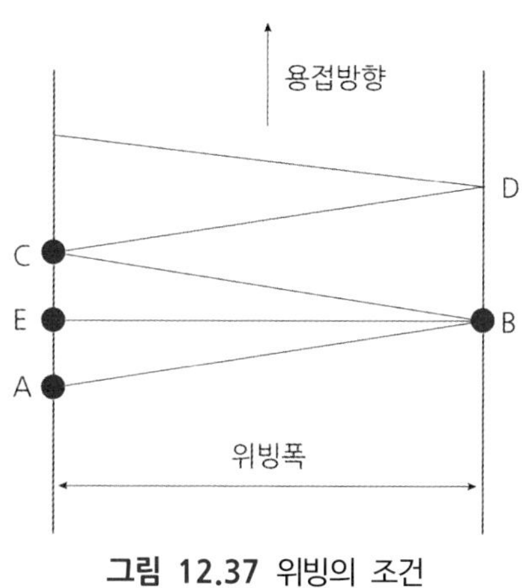

그림 12.37 위빙의 조건

- 터치 센서(touch sensor)

  접촉식 센서는 소모식 전극을 사용하는 아크 용접에 있어서 용접 와이어를 접촉자로 사용하여 용접 시작 위치와 용접 위치 및 용접 종료 위치를 검출한다.

  구조가 간단하고 저가이며 사용이 편리하다는 장점이 있어 아크 용접에 널리 사용되고 있다. 그러나 맞대기 용접과 얇은 겹치기(Lap Joint) 이음에는 사용하지 못하며 면을 청결하게 유지해야 한다.

– 용접 토치에 검출을 위한 다른 장치를 설치할 필요가 없고 센서 자체의 위치조정이 불필요하다.
– 용접선의 검출에는 부적합하고 용접 시점 등의 검출에 사용한다.
- 용접선을 추종할 수 있는 아크 센서와 병용해서 사용한다.
– 전기적 노이즈의 영향이 적다.
– 실시간 용접선 추적이 어렵다.
– 용접으로 인한 열변형 시 보정이 어렵다.
– 측정 시간이 오래 걸린다.

• 비전 센서(vision sensor)

용접 토치 진행 부분의 앞부분에 설치하여 레이저와 용접 대상물이 만나서 만들어지는 형상을 분석하여 용접 조건을 검색하고 용접 변수를 제어한다.

용접 시점과 종점을 미리 검색하여 진행할 수 있다. 용접 자동화 분야에서 더욱 사용이 증가되고 있다. 특징으로는 다음과 같다.

– 아크 센서를 적용하기 어려운 부분에 적용이 가능하다.
– 용접 조건에 관계없이 측정이 가능하다.
– 실시간 측정이 가능하고 용접선과 개선면의 형상정보 인식이 가능하다.
– 정밀도가 높고 모든 금속의 측정이 가능하다.
– 아크광이나 노이즈에 취약하다.
– 토치에 센서를 부착하여 사용하므로 무겁고 부피가 크다.
– 시스템이 복잡하고 영상정보 처리에 시간이 걸린다.

• 광학 센서

그림 12.38과 같이 광학 시스템을 이용한 용접선 전방의 이음 검출은 용접 위치의 전방을 인식한다. 이 이음부는 체적 변화에 잘 적응할 수 있어서 V홈, 겹치기 이음, 필릿, 이음, J홈 맞대기 이음과 모서리 이음의 용접선 위치 검출과 추적에 적당하다. 그러나 용접 토치의 주위에 장치가 있기 때문에 한계가 있다.

또한 그림 12.39와 같은 삼각형 방법을 이용한 광학 센서는 용접물의 위치와 겹치기 이음, 맞대기 이음 및 필릿 이음의 위치를 감지하며 거리를 측정한다. 매우 정밀하며 빠른 인식 능력을 가지고 있고 빛과 표면 상채에 둔감하다. 그러나 접촉에 의한 피해의 우려가 있고 특별한 장치가 없이는 인식이 불가능하다.

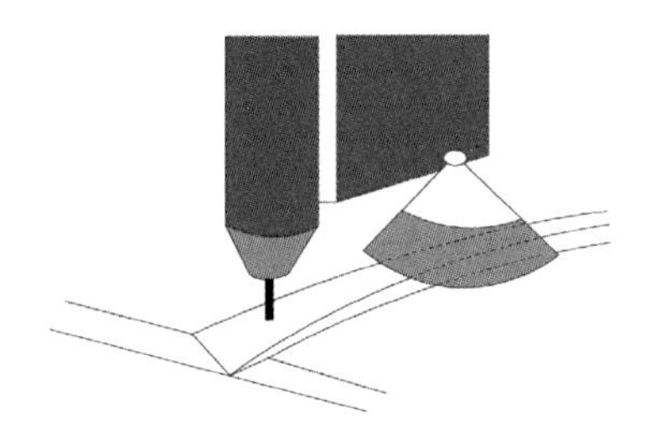

그림 12.38 체적 제어센서

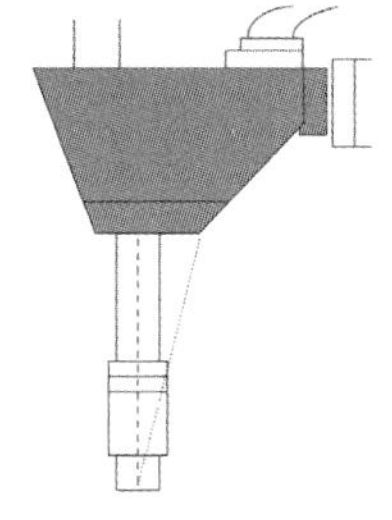

그림 12.39 삼각형 방법을 이용한 광센서

(8) 용접 장치

① 용접 전원

아크 로봇 용접에서는 용접기의 아크 전압 안정화가 매우 중요하다. 이는 로봇과 용 접기를 연결하여 신호를 주고 받는 인터페이스(interface)의 수단이 정전압(constant voltage)으로 행해지기 때문이다. 이때 인터페이스는 표준 I/O 방식과 사용자 I/O 방식을 사용하므로 용접 전원과 로봇의 컨트롤러(controller)에 맞게 사용해야 한다.

또한 와이어 송급이 중요하므로 센서에 의해 검출된 전류의 값은 컨트롤러에 피드백되어 와이어 송급 모터에 전원을 준다. 와이어 송급 모터는 이에 따라 송급 속도를 조절해 준다. 그러므로 전원은 근래에 와서 SCR(Silicon Controlled Rectifier) 타입보다는 전류와 전압의 조정이 비교적 정밀한 IGBT(Insulated Gate Bipolar Transistor) 인버터 타입의 용접 전원을 사용하게 된다. 또한 용접 중 발생하는 노이즈(noise), 특히 고주파 발생 장치에 의해 발생하는 노이즈에 의해 컨트롤러가 손상되는 것을 방지하기 위하여 노이즈 차단 회로를 갖춘 용접 전원 방식으로 전환되고 있다.

② 포지셔너(positioner)

용접물을 고정하여 용접 토치의 사각을 없애고 작업 영역 확대를 부여하여 주며 용접의 품질을 향상시킬 수 있다.

그러므로 포지셔너는 다음과 같은 이점을 가지고 있다.

- 최적의 용접 자세를 유지할 수 있다.
- 로봇 손목에 의해 제어되는 리드각(lead angle)과 지연각(lag angle)의

변화를 줄일 수 있다. 로봇 컨트롤러에 의해 로봇과 포지셔너가 동시 제어되는 시스템의 경우, 용접 자세가 하향 용접이 되도록 용접물을 포지셔너가 변환시켜 준다.

- 용접 토치가 접근하기 어려운 위치를 용접이 가능하도록 접근성을 부여한다.
- 바닥에 고정되어 있는 로봇의 작업 영역 한계를 확장시켜 준다.

이러한 포지셔너를 이용하여 얻을 수 있는 효과는 하향 용접으로써 중력을 이용하여 용접 상태가 양호해지고 보수 작업량도 감소하게 된다. 그리고 이와 같은 용접 자세에 의해 보다 높은 용접 전류와 와이어 송급 속도를 유지할 수 있으므로 생산성 향상을 도모할 수 있다.

구동 시스템은 인덱스 모델(index model)과 기어 구동 모델이 있다. 인덱스 포지셔너는 저가형 컨트롤러에 적당하며 공압 액추에이터(actuator)나 AC일정 속도 모터를 이용하여 최종 위치에 신호만 콘트롤러에 출력한다. 기어 구동 포지셔너는 매우 복잡하나 속도의 역전이 뛰어나며 가변 제어에 잘 적응한다. 이 형식의 장치는 이동속도를 달리할 수 있는데 오차는 기어에 의한 백래시(backlash)와 컨트롤러 계산에 의한 계산 오차가 있다.

축의 구동은 서보 모터 그리고 웜기어를 이용한 감속기이며 위치 제어는 리졸버(resolver)를 이용한다. 포지셔너의 구분은 작업대의 유무와 자유도에 의해 그림 12.40에서와 같이 나누기도 한다. 포지셔너의 선택을 위해서는 먼저 제어 방식, 가반중량 포지셔너의 작업 환경 요구 정도, 자유도 및 축의 형태 반복 정밀도, 위치 정밀도 등을 파악해야 한다.

제어 방식은 컨트롤러의 기능이 필요한 용접 조건에 알맞도록 선택되어야 한다.

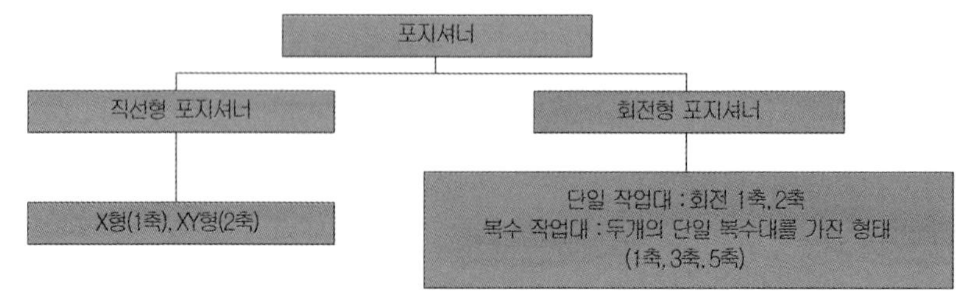

그림 12.40 포지셔너의 구분

③ 트랙, 갠트리, 칼럼 및 부속장치

용접물이 로봇의 작업 공간보다 클 경우 이러한 용접물을 위한 기구로서 트랙, 갠트리, 칼럼 등이 있다. 트랙, 갠트리와 칼럼은 로봇의 복수의 작업대의 용접물을 연속으로 작업하도록 하여 로봇의 아크 타임을 증가시킨다. 이러한 기구의 효율적인 활용을 위해서는 로봇과 포지셔너를 포함한 모든 축을 동시 제어하는 컨트롤러가 있는 것이 유리하다. 여러 가지 장비를 표준화하고 검증된 작업 예를 바탕으로 한 모듈화 시스템은 용접 가능 중량, 이송 능력, 안정성, 반복 정밀도, 단일 컨트롤러에 의한 제어 가능 축 수에서 이점이 있다.

- 트랙(track)

  로봇을 트랙 위에 위치시켜 이동 영역을 줌으로써 아크 로봇의 작업 공간을 확장시킨다. 또 용접물 크기에 유연하게 대처할 수 있게 된다. 트랙을 이용한 시스템에서 용접 가능한 용접물은 패널, 트랙터 프레임, 가구 프레임, 침대 프레임, 창틀, 컨테이너 문 등이 있다. 로봇의 아크 시간 향상과 생산성을 증진하기 위해 단일 로봇과 복수 작업대를 활용한다. 그림 12.41은 이러한 작업의 예를 보이고 있다.

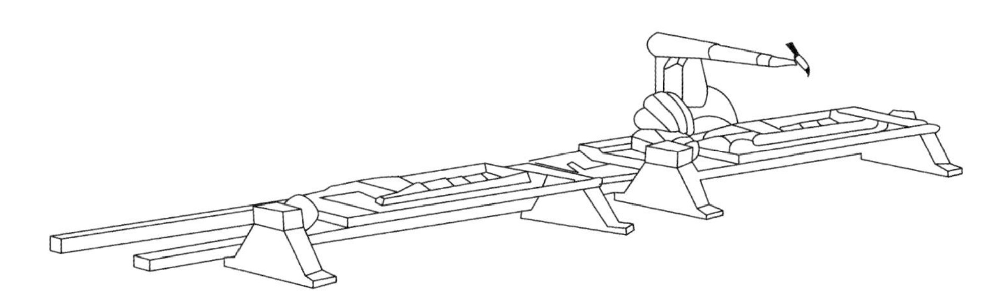

그림 12.41 두 작업대에서 용접이 가능한 용접용 로봇시스템

- 갠트리

  갠트리(gantry)는 그림 12.42와 같이 철 구조물에 로봇이 매달린 형상으로 용접을 실행하는 기구이다. 칼럼이나 트랙에 비해 용접물의 크기에 구애받지 않기 때문에 매우 큰 용접물을 여러 대의 로봇으로 동시

용접이 가능하며, 고정형, 로봇 상단 이동형, 로봇과 갠트리 동시 이동형이 있다.

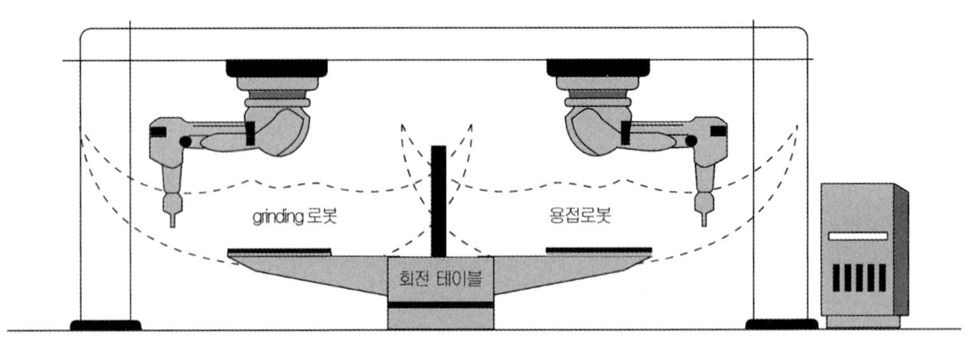

그림 12.42 갠트리에 두 대의 로봇을 매달은 시스템

- 칼럼(column)

칼럼은 모듈러 개념에서 시작되었으며 트랙이 단일방향으로 이동하는 것과는 달리 수직과 수평 방향으로 이동된다. 그리고 지상에 고정되어 있는 영역이 작으므로 공장 배치에 있어서 효율적이며, 용접 와이어와 전원 및 센서에 있어서 효율적이며 용접 와이어와 전원 및 센서의 케이블을 칼럼 내 덕트화하여 불필요한 노출을 피하게 되어있다.

로봇은 매달린 형태를 취하고 있어서 보통 지상 고정형에 비해 접근성과 용접자세가 향상된다. 칼럼의 형태로는 고정형, 이동형, 회전형, 이동 · 회전 겸용이 있으며, 이용 가능한 용접물로는 판넬, 프레임, 컨테이너 문과 벽, 버스 차체, 덤프트럭 몸체 등이 있다.

- 용접물 고정 장치

용접물 고정 장치는 상당히 경험을 필요로 하는 것으로서 용접 전후의 용접물 여유도를 알아야 한다. 이를 위해서는 완전한 시스템의 개략도와 상세도가 필요하다. 고정구의 형상은 용접물의 형상과 포지셔너의 고정 장치에 의해 결정되며, 용접 자세를 위한 배려도 포함되어야 한다. 열, 흄, 스패터에 고정 장치가 손상을 입지 않도록 보호 수단도 갖추어야 한다.

– 사용한 공구류는 지정된 장소에 보관한다.

– 바닥이 파괴되어 있거나, 바닥이 미끄러지기 쉬운 곳이 있으면 경고 표

시가 필요하다.

– 먼지, 흄 등으로 환경이 나쁜 경우에는 환기장치를 설치한다.

- 설치에 관한 안전 확보
  - 로봇의 설치 장소는 로봇이 팔을 최대로 늘인 경우 로봇의 팔이 측벽, 안전통로, 제어 판넬, 조작 판넬에 닿지 않는 장소를 선택한다.
  - 제어 판넬, 치구조작 판넬 등에서 로봇을 조작하기 때문에 이런 기기는 로봇 움직임이 충분히 보이도록 설치한다.
  - 케이블류는 조작하는 사람 혹은 다른 사람의 발에 걸린다든지 직접 포크리프트(forklift)에 눌려지지 않도록 한다.

12장 연습문제 용접시공

01 용접선이 응력의 방향과 대략 직각인 필릿 용접은?

가. 전면 필릿 용접
나. 측면 필릿 용접
다. 경사 필릿 용접
라. 뒷면 필릿 용접

02 용접 순서를 결정하는 기준이 잘못 설명된 것은?

가. 용접 구조물이 조립되어 감에 따라 용접 작업이 불가능한 곳이 발생하지 않도록 한다.
나. 용접물 중심에 대하여 항상 대칭적으로 용접한다.
다. 수축이 작은 이음을 먼저 용접한 후 수축이 큰 이음을 뒤에 한다.
라. 용접 구조물의 중립축에 대한 수축 모멘트의 합이 0이 되도록 한다.

03 용접 결함이 오버랩일 경우 그 보수 방법으로 가장 적당한 것은?

가. 정지구멍을 뚫고 재용접한다.
나. 일부분을 깎아내고 재용접한다.
다. 가는 용접봉을 사용하여 재용접한다.
라. 결함 부분을 절단하여 재용접한다.

04 한 개의 용접봉을 살을 붙일만한 길이로 구분해서, 홈을 한 부분씩 여러 층으로 쌓아올린 다음 다른 부분으로 진행하는 용착법은?

가. 스킨법
나. 빌드업법
다. 전진 블록법
라. 케스케이드법

05 용접 용어에 대한 정의를 설명한 것으로 틀린 것은?

가. 모재 : 용접 또는 절단되는 금속
나. 다공성 : 용착 금속 중 기공의 밀집한 정도
다. 용락 : 모재가 녹은 깊이
라. 용가재 : 용착부를 만들기 위하여 녹여서 첨가하는 금속

06 용착법의 설명으로 틀린 것은?

가. 한 부분에 대해 몇 층을 용접하다가 다음 부분의 층으로 연속시켜 용접하는 것이 스킨법이다.
나. 잔류 응력이 다소 적게 발생하고 용접 진행 방향과 용착 방향이 서로 반대가 되는 방법이 후진법이다.
다. 각 층마다 전체의 길이를 용접하면서 다층 용접을 하는 방식이 덧살 올림법이다.
라. 한 개의 용접봉으로 살을 붙일만한 길이로 구분해서 홈을 한 부분씩 여러 층으로 쌓아 올린 다음 다른 부분으로 진행하는 용접 방법이 전진 블록법이다.

07 피복 아크 용접에서 일반적으로 용접 모재에 흡수되는 열량은 용접 입열의 몇 % 인가?

가. 40~50%　　나. 50~60%
다. 75~85%　　라. 90~100%

08 필릿 용접에서 루트간격이 1.5 m 이하일 때 보수 용접 요령으로 가장 적당한 것은?

가. 그대로 규정된 다리길이로 용접한다.
나. 그대로 용접하여도 좋으나 넓혀진 만큼 다리길이를 증가시킬 필요가 있다.
다. 다리길이를 3배수로 증가시켜 용접한다.
라. 라이너를 넣든지 부족한 판을 300 mm 이상 잘라내서 대체한다.

09 용접기의 아크 발생을 8분간하고 2분간 쉬었다면, 사용률은 몇 %인가?

가. 25　　나. 40
다. 65　　라. 80

10 강재 표면의 홈이나 개재물, 탈탄층 등을 제거하기 위하여 될 수 있는 대로 얇게 그리고 타원형 모양으로 표면을 깎아내는 가공법은?

가. 가스 가우징　　나. 코킹
다. 아크 에어 가우징　　라. 스카핑

11 다음 중 용접의 일반적인 순서를 바르게 나타낸 것으로 옳은 것은?

가. 재료 준비 → 절단 가공 → 가접 → 본용접 → 검사
나. 절단 가공 → 본용접 → 가접 → 재료 준비 → 검사
다. 가접 → 재료 준비 → 본용접 → 절단 가공 → 검사
라. 재료 준비 → 가접 → 본용접 → 절단 가공 → 검사

12 용접기 설치 시 1차 압력이 10 kVA이고 전원 전압이 200 V이면 퓨즈 용량은?

가. 50 A　　나. 100 A
다. 150 A　　라. 200 A

13 용접 조건이 같은 경우에 박판과 후판의 열영향에 대한 설명으로 올바른 것은?

가. 박판 쪽 열영향부의 폭이 넓어진다.
나. 후판 쪽 열영향부의 폭이 넓어진다.
다. 박판, 후판 똑같이 영영향부의 폭은 넓어진다.
라. 박판, 후판 똑같이 열영향부의 폭은 좁아진다.

14 용접 경비를 적게 하고자 할 때 유의할 사항으로 틀린 것은?

가. 용접봉의 적절한 선정과 그 경제적 사용 방법
나. 재료 절약을 위한 방법
다. 용접 지그의 사용에 의한 위보기 자세의 이용
라. 고정구 사용에 의한 능률 향상

15 용접 시공 관리의 4대(4M) 요소가 아닌 것은?

가. 사람(Man)
나. 기계(Machine)
다. 재료(Material)
라. 태도(Manner)

16 용접 준비 사항 중 용접 변형 방지를 위해 사용하는 것은?

가. 터닝 롤러(turing roller)
나. 매니플레이터(manipulator)
다. 스트롱백(strong back)
라. 앤빌(anvil)

17 용접 자세 중 H－Fill이 의미하는 자세는?

가. 수직 자세
나. 아래 보기 자세
다. 위 보기 자세
라. 수평 필릿 자세

18 용접 변형을 경감하는 방법으로 용접 전 변형 방지책은?

가. 역변형법
나. 빌드업법
다. 캐스케이드법
라. 전진 블록법

19 다층 용접 시 한 부분의 몇 층을 용접하다가 이것을 다음 부분의 층으로 연속시켜 전체가 단계를 이루도록 용착시켜 나가는 방법은?

가. 후퇴법(Backstep method)
나. 캐스케이드법(Cascade method)
다. 블록법(Block method)
라. 덧살 올림법(Build-up method)

20 용접 순서에서 동일 평면 내에 이음이 많을 경우, 수축은 가능한 자유단으로 보내는 이유로 옳은 것은?

가. 압축 변형을 크게 해주는 효과와 구조물 전체를 가능한 균형 있게 인장 응력을 증가시키는 효과 때문
나. 구속에 의한 압축 응력을 작게 해 주는 효과와 구조물 전체를 가능한 균형 있게 굽힘 응력을 증가시키는 효과 때문
다. 압축 응력을 크게 해주는 효과와 구조물 전체를 가능한 균형 있게 인장 응력을 경감시키는 효과 때문
라. 구속에 의한 잔류 응력을 작게해 주는 효과와 구조물 전체를 가능한 균형 있게 변형을 경감시키는 효과 때문

21 용접 이음부 형상의 선택 시 고려사항이 아닌 것은?

가. 용접하고자 하는 모재의 성질
나. 용접부에 요구되는 기계적 성질
다. 용접할 물체의 크기, 형상, 외관
라. 용접 장비 효율과 용가재의 건조

22 이면 따내기 방법이 아닌 것은?

가. 아크 에어 가우징
나. 밀링
다. 가스 가우징
라. 산소창 절단

23 아크 용접 중에 아크가 전류 자장의 영향을 받아 용접 비드(bead)가 한쪽으로 쏠리는 현상은?

가. 용융 속도
나. 자기 불림
다. 아크 부스터
라. 전압 강하

24 제품 제작을 위한 용접 순서로 옳지 않은 것은?

가. 수축이 큰 맞대기 이음을 먼저 용접한다.
나. 리벳과 용접을 병용할 경우 용접 이음을 먼저 한다.
다. 큰 구조물은 끝에서부터 중앙으로 향해 용접한다.
라. 대칭적으로 용접을 한다.

25 용접 작업 전 홈의 청소방법이 아닌 것은?

가. 와이어브러쉬 작업
나. 연삭 작업
다. 숏블라스트 작업
라. 기름 세척 작업

26 용접 이음부의 홈 형상을 선택할 때 고려해야 할 사항이 아닌 것은?

가. 완전한 용접부가 얻어질 수 있을 것
나. 홈 가공이 쉽고 용접하기가 편할 것
다. 용착 금속의 양이 많을 것
라. 경제적인 시공이 가능할 것

27 용접선의 방향과 하중 방향이 직교되는 것은?

가. 전면 필릿 용접
나. 측면 필릿 용접
다. 경사 필릿 용접
라. 병용 필릿 용접

28 가용접에 대한 설명으로 잘못된 것은?

가. 가용접은 2층 용접을 말한다.
나. 본 용접봉보다 가는 용접봉을 사용한다.
다. 루트 간격을 소정의 치수가 되도록 유의한다.
라. 본 용접과 비등한 기량을 가진 용접공이 작업한다.

29 용접물을 용접하기 쉬운 상태로 위치를 자유자재로 변경하기 위해 만든 지그는?

가. 스트롱백(strong back)
나. 워크 픽스쳐(work fixture)
다. 포지셔너(positioner)
라. 클램핑 지그(clamping jig)

30 접합하는 부재 한쪽에 둥근 구멍을 뚫고 다른 쪽 부재와 겹쳐서 구멍을 완전히 용접하는 것을 무엇이라고 하는가?

가. 심용접(seam weld)
나. 플러그 용접(plug weld)
다. 가용접(tack weld)
라. 플레어 용접(flare weld)

31 엔드탭(end tab)의 설명 중 틀린 것은?

가. 모재를 구속시킨다.
나. 엔드탭은 모재와 다른 재질을 사용해야 한다.
다. 용접이 불량하게 되는 것을 방지한다.
라. 용접 끝단부에서의 자기쏠림 방지 등에도 효과가 있다.

32 겹쳐진 2부재의 한쪽에 둥근 구멍 대신에 좁고 긴 홈을 만들어 그곳을 용접하는 것을 어떤 용접이라고 하는가?

가. 겹치기 용접
나. 플랜지 용접
다. T형 용접
라. 슬롯 용접

33 동일 체적의 아세틸렌을 용해시키는 것은?

가. 아세톤(Acetone)
나. 석유
다. 알코올
라. 물(H_2O)

34 서브머지드 아크 용접에서 와이어 돌출 길이는 와이어 지름의 몇 배 전후가 적당한가?

가. 2배
나. 4배
다. 6배
라. 8배

35 용접 전류가 120 A, 용접 전압이 12 V, 용접 속도가 분당 18 cm일 경우에 용접부의 입열량(Joules/cm)은?

가. 3500　　나. 4000
다. 4800　　라. 5100

36 용접지그의 사용에는 ( ) 자세가 적당하다. 용접의 양부는 용접 전의 준비에 밀접한 관계가 있다. 또한 용접 변형의 양을 최소로 줄일 수가 있는 것이 중요한 사항이다. ( )에 가장 적당한 용어는?

가. 위 보기　　나. 수평 필렛
다. 수직 필렛　　라. 아래 보기

37 강판을 가스 절단하면 국부적인 급열 급냉을 받기 때문에 절단 끝이 팽창, 수축에 의하여 변형이 생긴다. 이 변형의 방지법 중 부적당한 것은?

가. 피절단재를 고정하는 방법
나. 수냉에 의하여 열을 제거하는 방법
다. 열응력이 대칭이 되도록 예열하는 방법
라. 절단부에 역각도를 주는 방법

38 용접 이음의 안전율에 가장 영향을 미치지 않는 사항은?

가. 모재 및 용착 금속의 기계적 성질　　나. 재료의 용접성
다. 초음파 탐상시험　　라. 하중의 종류

39 용접 공사의 공정 계획을 세우기 위해서 만들어야 하는 표가 아닌 것은?

가. 공정표(工程表)　　나. 산적표(山積表)
다. 인원배치표　　라. 강재중량표

40 맞대기 용접에서 변형이 가장 적은 홈의 형상은 어느 것인가?

가. V형 홈　　나. U형 홈
다. X형 홈　　라. 한쪽 J형 홈

41 용접 이음이 짧거나 변형 및 잔류 응력이 별로 문제가 되지 않는 1층 자동 용접의 경우에 가장 적합한 용착법은?

가. 대칭법　　나. 전진법
다. 후진법　　라. 비석법

42 용접 전압 20[V], 용접 전류 120[A], 용접 속도 60[cm/min]로 용접할 때 입열량은 얼마인가?

가. 2000[J/cm]　　나. 2200[J/cm]
다. 2400[J/cm]　　라. 2600[J/cm]

43 용접 설계상 주의사항 중 알맞지 않은 것은?

가. 용접하기에 알맞은 이음 형식을 택해야 한다.
나. 용접선은 가급적 짧게 해야 한다.
다. 용접한 부분을 한곳에 모이게 한다.
라. 용접하기 쉬운 자세를 한다.

44 가접(Tack welding)에 대한 설명 중 틀린 것은?

가. 가접은 본용접을 하기 전에 좌우의 홈부분을 잠정적으로 고정하기 위한 짧은 용접이다.
나. 가접은 슬래그 섞임, 기공 등의 결함이 수반하기 때문에 이음의 끝부분, 모서리 부분을 피해야 한다.
다. 가접은 쉬운 용접이므로 기초 용접공에 의해 실시하여 용접 기량을 향상시킨다.
라. 가접에는 본용접보다도 지름이 약간 작은 용접봉을 사용한다.

45 대형 탱크 용접 시 가장 이상적인 용접 방법은?

가. 백스텝 용접(back step welding)
나. 비석법(skip welding)
다. 캐스케이드법(cascade sequence method)
라. 블록법(block sequence)

연습문제 정답	1	2	3	4	5	6	7	8	9	10	11	12	13	14	15
	가	다	나	다	다	가	다	가	라	라	가	가	가	다	라
	16	17	18	19	20	21	22	23	24	25	26	27	28	29	30
	다	라	가	나	라	라	라	나	다	라	다	가	가	다	나
	31	32	33	34	35	36	37	38	39	40	41	42	43	44	45
	나	라	라	라	다	라	라	다	라	다	나	다	다	다	라

부록

A. 용접 기호 KSB0052

이 규격은 1992년에 제3판으로 발행된 ISO 2553, Welded, brazed and soldered joints-Symbolic representation on drawings를 기초로, 기술적 내용 및 대응국제표준의 구성을 변경하지 않고 작성한 한국산업규격으로 KS B0052:2002를 개정한 것이다.

B.1 적용범위

이 규격은 도면에서 용접, 브레이징 및 솔더링 접합부(이하 접합부라 한다.)에 표시할 기호에 대하여 규정한다.

B.2 인용 규격

다음에 나타내는 규격은 이 규격에 인용됨으로써 이 규격의 규정 일부를 구성한다. 이러한 인용규격은 그 최신판을 적용한다.

ISO 128 : 1982, Technical drawings – General principles of presentation

ISO 544 : 1989, Filler materials for manual welding - ize requirements

ISO 1302 : 1978, Technical drawings – Method of indicating surface texture on drawings

ISO 2560 : 1973, Covered electrodes for manual arc welding of mild steel and low alloy steel – Code of symbols for identification

ISO 3098 – 1 : 1974, Technical drawings – Lettering – Part 1 : Currently used characters

ISO 3581 : 1976, Covered electrodes for manual arc welding of stainless and other similar high alloy steels – Code of symbols for identification

ISO 4063 : 1990, Welding, brazing, soldering and braze welding of metals – Nomenclature of processes and reference numbers for symbolic representation on drawings

KS B ISO 5817 : 2002, 강의 아크 용접 이음 – 불완전부의 품질 등급 지침

ISO 6947 : 1990, Welds – Working positions – Definitions of angles of slope and rotation

KS C ISO 8167 : 2001, 저항 용접용 프로젝션

KS B ISO 10042, 알루미늄 및 그 합금의 아크 용접 이음–불완전의 품질 등급 지침

B.3 일반

① 접합부는 기술 도면에 대하여 일반적으로 권장하고 있는 사항에 따라 표시될 수 있다. 그러나 간소화하기 위하여 일반적인 접합부에 대해서 이 규격에서 설명하고 있는 기호를 따르도록 한다.

② 기호 표시는 특정한 접합부에 관하여 비고나 추가적으로 보여주는 도면없이 모든 필요한 지시 사항을 분명하게 표시한다.

③ 이 기호 표시는 다음과 같은 사항으로 완성되는 기본 기호를 포함한다.

- 보조 기호
- 치수 표시
- 몇 가지 보조 표시(특별히 가공 도면을 위한)

④ 도면을 가능한 한 간소화하기 위하여 접합부의 도면에 지시 사항을 표시하기 보다는 용접, 브레이징 및 솔더링할 단면의 준비 및/혹은 용접, 브레이징 및 솔더링 절차에 대한 세부 사항을 나타내는 특정 지시 사항이나 특수 시방에 대한 참고 사항을 마련하도록 권장한다.

이러한 지시 사항들이 없으면 용접, 브레이징 및 솔더링 할 모서리의 준비나 용접, 브및 솔더링 절차에 관련한 치수는 기호와 가까이 있어야 한다.

B.4 기호

(1) 기본 기호

여러 가지 종류의 접합부는 일반적으로 용접 형상과 비슷한 기호로 구별할 수 있다. 기호로 적용할 공정을 미리 판단할 수 있는 것은 아니다.

기본 기호는 표 1에서 보여주고 있다.

만약 접합부가 지정되지 않고 용접, 브레이징 또는 솔더링 접합부를 나타낸다면 다음과 같은 모양의 기호를 사용하게 된다.

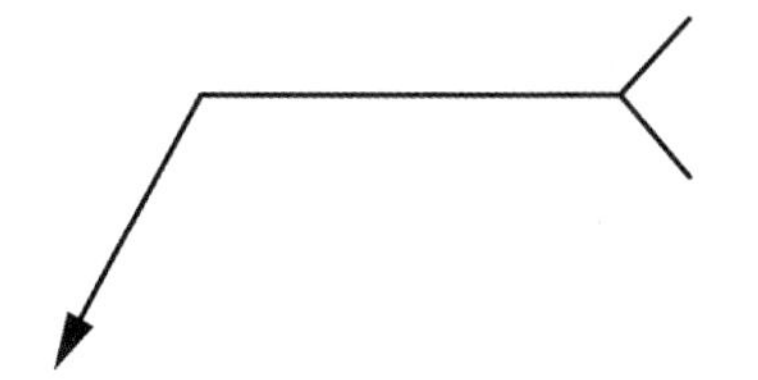

표 1. 기본기호

번호	명칭	그림	기호
1	돌출된 모서리를 가진 평판 사이의 맞대기 용접1) 에지 플랜지형 용접(미국) / 돌출된 모서리는 완전 용해		八
2	평행(I형) 맞대기 용접		‖
3	V형 맞대기 용접		V
4	일면 개선형 맞대기 용접		⊬
5	넓은 루트면이 있는 V형 맞대기 용접		Y
6	넓은 루트면이 있는 한 면 개선형 맞대기 용접		⊬
7	U형 맞대기 용접(평행 또는 경사면)		Y
8	J형 맞대기 용접		⊬
9	이면 용접		◡
10	필릿 용접		◺
11	플러그 용접 : 플러그 또는 슬롯 용접(미국)		⊓
12	점 용접		○

(계속)

번호	명칭	그림	기호
13	심(seam) 용접	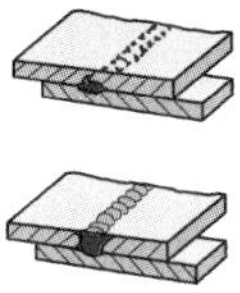	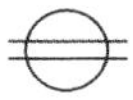
14	개선 각이 급격한 V형 맞대기 용접	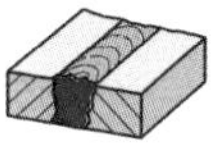	
15	개선 각이 급격한 일면 개선형 맞대기 용접	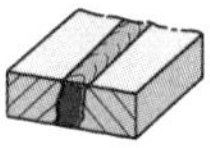	
16	가장자리(edge) 용접		
17	표면 육성		
18	표면(surface) 접합부	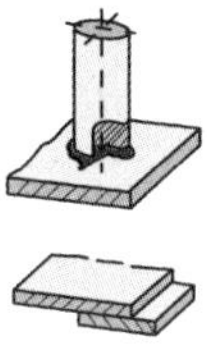	
19	경사 접합부	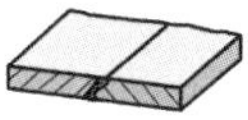	
20	겹침 접합부		

1) 돌출된 모서리를 가진 평판 맞대기 용접부(번호 1)에서 완전 용입이 안 되면 용입 깊이가 s인 평행 맞대기 용접부(번호 2)로 표시한다 (표 5 참조).

(2) 기본 기호의 조합

필요한 경우 기본 기호를 조합하여 사용할 수 있다.

양면 용접의 경우에는 적당한 기본 기호를 기준선에 대칭되게 조합하여 사용한다. 전형적인 예를 표 2에 보여주고 있으며 응용의 예는 표 A.2에서 보여주고 있다.

표 2. 양면 용접부 조합 기호(보기)

명칭	그림	기호
양면 V형 맞대기 용접(X용접)		X
K형 맞대기 용접		K
넓은 루트면이 있는 양면 V형 용접		
넓은 루트면이 있는 K형 맞대기 용접		
양면 U형 맞대기 용접		

비고 표 2는 양면(대칭) 용접에서 기본 기호의 조합 예를 보여주고 있다. 기호 표시에 있어서 기본 기호는 기준선에 대칭되도록 배열한다. 기본 기호 이외의 기호는 기준선을 표시 하지 않고 나타낼 수 있다.

(3) 보조 기호

기본 부호는 용접부 표면의 모양이나 형상의 특징을 나타내는 기호로 보완할 수 있다. 권장하는 몇가지 보조 기호는 표 3에서 보여주고 있다.

보조 기호가 없는 것은 용접부 표면을 자세히 나타낼 필요가 없다는 것을 의미한다. 기본 기호와 보조 기호의 조합 예를 표 3과 표 4에 나타내었다. 비고 여러 가지 기호를 함께 사용할 수 있지만, 용접부를 기호로 표시하기가 어려울 때는 별도의 개략도로 나타내는 것이 바람직하다.

표 3. 보조 기호

용접부 표면 또는 용접부 형상	기호
a) 평면(동일한 면으로 마감 처리)	—
b) 볼록형	⌒
c) 오목형	◡
d) 토우를 매끄럽게 함.	
e) 영구적인 이면 판재(backing strip) 사용	M
f) 제거 가능한 이면 판재 사용	MR

표 4는 보조 기호 적용의 예를 보여주고 있다.

표 4. 보조 기호의 적용 보기

명칭	그림	기호
평면 마감 처리한 V형 맞대기 용접		
볼록 양면 V형 용접		
오목 필릿 용접	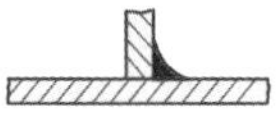	
이면 용접이 있으며 표면 모두 평면 마감 처리한 V형 맞대기 용접		
넓은 루트면이 있고 이면 용접된 V형 맞대기 용접		
평면 마감 처리한 V형 맞대기 용접		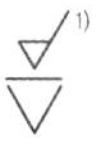 1)
매끄럽게 처리한 필릿 용접		

1) ISO 1302에 따른 기호: 이 기호 대신 주 기호 √ 를 사용할 수 있음.

B.5 도면에서 기호의 위치

(1) 일반

이 규격에서 다루는 기호는 완전한 표시 방법 중의 단지 일부분이다(그림 1 참조).

- 접합부당 하나의 화살표(1)(그림 2와 그림 3참조)
- 두 개의 선, 실선과 점선의 평행선으로 된 이중 기준선(2)(예외는 비고 1. 참조)
- 특정한 숫자의 치수와 통상의 부호

비고 1  점선은 실선의 위 또는 아래에 있을 수 있다(5.5 및 부속서 B 참조).
대칭 용접의 경우 점선은 불필요하며 생략할 수도 있다.

비고 2 화살표, 기준선, 기호 및 글자의 굵기는 각각 ISO 128과 ISO 3098－1에 의거하여 치수를 나타내는 선 굵기에 따른다.

다음 규칙의 목적은 각각의 위치를 명확히 하여 접합부의 위치를 정의하기 위한 것이다.

- 화살표의 위치
- 기준선의 위치
- 기호의 위치

화살표와 기준선에는 참고 사항을 완전하게 구성하고 있다. 용접 방법, 허용 수준, 용접 자세, 용접 재료 및 보조 재료 등과 같은 상세 정보가 주어지면, 기준선 끝에 덧붙인다(7. 참조).

(2) 화살표와 접합부의 관계

그림 2와 그림 3에 보여준 예는 용어의 의미를 설명하고 있다.

- 접합부의 "화살표 쪽"
- 접합부의 "화살표 반대쪽"

비고 1 이 그림에서는 화살표의 위치를 명확하게 표시한다. 일반적으로 접합부의 바로 인접한 곳에 위치한다.

비고 2 그림 2 참조

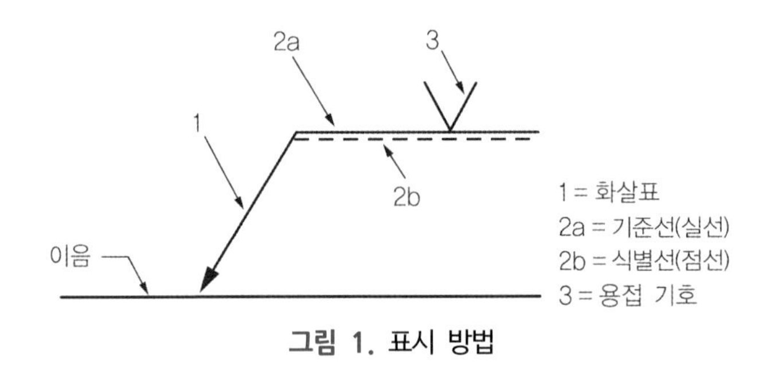

그림 1. 표시 방법

그림 2. 한쪽 면 필릿 용접의 T 접합부

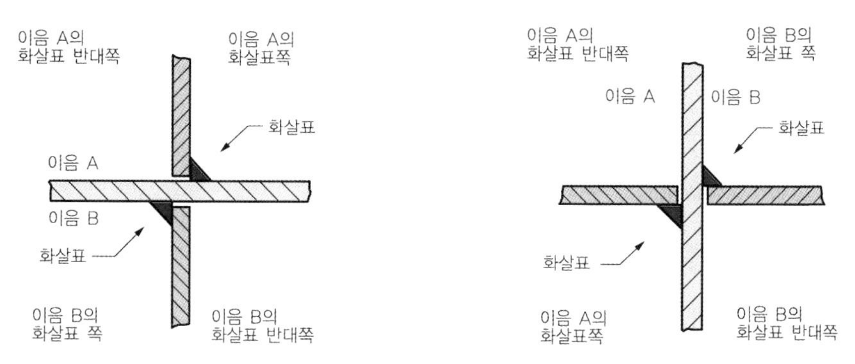

그림 3. 양면 필릿 용접의 십자(+)형 접합부

(3) 화살표 위치

일반적으로 용접부에 관한 화살표의 위치는 특별한 의미가 없다(그림 4 (a)와 (b) 참조). 그러나 용접형상이 4, 6, 및 8인 경우(표 1 참조)에는 화살표가 준비된 판 방향으로 표시된다(그림 4 (c)와 (d) 참조).

화살표는

- 기준선이 한쪽 끝에 각을 이루어 연결되며
- 화살 표시가 붙어 완성된다.

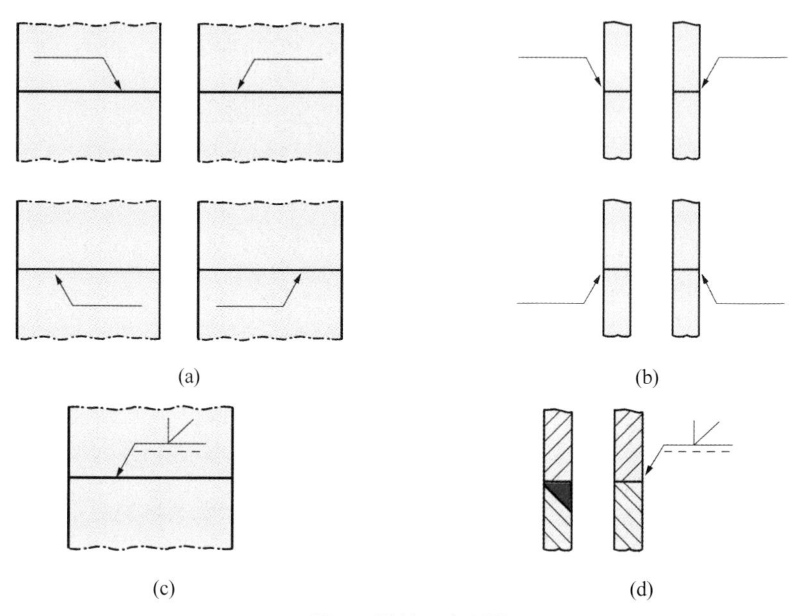

그림 4. 화살표의 위치

(4) 기준선의 위치

기준선은 우선적으로 도면 아래 모서리에 평행하도록 표시하거나 또는 그것이 불가능한 경우에는 수직되게 표시한다.

(5) 기준선에 대한 기호 위치

기호는 다음과 같은 규칙에 따라 기준선의 위 또는 아래에 표시하여야 한다.

- 용접부(용접 표면)가 접합부의 화살표 쪽에 있다면 기호는 기준선의 실선 쪽에 표시한다(그림 5 (a) 참조)
- 용접부(용접 표면)가 접합부의 화살표 반대쪽에 있다면 기호는 기준선의 점선 쪽에 표시한다(그림 5 (b) 참조).

비고 프로젝션 용접에 의한 점 용접부의 경우에는 프로젝션 표면을 용접부 외부 표면으로 간주한다.

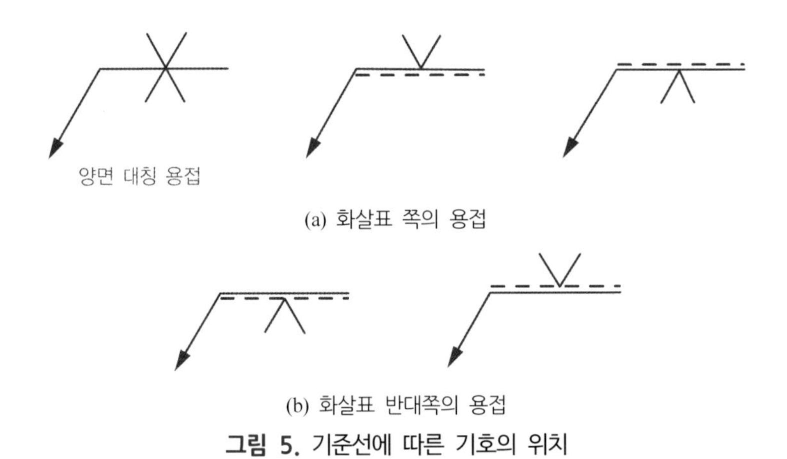

그림 5. 기준선에 따른 기호의 위치

B.6 용접부 치수 표시

(1) 일반 규칙

각 용접 기호에는 특정한 치수를 덧붙인다. 이 치수는 그림 6에 따라서 다음과 같이 표시한다.

a) 가로 단면에 대한 주요 치수는 기호의 왼편(즉 기호의 앞)에 표시한다.

b) 세로 단면의 치수는 기호의 오른편(즉 기호의 뒤)에 표시한다.

주요 치수를 표시하는 방법은 표 5에서 보여주고 있다. 주요 치수를 표시하는 규칙 역시 이 표에서 볼 수가 있다. 기타 다른 치수도 필요에 따라 표시할 수 있다.

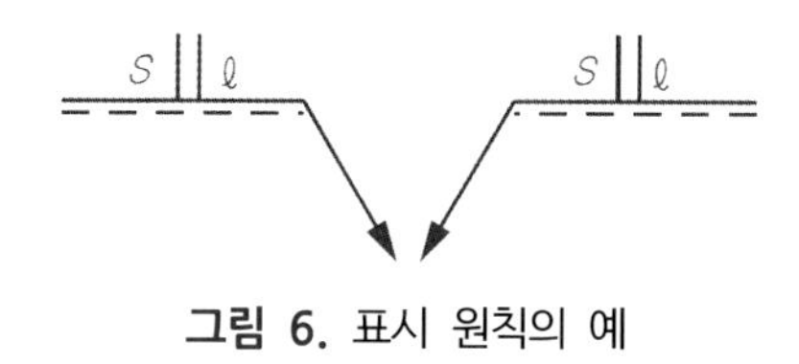

그림 6. 표시 원칙의 예

(2) 표시할 주요 치수

판 모서리 용접에서 치수는 도면 외에는 기호로 표시되지 않는다.

a) 기호에 이어서 어떤 표시도 없는 것은 용접 부재의 전체 길이로 연속 용접한다는 의미이다.

b) 별도 표시가 없는 경우는 완전 용입이 되는 맞대기 용접을 나타낸다.

c) 필릿 용접부에서는 치수 표시에 두 가지 방법이 있다(그림 7 참조). 그러므로 문자 a 또는 z는 항상 해당되는 치수의 앞에 다음과 같이 표시한다.

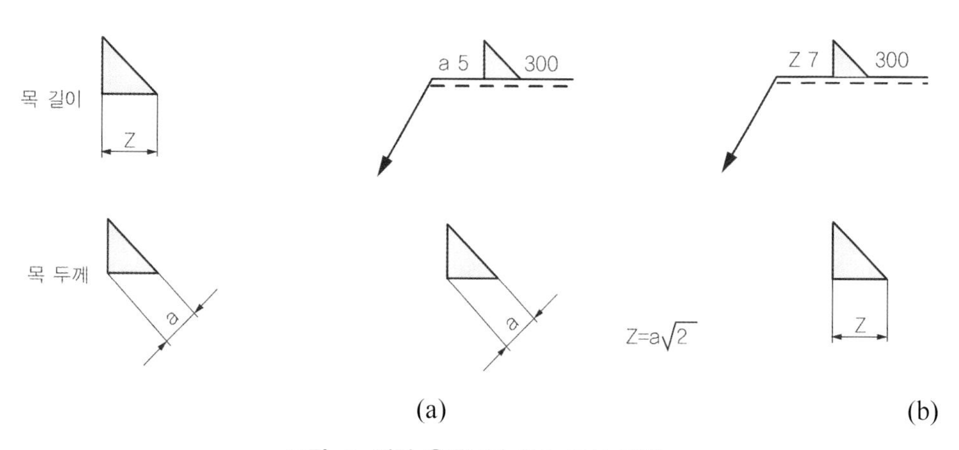

(a) (b)

그림 7. 필릿 용접부의 치수 표시 방법

필릿 용접부에서 깊은 용입을 나타내는 경우 목두께는 s가 된다(그림 8 참조).

d) 경사면이 있는 플러그 또는 슬롯 용접의 경우에는 해당 구멍의 아래에 치수를 표시한다.

비고 필릿 용접부의 용입 깊이에 대해서는, 예를 들면 s8a6◺와 같이 표시한다.

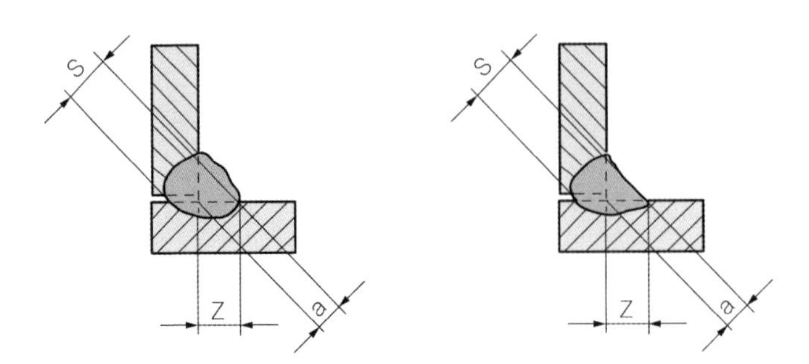

그림 8. 필릿 용접의 용입 깊이의 치수 표시 방법

표 5. 주요 치수

번호	명칭	그림	정의	표시
1	맞대기 용접		s : 얇은 부재의 두께보다 커질 수 없는 거리로서, 부재의 표면부터 용입의 바닥까지의 최소 거리	6.2 (a) 및 6.2 (b) 참조
				s 6.2 (a) 및 6.2 (b) 참조
				s 6.2 (a) 참조
2	플랜지형 c맞대기 용접		s : 용접부 외부 표면부터 용입의 바닥까지의 최소 거리	s 6.2 (a) 및 표 1의 주 참조
3	연속 필릿 용접		a : 단면에서 표시될 수 있는 최대 이등변삼각형의 높이 z : 단면에서 표시될 수 있는 최대 이등변삼각형의 변	a z 6.2 (a) 및 6.2 (c) 참조
4	단속 필릿 용접		ℓ : 용접 길이(크레이터 제외) (e) : 인접한 용접부 간격 n : 용접부 수 a : 3번 참조 z : 3번 참조	a n×ℓ(e) z n×ℓ(e) 6.2 (c) 참조
5	지그재그 단속 필릿 용접		ℓ : 4번 참조 (e) : 4번 참조 n : 4번 참조 a : 3번 참조 z : 3번 참조	a n×ℓ (e) / a n×ℓ (e) z n×ℓ (e) / z n×ℓ (e) 6.2 (c) 참조

(계속)

번호	명칭	그림	정의	표시
6	플러그 또는 슬롯용접	c, ℓ, (e), ℓ, c	ℓ : 4번 참조 (e) : 4번 참조 n : 4번 참조 c : 슬롯의 너비	c n×ℓ(e) 6.2 (d) 참조
7	심 용접	c, ℓ, (e), ℓ	ℓ : 4번 참조 (e) : 4번 참조 n : 4번 참조 c : 용접부 너비	c n×ℓ(e)
8	플러그 용접	d, d, (e)	n : 4번 참조 (e) : 간격 d : 구멍의 지름	d n(e)
9	점 용접	d, d, (e)	n : 4번 참조 (e) : 간격 d : 점(용접부)의 지름	d n(e)

B.7 보조 표시

보조 표시는 용접부의 다른 특징을 나타내기 위해 필요하다. 예를 들면

(1) 일주 용접

용접이 부재의 전체를 둘러서 이루어질 때 기호는 그림 9와 같이 원으로 표시한다.

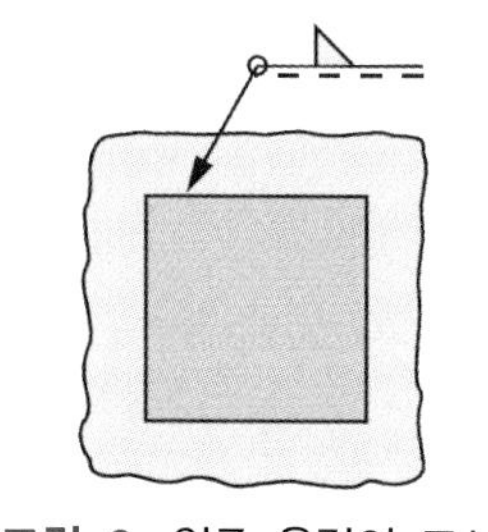

그림 9. 일주 용접의 표시

(2) 현장 용접

현장 용접을 표시할 때는 그림 10과 같이 깃발 기호를 사용한다.

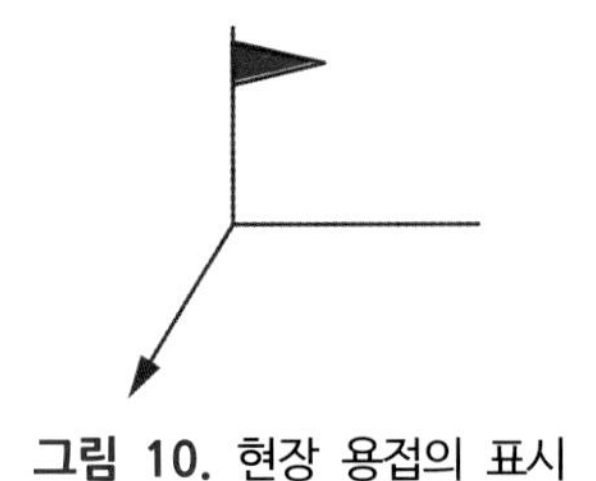

그림 10. 현장 용접의 표시

(3) 용접 방법의 표시

용접 방법의 표시가 필요한 경우에는 기준선의 끝에 2개 선 사이에 숫자로 표시한다. 그림 11은 그 예를 보여주고 있다. 각 용접 방법에 대한 숫자 표시는 ISO 4063에 나타나 있다.

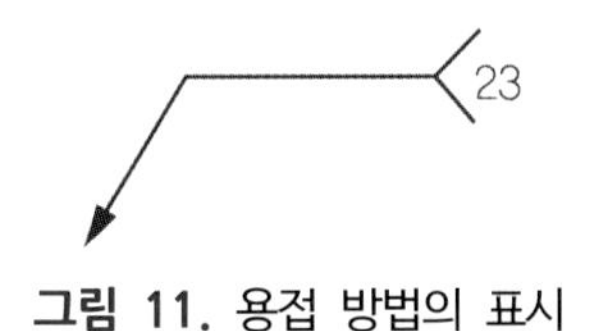

그림 11. 용접 방법의 표시

(4) 참고 표시의 끝에 있는 정보의 순서

용접부와 치수에 대한 정보는 다음과 같은 순서로 기준선 끝에 더 많은 정보를 보충할 수 있다.

- 용접 방법(예시는 ISO 4063에 의거)
- 허용 수준(예시는 KS B ISO 5817 및 KS B ISO 10042에 의거)
- 용접 자세(예시는 ISO 6947에 의거)
- 용접 재료(예시는 ISO 544, ISO 2560, ISO 3581에 의거)

개별 항목은 " / "으로 구분한다. 그 외에 기준선 끝 상자 안에 특별한 지침(즉 절차서)을 그림 12와 같이 표시할 수 있다.

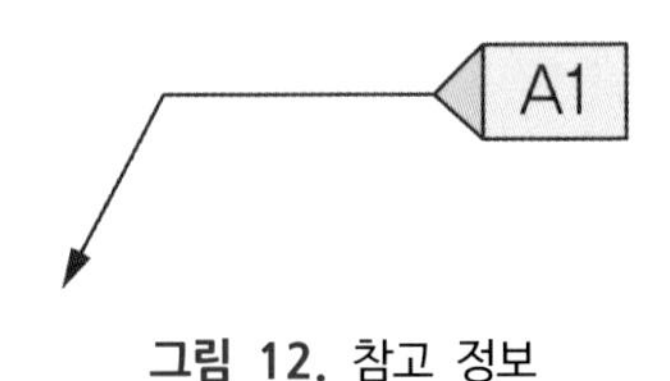

그림 12. 참고 정보

보기　KS B ISO 5817에 따른 요구 허용 수준, ISO 6947에 따른 아래보기 자세 PA, 피복 용접봉 ISO 2560－ E51 2 RR 22를 사용하여 피복 아크 용접(ISO 4063에 따른 참고 번호 111)으로 이면 용접이 있는 V형 맞대기 용접부(그림 13 참조)

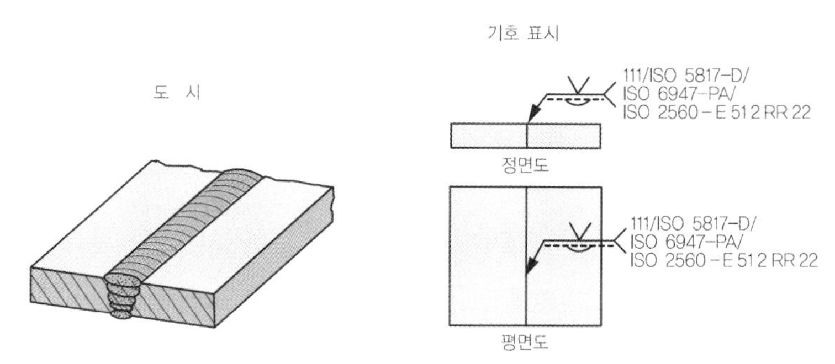

그림 13. 이면 용접이 있는 V형 맞대기 용접부

B.8 점 및 심 용접부에 대한 적용의 예

점 및 심 접합부(용접, 브레이징 또는 솔더링)의 경우에는 2개의 겹쳐진 부재 계면이나 2개의 부재 중에서 하나가 용해되어 접합을 이루게 된다(그림 14와 그림 15 참조).

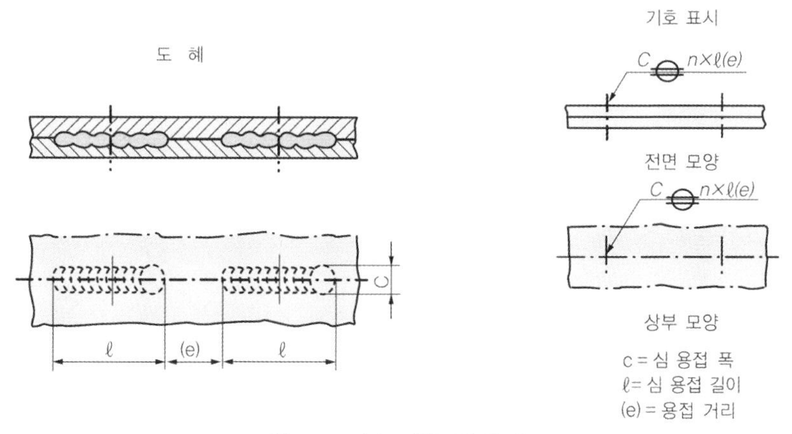

그림 14. 단속 저항 심 용접부

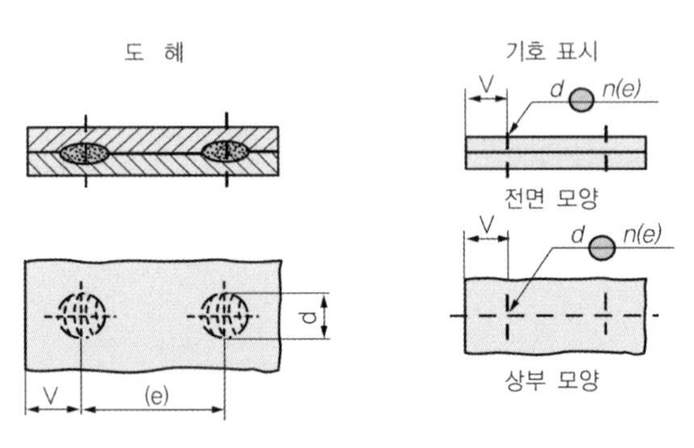

(a) 저항 점 용접

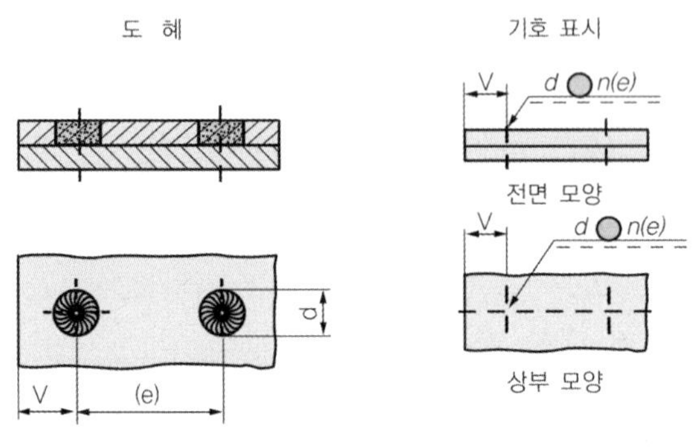

(b) 용융 점 용접

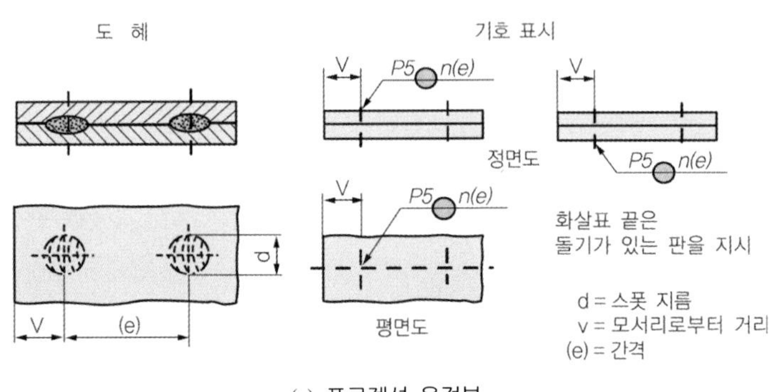

(c) 프로젝션 용접부

그림 15. 점 용접부

비고 프로젝션의 지름 $d=5$ mm, 프로젝션 간격 (e)로 n개의 용접 개수를 가지는 ISO 8167에 따른 프로젝션 용접의 표시의 보기이다.

*부속서 A (참고) 기호의 사용 예

이 부속서는 ISO 2553 : 1992, Welded, brazed and soldered joints – Symbolic representation on drawings의 Annex A(informative)에 기재되어 있는 기호의 사용 예를 보여주는 것으로 규정의 일부는 아니다.

표 6~9까지 기호 사용의 몇 가지 예를 보여주고 있다. 표시한 그림은 설명을 쉽게 하기 위한 것이다.

표 6. 기본 기호 사용 보기

번호	명칭 기호	그림	표시	기호 (a)	기호 (b)
	(숫자는 표 1의 번호)		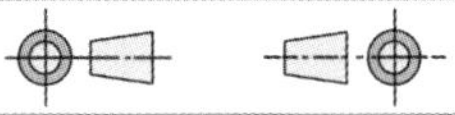		
1	플랜지형 맞대기 용접 ⅃⅂ 1	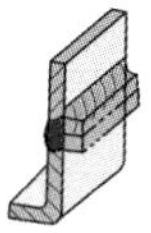	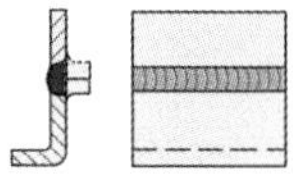	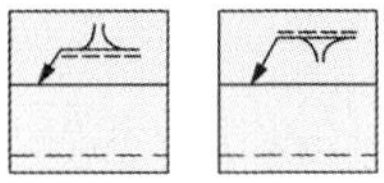	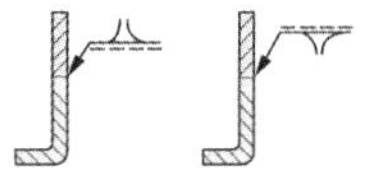
2	I 형 맞대기 용접 ‖ 2	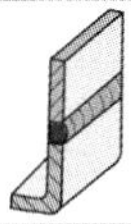	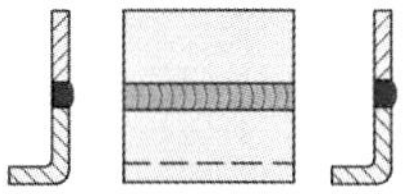	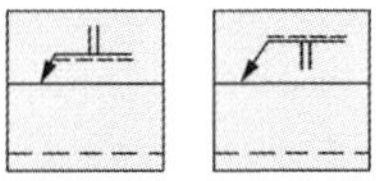	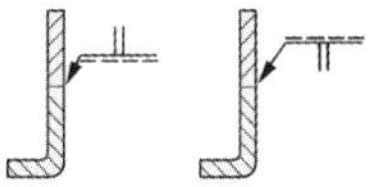
3		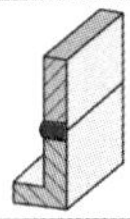		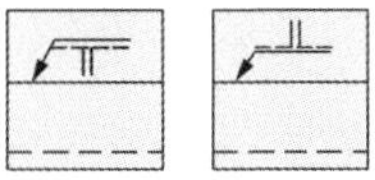	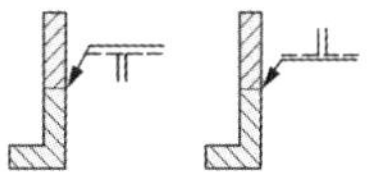
4		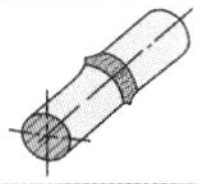	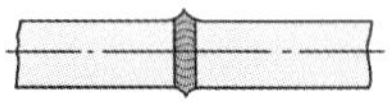	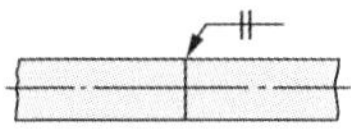	
5	V형 맞대기 용접 V 3	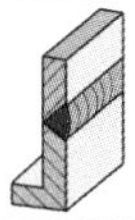	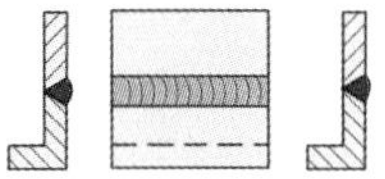	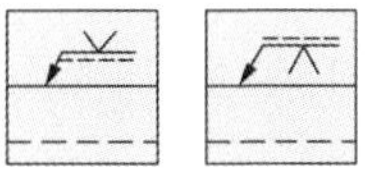	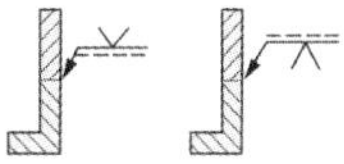
6		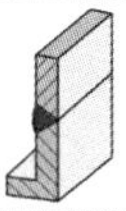	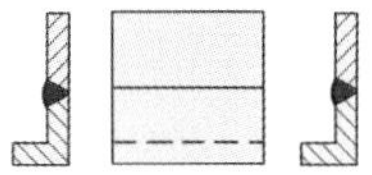	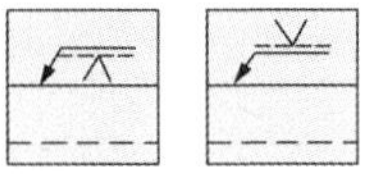	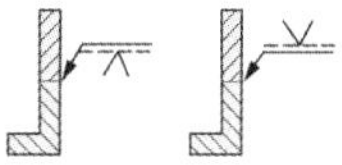
7	일면 개선형 맞대기 용접 ⅃⁄ 4	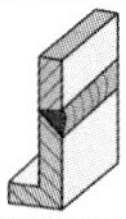	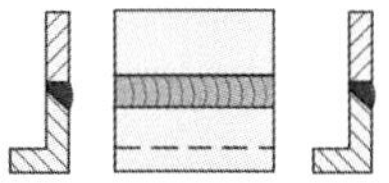	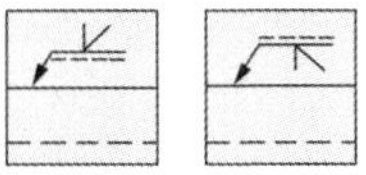	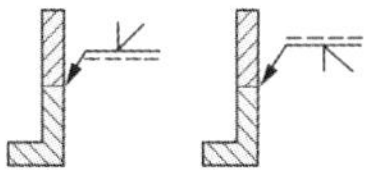
8		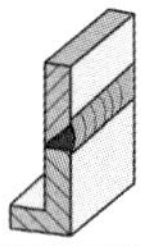	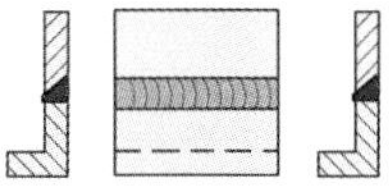	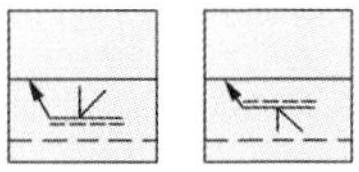	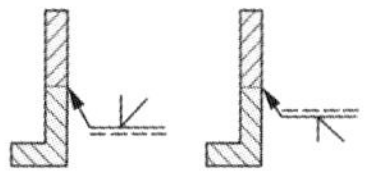
9		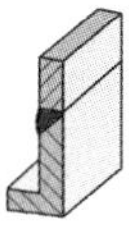	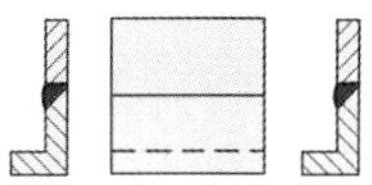	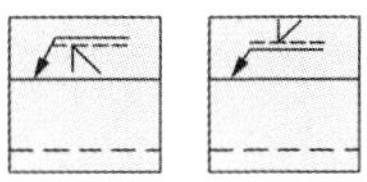	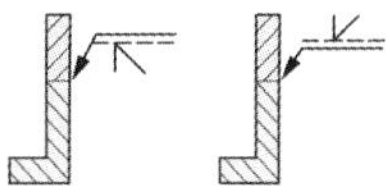

(계속)

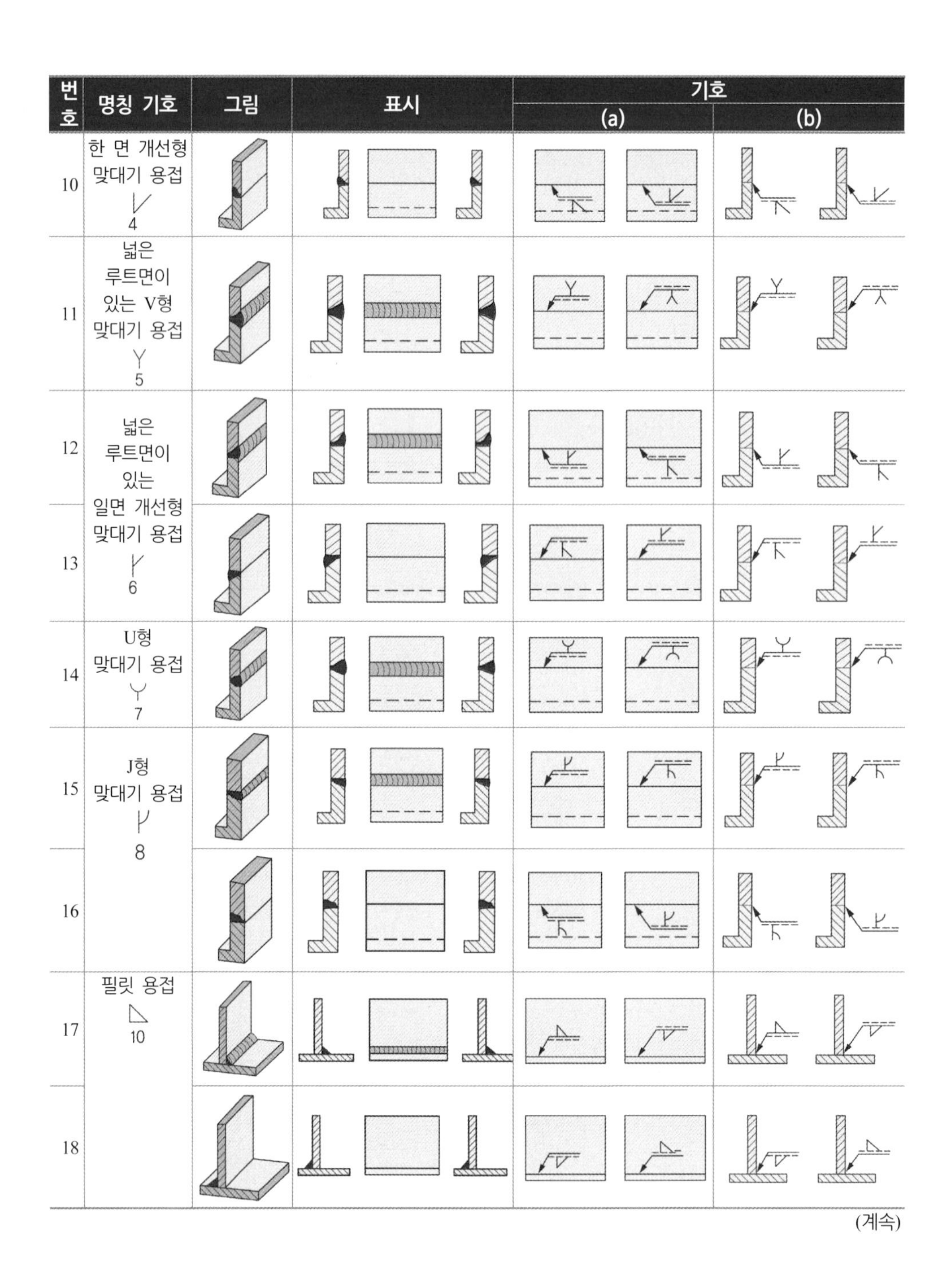

번호	명칭 기호	그림	표시	기호 (a)	기호 (b)
10	한 면 개선형 맞대기 용접 4				
11	넓은 루트면이 있는 V형 맞대기 용접 5				
12	넓은 루트면이 있는 일면 개선형 맞대기 용접 6				
13					
14	U형 맞대기 용접 7				
15	J형 맞대기 용접 8				
16					
17	필릿 용접 10				
18					

(계속)

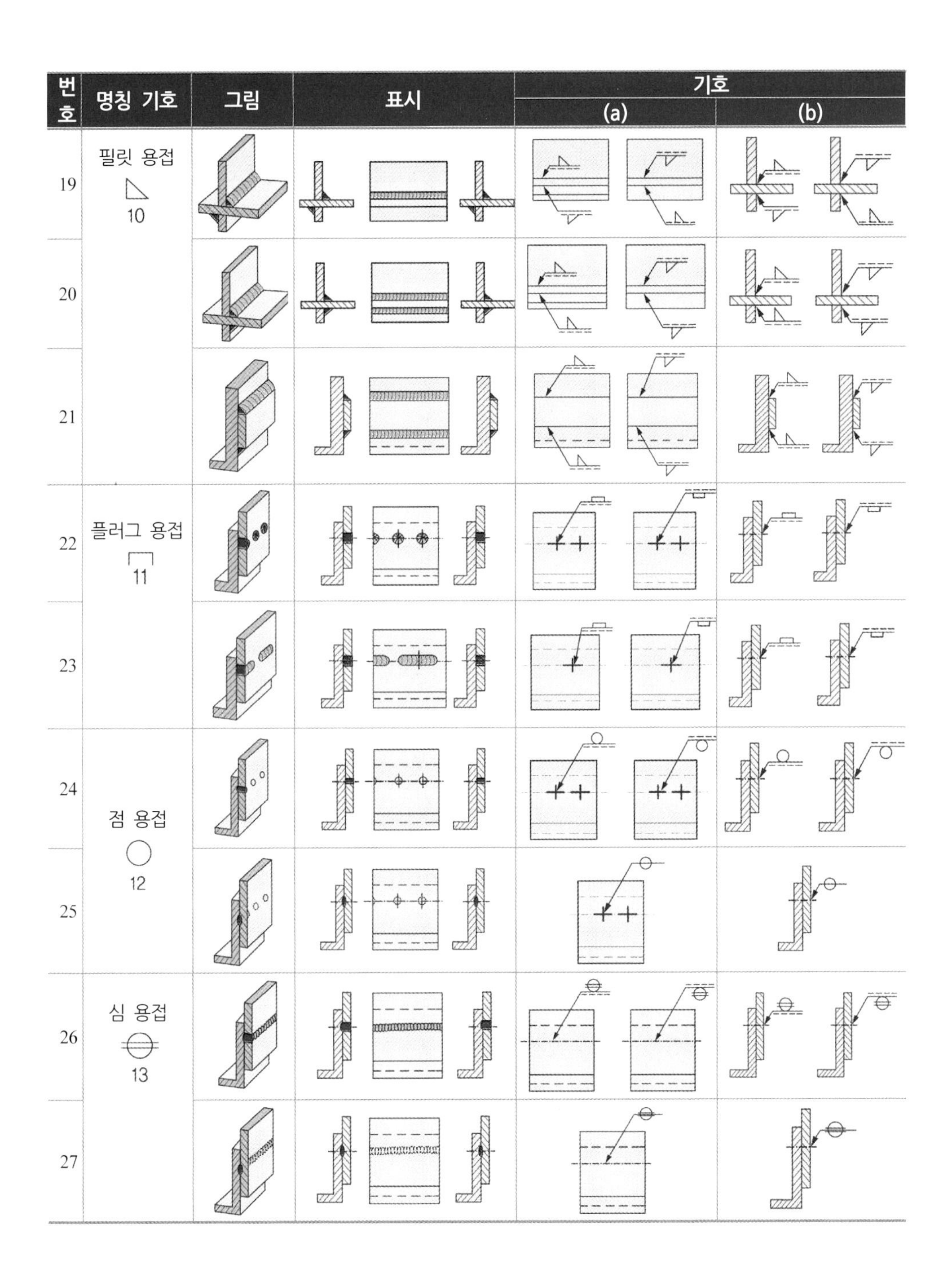

번호	명칭 기호	그림	표시	기호	
				(a)	(b)
19	필릿 용접 10				
20					
21					
22	플러그 용접 11				
23					
24	점 용접 12				
25					
26	심 용접 13				
27					

표 7. 기본 기호 조합 보기

번호	명칭 기호	그림	표시	기호 (a)	기호 (b)
	(숫자는 표 1의 번호)				
1	플랜지형 맞대기 용접 ⅄1 이면 용접 ⌓9 1-9	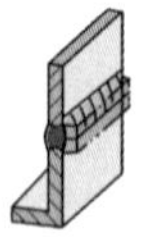	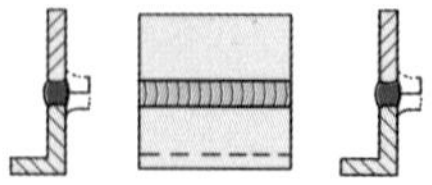	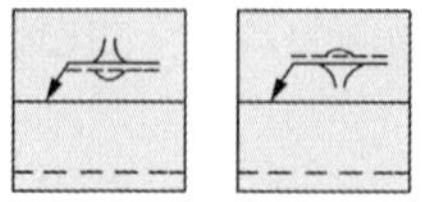	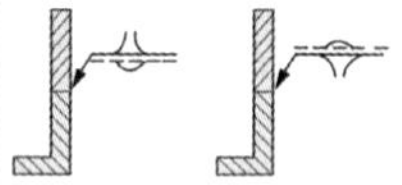
2	I형 맞대기 용접 ‖2 양면 용접 2-2	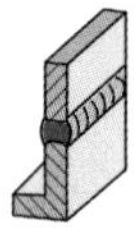	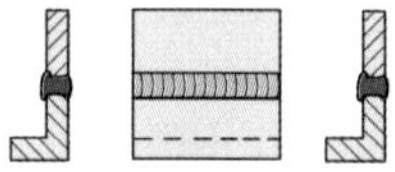	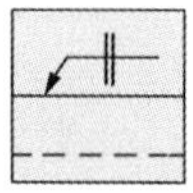	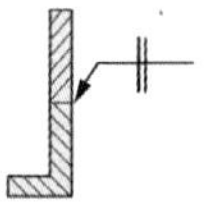
3	V형 용접 ⋁3	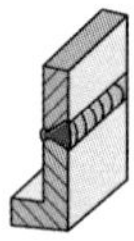	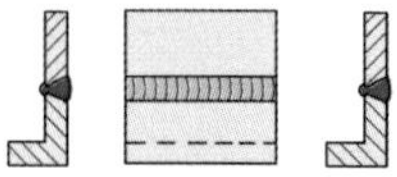	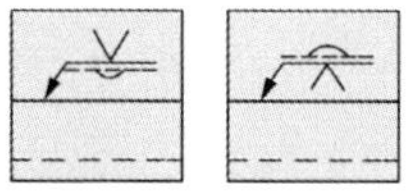	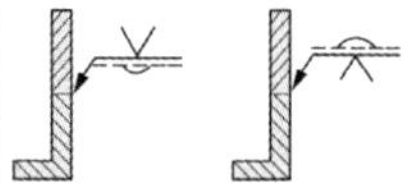
4	이면 용접 ⌓9 3-9	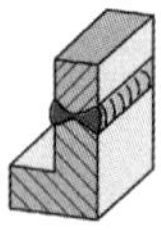	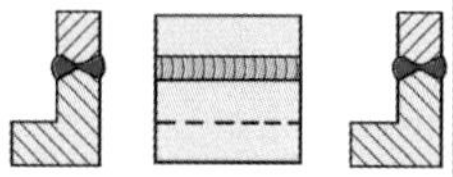	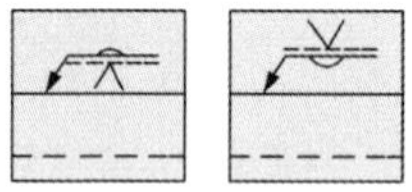	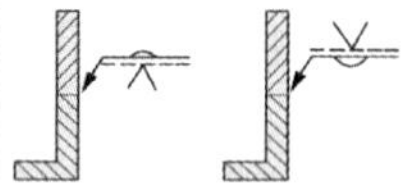
5	양면 V형 맞대기 용접 ⋁3 (X형 용접) 3-3	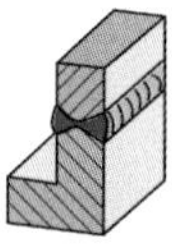	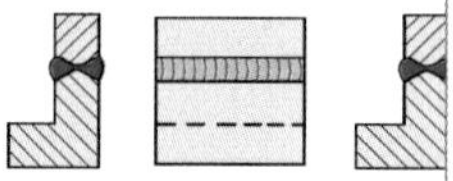	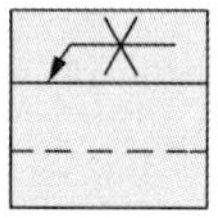	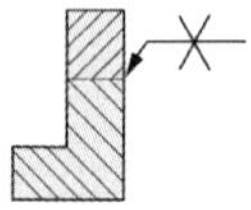
6	K형 맞대기 용접 ⋁4	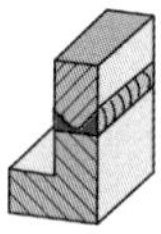	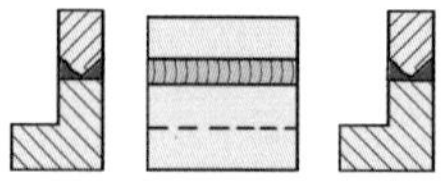	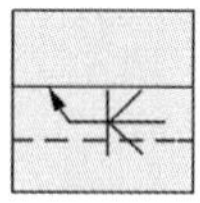	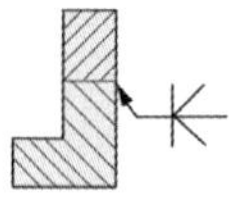
7	(K형 용접) 4-4	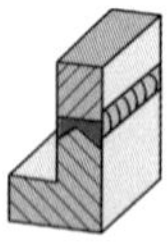	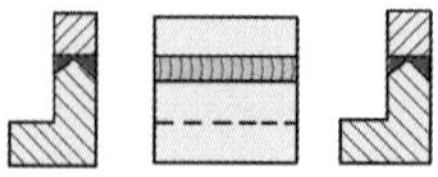	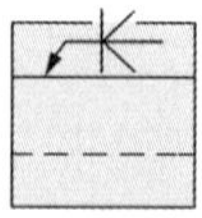	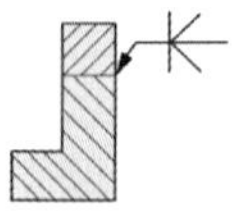
8	넓은 루트면이 있는 양면 V형 맞대기 용접 Y5 5-5	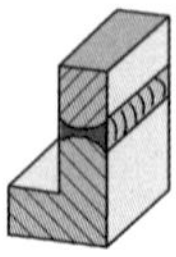	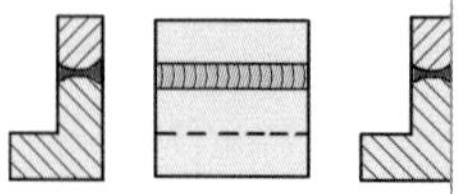	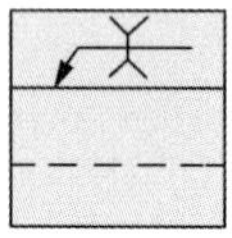	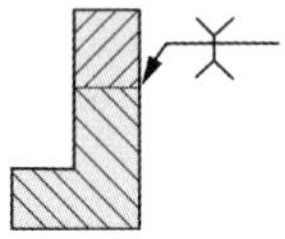

(계속)

번호	명칭 기호	그림	표시	기호 (a)	기호 (b)
9	넓은 루트면이 있는 K형 맞대기 용접 6 6-6	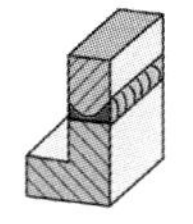	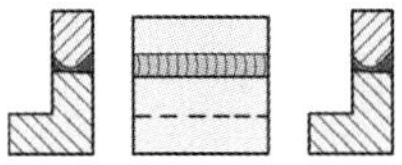	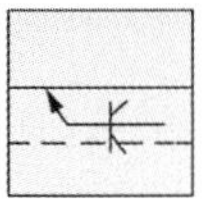	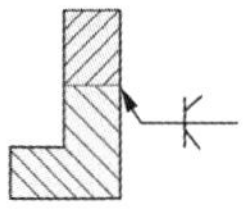
10	양면 U형 맞대기 용접 7 7-7	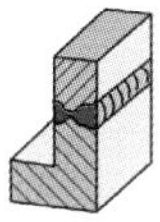	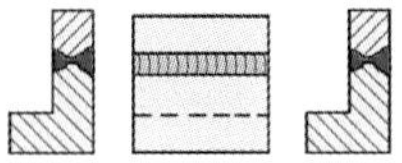	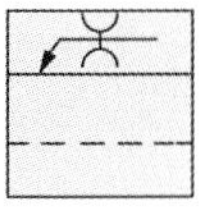	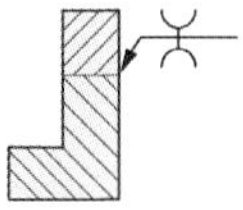
11	양면 J형 맞대기 용접 8 8-8	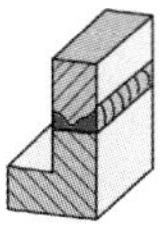	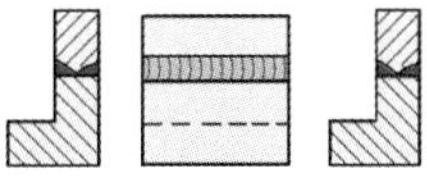	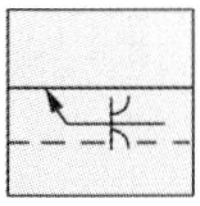	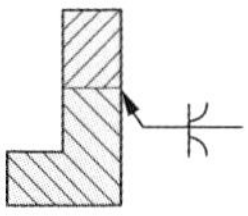
12	일면 V형 맞대기 용접 3 일면 U형 맞대기 용접 7 3-7	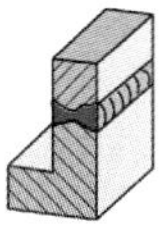	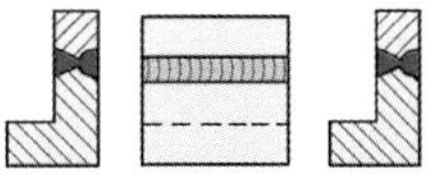	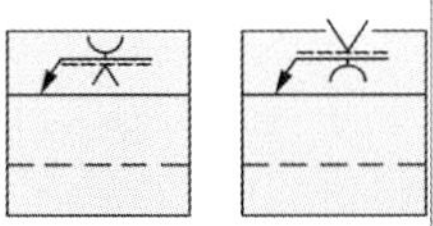	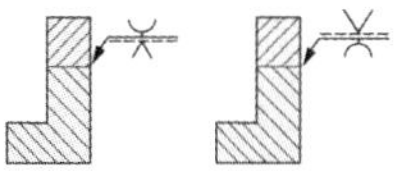
13	필릿 용접 10	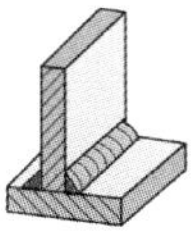	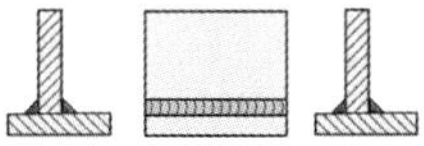	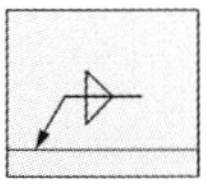	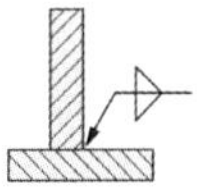
14	필릿 용접 10 10-10	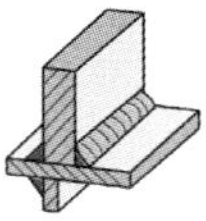	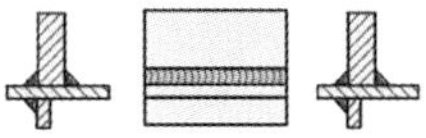	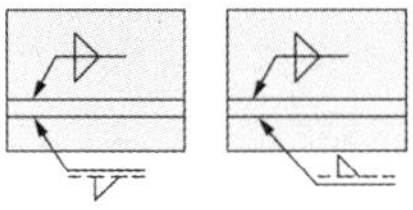	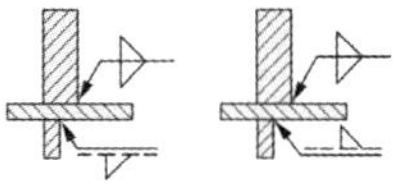

표 8. 기본 기호와 보조 기호 조합 보기

번호	기호	그림	표시	기호 (a)	기호 (b)
			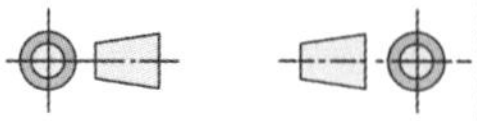		
1	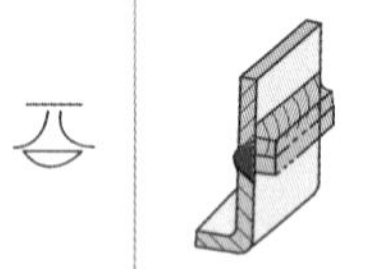		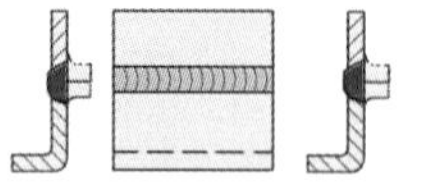	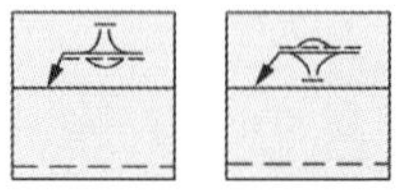	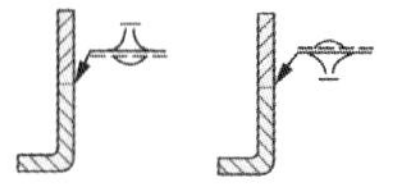
2	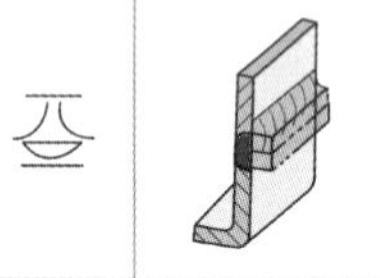		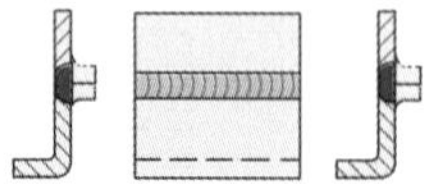	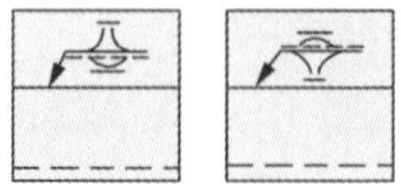	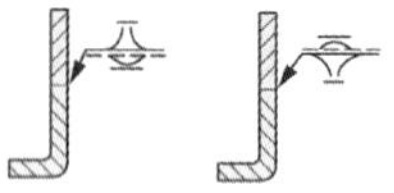
3	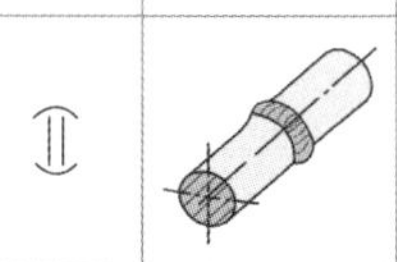		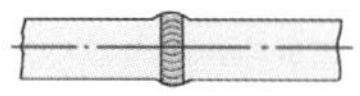	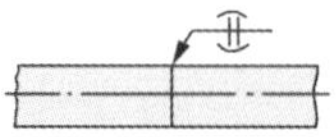	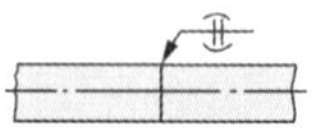
4	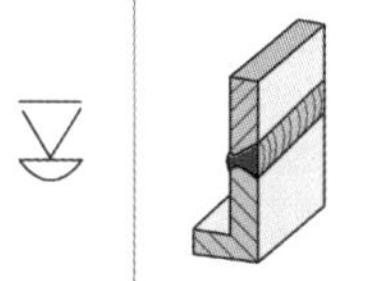		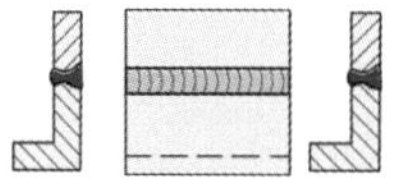	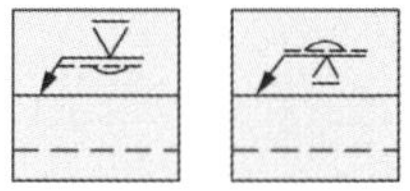	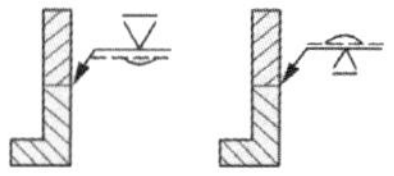
5	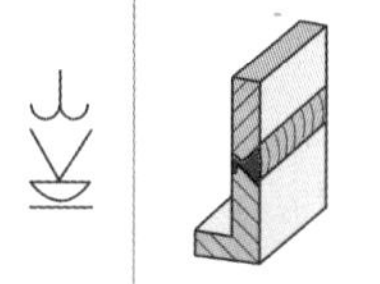		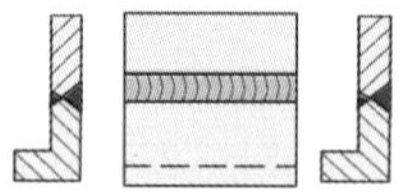	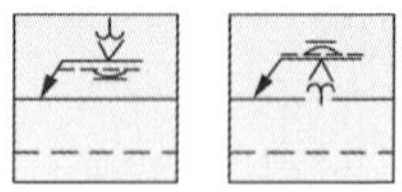	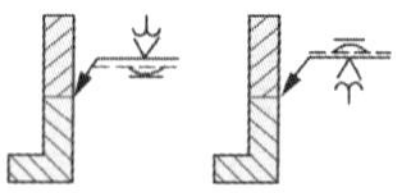
6	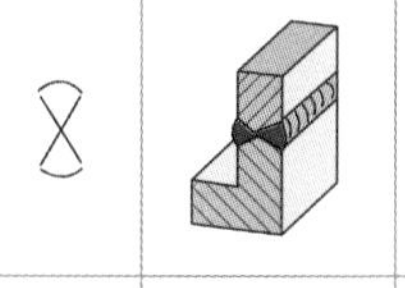		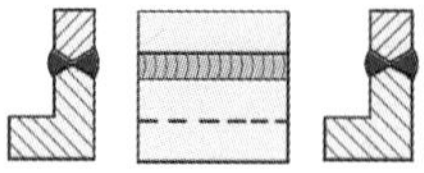	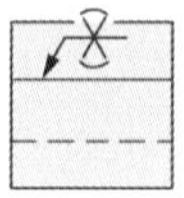	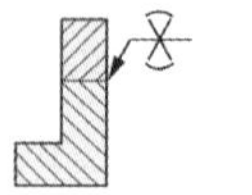
7	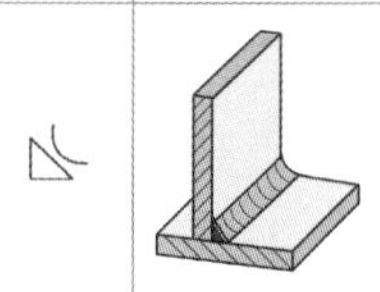		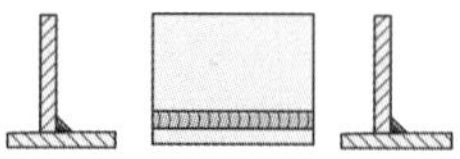	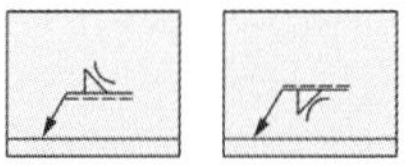	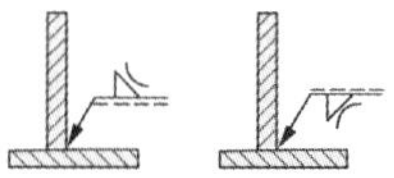
8	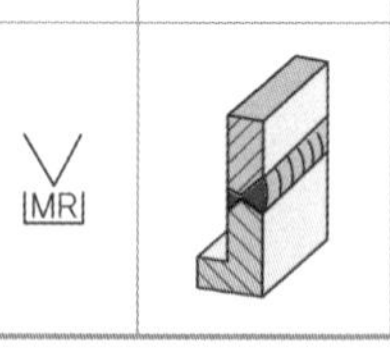 MR		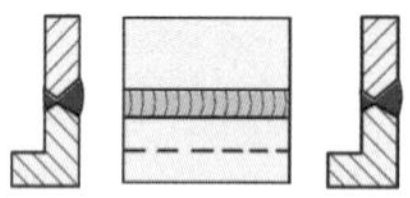	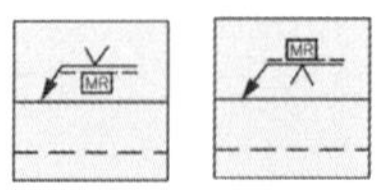 MR MR	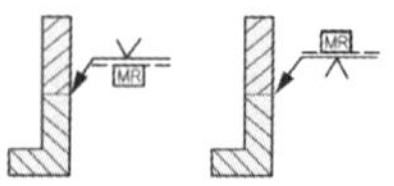 MR MR

표 9. 예외 사례

번호	그림	표시	기호		
			(a)	(b)	잘못된 표시
		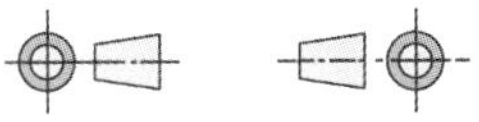			
1	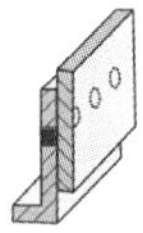	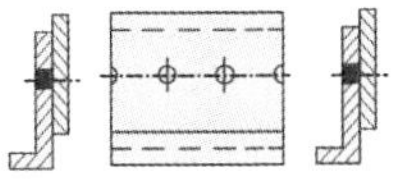	-	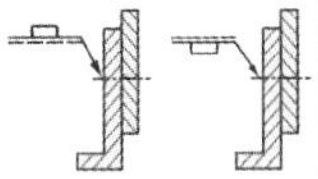	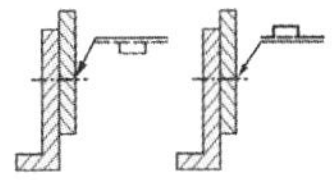
2	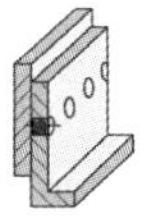	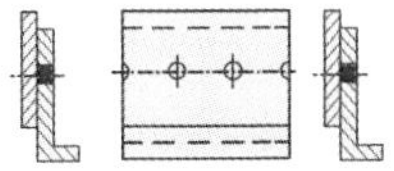	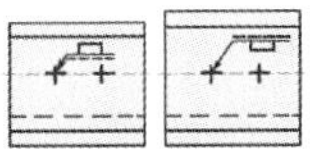	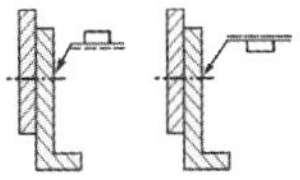	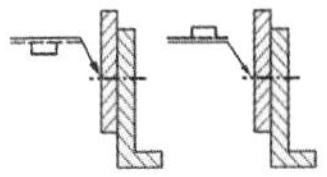
3	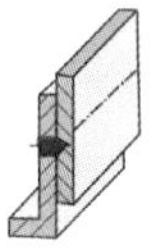	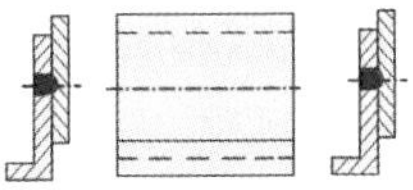	-	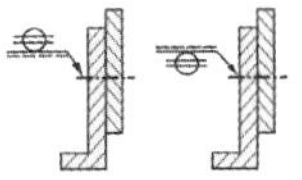	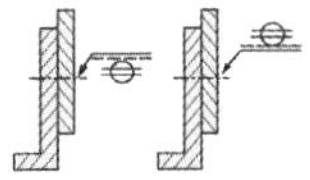
4	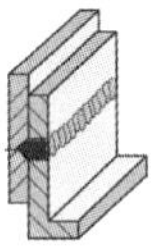	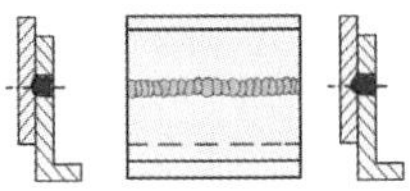	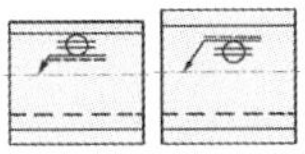	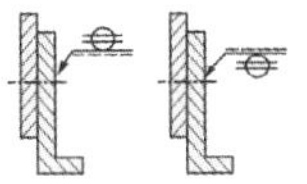	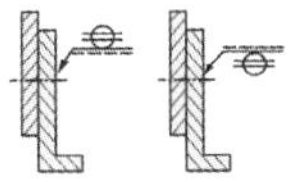
5	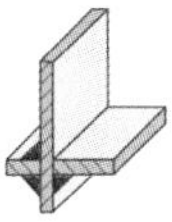	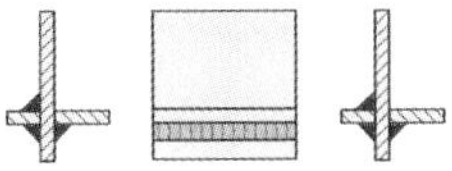	권장하지 않음	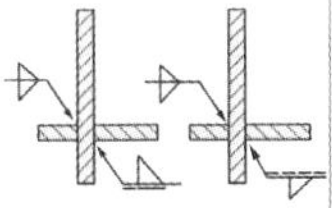	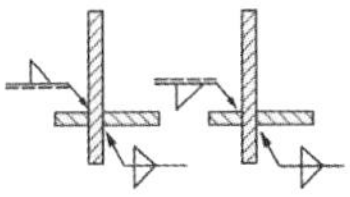
6	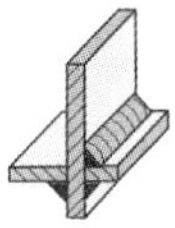	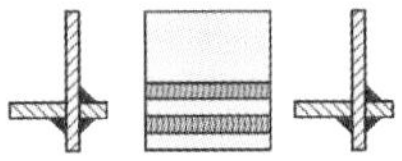	권장하지 않음	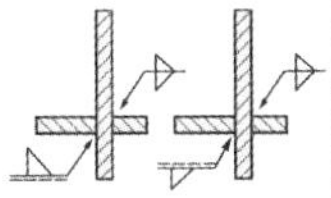	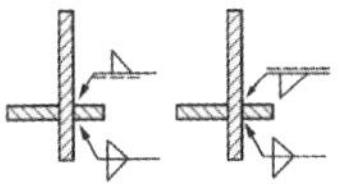
7			권장하지 않음	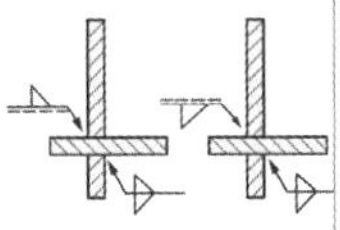	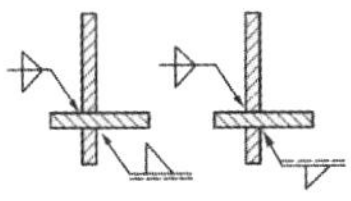
8	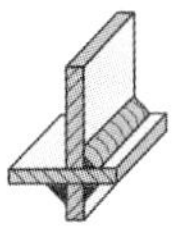	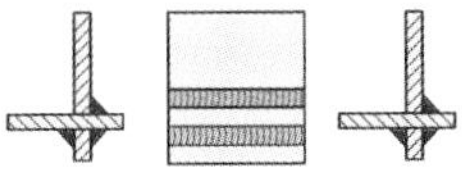	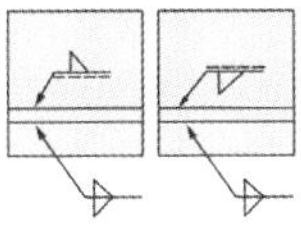	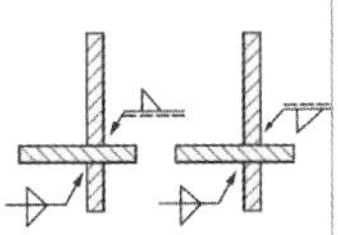	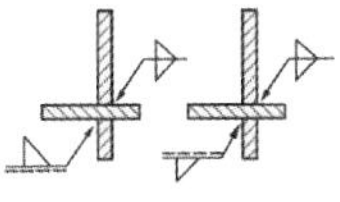

참고문헌

용접설계시공(한국산업인력공단, 정균호, 2014)

특수용접(한국산업인력공단, 민용기, 2011)

찾아보기

(ㄷ)

(ㄹ)

(ㅁ)

(ㅂ)

(ㅅ)

(ㅇ)

(ㅈ)

(ㅎ)

(기타)

실용용접공학

2017년 01월 25일 제1판 1쇄 인쇄 | 2017년 01월 31일 제1판 1쇄 펴냄
지은이 오병덕 · 원영휘 | 펴낸이 류원식 | 펴낸곳 **청문각출판**

편집팀장 우종현 | 본문편집 네임북스 | 표지디자인 네임북스 | 제작 김선형
홍보 김은주 | 영업 함승형 · 박현수 · 이훈섭 | 인쇄 영프린팅 | 제본 한진제본
주소 (10881) 경기도 파주시 문발로 116(문발동 536-2) | 전화 1644-0965(대표)
팩스 070-8650-0965 | 등록 2015. 01. 08. 제406-2015-000005호
홈페이지 www.cmgpg.co.kr | E-mail cmg@cmgpg.co.kr
ISBN 978-89-6364-303-8 (93550) | 값 26.800원

* 잘못된 책은 바꿔 드립니다.　　* 저자와의 협의 하에 인지를 생략합니다.